计算机辅助设计与制造系列

AutoCAD 2012 建筑制图应用教程

张希文　邱　冬　主编

清华大学出版社

北　京

内 容 简 介

本书系统介绍AutoCAD的基本概念、经典工作界面、绘图环境的概念及设置、精确辅助绘图工具及草图设置等内容；选取使用建筑图例作为载体，讲解CAD绘图和编辑命令的使用、文字与尺寸标注样式的创建及编辑方法、图案填充、块的使用等常用命令的使用方法和技巧。书中提供了大量典型建筑图形的绘制实例，读者可以在学习理论知识的同时掌握建筑设计的应用技术。

本书可作为高等院校建筑及相关专业的计算机绘图课程的教材，也可作为相关工程技术人员和计算机绘图培训班的速成教材。

图书在版编目(CIP)数据

AutoCAD 2012建筑制图应用教程/张希文，邱冬主编. --北京：清华大学出版社，2014(2019.8重印)
(计算机辅助设计与制造系列)
ISBN 978-7-302-36270-8

Ⅰ. ①A…　Ⅱ. ①张…　②邱…　Ⅲ. ①建筑制图—计算机辅助设计—AutoCAD软件—教材　Ⅳ. ①TU204

中国版本图书馆CIP数据核字(2014)第076296号

责任编辑：张彦青
装帧设计：杨玉兰
责任校对：周剑云
责任印制：刘海龙

出版发行：清华大学出版社
http://www.tup.com.cn
地　址：北京清华大学学研大厦A座
邮　编：100084
社 总 机：010-62770175
邮　购：010-62786544
投稿与读者服务：010-62776969, c-service@tup.tsinghua.edu.cn
质量反馈：010-62772015, zhiliang@tup.tsinghua.edu.cn
课件下载：http://www.tup.com.cn, 010-62791865
印 装 者：河北纪元数字印刷有限公司
经　销：全国新华书店
开　本：185mm×260mm　**印　张**：17.5　**字　数**：422千字
版　次：2014年6月第1版　**印　次**：2019年8月第3次印刷
定　价：45.00元

产品编号：054491-02

前　言

众所周知，AutoCAD(计算机辅助设计)技术凭借其强大的功能及优势，完全改变了过去落后的绘图方式，使计算机制图代替传统手工制图成为必然趋势，业已被广泛应用于机械、建筑、土木、电子、航天、轻工、纺织等诸多行业。

传统的手工绘图模式，不但出图周期长、修改困难，而且精度也难以保证，也不具备网络协同工作、成果传输等诸多实用的辅助功能。

在建筑行业，建筑、结构、设备及装饰等专业的设计人员均须具备 CAD 绘图能力，工程造价、土木工程等专业的相关人员也需要具备一定的CAD绘图能力。例如：工程造价专业，现行工程造价软件，大多是基于CAD基础开发的，学会CAD对于学习应用预算软件会有很大帮助。正是基于这种行业需求，结合高等职业院校相关专业学生职业能力的培养目标，编写了这本教材。

本书在编写过程中，选择了一定数量的建筑图形和真实工程图作为能力培养的载体，通过理论先导、实例演示、实践训练的过程，讲述CAD真正实用的绘图方法和技巧，使学生在有限的时间内，掌握真正有用的CAD理论知识和绘图技能。

本书作者既在建筑行业一线有过多年的专业技术岗位工作经历，又有高职教师岗位教学的经历，了解行业对CAD技能的需要，因此编写本教材时，在章节安排和内容选择上，能够突出实用性、专业性及可操作性，并且遵循由浅入深、循序渐进的认知规律编排学习内容，力求理论与实践内容的衔接顺畅与比例适当；避免完全的过程演示，使学生知其然而不知其所以然。

本书特色：内容实用，难易适中，突出可操作性，既注重CAD实例演练，也讲述必要的CAD理论知识，尽量不破坏知识的连续性和完整性。

本书主要内容介绍如下。

第一篇：基础篇

第1章：本章主要介绍AutoCAD的基本概念、主要功能及应用，AutoCAD 2012的安装启动、经典工作界面、新增功能等，使读者快速熟悉AutoCAD 2012 软件。

第2章：本章主要介绍图形文件管理、图形显示控制以及命令的执行等基本操作，介绍如何使用AutoCAD 2012提供的帮助功能。

第3章：本章主要介绍AutoCAD坐标系的基本概念及坐标输入法、绘图环境的概念及设置、如何利用样板图和创建新的样板图、精确辅助绘图工具及草图设置、对象捕捉概念及捕捉方法、动态输入概念等内容。

第二篇：进阶篇

第4章：本章主要学习基本图形元素的绘制方法，包括直线、多段线、多线、矩形、正多边形、圆、弧等内容，这些命令是绘制复杂图形的基础。

第 5 章：本章主要学习图形的选取、删除、复制、镜像、偏移、阵列、移动、旋转、修剪、分解等编辑命令的用途和使用方法。

第 6 章：本章主要介绍文字样式的创建、设置及录入的方法，介绍表格的创建、编辑方法。

第 7 章：本章主要介绍各种尺寸标注的创建、定义标注样式、基本标注命令的使用；标注的编辑与修改方法。

第 8 章：本章主要介绍图案填充和渐变色的设置和使用以及图案填充的编辑方法。

第 9 章：本章主要学习块的概念、创建、编辑和使用，属性块的创建和编辑，设计中心和工具选项板中块的使用等。

第三篇：实战篇

第 10 章：本章主要介绍建筑制图的统一标准，如图幅、图线、字体、图例等，这些规定是绘制规范建筑图样的基础。

第 11 章：本章主要介绍建筑平面图的概念、绘制要求及绘制方法，经过实例演练掌握建筑平面图的绘制要领。

第 12 章：本章主要介绍建筑立面图的概念、绘制要求及绘制方法，经过实例演练掌握建筑立面图的绘制要领。

第 13 章：本章主要介绍建筑剖面图的概念、绘制要求及绘制方法，经过实例演练掌握建筑剖面图的绘制要领。

第 14 章：本章主要介绍模型空间、图纸空间及布局的概念；在两种不同空间中的打印方法；通过实例介绍在模型空间和通过布局打印输出的步骤及方法。

本书既适合作为有关院校建筑类相关专业的 CAD 教学用书，也可作为从事建筑相关行业人员学习 CAD 的参考书和培训用书。

本书由张希文和邱冬主编，各章编写分工为：邱冬编写第 1 章、第 2 章、第 14 章；张希文编写第 3 章、第 4 章、第 5 章、第 6 章、第 7 章、第 8 章、第 9 章、第 10 章、第 11 章、第 12 章、第 13 章。

本书编写参阅了大量的文献，在参考文献列表中一并列出，对文献的作者表示衷心感谢。

由于编者水平有限，书中难免存在错误和不当之处，敬请广大读者批评指正。编者联系方式：zhangxiwen@biem.edu.cn.

编　者

目　录

第一篇　基　础　篇

第二篇 进 阶 篇

第三篇 实 战 篇

第一篇　基　础　篇

第 1 章　初识 AutoCAD

本章内容提要：

本章主要介绍 AutoCAD 的基本概念、主要功能及应用，AutoCAD 2012 的安装启动、工作界面、新增功能等，使用户快速熟悉 AutoCAD 2012 软件。

学习要点：

- AutoCAD 2012 的基本功能和新增功能；
- AutoCAD 2012 的安装与启动；
- 熟悉 AutoCAD 2012 的工作界面。

1.1　AutoCAD 简介

AutoCAD(Computer Aided Design)是美国 Autodesk 公司开发的计算机辅助设计软件，自 20 世纪 80 年代初 AutoCAD V1.0 版本的问世以来，经过十几次版本升级与功能完善，现在又推出了功能更加强大的 AutoCAD 2012 版本。

作为世界上优秀的计算机辅助设计软件，以其绘图精准、快捷高效、易于修改、存储简单、传输方便等强大优势，完全取代了传统的手工作坊式的制图方式，已被广泛应用于建筑、机械、电子、航空、航天、轻工、纺织等诸多行业，成为工程设计人员的得力助手。

在建筑行业，用户可以利用 AutoCAD 提供的绘图命令，很方便地绘制轴线、墙体、柱子等建筑图形；当图形需要修改时，其强大的编辑修改功能提供了支持；当用户设计系列建筑图时，只需对已有图形进行“移花接木”式的修改，便派生出新的图纸；也可以运用 CAD 软件的辅助功能对建筑的结构如梁、钢结构、基础等进行静动态分析；图籍管理器能帮助用户从创建单个图纸到管理的有效控制；用户通过 Web 共享设计信息，从远程协同设计到发布图纸，大大加快了将建筑设计产品推向市场的速度。

AutoCAD 是建筑设计中最常用的计算机辅助绘图软件，从图形绘制到打印出图，以及共享资源等方面的优势，是传统的手工绘图无法比拟的，因此受到了建筑设计及建筑相关人员的青睐。

AutoCAD 是功能强大的交互式绘图软件，主要功能可以归纳为以下 3 个方面。

1. 基本绘图功能

(1) 为用户提供了直线、弧、圆、椭圆、矩形、多段线、多线、样条曲线等基本图形的绘制功能。

(2) 为用户提供了删除、复制、移动、旋转、镜像、裁剪、分解等图形的编辑修改功能。

(3) 系统提供了栅格、捕捉、正交、对象捕捉、极轴追踪等辅助定位功能，帮助用户精确确定点、线的位置。

(4) 对于重复性的图形，系统提供了块及属性功能。重复使用创建的图块，可大大提高绘图效率。

(5) 为方便图形编辑、控制图形显示或打印，系统提供了图层管理功能。

(6) 为便于观察图形效果，可利用平移、缩放、动态观察等功能。

(7) 系统提供了几十种常见图例图案，供用户进行图形区域的图案填充。

(8) 尺寸标注和文字输入功能。

(9) 三维几何模型创建和渲染功能。

(10) 系统提供了模型空间和图纸空间两种模式的打印功能。

2. 辅助设计功能

(1) 提供了长度、面积、体积、力学特性等数据和信息查询功能。

(2) 可以进行多种图形格式的转换，实现数据和图形在多个软件中的共享。

3. 定制开发功能

具有良好的二次开发性，可使软件更适合自己的专业。

1.2 AutoCAD 2012 的安装和启动

1.2.1 AutoCAD 2012 中文版的安装

软件的安装过程可按照以下步骤进行。

AutoCAD 2012 是一个压缩程序，安装前先要对它进行解压。文件解压后，运行SETUP.EXE 进行安装，会看到初始安装界面，如图 1-1 所示，单击【安装】按钮。

(1) 弹出安装许可协议界面，选中【我接受】单选按钮，然后单击【下一步】按钮。

(2) 设置产品信息，输入产品序列号和产品密钥，单击【下一步】按钮，在出现的下一个界面中，自定义安装路径并单击【安装】按钮，程序便会自动进行安装，如图 1-2 所示。

(3) 安装完成以后，单击【完成】按钮，会出现【安装程序】对话框，选择【否】即可。

(4) 找到桌面上 AutoCAD 2012 的快捷图标，双击启动程序。

(5) 等系统初始化以后，出现【Autodesk 许可】对话框，这里我们可以选择【试用】，有效期为 30 天，在授权的情况下也可以直接选择 【激活】系统，如图 1-3 所示。

图 1-1 初始安装界面

图 1-2 安装进程界面

图 1-3 【Autodesk 许可】对话框

1.2.2 AutoCAD 2012 的启动

用户可以选择以下启动途径：

- 启动程序可以直接双击 Windows 桌面 AutoCAD 2012 图标。
- 选择【开始】|【所有程序】| Autodesk | AutoCAD 2012 命令。

系统启动后，首先弹出 Autodesk Exchange 对话框，如图 1-4 所示，这是一个集中门户，可用来访问帮助、学习辅助工具、提示和技巧、视频和可下载的应用程序。通常我们绘图时并不需要它，直接选择关闭对话框。若要 Autodesk Exchange 为你提供一些帮助，可直接查询或借助互联网链接获得。Autodesk Exchange 对话框的功能如下。

图 1-4 Autodesk Exchange 对话框

- 主页为你提供了包括公告、专家提示、视频和博客链接的多种服务内容。当为联机访问而启用时，还包括对知识库、通信中心和 Subscription Center 的访问。
- 提供了常用附件、库和插件优惠购买的信息。
- 打开主页帮助，可以从中浏览帮助、学习新功能、获得技术支持等。

1.3 AutoCAD 2012 经典工作界面

AutoCAD 2012 共有【草图与注释】、【三维基础】、【三维建模】、【AutoCAD 经典】4 种工作界面。首次启动 AutoCAD 2012 软件，系统会自动进入【草图与注释】工作界面，如图 1-5 所示。由于这种工作界面的【标签与面板】栏挤占了部分绘图空间，用户在绘制工程图时，更喜欢选用传统的【AutoCAD 经典】工作界面。

【AutoCAD 经典】工作界面由标题栏、应用程序按钮、菜单栏、绘图窗口、光标、命令行、状态栏、工具栏等元素组成，如图 1-6 所示。以下对 AutoCAD 2012 经典工作界面各组成元素作一概要介绍。

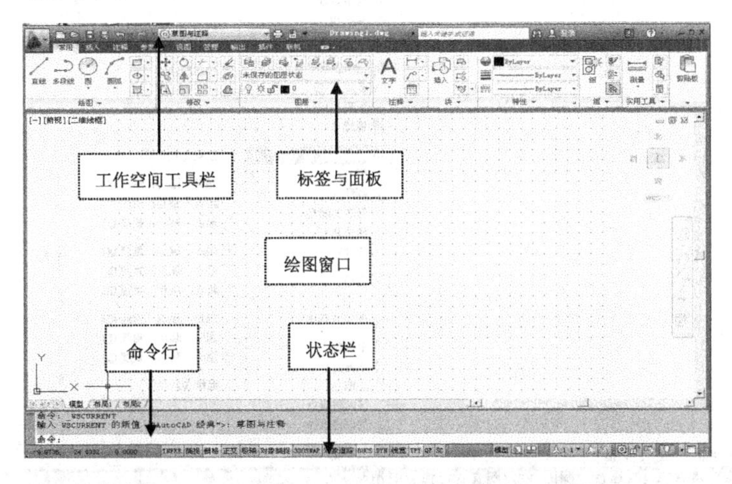

图 1-5 AutoCAD 2012 【草图与注释】工作界面

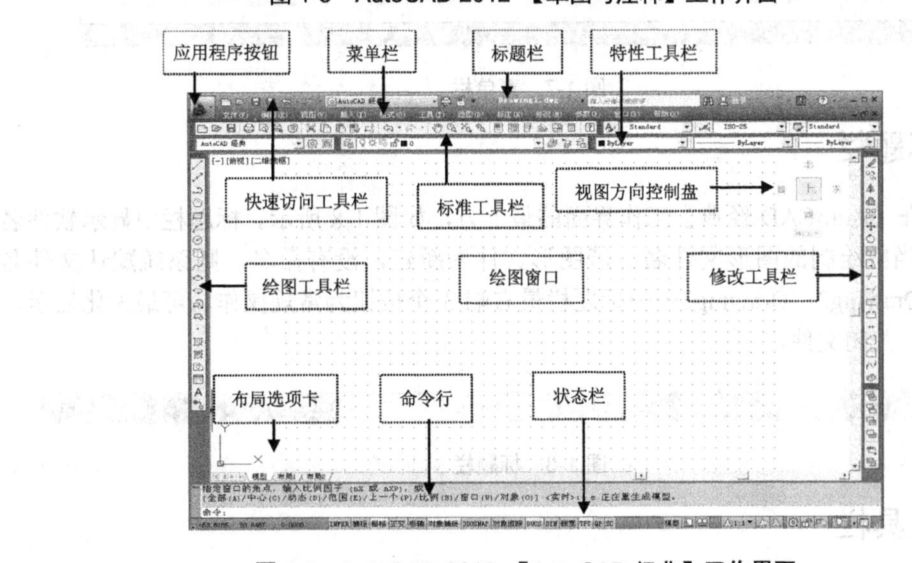

图 1-6 AutoCAD 2012 【AutoCAD 经典】工作界面

1.3.1 菜单栏

菜单栏位于标题栏之下，其中包含文件、编辑、视图、插入、格式、工具、绘图、标注、修改、参数、窗口、帮助 12 个主菜单。当光标放置在任意一个菜单按钮上单击鼠标左键，会弹出下拉式菜单，如果菜单项右侧跟有小黑三角，则表明还有下一级子菜单，如图 1-7 所示。绘图当中比较常用的命令都可以在菜单栏中找到，这为我们绘图提供了很大的方便。

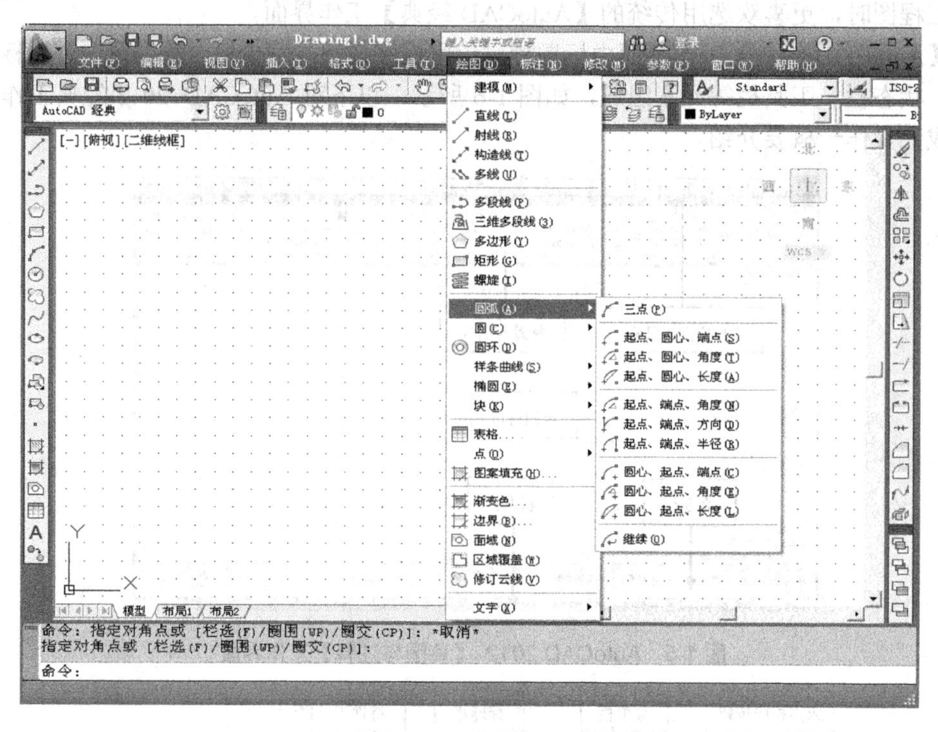

图 1-7 菜单栏

1.3.2 标题栏

标题栏在【AutoCAD 经典】工作界面的最上方，如图 1-8 所示。标题栏中显示软件名称及版本、当前绘制的图形文件名。若图形文件为新建，没有命名，则系统默认文件名 Drawing1、Drawing2、Drawing3……标题栏最右端 3 个按钮为常规操作，可最大化显示、最小化显示、关闭文件。

图 1-8 标题栏

1.3.3 工具栏

为直观快速地找到各种命令，系统提供了 51 种工具栏，工具栏上每个图标代表一个命令。开机默认状态下，工作界面显示【标准】、【工作空间】、【绘图】、【绘图次序】、【特性】、【图层】、【修改】和【样式】等几个常用工具栏，如图 1-9～图 1-14 所示。

其他工具栏若需要使用，只需将光标放置在任意工具栏按钮上右击，在弹出的工具栏选项中选择即可。

图 1-9 标准工具栏

图 1-10 绘图工具栏

图 1-11 修改工具栏

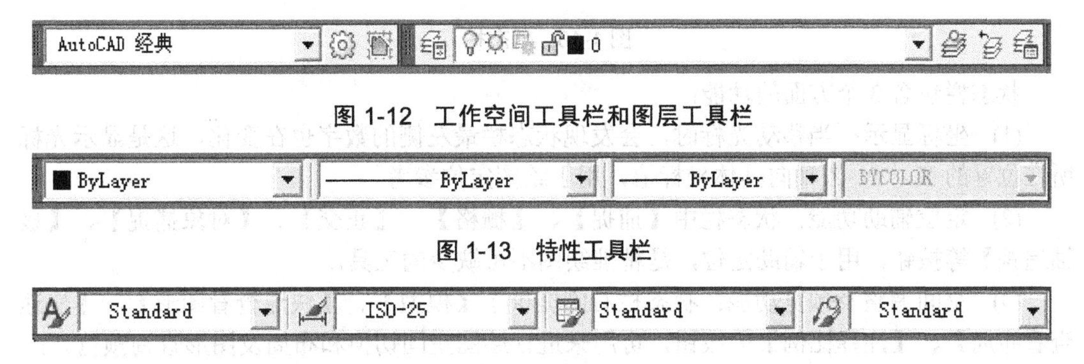

图 1-12 工作空间工具栏和图层工具栏

图 1-13 特性工具栏

图 1-14 样式工具栏

1.3.4 绘图窗口

工作界面中最大的区域就是绘图窗口，图形的绘制与编辑就是在这个窗口中完成的。绘图窗口包括：光标、坐标系标记、控制按钮、布局选项卡和滚动条等。在绘图区域中，会看到一个十字光标，鼠标移动十字光标也在移动。在 CAD 绘图中，十字光标就像我们手中笔一样方便，用于定位、绘制和选择对象。

在绘图区域的左下角，有一个直角坐标系标记，用于指示绘图平面 X 轴和 Y 轴的方向。X 轴向右为正、向左为负，Y 轴向上为正、向下为负。

布局选项卡在绘图区域的左下角，包含【模型】和【布局】两种标签，分别代表模型空间和图纸空间，单击标签可进行两种绘图空间的切换。

绘图窗口默认背景色为黑色，若想改变背景色，可通过选择菜单栏中的【工具】|【选项】|【显示】|【颜色】命令来实现。

1.3.5 命令行

命令行在绘图窗口的下方。在命令行中输入命令并按 Enter 键，该命令便被激活，此时命令行会反馈提示信息，用户只需按提示信息执行就可以了。例如，在命令行中输入 line 并按 Enter 键，命令行反馈信息提示“指定第一点”，如图 1-15 所示。所有的 AutoCAD 命令都可以通过命令行输入命令的方式来实现。

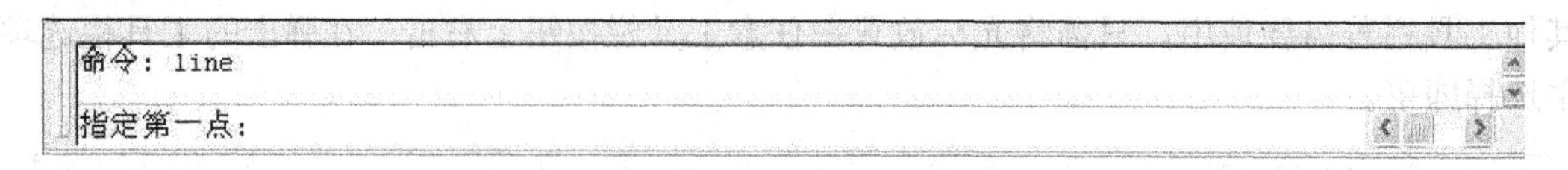

图 1-15　命令行

1.3.6　状态栏

状态栏位于工作界面的最下端，用于反映当前的操作状态，如图 1-16 所示。

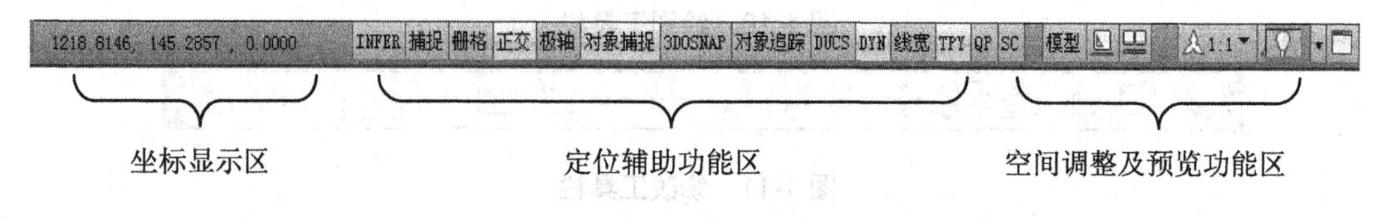

图 1-16　状态栏

状态栏包含 3 个方面的功能：

(1) 坐标显示：当移动光标时，会发现状态栏最左侧的数字也在变化，这是显示光标所在位置的 X、Y、Z 轴向具体坐标值，用于绘图定位参考。

(2) 定位辅助功能：状态栏中【捕捉】、【栅格】、【正交】、【对象捕捉】、【极轴追踪】等按钮，用于辅助定位，是精准绘图不可缺少的工具。

(3) 空间调整及预览功能：状态栏右侧提供了【模型】、【快速查看图形】、【快速查看布局】、【注释比例】等按钮，可用来进行绘图空间切换和布局及图形查询预览。

1.3.7　布局选项卡

启动 AutoCAD 2012 软件，系统在绘图区域底部默认设定一个【模型】和两个【布局】标签。这是两种截然不同的环境(或空间)，从中都可以创建图形对象。在模型空间中工作时，可以用 1∶1 的比例绘制主题模型。在命名布局中工作时，可以创建一个或多个布局视口、标注、说明和一个标题栏，以表示图纸。

1.4　AutoCAD 2012 新增主要功能

- 导入更多格式的外部数据功能。AutoCAD 2012 的模型文件相对于以前的版本更加完善。三维模型创建中，支持 UG，solidworks，IGES，CATIA，Rhino，Pro/E，STEP 三维设计软件格式文件的导入。
- UCS 坐标图标新增夹点功能。以前的 AutoCAD 版本中 UCS 坐标是不能被选取的，AutoCAD 2012 中 UCS 坐标系是可被选取的。该功能使坐标调整更加直观和快捷，可以进行坐标原点位置和坐标轴方向的调整，如图 1-17 所示。
- 命令行自动完成指令功能。命令行输入是完成绘图的主要途径，CAD 命令众多，要记住这些命令不是一件容易的事情。AutoCAD 2012 提供自动完成选项，该选项可以帮助我们更有效地访问命令。当我们输入命令时，系统自动提供一份清单，如图 1-18 所示，列出匹配的命令名称、系统变量和命令别名，我们只需在列表中选择相应命令，这为用户特别是初学者提供了很大的方便。

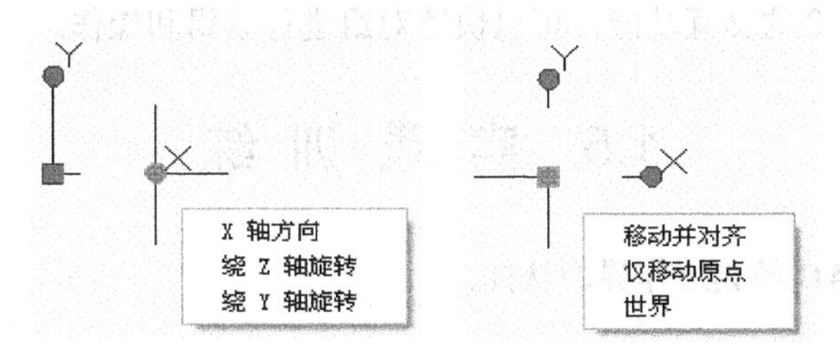

图 1-17　UCS 坐标夹点功能

- 增加了更多夹点编辑功能。夹点是一种集移动、旋转、拉伸和缩放于一体的编辑操作模式，也称为夹点模式。利用夹点可以对图形的大小、位置和方向进行快速编辑。AutoCAD 2012 多功能夹点命令，经过优化和改进其夹点编辑功能更加强大，效率更加出众，能够加速并简化编辑工作。被广泛应用于直线、弧线、椭圆弧、尺寸和多重引线，另外还可以用于多段线和影线物件上。在一个夹点上悬停即可查看相关命令和选项，使编辑更加直观便捷，如图 1-19 所示。

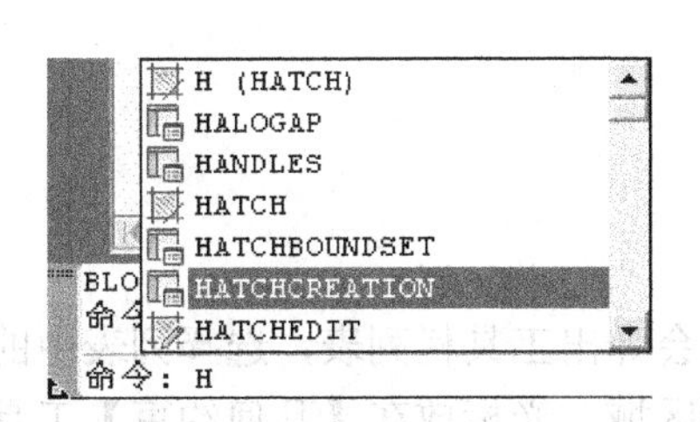

图 1-18　命令行自动完成功能

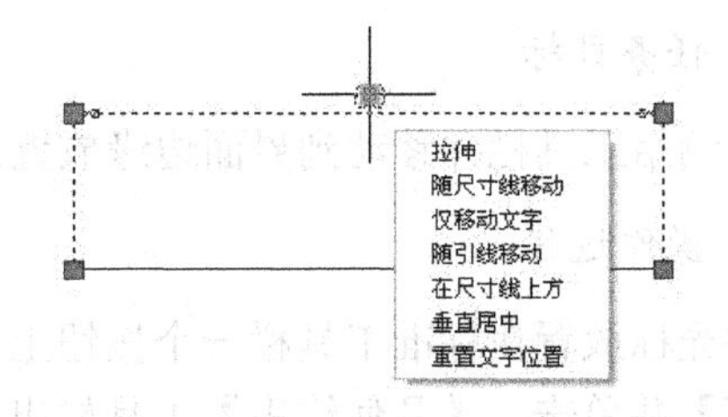

图 1-19　夹点增强功能

- 增强了阵列及阵列特性编辑功能。阵列是一种复制选定对象的副本，并按指定的方式排列。AutoCAD 2012 对阵列进行了较大的改进，取消了对话框，除了矩形阵列和环形阵列外，还新增了路径阵列功能，可以按照指定的路径进行复制。路径可以是直线、圆、弧，也可以是多段线、样条曲线和螺旋等。阵列后的所有图形可作为一个整体，以便对象特性、夹点的编辑。
- 新增了倒角预览功能。倒角过程中，在倒角位置会出现倒角或倒圆角效果预览，以方便用户查看，如图 1-20 所示。

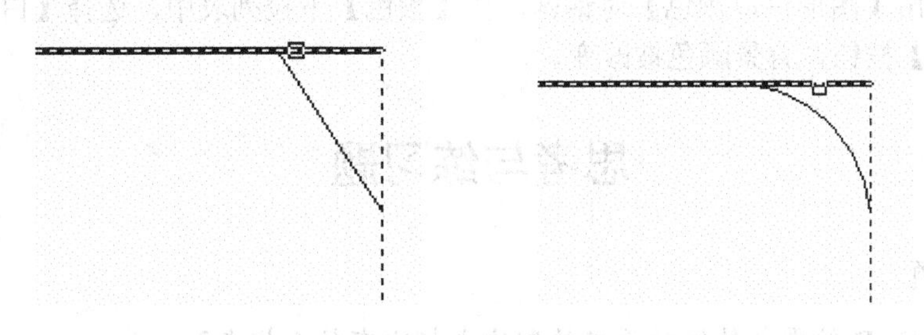

图 1-20　倒角和倒圆角预览

- 新增加了内容查看器 Autodesk Content Explorer，可以对指定的文件夹的 DWG 图形文件作内容索引。
- 增强了组命令的交互功能，可以快速对组进行编辑和操作。

1.5 实践训练

任务 1：AutoCAD 经典工作界面认知。

1. 任务目标

使学生对经典工作界面有一个初步的了解，知晓菜单栏、绘图工具栏及修改工具栏包含的主要内容。

2. 操作过程

双击电脑桌面 AutoCAD 2012 图标，切换到【AutoCAD 经典】绘图模式，查看菜单栏、绘图工具栏及修改工具栏。

任务 2：调用并移动【几何约束】工具栏。

1. 任务目标

会调用工具栏并移动到界面边缘放置。

2. 操作过程

将光标放置在标准工具栏一个按钮上，右击，会弹出工具栏列表，选择列表中的【几何约束】并单击，【几何约束】工具栏出现在绘图区域，光标放在【几何约束】工具栏左端，拖曳鼠标，移动工具栏放置。

任务 3：更改绘图区域背景颜色。

1. 任务目标

知晓更改绘图区域背景颜色的过程。

2. 操作过程

启动 AutoCAD 2012，默认的绘图区域背景颜色为黑色，可以通过选择【工具】|【选项】命令，调出【选项】对话框，单击【显示】选项卡，在【窗口元素】面板中，单击【颜色】按钮，弹出【图形窗口颜色】对话框，在【颜色】下拉列表中，选择【白色】，单击【应用并关闭】按钮，背景颜色被改变。

思考与练习题

1. 思考题

(1) 利用 CAD 绘图与传统的手工绘制方式相比有什么优点？

(2) AutoCAD 2012 的界面由哪几个部分组成？

(3) AutoCAD 2012 具有哪些新增功能？

2．选择题

(1) CAD 的英文全称是(　　)。

A. computer aided drawing

B. computer aided design

C. computer aided graphics

D. computer aided plan

(2) AutoCAD 软件的基本图形格式为(　　)。

A. *.MAP　　B. *.LEN　　C. *.LSP　　D. *.DWG

(3) 菜单项后面有黑三角，意味着(　　)。

A. 单击菜单项将出现对话框

B. 将有下一级菜单项

C. 菜单不可用

D. 以命令行的形式执行菜单项对应的命令

(4) 通过(　　)功能键可以进入文本窗口。

A. F1　　B. F2　　C. F3　　D. F4

(5) 鼠标在(　　)处就变为十字光标显示。

A. 菜单栏　　B. 工具栏

C. 命令和文本窗口　　D. 绘图窗口

(6) AutoCAD 软件在 Autodesk 公司所有设计软件中定位为(　　)。

A. 高端产品　　B. 机械设计软件

C. 建筑设计软件　　D. 通用设计软件

第 2 章　AutoCAD 的基本操作

本章内容提要：

本章主要介绍图形文件管理、图形显示控制以及命令的执行等基本操作，介绍如何使用 AutoCAD 2012 提供的帮助功能。

学习要点：

- 图形文件的创建、保存、打开和退出操作；
- 图形平移和实时缩放；
- 命令的执行途径；
- AutoCAD 2012 提供的帮助功能。

2.1　图形文件管理

在绘制 AutoCAD 图形文件之前，应了解新文件的创建、打开已有文件、文件保存、文件另存为和关闭文件等基本操作。

2.1.1　新建图形文件

传统的绘图方式是直接手绘于白纸上，而 CAD 绘图则是在系统提供的绘图区域内进行。绘图前须创建一个扩展名为“.dwg”的新图形文件，这如同一张模拟的“白纸”。

在 AutoCAD 中新建图形文件的途径较多，常用的方法有以下几种：

- 在菜单栏中选择【文件】|【新建】命令。
- 选择【应用程序】|【新建】命令。
- 命令行：输入 new 命令后按 Enter 键。

菜单栏途径：选择【文件】|【新建】命令，会弹出【选择样板】对话框，如图 2-1 所示，其中提供了多种包含绘图环境信息的样板图。在这些样板图中分为英制和公制两种单位系统，用户通常选择基于公制的样板图，如图形界限默认为 420 毫米×297 毫米的“acadiso.dwt”样板图。选中后，单击【打开】按钮，新的图形文件就创建好了。也可以在新图形文件的基础上修改图形界限、单位、标注样式、文字样式等内容，创建一张符合制图标准的样板图。其他新建图形文件创建方法没有什么特别之处，单击【新建】按钮或输入命令同样会弹出如图 2-1 所示的【选择样板】对话框。

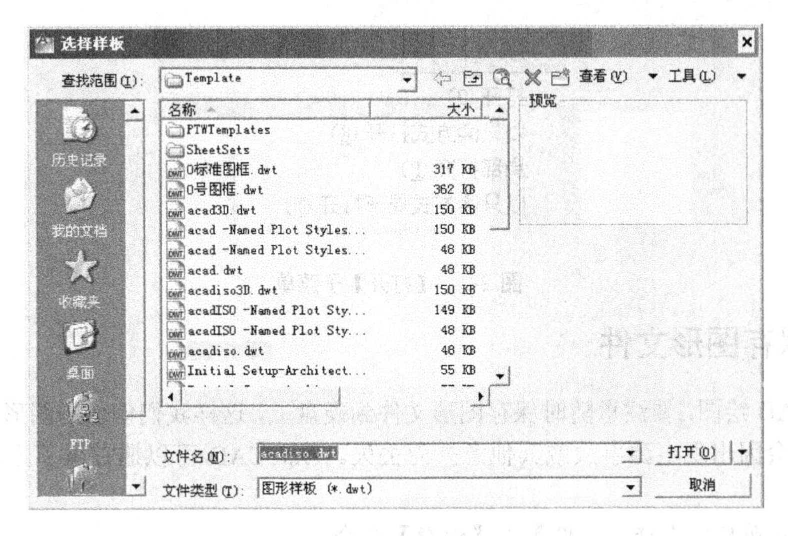

图 2-1 【选择样板】对话框

2.1.2 打开图形文件

当要打开一个已完成图形文件或部分完成图形文件，可通过如下方式打开：

- 在菜单栏中选择【文件】|【打开】命令。
- 选择【应用程序】|【打开】命令。
- 命令行：输入 open 命令后按 Enter 键。

菜单栏途径：选择【文件】|【打开】命令，会弹出【选择文件】对话框，如图 2-2 所示，在文件目录中选择要打开的图形文件，然后单击【打开】按钮，该图形文件即可被打开。在【打开】按钮右侧，有一个小黑三角，单击它会出现如图 2-3 所示的子菜单，其中有【局部打开】选项，该功能只有当图形文件非常大时才有用，对于打开后仅仅对图形文件做小部分改动，为了避免打开和编辑图形文件花费不必要的时间，便可使用该功能。

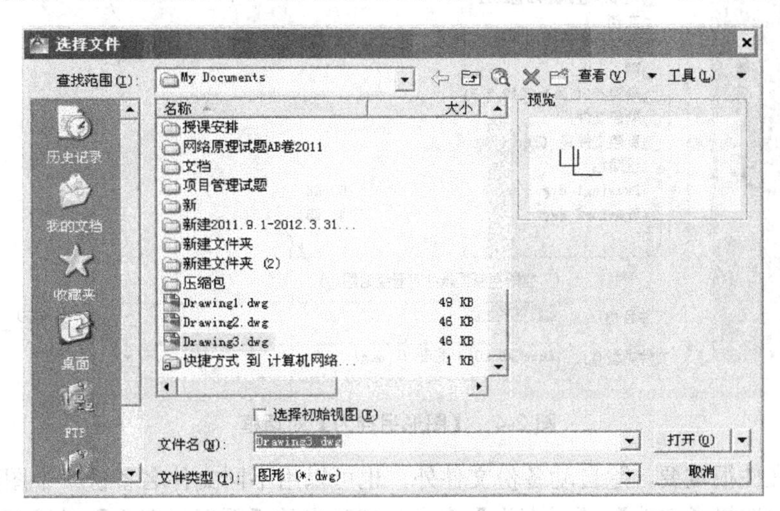

图 2-2 【选择文件】对话框

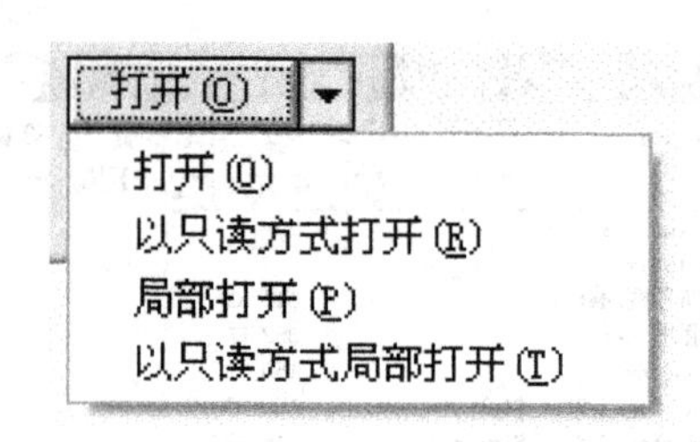

图 2-3 【打开】子菜单

2.1.3 保存图形文件

利用 CAD 绘图，要注意随时保存图形文件到硬盘上，这样我们创建的图形文件或绘制的内容才不会因出现电源事故或其他意外而丢失。AutoCAD 可以通过以下方式保存图形文件：

- 在菜单栏中选择【文件】|【保存】命令。
- 选择【应用程序】|【保存】命令。
- 命令行：输入 save 命令后按 Enter 键。

菜单栏途径：选择【文件】|【保存】命令，会弹出【图形另存为】对话框，如图 2-4 所示，单击【保存】按钮，图形文件便被保存下来。需要注意的是，只有新建的图形文件第一次保存时，才会弹出【图形另存为】对话框，此后新增绘图内容，单击【保存】按钮，内容会续存，但不会弹出【图形另存为】对话框。

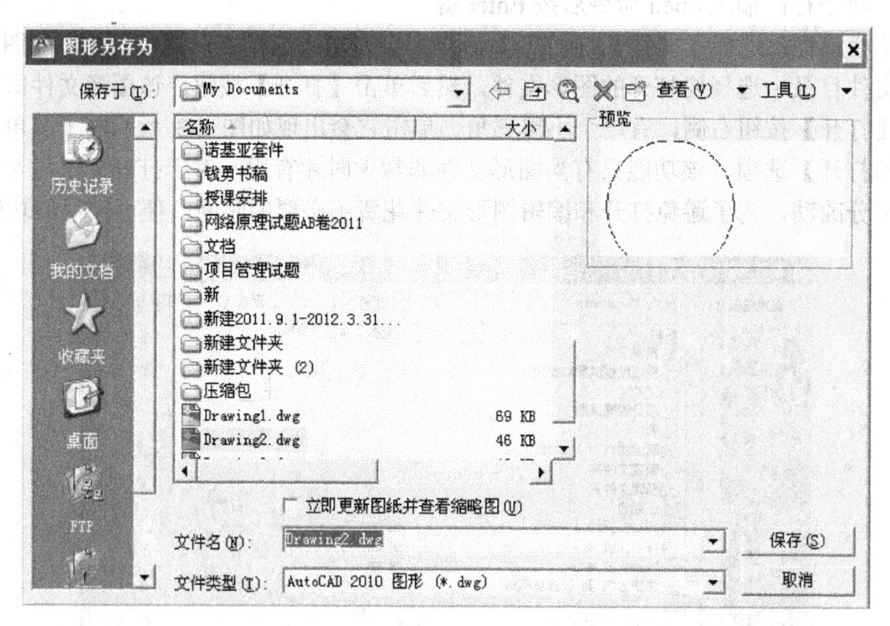

图 2-4 【图形另存为】对话框

当图形文件很重要，除自动备份文件外，也可以用不同文件名备份一个图形文件，只需在菜单栏中选择【文件】|【另存为】命令，在弹出的【图形另存为】对话框中设置一个新名称即可。

当图形文件需要加密，可打开【图形另存为】对话框。在对话框右侧有一个带黑三角的【工具】按钮，单击该按钮会弹出【工具】子菜单，如图 2-5 所示。选择【安全选项】命令进一步弹出【安全选项】对话框，如图 2-6 所示。在该对话框中，密码设置只需在【用于打开此图形的密码或短语】文本框中输入一个密码，然后单击【确定】按钮，出现【确认密码】对话框，如图 2-7 所示，再重复输入一次刚才的密码并确定，这个图形文件便被加密。

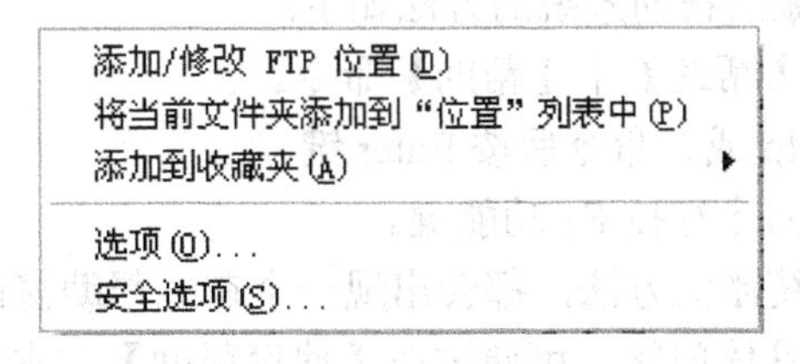

图 2-5 【工具】子菜单

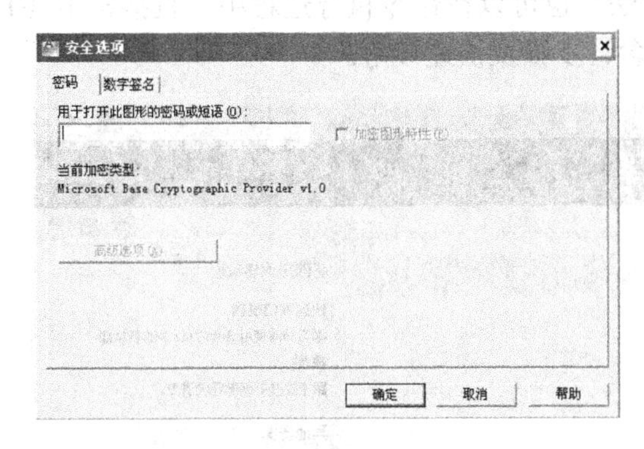

图 2-6 【安全选项】对话框

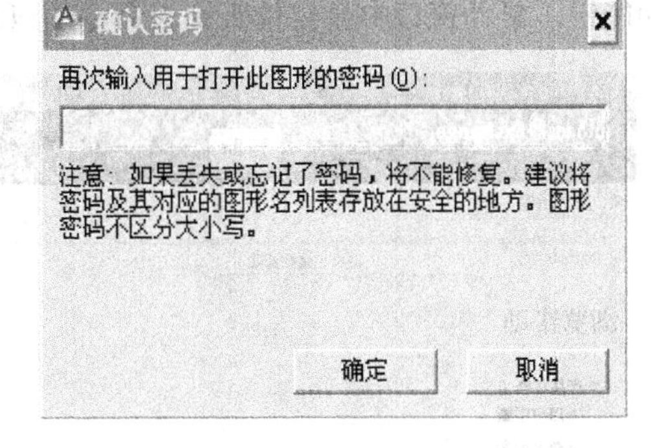

图 2-7 【确认密码】对话框

2.1.4 关闭图形文件

绘图结束，需要关闭图形文件。通常可通过以下几种方式关闭图形文件：

- 在菜单栏中选择【文件】|【退出】命令。
- 选择【应用程序】|【关闭】命令。
- 命令行：输入 quit 命令后按 Enter 键。

菜单栏途径：选择【文件】|【退出】命令，图形文件被关闭，同时 CAD 程序也被关闭。需要指出的是图形文件关闭过程中，若文件未被保存，系统将弹出提示框，如图 2-8 所示，防止因误操作而忘记保存绘制的内容。若保存更改则单击【是】按钮，不保存则单击【否】按钮。

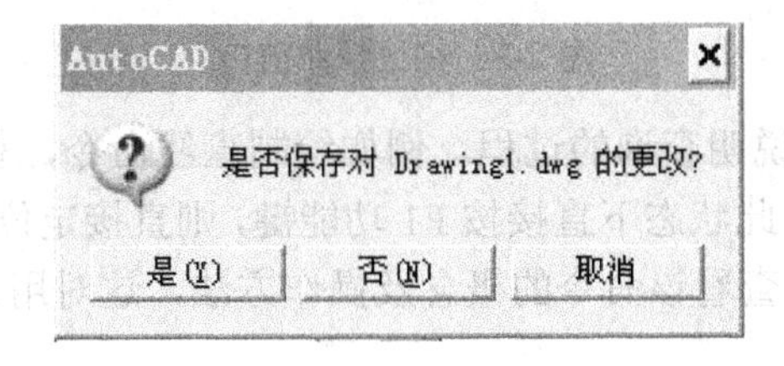

图 2-8 提示框

2.1.5 使用帮助系统

AutoCAD 2012 系统繁杂，命令众多，用户在今后的学习和使用中，肯定会遇到这样或那样的问题和困难，如何解决这些问题，其中一个重要的途径就是利用 AutoCAD 2012 提供的“帮助”功能，它可以帮助你快速解决绘制或编辑过程中出现的各种问题。

在 AutoCAD 2012 中激活帮助系统的方法如下：

- 在菜单栏中选择【帮助】|【帮助】命令。
- 命令行：输入 help 或？命令后按 Enter 键。
- 快捷键：直接在命令行按 F1 功能键。

不论采用哪种帮助系统激活方法，都会出现一个在线帮助窗口，如图 2-9 所示。当窗口出现后，对于要查询的具体问题，可通过在【搜索帮助】文本框中输入你要查询的命令或关键字，则会出现该命令的解释及操作方法。也可以在命令执行过程中，直接按下 F1 功能键，帮助窗口中会定位查询该命令的概念、步骤及快速参考。

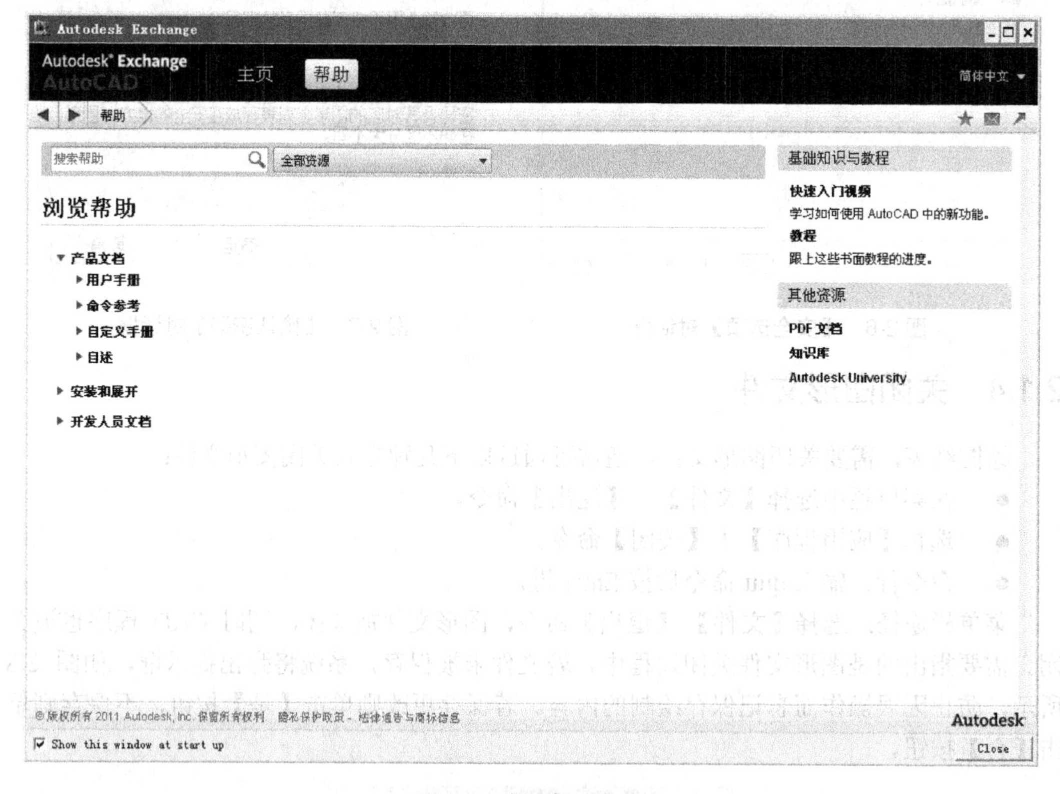

图 2-9　在线帮助窗口

以下通过一个实例来说明查询的过程。例如绘制直线命令，首先激活它，此时命令行提示：Line 指定第一点，在此状态下直接按 F1 功能键，则直接定位在直线命令的解释位置，如图 2-10 所示。用户可以查看该命令的概念及操作方法，这对用户是非常方便的。

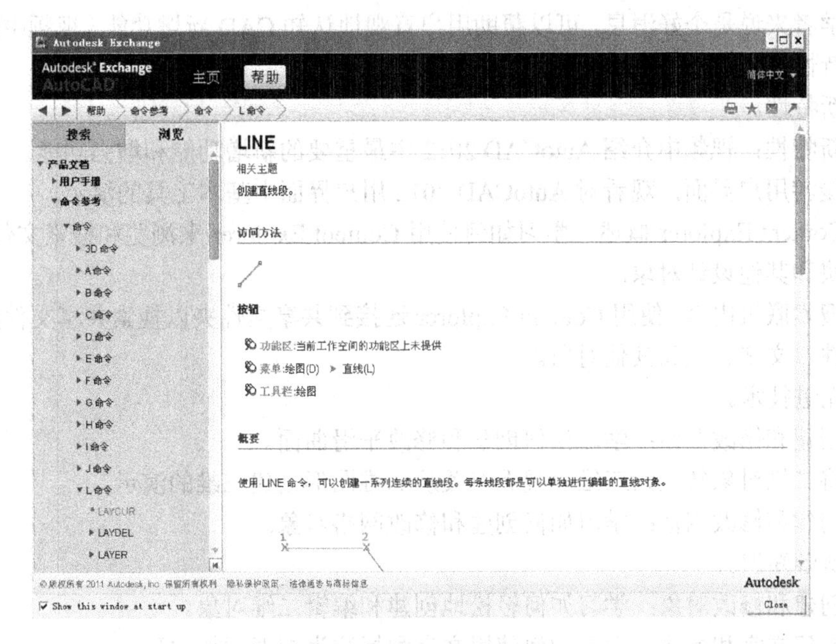

图 2-10　定位帮助窗口

如果将鼠标在某个命令按钮上悬停几秒钟，会弹出该命令的帮助提示框，如图 2-11 所示。在这个提示框中，用户可以了解该命令的概念，也可以此时按 F1 功能键获得更多的帮助。

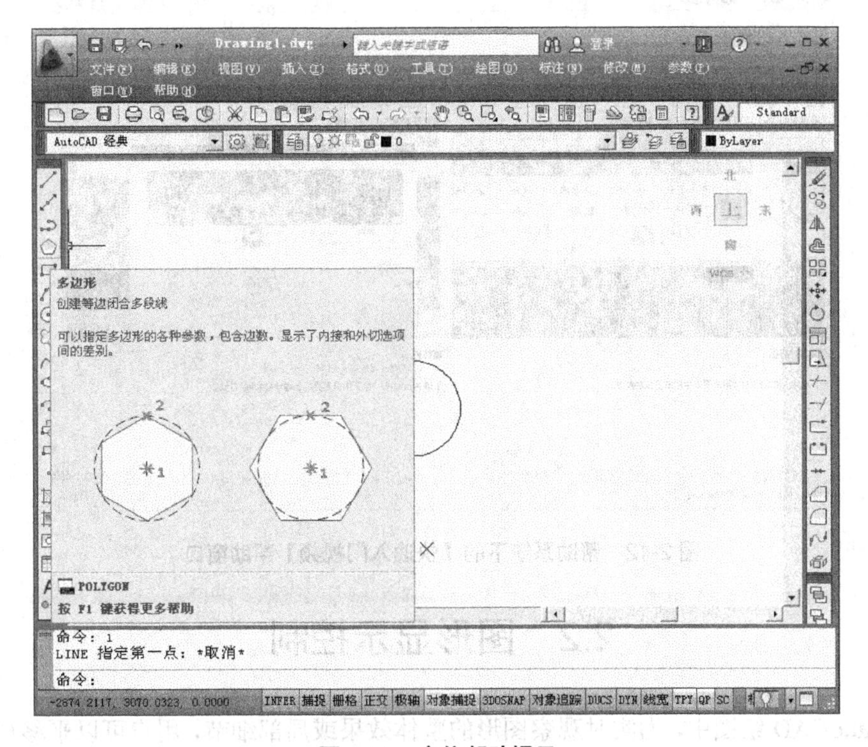

图 2-11　定位帮助提示

AutoCAD 2012 帮助系统还为用户提供了【快速入门视频】帮助窗口，如图 2-12 所示。

这对于初学者来说是个好消息，可以帮助用户直观地认知 CAD 新增功能。视频中演示的内容包含新特性、先进技术和基础知识 3 个方面的内容。

(1) 新特性。

- 新特性：视频中介绍 AutoCAD 2012 中最重要的新增功能和增强功能。
- 漫游用户界面：观看对 AutoCAD 2012 用户界面中基本工具的演示。
- Content Explorer 概述：学习如何使用 Content Explorer 来浏览和搜索文件、文字、块和其他设计对象。
- 搜索联机内容：使用 Content Explorer 连接到共享文件夹以搜索共享文件库中的文件、文字、块和其他对象。

(2) 先进技术。

- 创建和修改曲面：学习如何创建和修改平滑曲面。
- 将二维对象转换为三维：观看有关从二维图形创建三维的演示。
- 创建和修改网格：学习如何创建和修改网格对象。

(3) 基础知识。

- 创建和修改对象：学习如何轻松地创建和编辑二维对象。
- 创建文字和标注：学习如何使用文字和标注为图形添加注释。
- 打印图形布局：演示如何有关创建布局、缩放视图以及打印图形。

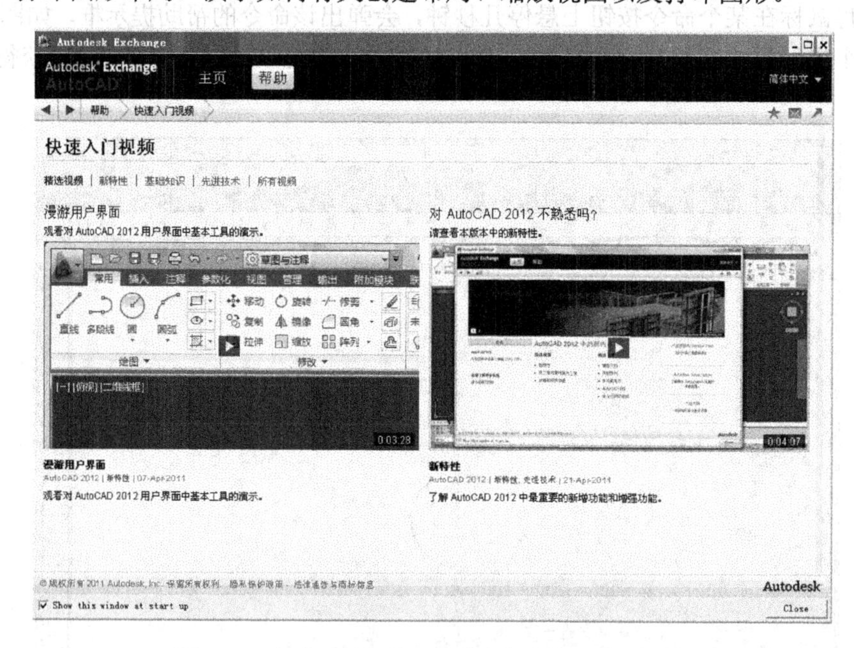

图 2-12　帮助系统下的【快速入门视频】帮助窗口

2.2　图形显示控制

在 AutoCAD 绘图中，为实时观察图形的整体效果或局部细节，用户可以平移视图以重新确定其在绘图区域中的位置，或缩放视图以更改比例，或重画与重生成视图。

2.2.1 平移与缩放

1. 实时平移视图

实时平移视图，这与在桌子上移动一张图纸一样，平移不会更改图形中的对象位置或比例，而只是改变视图观察的位置。

通常调用平移命令可将光标放置在绘图区域的任意位置上，右击，会出现一个菜单列表，选择【平移】命令出现小手光标，然后按住鼠标左键拖曳即可平移视图。或在标准工具栏中，有一个小手图标，也可执行平移视图。

2. 实时缩放视图

为观察视图效果，可以通过放大和缩小操作改变视图的比例。这类似于使用相机进行缩放变焦，其结果并不改变拍摄实物的大小。同样系统提供的实时缩放功能，并不改变图形对象的绝对大小，改变的只是视图的比例。

通常调用缩放命令可将光标放置在绘图区域的任意位置上，右击，弹出菜单列表，选择【缩放】命令，会出现带加减的放大镜光标，然后按住鼠标左键拖曳即可对图形进行实时缩放。或在标准工具栏中，选取实时缩放放大镜图标。

2.2.2 重画与重生成

在 CAD 绘图及编辑过程中，屏幕上经常会留下拾取对象时而产生的临时标记，这些临时标记并不是图形对象。对于复杂的图形，这些标记会使屏幕上的图形显得零乱纷杂，因此需要借助重画与重生成功能予以清除。

重画与重生成都可以清除临时标记，但两者有着本质区别。利用【重生成】命令可重生成屏幕，此时系统从磁盘中调用当前图形的数据，比【重画】命令执行速度慢，更新屏幕花费时间较长。

1. 重画图形

使用重画命令，系统将在显示内存中清除临时标记，刷新当前视区。重画命令的调用，可选择【视图】|【重画】命令，或输入 redraw 命令。

2. 重生成图形

利用【重生成】命令可以重生屏幕。在 AutoCAD 中，某些操作只有在使用【重生成】命令后才能生效，如改变点的格式。如果一直使用某个命令修改编辑图形，但该图形似乎看不出发生什么变化，此时可使用【重生成】命令更新屏幕显示。

【重生成】命令有以下两种形式：

- 选择 【视图】|【重生成】命令(REGEN)可以更新当前视区。
- 选择 【视图】|【全部重生成】命令 (REGENALL)，可以同时更新多重视区。

2.3 AutoCAD 命令的执行

在 AutoCAD 中绘制或编辑图形文件，主要是通过键盘和鼠标输入各种命令和参数的。下面介绍几种常用的命令输入的方法。

2.3.1 使用鼠标操作

采用鼠标操作，是执行命令最快捷的一种方式。一般鼠标左键和右键肩负着不同的执行功能。左键用以选择和定位对象，有单击和双击操作方式之分；鼠标右键主要的功能是弹出快捷菜单。

光标所在位置不同右键操作弹出的快捷菜单内容也不同。例如，在绘图区域内右击，会弹出如图 2-13(a)所示的快捷菜单，其中可快速调用上次使用的命令，也可方便进行剪贴板、隔离、放弃等一般操作；在绘制的图形上，右击则会弹出如图 2-13(b)所示的快捷菜单，同样也可快速调用上次执行的命令，以及删除、移动、复制、缩放、组、查询等一般操作；在绘图区图标上单击右键则会弹出如图 2-13(c)所示的快捷菜单。

在绘图过程中，要想结束正在执行的命令，可以右击，会弹出一个快捷菜单，在快捷菜单中选择【确定】命令则该命令结束。例如绘制一个矩形，激活矩形命令，指定第一个角点，再指定另一个角点时，右击会出现快捷菜单，然后选择【确认】命令，则矩形绘制完成，如图 2-14 所示。

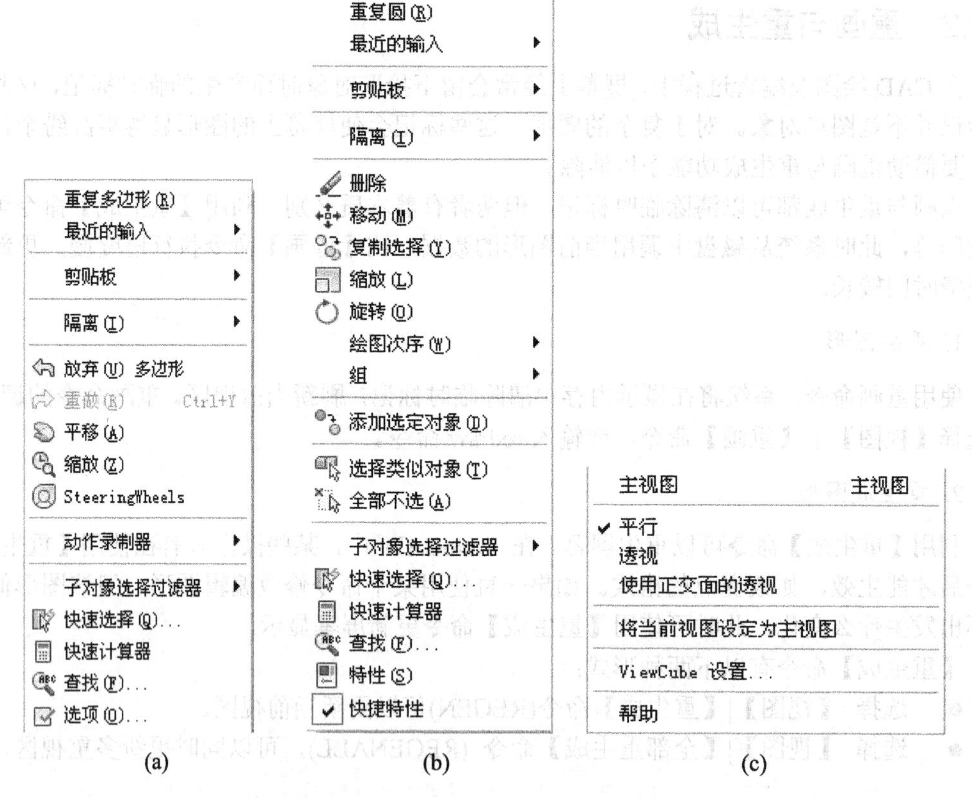

图 2-13 鼠标右键弹出的不同快捷菜单

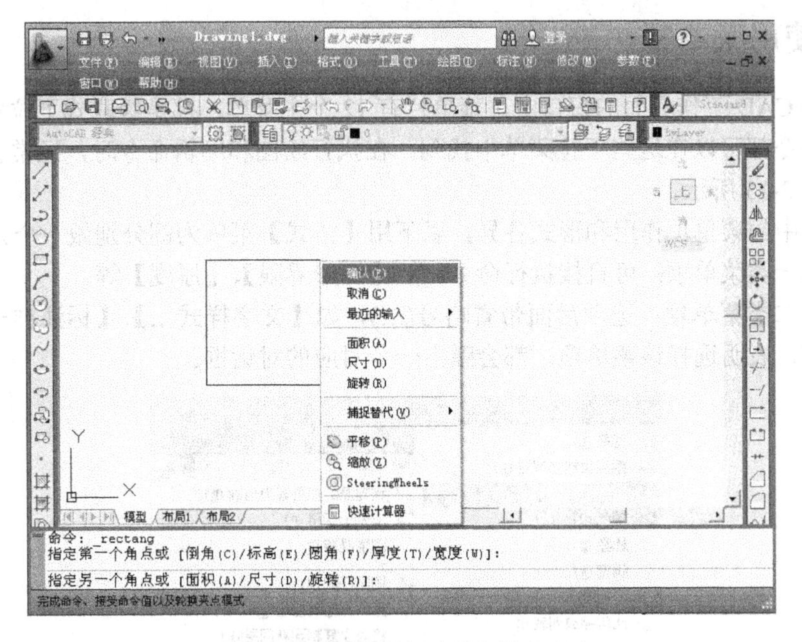

图 2-14 快捷菜单【确认】结束命令

2.3.2 使用键盘输入

AutoCAD 系统为用户提供了多种命令，用户可以选择使用键盘在命令行输入命令。命令具体执行过程中，只需依照命令行提示完成每一步操作，系统会自动完成该命令。另外，若要退出操作，也可以使用 Esc 键终止命令的执行。

操作示例：

示例 1：

```
命令行: line (键盘输入直线命令，按 Enter 键确定)
指定第一点: 50, 56(输入第一点的坐标值，并按 Enter 键确定)
指定下一点或[放弃(C)]: 180, 80(输入第二点的坐标值，按 Enter 键确定)
指定下一点或[放弃(C)]: 122, 166(输入第三点的坐标值，按 Enter 键确定)
指定下一点或[放弃(C)]: (按 Enter 键结束命令)
```

示例 2：

```
命令行: rectang(键盘输入矩形命令，按 Enter 键确定)
指定第一角点或[倒角(C)/标高(E)/圆角(F)/厚度(T)/宽度(W)]: F(输入 F 设定圆角半径，按 Enter 键确定)
指定矩形的圆角半径<0.0000>:30 (输入倒圆角半径，按 Enter 键确定)
指定第一角点或[倒角(C)/标高(E)/圆角(F)/厚度(T)/宽度(W)]: 50, 50(输入矩形左下角坐标，按 Enter 键确定)
指定第一角点或[倒角(C)/标高(E)/圆角(F)/厚度(T)/宽度(W)]:215,135(输入矩形右上角坐标,按 Enter 键确定)
```

特别提示： 对于像直线这样的命令操作起来是比较简单的，只需按提示进行每一步操作即可。但有些命令则比较复杂，命令操作过程中包含有多重选项，这类命令的操作顺序一般是先激活命令，再设定选项，最后完成命令操作，如矩形倒圆角、多段线和多线的绘制等。

2.3.3 使用菜单栏

在 AutoCAD 工作界面的窗口中，菜单栏有 12 个主菜单，都是级联式下拉菜单。大部分常用的命令都可以在这些下拉菜单中找到，在执行绘图和编辑命令时，经常会使用下拉菜单，如图 2-15 所示。

菜单栏中的菜单项作用和形式各异，以下用【格式】菜单为例分别做一个介绍：

(1) 第一类菜单项：可直接执行命令，如【图形界限】、【厚度】等。

(2) 第二类菜单项：选项后面带省略号(...)，如【文字样式...】、【标注样式...】、【点样式...】等，表明选择该菜单项，都会弹出一个对应的对话框。

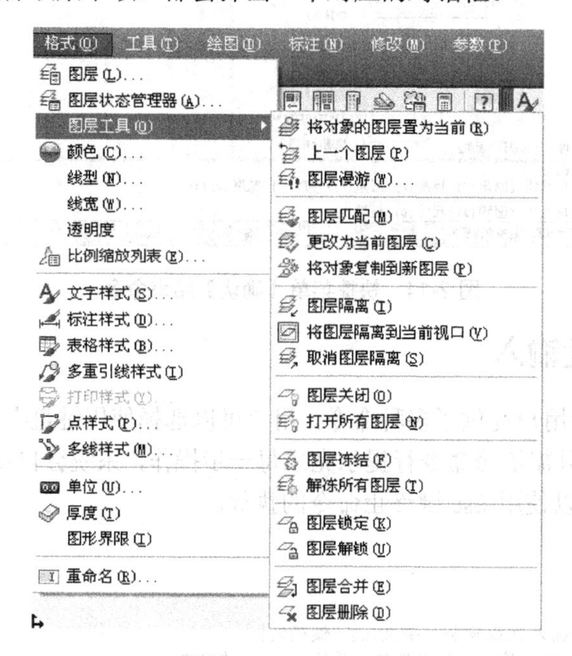

图 2-15 部分【格式】菜单

(3) 第三类菜单项：选项最右侧带有小黑三角，如【图层工具】，表明该菜单项有下一级子菜单。

2.3.4 使用工具栏

AutoCAD 把常用的命令都以图标按钮的形式分门别类设置在工具栏里，这些图标按钮不但直观而且快捷方便。

工具栏分为固定和浮动两种，如图 2-16 所示。固定工具栏位置一般是固定的，是系统默认在屏幕上的，当然如果需要也可以移动位置。将光标放置在任何一个工具栏按钮上，右击会弹出一个快捷菜单，选择相关的工具栏并确认，就可以调出该浮动工具栏。你可以将光标放置在工具栏最右侧，按住左键拖曳这个工具栏就可以移动位置，可放置到屏幕边缘的任何位置上。若工具栏使用完毕，单击工具栏中最右侧的退出按钮，工具栏便在屏幕上清除。

工具栏中命令使用时只需单击相应的命令按钮，命令即被激活，然后按照命令行的提示进行操作，完成命令的执行。

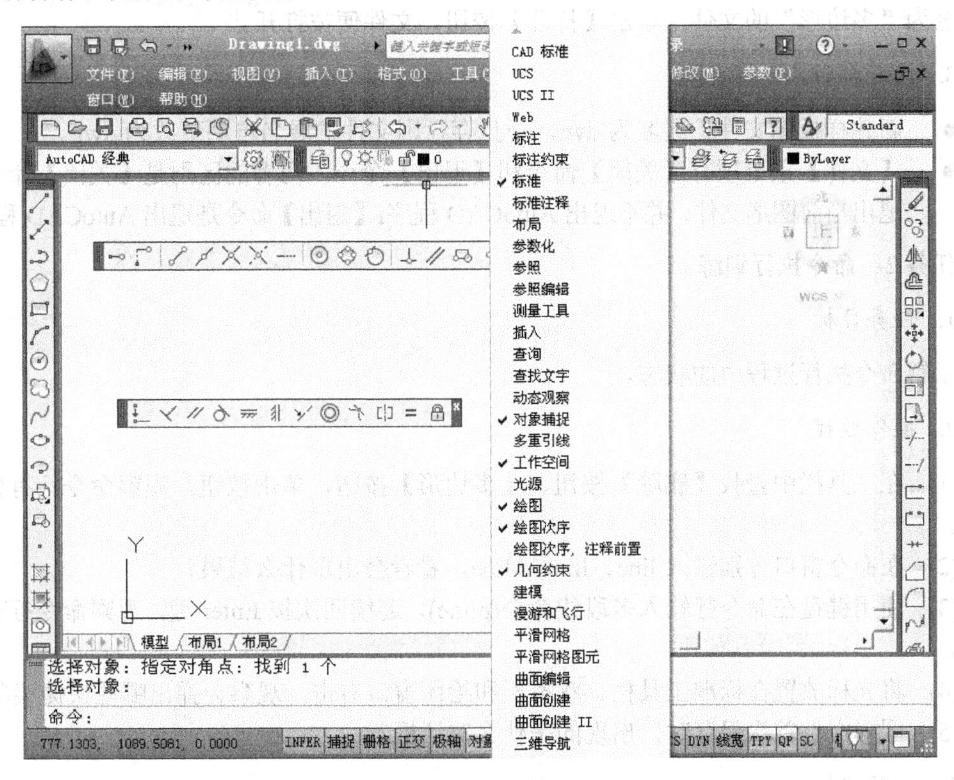

图 2-16　固定工具栏和浮动工具栏

2.4　实 践 训 练

任务 1：图形文件管理。

1. 任务目标

了解文件创建、保存、退出和打开的过程。

2. 操作过程

(1) 启动 AutoCAD 2012。

(2) 单击标准工具栏中的【新建】按钮，在弹出的【选择样板】对话框中，选择名称为 acadiso.dwt 的样板图图形文件。

(3) 使用直线命令，随意绘制一个多边形图形。

(4) 指定路径，保存这个多边形图形，并在首次保存出现的【图形另存为】对话框中，输入“多边形”文件名，单击【保存】按钮。

(5) 在绘图窗口中，再次用直线命令绘制一条线，并单击【保存】按钮，观察有何变化。

(6) 单击【退出】按钮，结束图形绘制并退出程序。

(7) 再次启动 AutoCAD 2012。

(8) 单击标准工具栏中【打开】按钮，在弹出的【选择文件】对话框中，按路径找到文件名为“多边形”的文件，单击【打开】按钮，文件便被打开。

3. 问题解析

- 新建样板图文件扩展名为.dwt，一旦存盘则文件扩展名自动更改为.dwg。
- 【文件】菜单项有【关闭】命令和【退出】命令，两者的区别是【关闭】命令只退出当前图形文件，并不退出 AutoCAD 程序；【退出】命令是退出 AutoCAD 程序。

任务 2：命令执行训练。

1. 任务目标

了解命令执行过程中的状态。

2. 操作过程

(1) 在工具栏中查找【删除】按钮、【多边形】按钮，单击按钮，观察命令行有什么变化。

(2) 在命令窗口分别输入 line、line、-line，看看会出现什么结果？

(3) 使用键盘在命令行输入多段线命令(pline)，连续四次按 Enter 键，观察命令行有何变化。

(4) 将光标放置在标准工具栏、状态栏和绘图窗口右击，观察会弹出哪些快捷菜单。

(5) 图形文件首次保存时，出现的是什么对话框？

3. 问题解析

在命令执行过程中应注意什么？

- 输入命令：命令行提示为“命令”二字时，输入命令。
- 确认命令：按 Enter 键或空格键。
- 退出命令：按 Esc 键。
- 结束命令：按 Enter 键或空格键。
- 连续调用同一个命令：按 Enter 键或空格键。
- 命令提示语中的< >表示默认选项，直接按 Enter 键或空格键。
- 命令提示语中的[ ]表示为子选项，需输入选项后的字母再按 Enter 键。

思考与练习题

1. 思考题

(1) 如何启动和退出 AutoCAD 2012 文件？

(2) 如何平移和实时缩放图形对象？

(3) 命令执行的途径有哪些？

2. 连线题

将左侧的命令与右侧的功能连接起来。

SAVE　　　　打开
OPEN　　　　新建
NEW　　　　保存
LAYER　　　　缩放
LIMITS　　　　图层
UNITS　　　　平移
PAN　　　　绘图界限
ZOOM　　　　绘图单位

3. 选择题

(1) 在屏幕上用 PAN 命令将某图形沿 X 轴方向及 Y 轴方向各移动若干距离，该图形的坐标将（　　）。

A. 在 X 轴方向及 Y 轴方向均发生变化
B. 在 X 轴方向发生变化，Y 轴方向不发生变化
C. 在 X 轴方向及 Y 轴方向均不发生变化
D. 在 Y 轴方向发生变化，X 轴方向均发生变化

(2) 取消命名执行的操作是(　　)。

A. 按 Enter 键　　B. 按 Esc 键　　C. 按鼠标右键　　D. 按 F1 键

(3) 在十字光标处调用的菜单，称为(　　)。

A. 鼠标菜单　　B. 十字交叉线菜单
C. 快捷菜单　　D. 此处不出现菜单

(4) 重新执行上一个命令的最快方式是(　　)。

A. 按空格键　　B. 按 Esc 键
C. 按 F1 键　　D. 按 Enter 键

(5) 移动(move)和平移(pan)命令是(　　)。

A. 都是移动命令，效果一样
B. 移动(move)速度快，平移(pan)速度慢
C. 移动(move)的对象是视图，平移(pan)的对象是物体
D. 移动(move)的对象是物体，平移(pan)的对象是视图

(6) 工具栏、下拉菜单和命令行从包含命令多少的角度来讲，排序应是(　　)。

A. 工具栏>下拉菜单>命令行
B. 下拉菜单>工具栏>命令行
C. 下拉菜单>命令行>工具栏
D. 命令行>下拉菜单>工具栏

第 3 章　平面绘图基础

本章内容提要：

本章主要介绍 AutoCAD 坐标系的基本概念及坐标输入法、绘图环境的概念及设置、图层的概念及利用；如何利用样板图和创建新的样板图、精确辅助绘图工具及草图设置、对象捕捉概念及捕捉方法、动态输入概念等内容。

学习要点：

- 坐标系的概念和坐标输入法的使用；
- 图形界限和绘图单位的设置；
- 图层的概念及应用；
- 利用原有样板图创建新图形及将图形保持为样板图；
- 正交、栅格、捕捉和极轴追踪的使用；
- 对象捕捉模式的选择及执行。

3.1　AutoCAD 坐标系

任何复杂的图形都是由简单的线、圆弧、圆等基本图形构成的，而绘制基本图形依据的是 AutoCAD 建立的坐标系统。在坐标系中，绘图的本质就是确定点的位置，如两点可以确定一条线、三点可以确定一个圆等。

3.1.1　笛卡儿坐标系和极坐标系

笛卡儿坐标系也被称为直角坐标系，是由三个垂直并相交的坐标轴 X 轴、Y 轴和 Z 轴构成，X 轴、Y 轴和 Z 轴的交点就是坐标原点(0，0，0)。平面上的点或空间上的点，都可以很方便地利用笛卡儿坐标系加以定位，如图 3-1 所示的是二维笛卡儿坐标系。

极坐标系是在平面内由极点、极轴和极径组成的坐标系。极坐标基于原点(0，0)，使用距离和角度确定点的位置。角度度量以水平向右为 0° 方向，逆时针为正度量角度，如图 3-2 所示。

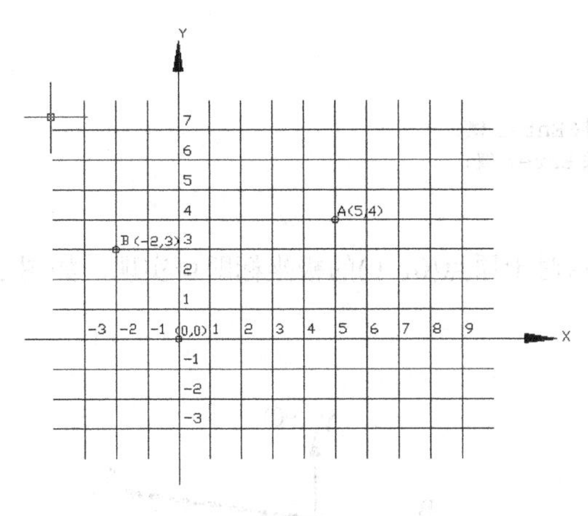

图 3-1　二维笛卡儿坐标系

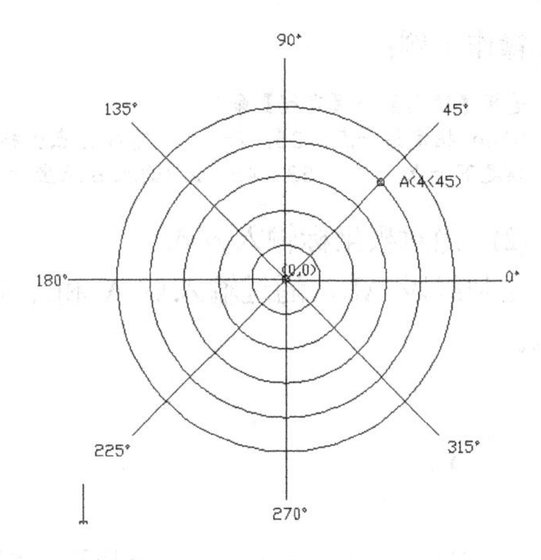

图 3-2　二维极坐标系

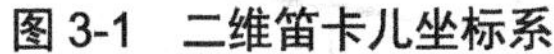

3.1.2　世界坐标系和用户坐标系

世界坐标系(WCS)是 AutoCAD 采用的直角坐标系，用以在绘图中精确定位点的位置。输入坐标值时，需要指定沿 X 轴、Y 轴和 Z 轴的相对于坐标系原点(0，0，0) 点的距离，X 轴方向为水平向右为正，Y 轴方向为垂直向上为正，Z 轴正方向为垂直于 XOY 平面，指向操作者。在二维绘图状态下，Z 轴是不可见的。坐标标记显示在绘图区域的左下角。

用户坐标系(UCS)是绘制三维复杂造型采用的一种坐标系。用户坐标系对于输入坐标、定义绘图平面和观察视图非常有用。在三维中绘制房屋的坡屋面，世界坐标系已经无法满足用户的需要，为方便绘图需定义一个可以移动的用户坐标系。用户只需在需要的位置上改变原点(0，0，0)的位置以及 XY 平面和 Z 轴的方向。改变 UCS 并不改变视点，只改变坐标系的方向和倾斜。新增的 UCS 夹点功能，使坐标调整更加直观和快捷。

在默认情况下，用户坐标系和世界坐标系完全重合。无论如何重新定向 UCS，都可以通过使用 UCS 命令的【世界】选项使其与 WCS 重合。

3.1.3　坐标输入方法

在图形绘制过程中，通常采用绝对坐标输入法或相对坐标输入法，以精确确定点的位置。另外系统还提供了更加方便的光标导向输入法。绘制时可根据图形的情况，选用适当的坐标输入法。几种坐标输入法之间，可以随时切换。

下面通过简单的实例来介绍几种坐标输入法的使用。

1. 用绝对坐标确定点的位置

绝对坐标输入法包括绝对直角坐标输入法和绝对极坐标输入法，无论哪种输入法，每个点的定位都是相对于世界坐标系原点(0，0)的。

(1)　绝对直角坐标输入方式。

绘制线段 AB，通过输入点 A 和点 B 相对于原点(0，0)的绝对坐标即可实现，如图 3-3 所示。

操作步骤：

```
A 点，命令行输入(X1, Y1)
B 点，命令行输入(X2, Y2)
```

操作示例：

```
选择【绘图】→【直线】命令
Line 指定第一点: 25, 25  ↙(输入A点坐标，按Enter键)
指定下一点:        53, 45  ↙(输入B点坐标，按Enter键)
```

(2) 绝对极坐标输入方式

绘制线段 AB，通过输入点 A 和点 B 相对于原点(0，0)的极坐标即可实现，如图 3-4 所示。

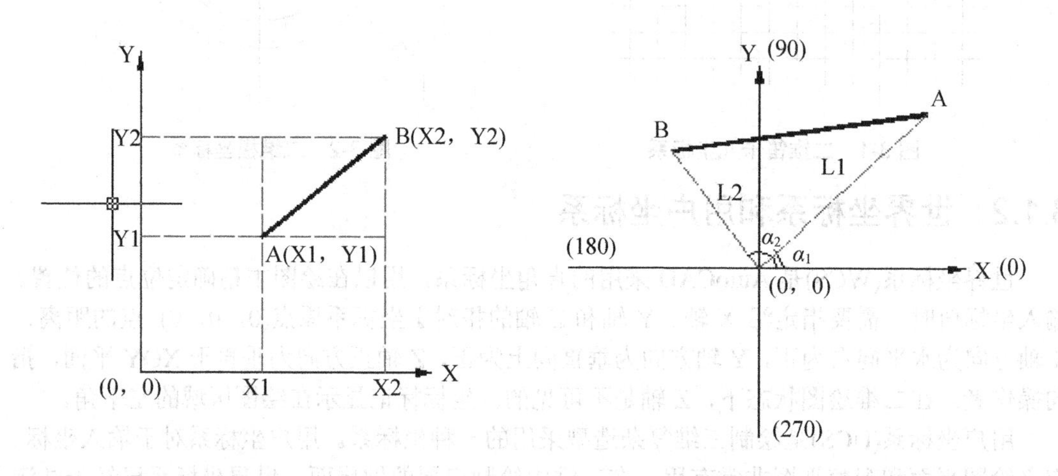

图 3-3　绝对直角坐标输入法绘制图形　　　图 3-4　绝对极坐标输入法绘制图形

操作步骤：

A点，命令行输入 L1< α_1
B点，命令行输入 L2< α_2

操作示例：

```
选择【绘图】→【直线】命令
Line 指定第一点: 45<38  ↙(输入A点坐标，按Enter键)
指定下一点:        25<45  ↙(输入B点坐标，按Enter键)
```

2. 用相对坐标确定点的位置(后一个点相对于前一个点坐标)

相对坐标输入法包括相对直角坐标输入法和相对极坐标输入法，无论哪种输入法，每个点的定位都是相对于上一个点的坐标。在建筑施工图绘制过程中，相对坐标输入法的使用比绝对坐标输入法更为频繁。

(1) 相对直角坐标输入方式。

绘制线段 AB 和 BC，首先确定 A 点位置，然后输入相对于 A 点的 B 点坐标，再输入相对于 B 点的 C 点坐标即可实现，如图 3-5 所示。

操作步骤：

```
A点，指定位置
B点，命令行输入 @ X1, Y1
C点，命令行输入 @ X2 , Y2
```

操作示例：

单击下拉菜单【绘图】→【直线】
Line 指定第一点：50，45　↙(输入 A 点坐标，按 Enter 键)
指定下一点：@ 55，45　↙(输入相对于 A 点的 B 点坐标，按 Enter 键)
指定下一点：@ -65，22　↙(输入相对于 B 点的 C 点坐标，按 Enter 键)

(2) 相对极坐标输入方式。

绘制线段 AB 和 BC，首先确定 A 点位置，然后输入相对于 A 点的 B 点极坐标，再输入相对于 B 点的 C 点极坐标即可实现，如图 3-6 所示。

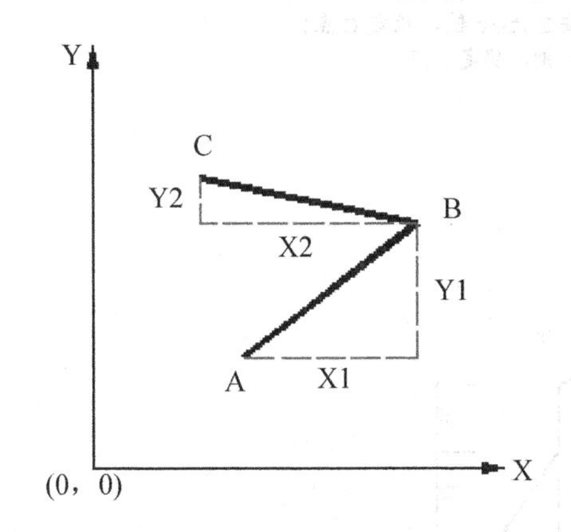

图 3-5　相对直角坐标输入法绘制图形

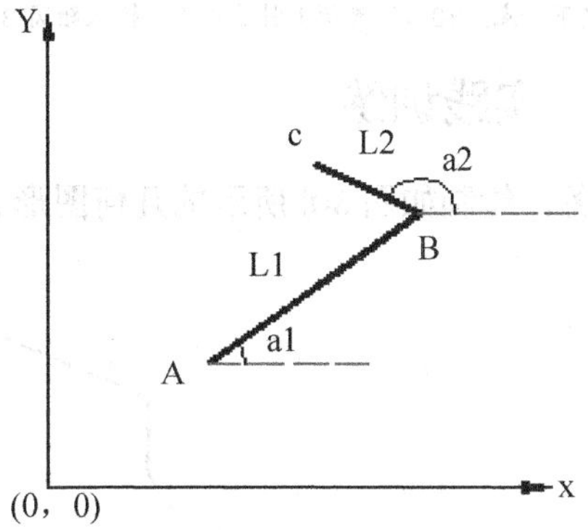

图 3-6　相对极坐标输入法绘制图形

操作步骤：

A 点，指定位置
B 点，命令行输入@ L1<α_1
C 点，命令行输入@ L2<α_2

操作示例：

选择【绘图】→【直线】命令
Line 指定第一点：52，43　↙(输入 A 点坐标，按 Enter 键)
指定下一点：@ 60<36　↙(输入相对于 A 点的 B 点极坐标，按 Enter 键)
指定下一点：@ 32<152　↙(输入相对于 B 点的 C 点极坐标，按 Enter 键)

3. 光标导向输入法

绘制水平、垂直线或斜线时，可采用更加方便的光标导向输入法确定点的坐标。绘制过程中，只需将光标引向直线绘制的方向，再输入线段的距离值即可，如图 3-7 所示。

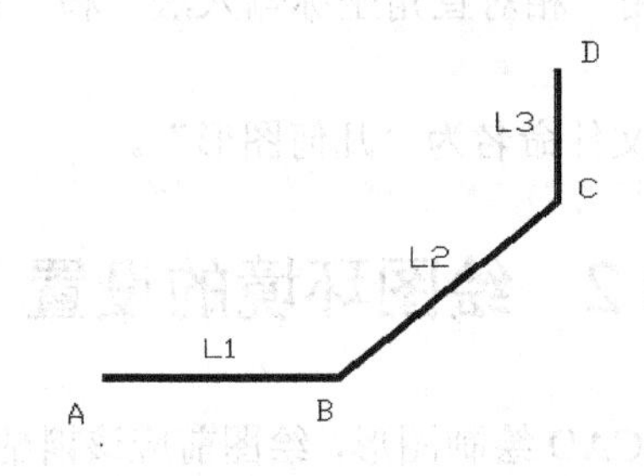

图 3-7　光标导向输入法绘制直线

操作步骤：

A 点，指定位置
B 点，打开正交，光标放到 A 点右侧，输入线段距离 L1
C 点，取消正交，光标指向 C 方向，输入线段距离 L2
D 点，打开正交，光标放到 C 点上方，输入线段距离 L3

操作示例：

选择【绘图】→【直线】命令
Line 指定第一点：30，40 ↙(输入 A 点坐标，按 Enter 键)
指定下一点：50 ↙(光标右引至 A 点，输入距离 50 ，按 Enter 键，确定 B 点)
指定下一点：70 ↙(光标引至右上向 C 点，输入距离 70 ，按 Enter 键，确定 C 点)
指定下一点：30 ↙(光标上引至 C 点，输入距离 30 ，按 Enter 键，确定 D 点)

3.1.4 实践训练

任务：绘制如图 3-8 所示的几何图形。

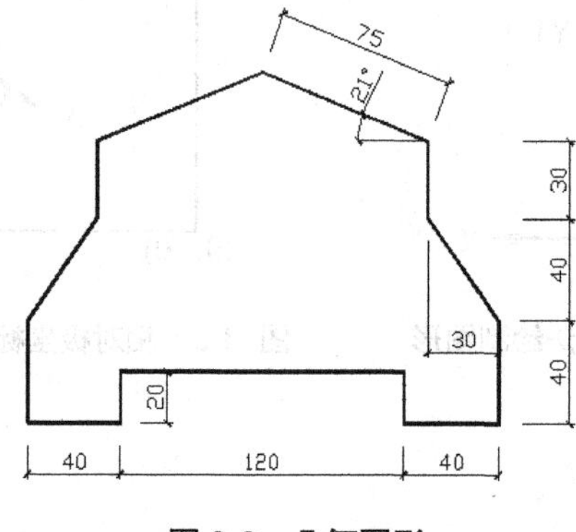

图 3-8 几何图形

1. 任务目标

掌握光标导向输入法、相对直角坐标输入法和相对极坐标输入法的使用，以及绘图过程中如何选择输入法。

2. 操作过程

(1) 选择【文件】→【新建】命令，弹出【选择样板】对话框，选择 acadiso.dwt 样板图(默认 A3 图幅)。

(2) 用绘图工具栏的直线命令绘制，绘图时确定点的方式：用“光标导向输入法”画各水平、垂直线(打开正交)；用“相对直角坐标输入法”和“相对极坐标输入法”方式画斜线。

(3) 将绘制的图形存盘，文件命名为“几何图形”。

3.2 绘图环境的设置

如何快速高效地利用 AutoCAD 绘制图形，绘图前应该斟酌这个问题。我们都知道，文字录入利用标准指法可以提高录入速度。若不懂指法而眼盯键盘单指敲击，无论如何也提高不了文字录入速度。同样的道理，AutoCAD 绘图需要在绘图前把图形界限、图形单位、设计比例、图层、标注样式、文字样式等绘图环境设定好，并且保存为可重复使用的样板图，这样可以大大提高绘图的效率。

3.2.1 设置图形界限

AutoCAD 为绘制图形提供了“模型”和“图纸”两种绘图空间。在模型空间中，可以按 1∶1 比例进行图形的绘制、查看和编辑图形。在模型空间中绘制完成的图形，可以切换到图纸空间中，放置标题栏、创建布局视口、标注图形以及添加注释，最后图形打印输出。

对于模型空间绘图界限，即绘图工作区域，通常是按照绘制图形的真实尺寸加以确定。例如绘制一部电话，只要图幅界限 A3(420，297)即可。在 A3 图幅范围内以真实尺寸绘制这部电话，仍有足够的富余空间；而绘制一栋几十米长的建筑物，则需要设置(42000，29700)的图幅界限，甚至更大，才可以用 1∶1 真实尺寸容纳这栋建筑物，并留有足够的尺寸标注、文字注释等注写空间。

1. 命令调用

以下两种方式都可以设置和控制栅格显示的界限，即绘图界限。

- 命令方式：在命令行中输入 Limits 命令，按 Enter 键。
- 菜单栏方式：选择【格式】|【绘图界限】| limits 命令。

2. 操作示例

操作步骤如下：

```
命令: limits (命令行输入命令，按 Enter 键)
重新设置模型空间界限:
指定左下角点或 [开(ON)/关(OFF)] <0.0000，0.0000> : (按 Enter 键，一般默认)
指定右上角点< 420.0000，297.0000> : 42000，29700 (按 Enter 键，输入新坐标值)
```

对于提示中的“[开(ON)/关(OFF)]”的选项，是控制界限检查是否打开的功能。系统默认 OFF 状态，系统界限检查功能被关闭，此时在界限外也可以绘制图形的点。选择 ON 选项，系统图形界限检查功能启动，绘图只能在图形界限内画图，系统拒绝绘制绘图界限以外的点。

特别提示： 新的模型空间界限(即栅格界限)设置好了以后，打开栅格，光标移至栅格界限左下角和右上角观察其坐标，发现并没有更换成新设定的(42000，29700)栅格界限，这是因为新设定的栅格界限并没有经过显示范围的缩放，应配合使用 ZOOM 命令，以实现栅格界限的更新转换。

```
命令: Zoom (命令行输入命令，按 Enter 键)
指定窗口的角点，输入比例因子(nX 或 nXP)，或者
[全部(A)/中心(C)/动态(D)/范围(E)/上一个(P)/比例(S)/窗口(W)/对象(O)]<实时>: all (在冒号后面输入【all】或【E】，即可实现栅格界限转换)
```

3.2.2 设置绘图单位

绘图前应先设置好图形的单位，因为绘制的所有图形对象都是基于图形单位度量的。

AutoCAD 图形单位是一种数据的计量格式，本身是无量纲的。绘图时用户可以自己视图形单位为实际制图单位，如毫米、米、千米等。在建筑图的绘制中，按 1∶1 的比例设置图形界限，此时一个绘图单位通常对应 1mm。

1. 命令调用

以下两种方式都可以设置和控制栅格显示的界限。

- 命令方式：在命令行中输入 units 命令，会弹出如图 3-9 所示的【图形单位】对话框。
- 菜单栏方式：选择【格式】|【单位】命令。

【图形单位】对话框，包含长度单位、角度单位、精度及方向控制等选项，下面分别介绍这些选项的含义。

2. 选项设置

(1) 长度单位及精度。

在【图形单位】对话框【长度】选项组中，单击【类型】右侧的下三角按钮，会看到【分数】、【工程】、【建筑】、【科学】、【小数】5 个选项。绘制建筑图时，一般选择默认的【小数】 长度类型即可。若对应的绘图单位为毫米，则选择精度“0”。若对应的绘图单位为米，则选择精度“0.000”。

(2) 角度类型、方向及精度。

单击【角度】选项组中【类型】右侧的下三角按钮，可以看到【百分度】、【度/分/秒】、【弧度】、【勘测单位】、【十进制度数】5 个选择项。绘制建筑图通常采用默认的【十进制度数】。

单击【图形单位】对话框中的【方向】按钮，会弹出如图 3-10 所示的【方向控制】对话框，角度起始方向及角度度量，默认以【东】向为起始 0°，逆时针度量为正，顺时针度量为负。对于精度的选择常选择 0，这里显示的精度，并非 AutoCAD 内部使用的精度。

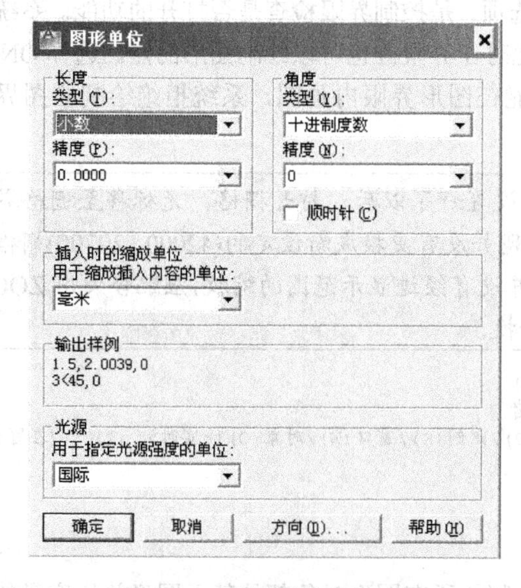

图 3-9 【图形单位】对话框

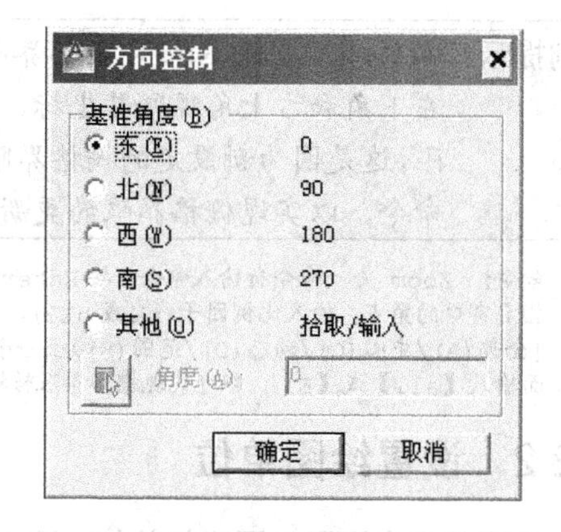

图 3-10 【方向控制】对话框

3.2.3 实践训练

任务：设置图形界限和精度。

1. 任务目标

掌握图形界限及精度的设置方法，将图纸幅面设置成42000×29700，精度设置为0。

2. 操作过程

(1) 选择【文件】|【新建】命令，弹出【选择样板】对话框，选择acadiso.dwt样板图。

(2) 打开状态栏【栅格】按钮，检查左下角与右上角栅格坐标，应是420×297幅面。

(3) 设置图形界限。

```
命令: limits              (命令行输入 limits,按 Enter 键)
重新设置模型空间界限:
指定左下角点或 [开(ON)/关(OFF)] <0.0000, 0.0000> :(一般默认, 按 Enter 键)
指定右上角点< 420.0000, 297.0000> : 42000, 29700 (输入新坐标, 按 Enter 键)
```

(4) 显示缩放范围。

```
命令: zoom                (命令行输入 zoom,按 Enter 键)
[全部(A)/中心(C)/动态(D)/范围(E)/上一个(P)/比例(S)/窗口(W)/对象(O)]<实时>: all        (在冒
号后面输入“all”或“E”, 按 Enter 键即可实现栅格界限转换)
```

(5) 选择【格式】|【单位】命令，弹出【图形单位】对话框，单击长度选项框中【精度】右侧小三角，选择“0”，单击【确定】按钮。

(6) 检查左下角和右上角栅格坐标及状态栏坐标精度。

(7) 将设置好的文件存盘，文件名为“建筑图形界限”。

3.3 图层的应用

在AutoCAD中，为了便于图形的绘制和管理，引入了图层的概念，如图3-11所示。图层就像重叠在一起的透明的纸，在每个图层上面可以绘制不同线型、颜色、线宽、打印样式等特性的对象，把各层绘制的对象叠加起来，我们向下俯视观察，便会看到一张完整的图形，如图3-12所示。引入图层，可以帮助我们很好地组织不同类型的图形信息，并对整个图形进行综合控制。

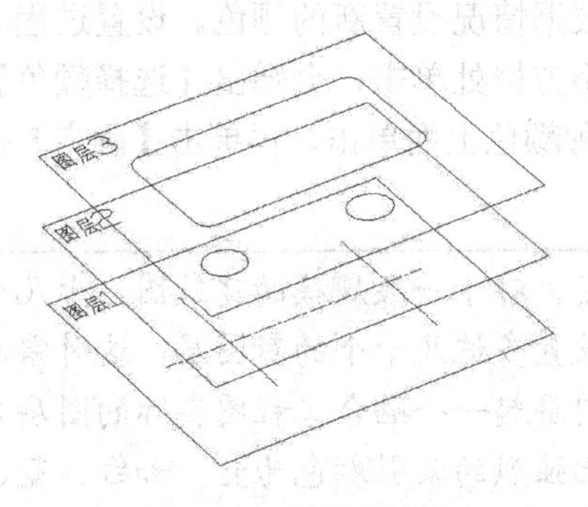

图3-11 图层的概念

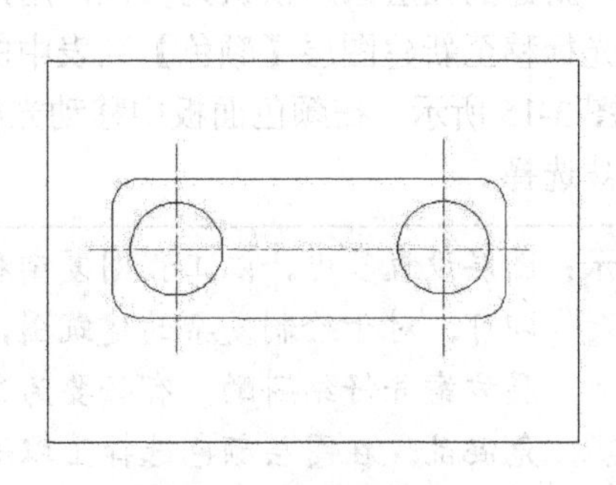

图3-12 最终得到的图形

绘制建筑工程图时，我们可以将轴线、墙线、楼梯、门窗、尺寸等设置成不同的图层，每个图层都可以单独设置颜色、线型、线宽等特性，这样可以很方便地对每个图层进行单独绘制、编辑、隐藏等操作。

3.3.1 图层的创建

当用户创建一个图形文件时，系统便默认生成一个基本图层，即“0”层。显然绘制图形只有一个基本图层是不够的，况且该层通常不用于画图，而是用来创建“块”的。用户可以根据需要设置多个不同的图层，并设定图层的各种特性。

1. 命令调用

- 菜单栏方式：选择【格式】|【图层】命令，调出【图层特性管理器】，然后创建图层，如图 3-13 所示。
- 命令方式：命令行输入 layer 命令，调出【图层特性管理器】。

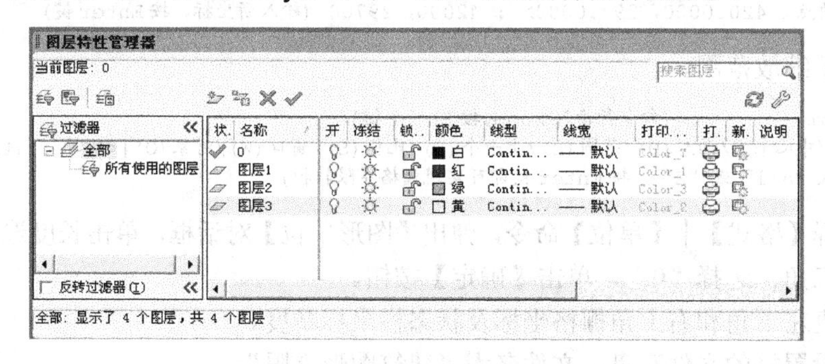

图 3-13 【图层特性管理器】对话框

2. 操作示例

以绘制建筑工程图为例，说明新建图层的设置过程。创建的图层为轴线、墙线、门、窗、楼梯、尺寸等。

(1) 调出【图层特性管理器】对话框，单击【新建图层】按钮，图层列表中会自动添加名称为“图层 1”的新图层，用户可以在亮显的图层名上输入新图层名，如“轴线”，如图 3-14 所示。对于新层命名，最多可包含 255 个字符，其中包含字母、数字、空格和几个特殊字符，但不包含<>/\ 【 :;?*|=‘。

(2) 新建的图层系统默认为白色，用户可以根据情况设置新的颜色。设置过程非常简单，将光标移至新建图层【颜色】列表中的黑色小方框处单击，会弹出【选择颜色】对话框，如图 3-15 所示。在颜色面板中移动光标到一种颜色上面单击，再单击【确定】按钮则新颜色被选择。

特别提示： 图层设置多少，以工程图复杂程度而定。对于一般规模的建筑图，十几个图层即可；对于绘制复杂的建筑图，需要设置多达几十个的新图层，这时需考虑图层方案并仔细斟酌，有必要为每个新图层起一个贴合工程图实际的图层名，以免混乱。在图层颜色选择上以选择对比强烈的索引颜色为宜，如红、蓝、青、洋红等。

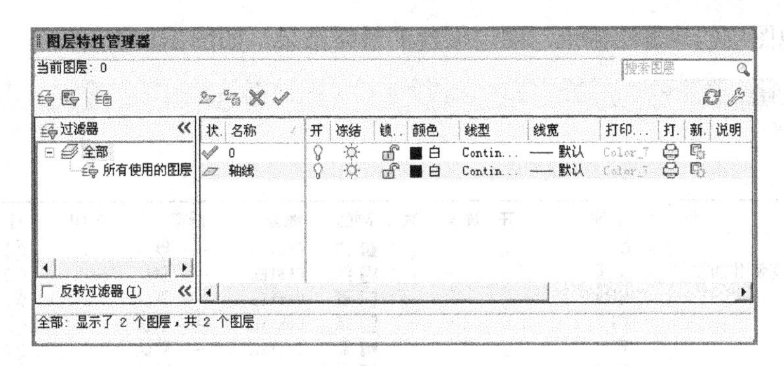

图 3-14　新建的图层

(3) 新建的图层线型默认为细实线，用户可以根据绘图的需要，设置成点划线、虚线等其他线型。设置时，将光标移至图 3-14 新建图层【线型】列表中的 Continuous 处单击，会弹出【选择线型】对话框，如图 3-16 所示。单击【加载】按钮，弹出【加载或重载线型】对话框，如图 3-17 所示。在【可用线型】列表框中，鼠标拖曳列表滑块，选择需要的线型，然后单击【确定】按钮，则新线型被选择并添加到【选择线型】对话框中，在此单击这个新线型，再单击【确定】按钮，线型被加载到当前图层中。

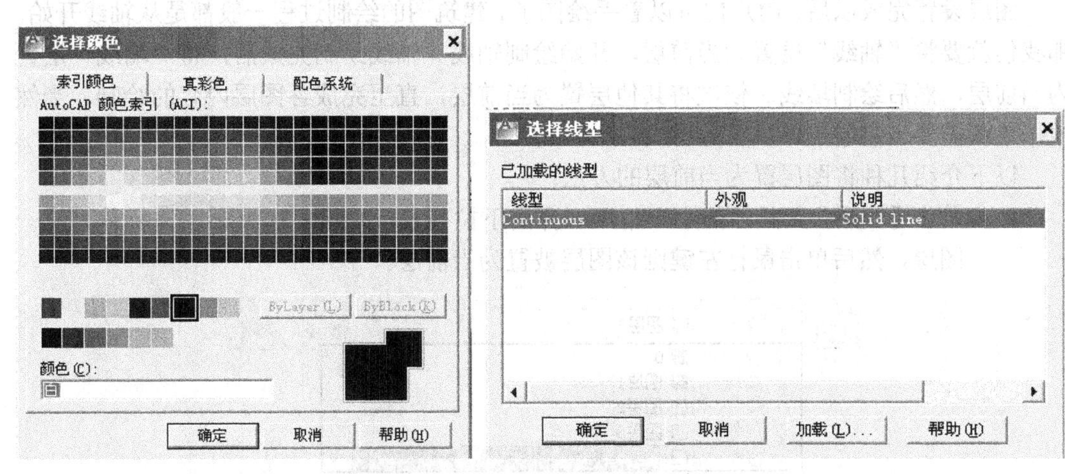

图 3-15　【选择颜色】对话框　　　　图 3-16　【选择线型】对话框

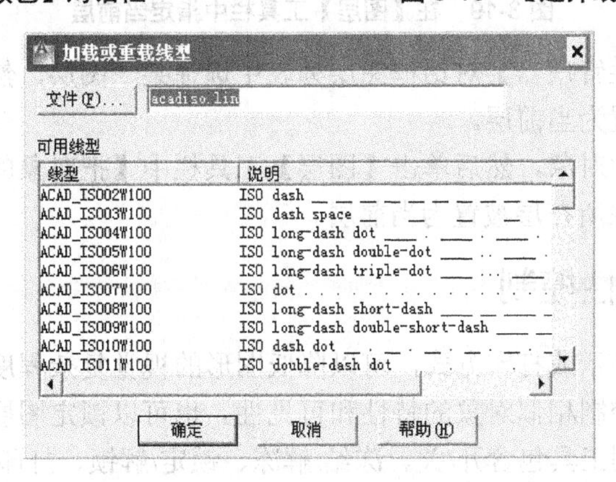

图 3-17　【加载或重载线型】对话框

(4) 其他图层创建方法同上。图层创建的最终结果，如图 3-18 所示。

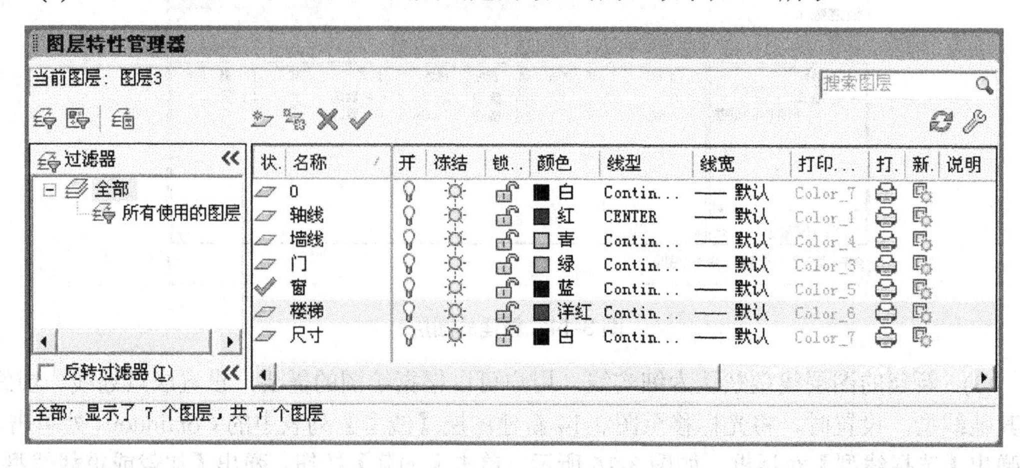

图 3-18 图层创建的最终结果

3.3.2 指定当前图层

图层设置完成以后，用户便可以着手绘图了。建筑图的绘制过程一般都是从轴线开始，那我们就要将“轴线”层置为当前层，开始绘制轴线。轴线绘制完成后，将“墙线”层置为当前层，然后绘制墙线。依次将其他层置为当前层，直至完成各图层内容的绘制。当然根据绘图需要当前层也可以随时切换。

以下介绍几种将图层置为当前层的方法：

- 单击【图层】工具栏的小三角，弹出下拉列表，如图 3-19 所示。光标移至某一图层，然后单击鼠标左键则该图层被置为当前层。

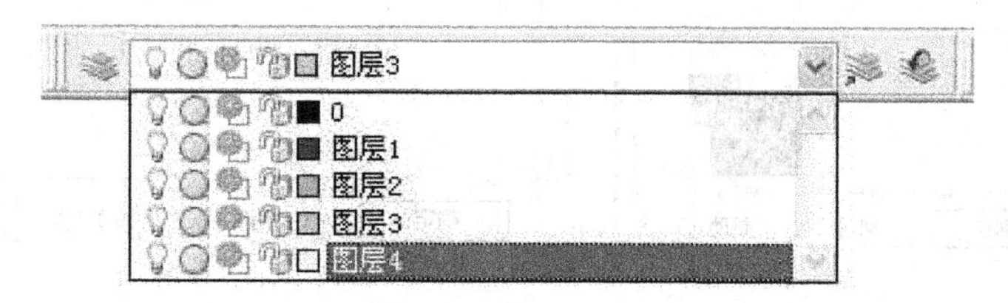

图 3-19 在【图层】工具栏中指定当前层

- 在【图层特性管理器】对话框图层列表中选择某一图层，然后单击绿色对钩，则该图层已被置为当前层。
- 也可以先选中对象，然后单击【图层】工具栏中【把对象的图层置为当前层】按钮，则对象所在层被置为当前层。

3.3.3 图层可见性控制

通过控制对象的显示或打印方式，可以降低图形的视觉复杂程度，并提高显示性能。例如，可以使用图层控制相似对象的特性和可见性。也可以锁定图层，以防止意外选择和修改。图层可见性控制工具包含开/关、冻结/解冻、锁定/解锁、打印/不打印等。

1. 图层的开/关

在绘制大型建筑工程图时，为了使图面清晰，可以暂时关闭一些图层，被关闭的图形对象不可见。当需要打开已关闭的图层时，图层上的对象会自动重新显示。具体操作时，可以在【图层】工具栏或【图层特性管理器】对话框的图层控件中单击【开/关图层】灯泡图标按钮，若灯泡图标显示为黄色，则该图层处于打开状态；若灯泡图标显示为灰色，则该图层处于关闭状态，如图 3-20 所示。需要注意：被关闭图层上的对象不显示，但被关闭的对象可以被某些选择集命令(如 all 全部命令)选择并修改。

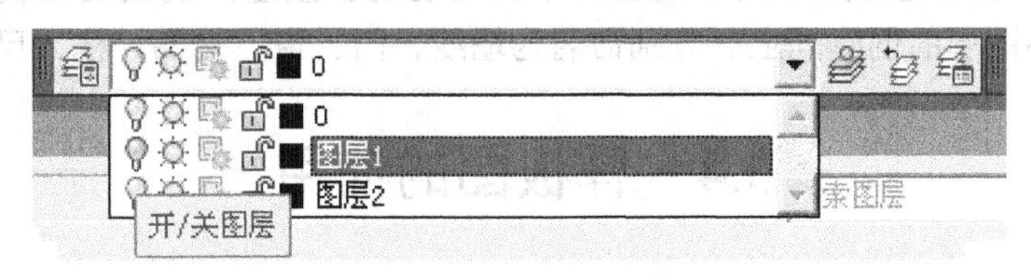

图 3-20 打开或关闭图层

2. 图层的冻结/解冻

在大型图形中，冻结不需要的图层将加快显示和重生成的操作速度。冻结图层上的对象不可见也不会被修改。具体操作时，可以在【图层】工具栏或【图层特性管理器】对话框的图层控件中单击【冻结/解冻图层】图标按钮，若图标显示为【太阳】图标，则该图层处于解冻状态；若图标呈示为【雪花】图标，则该图层处于冻结状态。

3. 图层的锁定/解锁

在 AutoCAD 绘图中，若不希望某些对象被修改，可以将所在层的对象进行锁定，锁定后的图形对象可见，但不能被修改。用户可以在该层新建对象，亦可以使用捕捉功能，捕捉锁定对象上的特殊点。具体操作时，可以在【图层】工具栏或【图层特性管理器】对话框的图层控件中单击【锁定/解锁图层】图标按钮，若图标显示为【开锁】图标，则该图层处于解锁状态；若图标呈示为【锁闭】图标，则该图层处于锁定状态。

4. 图层的打印/不打印

当绘制的图形中某些图层不希望打印出来时，可以通过 【图层特性管理器】对话框中的【打印/不打印图层】按钮来控制。默认情况下各层为打印机图标，表明各层可以被打印，若希望某层图形对象不打印，只需单击打印机图标，使之变成不可打印图标即可。

3.3.4 实践训练

任务：创建新图层。

1. 任务目标

掌握图层创建的方法及原则。

2. 操作过程

(1) 选择【文件】|【新建】命令，弹出【选择样板】对话框，选择 acadiso.dwt 样板图。

(2) 设置新图层：调出【图层特性管理器】对话框，单击【新建图层】按钮，系统自动默认“图层 1”的新图层，用户可以在亮显的图层名上更改为“轴线”新图层名称。

(3) 设置【轴线】层颜色：将光标移至新建图层【颜色】列表中的黑色小方框处单击，会弹出【选择颜色】对话框，在颜色面板中选择红色，并单击【确定】按钮。

(4) 设置【轴线】层线型：在新建图层【线型】列表中的 Contin…处单击，会弹出【选择线型】对话框，单击【加载】按钮，弹出 【加载或重载线型】对话框，在【可用线型】列表框中，选择 center 选择并单击【确定】按钮，则新线型被添加到【选择线型】对话框的线型列表中，最后选择其中的点划线并单击【确定】按钮，线型被加载到当前图层。

(5) 其他各图层的创建同上。分别命名为墙线、门、窗、楼梯、柱、尺寸、文字。

3.4 样板图的使用

若每次绘图前，都新建一张图纸，重新定义标注样式、文字样式、图层、布局等，不但过程烦琐，而且也很难做到规范统一，同时这些重复性的劳动也会大大降低绘图效率。对于专业设计单位，都新建有适合本专业特点的样板图；普通用户也可以创建符合自己的需求的样板图。以下介绍一种通过使用原有样板图，添加新建图形，并保存为样板图的方法。

3.4.1 使用样板图新建图形

使用样板图创建一张图纸，过程其实很简单，只需单击快速访问工具栏中的【新建】按钮，弹出【选择样板】对话框，如图 3-21 所示。在【名称】列表中选择一张符合自己要求的样板图，其文件扩展名为.dwt，然后单击对话框的【打开】按钮，即新建一个扩展名为.dwg 的图纸文件。如选择 acadiso.dwt 样板图，这是国际标准化组织(ISO)制定的国际标准模板，很多东西都是设置好了的。

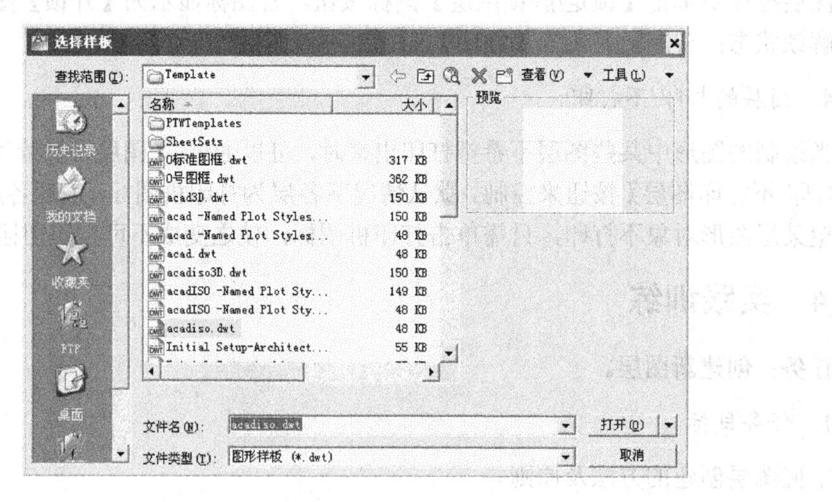

图 3-21 【选择样板】对话框

3.4.2 将图形保存为样板图

AutoCAD 提供了几十种具有统一格式和图纸幅面的样板图，但这些样板图是由美国 Autodesk 公司开发的，并不符合我国的国家标准，用户可以在此基础上设置新的图形界限、图层、文字样式、标注样式等，创建符合我国国家标准或企业习惯的样板图，并保存成一张扩展名为.dwt 新样板图。默认保存的路径为 C:\Documents and Settings\用户名\Local Settings\Application Data\Autodesk\AutoCAD 2012 - Simplified Chinese\R18.2\chs\Template，也可以将创建的样板图文件保存到自己定义的目录下，先保存为.dwt 格式，然后选择【工具】|【选项】命令，弹出【选项】对话框，如图 3-22 所示，选择【样板设置】下的【图形样板文件位置】，单击【浏览】按钮，找到自定义目录确定即可。

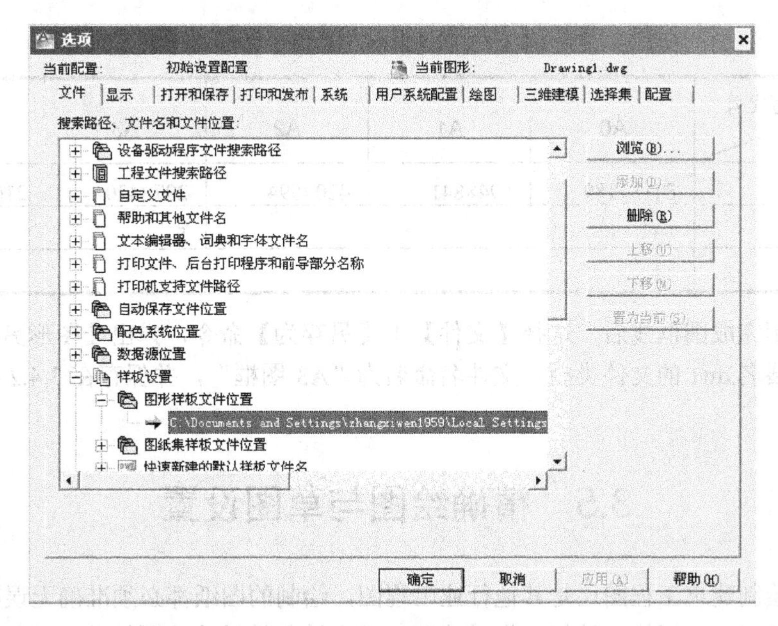

图 3-22 【选项】对话框

3.4.3 实践训练

任务：创建样板图。

1. 任务目标

掌握样板图的创建过程及存储路径。

2. 操作过程

(1) 选择【文件】|【新建】命令，弹出【选择样板】对话框，选择 acadiso.dwt 样板图，新建一个图幅为 420×297 的 AutoCAD 文件。

(2) 默认图形界限、图层、文字样式、标注样式等设置。

(3) 利用直线命令绘制 A3 图框线，如图 3-23 所示。图纸幅面及图框尺寸参见表 3-1。

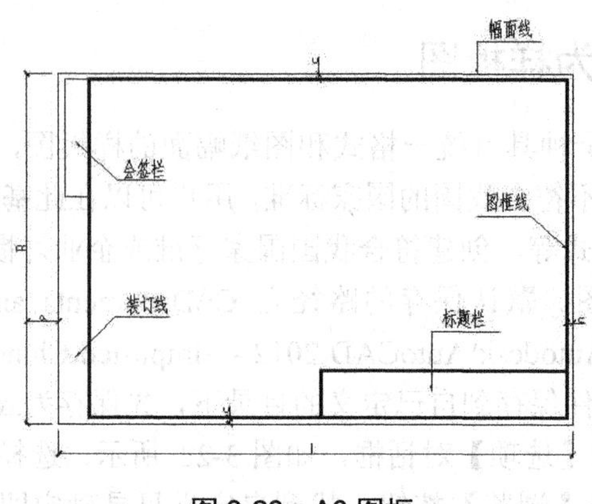

图 3-23　A3 图框

表 3-1　图纸幅面及图框尺寸　　mm

幅面代号 / 尺寸代号	A0	A1	A2	A3	A4
b×l	841×1189	594×841	420×594	297×420	210×297
c	10			5	
a	25				

(4) 绘制完成图框线后，选择【文件】|【另存为】命令，弹出【图形另存为】对话框，选择扩展名.dwt 的文件类型，文件名命名为“A3 图框”，并保存在 3.4.2 小节所述的路径下。

3.5　精确绘图与草图设置

无论是绘制建筑工程图还是其他行业工程图，绘制的图纸都必须准确无误。AutoCAD 为用户提供了正交、栅格、捕捉、极轴追踪、动态输入等精确绘图辅助工具，来帮助设计人员实现精确绘图。这些精确绘图工具以文本状态或图标状态显示在状态栏上，如图 3-24 所示。通过单击状态栏上的按钮，可实现所选项的开启与关闭，将鼠标放置在按钮上右击可进行草图设置。

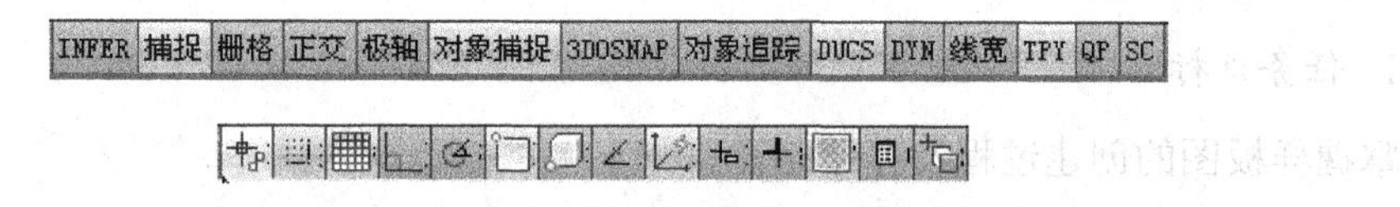

图 3-24　状态栏上文本显示与图标显示的精确绘图工具

3.5.1　正交、栅格和捕捉

1. 正交

绘制水平线或垂直线时，不借助正交工具，会发现要使绘制的直线保持水平或垂直并不容易，即使肉眼看上去水平或垂直了，但仍有可能存在偏差。打开 AutoCAD 状态栏中的正交模式，这时再绘制直线，光标将受到限制，只能沿水平轴或垂直轴方向移动，确保绘制的直线平行于 X 轴或 Y 轴。

命令调用可以通过以下几种方式：

- 状态栏方式：单击状态栏中的【正交】按钮。
- 命令行方式：在命令行输入 ortho 命令。
- 功能键方式：使用 F8 功能键进行切换。

2. 栅格

栅格是绘图区域内为方便绘图定位而沿纵向和横向等距排列的栅格网或点阵，其作用如同坐标纸，是图形定位的参考。这些栅格并不打印，可随时开启或关闭，如图 3-25 所示。

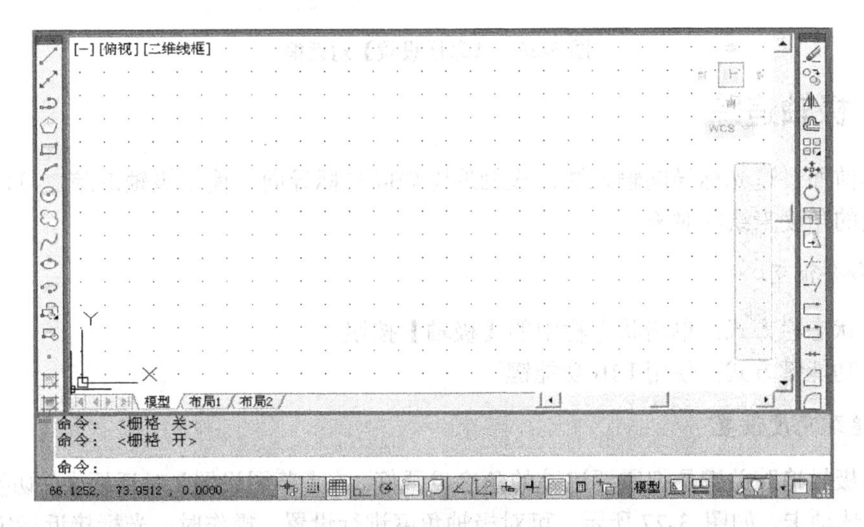

图 3-25 栅格显示

(1) 命令调用。

- 状态栏方式：单击状态栏中的【栅格】按钮。
- 命令行方式：在命令行输入 grid 命令。
- 功能键方式：使用 F7 功能键进行切换。

(2) 栅格设置。

将光标放置在状态栏【栅格】按钮上，然后右击后在弹出的快捷菜单中选择【设置】命令，会弹出【草图设置】对话框，如图 3-26 所示。系统默认的栅格间距，X 轴和 Y 轴均为 10 个绘图单位，这是对应 A3(420×297)图幅的。绘制建筑图则需要更大图纸，如 42000×29700 图幅，这时我们会发现开启栅格后，绘图区域并没有显示出栅格点来，其原因是默认栅格间距太小，致使栅格无法显示。对于这种情况，应将栅格间距值调整为 1000，再开启栅格，其栅格点即会显示出来。

3. 捕捉

用来捕捉栅格点，一般捕捉与栅格配合使用，其捕捉间距设置需在【草图设置】对话框中进行。捕捉间距设置要与设定的栅格间距相匹配，如栅格间距值为 1000 个绘图单位，则捕捉间距值可以设定为1000、500、250等。

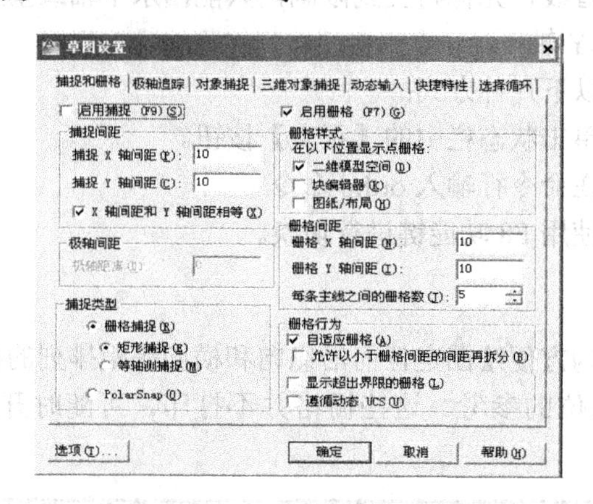

图3-26 【草图设置】对话框

3.5.2 极轴追踪

我们前面讲过光标导向输入法，极轴追踪如同光标导向。使用极轴追踪，可以指示光标按指定的角度来绘制对象。

1. 命令调用

- 状态栏方式：单击状态栏中的【极轴】按钮。
- 功能键方式：使用F10功能键。

2. 追踪角度设置

使用极轴追踪关键是把需要追踪的角度设置好。在【草图设置】对话框中，切换到【极轴追踪】选项卡，如图3-27所示，可对极轴角度进行设置。操作时，光标接近指定的角度方向时，会显示出如图3-28所示的临时对齐路径，再配合输入距离值，用户就可以很方便地借助极轴追踪准确确定目标点。

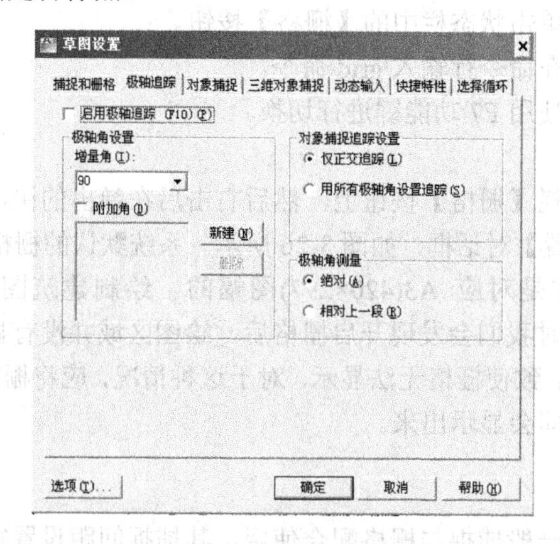

图3-27 【极轴追踪】选项卡

(1) 增量角：如图 3-29 所示，系统默认 8 个增量角，分别为 5°、10°、15°、18°、22.5°、30°、45°、90°，用户也可以根据自己的需要设置一个默认角度中没有的增量角，系统将按 0°和选定角度的整数倍角度进行方向追踪。

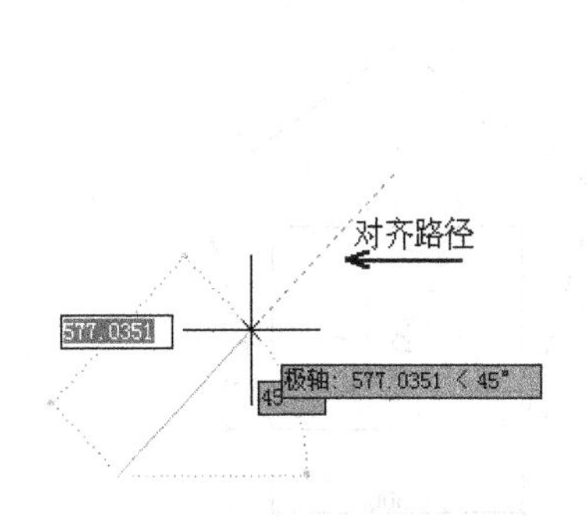

图 3-28 极轴追踪

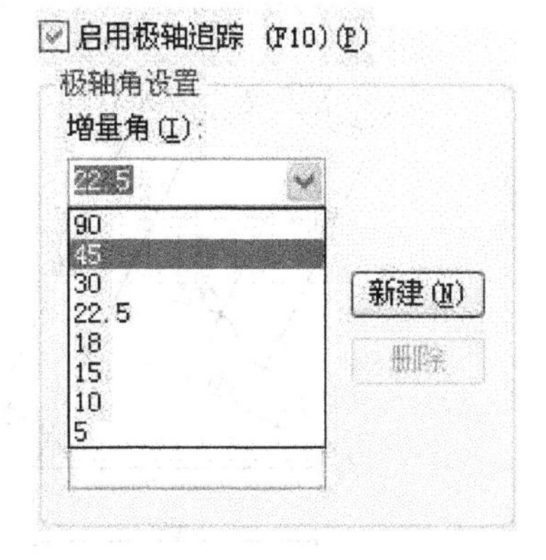

图 3-29 增量角

(2) 附加角：除了按增量角整倍数追踪角度之外，用户也可以设置一个或多个附加角。设置时，选中【附加角】复选框，然后单击【新建】按钮，加入新增角度即可。需要说明的是最多可定义 10 个附加角，不需要的附加角可随时单击图 3-27 中的【删除】按钮删除。

3.5.3 实践训练

任务 1：绘制如图 3-30 所示的多边形图形。

1. 任务目标

掌握设置栅格、捕捉以及极轴追踪的设置和使用方法。

2. 操作过程

(1) 创建一张图纸：选择【文件】|【新建】命令，弹出【选择样板】对话框，选择 acadiso.dwt 样板图，将图幅设置为 42000×29700 的 AutoCAD 文件。

(2) 设置栅格和捕捉：将光标放置状态栏【栅格】按钮上右击，在弹出的快捷菜单中选择【设置】命令，弹出【草图设置】对话框，切换到【捕捉和栅格】选项卡，将栅格间距设定为 1000，捕捉间距设定为 500，单击【确定】按钮。

(3) 设置极轴追踪：在【草图设置】对话框中，切换到【极轴追踪】选项卡，增设附加角 116°、180°、296°、206°。

(4) 绘制多边形：

① 单击状态栏中的【栅格】和【捕捉】按钮，开启栅格和捕捉；

② 激活直线命令，指定第一点，使其 A 点捕捉到栅格点，然后光标右移，当出现 0°对齐路径时，输入距离值 10000；

③ 光标向左上方移动，当出现 116°对齐路径时，输入距离值 15000；

④ 光标向左侧移动，当出现 180°对齐路径时，输入距离值 4000；

⑤ 光标向右下方移动，当出现 296°对齐路径时，输入距离值 10000；

⑥ 光标向左下方移动，当出现 206° 对齐路径时，输入距离值 3500；

⑦ 命名行输入 c 命令，按 Enter 键，图形闭合。

任务 2：绘制如图 3-31 所示的正五边形。

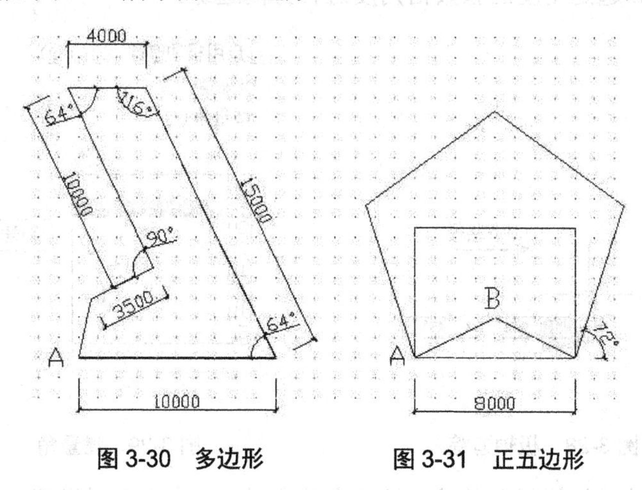

图 3-30 多边形　　　　图 3-31 正五边形

1. 任务目标

掌握极轴追踪增量角的使用方法。

2. 操作过程

(1)、(2)步骤同上。

(3) 设置极轴追踪：在【极轴追踪】选项卡中，增量角设置为 72°。

(4) 正五边形绘制：

① 单击状态栏中的【栅格】和【捕捉】按钮，开启栅格和捕捉。

② 激活直线命令，指定第一点，使其 A 点捕捉到栅格点，然后光标右移，当出现 0° 对齐路径时，输入距离值 8000。

③ 移动光标，当出现 72°、144°、216°、288° 对齐路径时，分别输入距离值 8000；完成正五边形的绘制。

④ 按图，通过捕捉栅格点，完成正五边形内部的矩形和三角形绘制。

3.6 对象捕捉

对象捕捉是绘图过程中使用最为频繁的工具之一，对于交点、中点、切点等目标点，用户可以使用光标直接对其进行精确捕捉。对象捕捉分为对象捕捉模式选择和执行对象捕捉。

3.6.1 对象捕捉模式选择

AutoCAD 提供了多种对象捕捉类型可供选择，绘图时可根据需要相应选择即可。

1. 常用对象捕捉类型

- 端点：捕捉到直线、圆弧、多段线、样条曲线等最近的端点。
- 中点：捕捉到直线、圆弧、多线、多段线、椭圆、样条曲线、面域的中点。
- 圆心：捕捉到圆弧、圆、椭圆的中心点。捕捉圆心时，将光标在对象上或中心点附近，即可捕捉。
- 节点：捕捉到点对象。
- 象限点：圆、椭圆均有上、下、左、右四个象限点，圆弧有部分象限点，捕捉象限点时，将光标放置在象限点附近即可捕捉。
- 交点：捕捉到直线、圆弧、多线、多段线、椭圆、样条曲线、面域的交点。
- 垂足：捕捉到对象的垂足点。
- 切点：捕捉到圆、圆弧、椭圆或样条曲线的切点。
- 平行线：使绘制的线与目标对象平行。

2. 命令调用

(1) 利用【草图设置】调用。

通过菜单栏的【工具】菜单命令，选择【绘图设置】命令出现【草图设置】对话框，然后切换到【对象捕捉】选项卡，在其中选择捕捉方式，捕捉即可生效，如图 3-32 所示。

(2) 利用快捷菜单调用。

光标放置在状态栏对象捕捉按钮上，右击会弹出图 3-33 所示的【对象捕捉】快捷菜单。用户只需单击要选择的对象捕捉模式，如端点、圆心、交点、范围等，使其按钮出现蓝色的方框，即此对象捕捉生效。

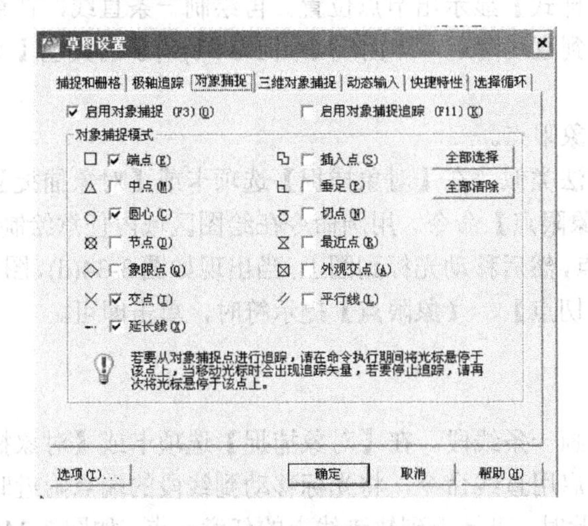

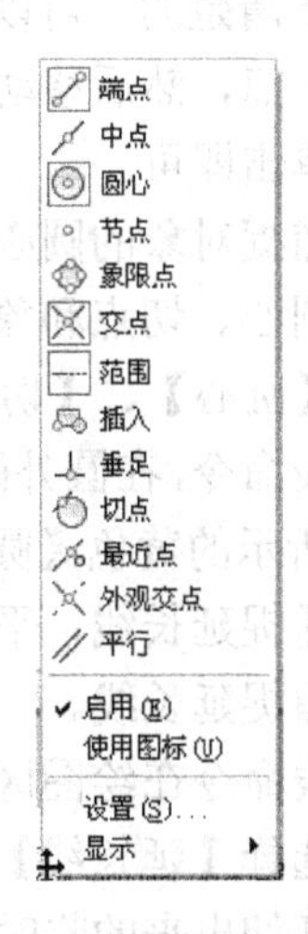

图 3-32 【对象捕捉】选项卡　　图 3-33 【对象捕捉】快捷菜单

需要注意的是，当对象捕捉选择得过多时，会出现某种对象捕捉不能使用的干扰现象，捕捉不用时，应随时关闭。

3.6.2 执行对象捕捉

捕捉的前提是要有被捕捉图形对象，同时还要有将要绘制的对象，一张空白的图纸是无法实现对象捕捉的。例如，已有一个圆图形，在此基础上要绘制一个同心圆，可通过打开圆绘图命令，启用【圆心】捕捉模式，捕捉到圆心再指定半径来实现。

1. 捕捉过程

单点捕捉是一种目标点捕捉，是将光标直接指向被捕捉图形的端点、交点、中点、圆心、象限点、切点、节点、垂足等目标点，当移至目标点附近时，会出现捕捉标记提示，这时单击则该点被捕捉。

对于延长线、平行线则需要借助临时轨迹线，光标移至目标附近时会出现临时轨迹线，此时单击则对象被捕捉。

2. 操作示例

(1) 捕捉对象的交点、垂足、节点。

① 捕捉交点：用直线命令绘制两条相交的直线，如图 3-34(a)所示。在【对象捕捉】选项卡或【对象捕捉】快捷菜单中选择【交点】命令。再启用直线命令，在绘图区内任意确定一点，然后移动十字光标到交点附近，当出现如图 3-34(a)黄色【交点】提示符时，单击即可。

② 捕捉垂足：用直线命令绘制一条直线，如图 3-34(b)所示的。在【对象捕捉】选项卡或【对象捕捉】快捷菜单中选择【垂足】命令。再启用直线命令，在绘图区内任意确定一点，然后移动十字光标到直线附近，当出现如图 3-34(b)所示的黄色【垂足】提示符时，单击即可。

③ 捕捉节点：当线段等分时，其等分点也被称为节点，如图 3-34(c)所示。直线上的节点是看不清楚的，可以配合【点样式】显示出节点位置。再绘制一条直线，在绘图区内任意确定一点，然后移动十字光标到直线附近，当出现如图 3-34(c)所示的黄色【节点】提示符时，单击即可。

(2) 捕捉对象的圆心、切点和象限点。

捕捉圆心、切点和象限点的方法类似。在【对象捕捉】选项卡或【对象捕捉】快捷菜单中选择【圆心】、【切点】、【象限点】命令。用圆命令在绘图区域内任意绘制一个圆，再启用直线命令，在圆外画出第一点，然后移动光标到圆上，当出现如图 3-34(d)、图 3-34(e)、图 3-34(f)所示的黄色【圆心】、【切点】、【象限点】提示符时，单击即可。

(3) 捕捉延长线、平行线。

① 捕捉延长线。

用直线命令在绘图区域内任意画一条线段。在【对象捕捉】选项卡或【对象捕捉】快捷菜单中选择【延长线】命令。再启用直线命令，将光标移动到线段的端点附近时，会出现由线段延伸出来的临时轨迹线，此时，可捕捉到轨迹线上的任意一点，如图 3-34(g)所示。

② 捕捉平行线。

用直线命令任意画一条线段，在【对象捕捉】快捷菜单中选择【平行线】命令。再启用直线命令，在线段附近任意指定第一点，然后在直线上移动光标，当出现如图 3-34(h)所示的黄色【平行】提示符时，光标离开原直线，再出现如图 3-34(i)所示的临时轨迹线时单击即可。

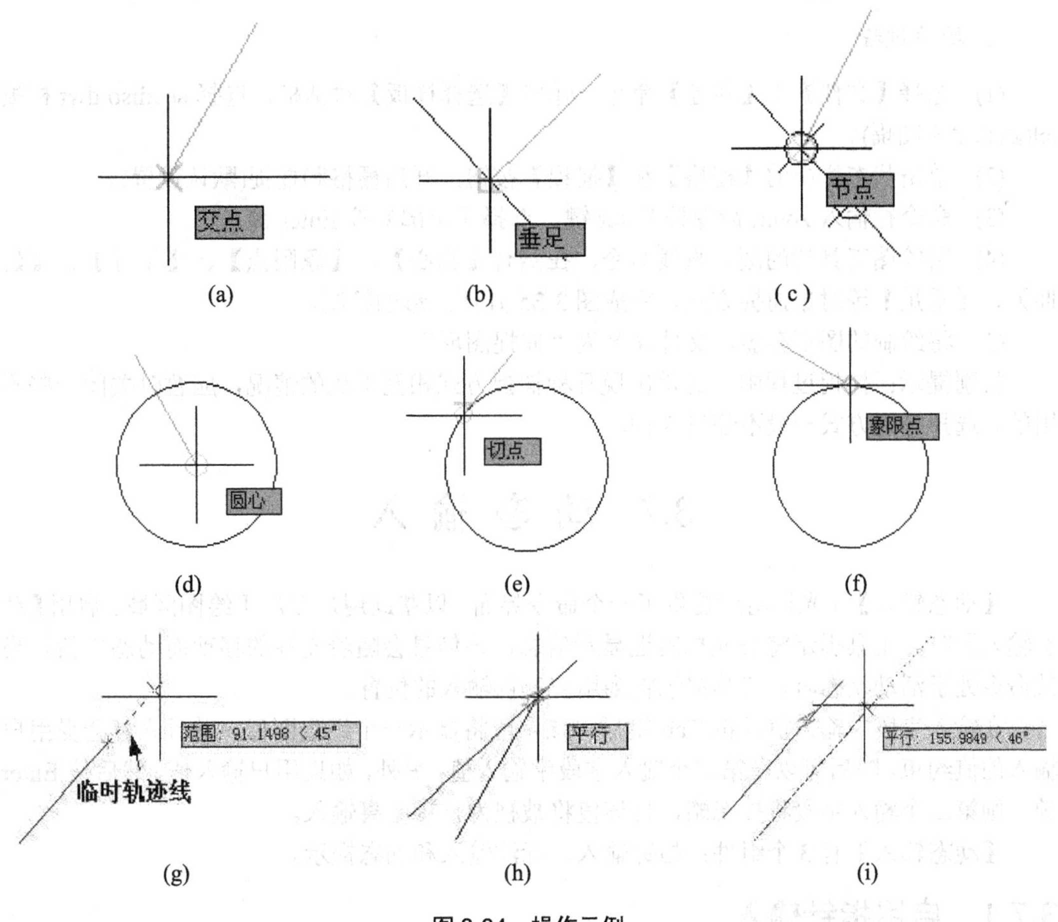

图 3-34 操作示例

3.6.3 实践训练

任务：绘制如图 3-35 所示的几何图形。

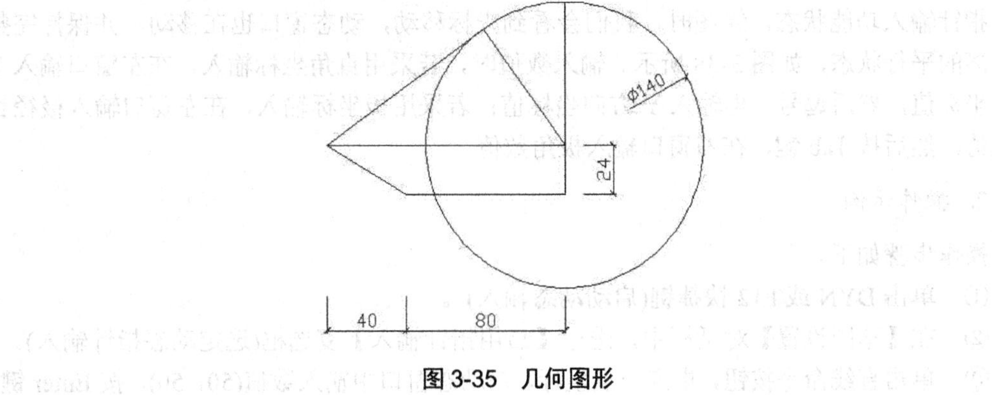

图 3-35 几何图形

1. 任务目标

体会并掌握对象捕捉的使用方法。

2. 操作过程

(1) 选择【文件】|【新建】命令，弹出【选择样板】对话框，选择 acadiso.dwt 样板图(默认 A3 图幅)。

(2) 单击状态栏中的【栅格】和【捕捉】按钮，开启栅格和捕捉(默认设置)。

(3) 命令行输入 zoom 命令按 Enter 键，选择【全部】按 Enter 键。

(4) 用绘图工具栏的圆、直线命令，在结合【圆心】、【象限点】、【平行】、【延伸】、【垂足】等对象捕捉方式，完成图 3-35 几何图形的绘制。

(5) 将绘制的图形存盘，文件命名为“捕捉图形”。

特别提示：捕捉过程中，经常出现几种捕捉方式相互干扰的情况，应暂时关闭一些不用的。选择捕捉方式一般不超过 3 种。

3.7 动 态 输 入

【动态输入】在光标附近提供了一个命令界面，以帮助用户专注于绘图区域。启用【动态输入】时，工具提示将在光标附近显示信息，该信息会随着光标的移动而动态更新。当某命令处于活动状态时，工具提示将为用户提供输入的位置。

在输入字段中输入值并按 Tab 键后，该字段将显示一个锁定图标，并且光标会受用户输入的值约束。随后可以在第二个输入字段中输入值。另外，如果用户输入值，然后按 Enter 键，则第二个输入字段将被忽略，且该值将被视为直接距离输入。

【动态输入】有 3 个组件：指针输入、标注输入和动态提示。

3.7.1 启用指针输入

1. 指针输入启用方法

将光标放置在状态栏 DYN 按钮上，右击会出现一个快捷菜单，图 3-36 所示，选择【设置】选项，弹出【草图设置】对话框，如图 3-37 所示，选中【启用指针输入】复选框，则进入指针输入功能状态。绘图时，我们会看到光标移动，动态窗口也在移动，并保持完整不分离的平行状态，如图 3-38 所示。输入数值时，若采用直角坐标输入，在左窗口输入 X 方向坐标值，然后逗号，再输入 Y 方向坐标值；若采用极坐标输入，在左窗口输入极径长度数值，然后按 Tab 键，在右窗口输入极角数值。

2. 操作示例

操作步骤如下。

① 单击 DYN 或 F12 快捷键(启动动态输入)。

② 在【草图设置】对话框中，选中【启用指针输入】复选框(选定动态指针输入)。

③ 单击直线命令按钮，指定一点坐标，在动态窗口中输入数值(50，50)，按 Enter 键。(使用直角坐标动态输入)。

④ 在指定下一点提示下，继续在动态窗口中输入 100，按 Tab 键，再输入 120，按 Enter 键(使用极坐标动态输入)。

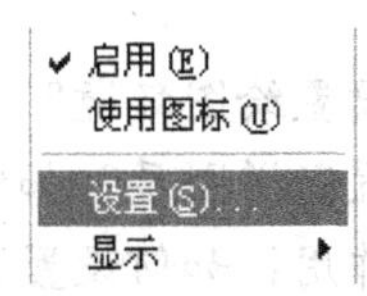

图 3-36 DYN 上快捷菜单

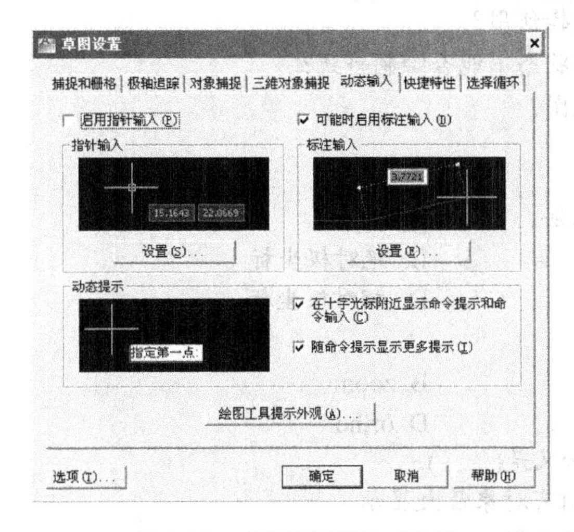

图 3-37 【草图设置】对话框

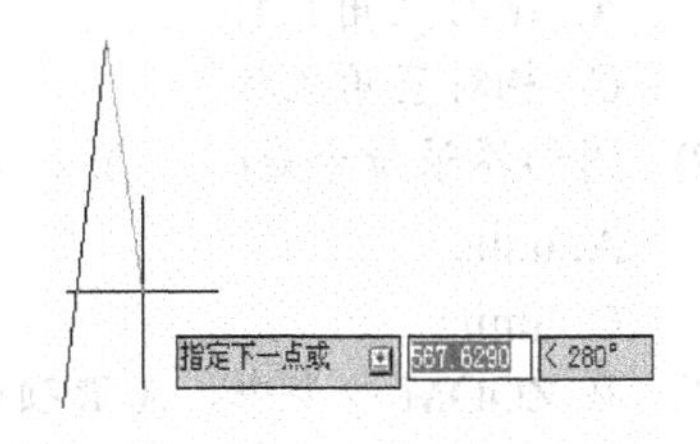

图 3-38 指针输入状态

3.7.2 启用标注输入

在【草图设置】对话框中，选中【可能时启用标注输入】复选框，标注输入功能启用。绘图时动态窗口不再是聚拢在一起，而是随光标移动，散聚在光标周围，如图 3-39 所示。具体坐标输入与动态指针输入没有什么区别。

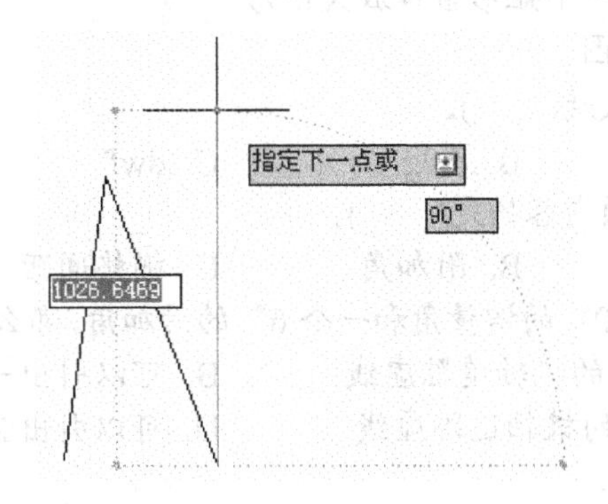

图 3-39 标注输入状态

思考与练习题

1. 思考题

(1) AutoCAD 中坐标系的作用是什么？常用的坐标输入法有哪几种？如何利用坐标

输入法进行精确定位？

(2) 绘图界限有什么作用？如何设置绘图环境？

(3) 图层的作用是什么？如何设置新增图层？如何置换图层？

(4) 草图中的捕捉和栅格有什么作用？如何设置？

(5) 极轴追踪与对象捕捉命令有什么紧密联系？

(6) 对象捕捉模式有几种？如何选择使用？

(7) 正交的作用是什么？正交开启状态下能否绘制斜线？

(8) 什么是样板图？如何使用样板图？

2. 选择题

(1) @380,240 属于(　　)坐标输入法。

A. 绝对直角坐标　　B. 绝对极坐标

C. 相对直角坐标　　D. 相对极坐标

(2) 图形界限命令是(　　)。

A. units　　B. zoom

C. limits　　D. ortho

(3) 在 ZOOM 命令中，A 选项的含义是(　　)。

A. 缩放以显示图形范围并使所有对象最大显示

B. 缩放显示在视图框中的部分图形

C. 在当前视口中缩放显示整个图形

D. 缩放显示由两个角点定义的矩形窗口框定的区域

(4) 在 ZOOM 命令中，E 选项的含义是(　　)。

A. 拖曳鼠标连续地放大或缩小图形

B. 尽可能地在窗口内显示已编辑图形

C. 通过两点指定一个矩形窗口放大图形

D. 返回前一次视图

(5) 样板图的文件格式是(　　)。

A. .dwt　　B. .dwg　　C. .dwf　　D. .png

(6) 属于极轴追踪选项内容的是(　　)。

A. 象限点　　B. 附加角　　C. 栅格间距　　D. 平行

(7) 如果设置了一个 10°的增量角和一个 6°的附加角，那么下列叙述正确的是(　　)。

A. 可以引出 16°的极轴追踪虚线　　B. 可以引出-4°的极轴追踪虚线

C. 可以引出-6°的极轴追踪虚线　　D. 可以引出 20°和 6°的极轴追踪虚线

(8) 图层锁定后(　　)。

A. 图层中的对象不可见　　B. 图层中的对象不可见，可以编辑

C. 图层中的对象可见，但无法编辑　　D. 该图层不可以绘图

(9) 用【图层】工具栏中的层列表不能进行的操作是(　　)。

A. 冻结层　　B. 改变层的颜色

C. 把锁定的层解锁　　D. 将某一层置为当前层

(10) (　　)的名称不能被修改或删除。

A. 标准层　　B. 0 层　　C. 未命名的层　　D. 默认的层

第二篇 进 阶 篇

第4章 基本二维图形的绘制

本章内容提要：

本章主要学习基本图形元素的绘制方法，包括点及点样式、直线、构造线、多段线、多线及多线样式、矩形、正多边形、圆、弧、椭圆、圆环等内容，这些命令是绘制复杂图形的基础。

学习要点：

- 点样式的设置及点的等分方法；
- 直线的绘制方法；
- 多段线的绘制方法；
- 多线样式的设置、绘制及编辑；
- 绘制矩形及倒角矩形；
- 绘制正多边形的两种方法；
- 圆的六种绘制方法；
- 圆弧的十一种绘制方法；
- 椭圆的两种绘制方法；
- 实心及空心圆环的绘制方法；
- 样条曲线的绘制方法。

4.1 点对象的绘制

我们知道线段、圆弧等这些基本图形是由无数个连续的点构成的。在CAD绘图中，采用默认的点样式，当绘制的点与图线重合时是无法区分出来的，这就涉及点样式的设置。点在绘图中可用来标识特殊点，也可用来对线段、圆弧和多段线等基本图形的等分处理。点对象的内容包括点样式、单点、多点、点的定数等分和点的定距等分等。

4.1.1 设置点样式

默认的点就是一个小圆点，当与图形重合时，我们是观察不到点的位置的，这时可以改变点样式，点的位置便被明显地标识出来了。

1. 命令调用

- 菜单栏方式：选择【格式】|【点样式】命令。
- 命令方式：在命令行中输入 ddptype 命令。

2. 操作方法

调用命令执行以后，会弹出【点样式】对话框，如图 4-1 所示。其中包含 20 种点的样式，绘图时可以根据用途选择其中一种样式，也可以对选取的点样式进行大小比例的调整，改变其显示的效果，如图 4-2 所示。

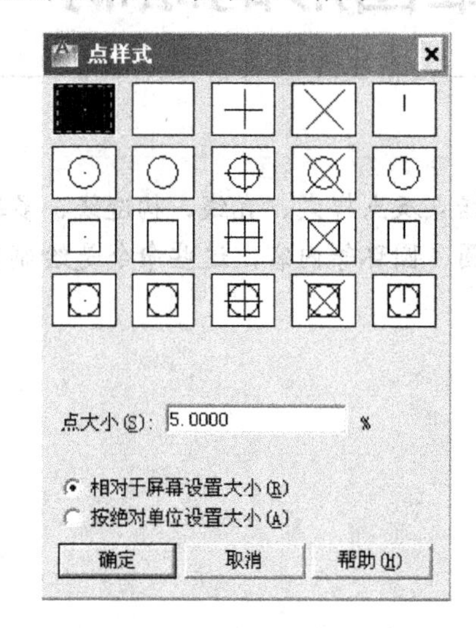

图 4-1 【点样式】对话框

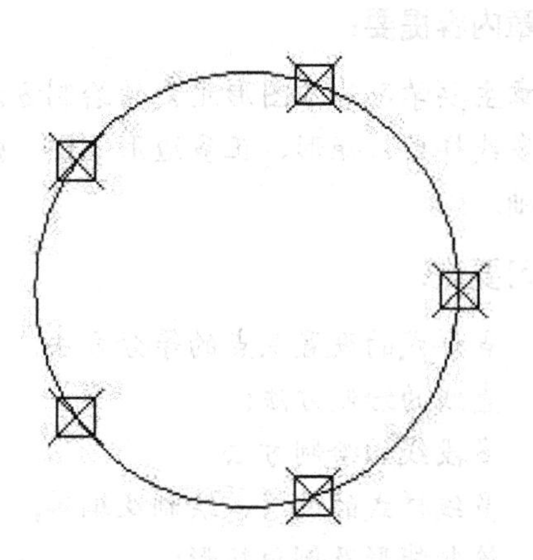

图 4-2 点比例改变的效果

4.1.2 绘制单点

所谓单点，就是调用一次单点命令只能绘制一个点。

1. 命令调用

- 菜单栏方式：选择【绘图】|【点】|【单点】命令。
- 命令方式：在命令行中输入 point 或 po 命令。

2. 操作示例

(1) 运用直线命令先绘制一个三角形。

```
命令: line(命令行输入直线命令，按 Enter 键)
指定第一点: (在绘图区内任意一点，按 Enter 键)
指定下一个点或[或放弃(U)]: @60，0(相对直角坐标法指定下一点，按 Enter 键)
指定下一个点或[或放弃(U)]: @60<120(相对极坐标法指定下一点，按 Enter 键)
指定下一个点或[闭合(C)或放弃(U)]: (闭合，按 Enter 键)
```

(2) 选择点样式。

在【点样式】对话框中，选择最后一个点样式，点大小修改为 10%。

(3) 用单点法绘制点。

在三角形角点上画 3 个点，在三角形内部任意单击画 3 个点，效果如图 4-3 所示。

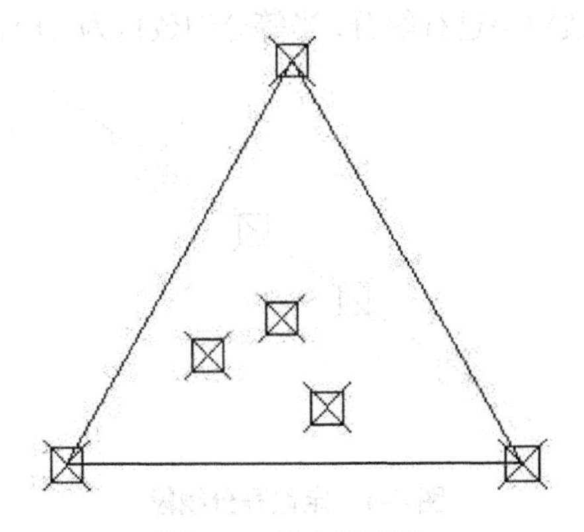

图 4-3　单点的画法

4.1.3　绘制多点

所谓多点命令，就是调用一次多点命令，可以连续绘制多个点。

命令调用：

菜单栏方式：选择【绘图】|【点】|【多点】命令。

特别提示： 多点命令属于非常用命令，没有常规的退出途径，当需要结束命令时，只能采用键盘上的 Esc 键退出。

4.1.4　点的定数等分

点的定数等分是指将对象等分为指定的段数，并用点进行标记。等分对象可以是线段、圆、弧和多段线等。在点对象命令中，点的定数等分是非常重要的命令，一些图形的绘制往往需要借助这个命令来完成。

1. 命令调用

- 菜单栏方式：选择【绘图】|【点】|【定数等分】命令。
- 命令方式：在命令行中输入 divide 或 div 命令。

2. 操作示例

(1) 运用直线命令先绘制一条直线。

```
命令: line(命令行输入直线命令, 按 Enter 键)
指定第一点: (在绘图区内任意一点, 按 Enter 键)
指定下一个点或[或放弃(U)]: (在绘图区内任意一点, 按 Enter 键)
```

(2) 选择点样式。

在【点样式】对话框中，选择最后一个点样式，点大小修改为 10%。

(3) 用点定数等分命令等分线段。

```
命令: divide (命令行输入定数等分命令, 按 Enter 键)
选择要定数等分的对象: (光标拾取线段, 按 Enter 键)
输入线段数目或[块(B)]: 5(输入等分数目为 5, 按 Enter 键)
```

完成的效果如图 4-4 所示。

特别提示：对线段或弧线对象进行等分，当等分的数目为 n 时，标记在对象上的点为 $n-1$。

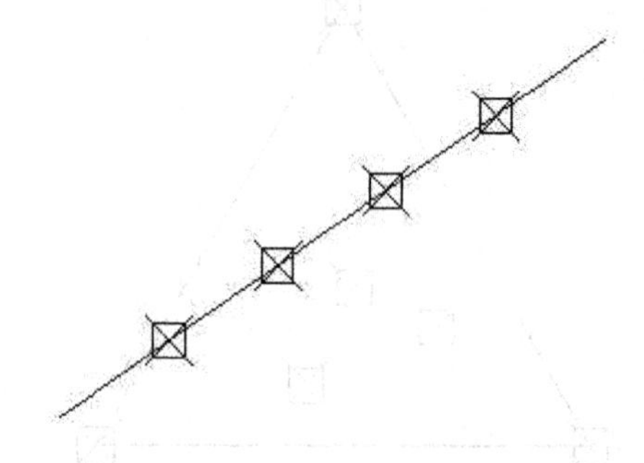

图 4-4　定数等分线段

4.1.5　点的定距等分

点的定距等分是指将对象按要求的距离进行等分，并用点来标记。

1. 命令调用

- 菜单栏方式：选择【绘图】|【点】|【定距等分】命令。
- 命令方式：在命令行中输入 measure 或 me 命令。

2. 操作示例

(1) 运用直线命令先绘制一条直线。

```
命令: line(命令行输入直线命令，按 Enter 键)
指定第一点: 50，50(绝对直角坐标法指定第一点，按 Enter 键)
指定下一个点或[或放弃(U)]: @150，90(相对直角坐标指定下一点，按 Enter 键)
```

(2) 选择点样式。

在【点样式】对话框中，选择最后一个点样式，点大小修改为 10%。

(3) 用点定距等分命令等分线段。

```
命令: measure ( 命令行输入定距等分命令，按 Enter 键)
选择要定距等分的对象: (光标拾取定距等分对象，按 Enter 键)
指定线段长度或[块(B)]: 30 (输入定距等分数值，按 Enter 键)
```

观察定距等分效果，如图 4-5 所示。

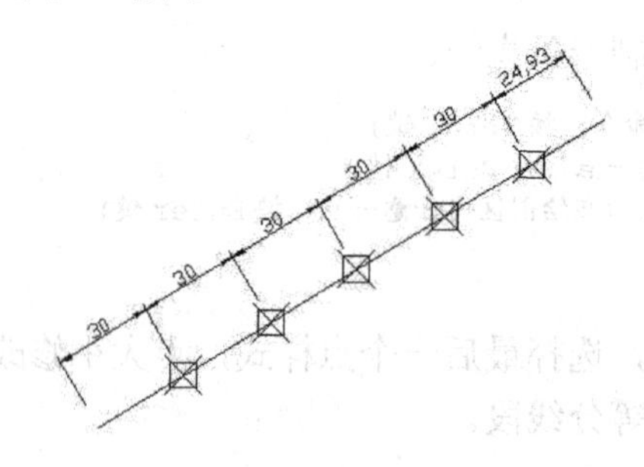

图 4-5　定距等分线段

特别提示：定距等分的距离是从对象哪一端度量呢？对于线段，光标拾取对象时，光标在线段哪一端附近拾取，就从哪一端开始度量。

4.2 直线型对象的绘制

直线型对象包括直线、构造线、多段线和多线等。任何工程图绘制都离不开它们的身影。不同的线型，具有不同的特征，完成绘图时的效率也不一样。例如，绘制建筑图的墙体，我们可以采用多线、直线，也可以采用多段线，而多线的效率是最高的。选择哪种直线型命令绘图，还需要根据图形的特点来考虑。

4.2.1 直线的绘制

在正式讲述直线命令之前的章节中，一些示例操作也是选用的直线命令，因为它是绘图中最常用、最简单的绘图命令。命令启用后，可连续绘制，直至结束命令。

1. 命令调用

- 菜单栏方式：选择【绘图】|【直线】命令。
- 工具栏方式：选择绘图工具栏中的【直线】按钮。
- 命令方式：在命令行中输入 line 或 l 命令。

2. 操作示例

(1) 新建图形文件。

选择【文件】|【新建】命令，弹出【选择样板】对话框，选择 acadiso.dwt 样板图。

(2) 绘图环境设置。

```
命令: limits (命令行输入 limits,按 Enter 键)
重新设置模型空间界限:
指定左下角点或 [开(ON)/关(OFF)] <0.0000, 0.0000> :(默认, 按 Enter 键)
指定右上角点< 420.0000,297.0000> : 4200, 2970 (输入新坐标, 按 Enter 键)
命令: zoom              (命令行输入 zoom,按 Enter 键)
[全部(A)/中心(C)/动态(D)/…]<实时>: all (输入 all, 按 Enter 键)
```

(3) 运用直线命令绘制一扇门。

```
命令: line(命令行输入直线命令, 按 Enter 键)
指定第一点: 1100, 500(绝对直角坐标法指定第一点, 按 Enter 键)
指定下一个点或[或放弃(U)]: 1000(光标向右导向输入, 按 Enter 键)
指定下一个点或[闭合(C)或放弃(U)]: 2100 (光标向上导向输入, 按 Enter 键)
指定下一个点或[闭合(C)或放弃(U)]: 1000 (光标向左导向输入, 按 Enter 键)
指定下一个点或[闭合(C)或放弃(U)]:  ( 闭合, 按 Enter 键)
```

调出对象捕捉工具栏，如图 4-6 所示。

图 4-6 对象捕捉工具栏

```
命令: line(命令再次使用直接按 Enter 键)
指定第一点:
单击【捕捉自】(工具栏左数第二个)(指定前图左下角)再输入@60,150, 按 Enter 键
指定下一个点或[或放弃(U)]: 880(光标向右导向输入, 按 Enter 键)
指定下一个点或[闭合(C)或放弃(U)]: 1860(光标向上导向输入, 按 Enter 键)
指定下一个点或[闭合(C)或放弃(U)]: 880 (光标向左导向输入, 按 Enter 键)
```

```
命令: line(命令再次使用直接按 Enter 键)
指定第一点:
单击【捕捉自】(指定图形的左下角)再输入@60,1050，按 Enter 键
指定下一个点或[或放弃(U)]: 880(光标向右导向输入，按 Enter 键)
指定第一点:
单击【捕捉自】(指定图形的左下角)再输入@60,1110，按 Enter 键
指定下一个点或[或放弃(U)]: 880(光标向右导向输入，按 Enter 键)
```

图形完成结果，如图 4-7 所示。由于还没有讲到其他绘图和编辑命令，所以绘制的方法略显笨拙。当其他命令陆续讲到以后，还有更快捷的绘制方法。

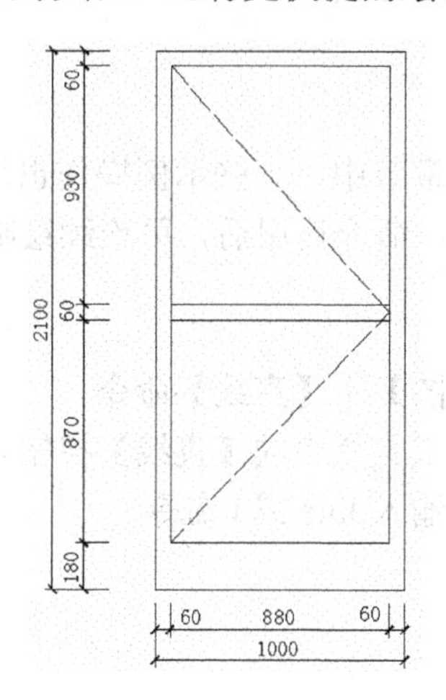

图 4-7　门的绘制结果

4.2.2　构造线的绘制

构造线是两端无限延长的直线。在绘图中构造线主要被用作辅助定位的参考线。利用构造线可以快速地作出很多条水平或垂直的平行线，还可以方便地作角平分线。构造线经过裁切以后也可以变成线段。

1. 命令调用

- 菜单栏方式：选择【绘图】|【构造线】命令。
- 工具栏方式：选择绘图工具栏中的【构造线】按钮
- 命令方式：在命令行中输入 Xline 或 xl 命令。

2. 操作方法

```
命令: xline  (命令行输入命令，按 Enter 键)
xline 指定点或[水平(H)/垂直(V)/角度(A)/二分角(B)/偏移(O)]:
指定通过点
指定通过点
……
```

各选项的含义如下。

- 水平(H)：选择该项，每次绘制都是经过指定点的水平构造线。
- 垂直(V)：选择该项，每次绘制都是经过指定点的垂直构造线。
- 角度(A)：选择该项，每次绘制都是经过指定点并成一定角度的构造线。

- 二分角(B)：可平分已知角。绘制时，系统要求用户指定角的顶点、起点和终点。
- 偏移(O)：可创建指定偏移距离和偏移对象的平行线，也可以使偏移的构造线经过指定点与偏移对象平行。

3. 操作示例

(1) 用直线命令绘制一个三角。

(2) 平分已知角。

```
命令: Xline  (命令行输入命令，按 Enter 键)
Xline 指定点或[水平(H)/垂直(V)/角度(A)/二分角(B)…]: B(输入 B，按 Enter 键)
指定角顶点 o(捕捉角顶点，按 Enter 键)
指定角起点 a(捕捉角起点，按 Enter 键)
指定角端点 b(捕捉角端点，按 Enter 键)
```

绘制效果如图 4-8 所示。

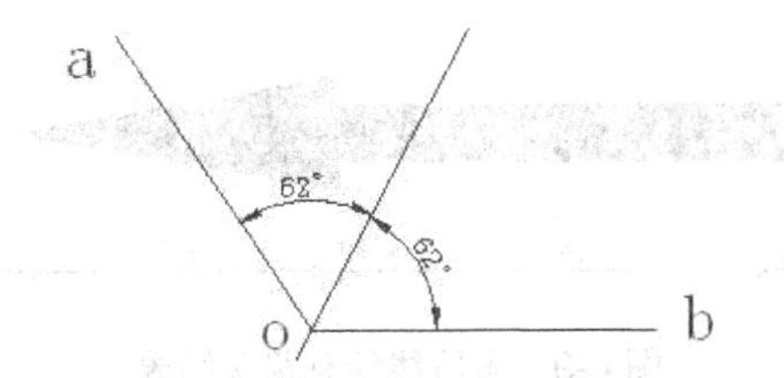

图 4-8 已知角平分结果

4.2.3 多段线的绘制

多段线是由直线及弧一次性绘制的整体图形对象。像随后将要讲到的矩形、正多边形和圆环等命令绘制的图形，都属于多段线对象。多段线可以绘制一些特殊图形，如箭头、指北针、二极管等。绘制时多段线的直线、弧线、宽度等选项可以随时转换。

1. 命令调用

- 菜单栏方式：选择【绘图】|【多段线】命令。
- 工具栏方式：选择绘图工具栏多段线按钮。
- 命令方式：在命令行中输入 pline 或 pl 命令。

2. 操作方法

```
命令: pline  (命令行输入命令，按 Enter 键)
指定起点:
指定下一点或[圆弧(A)/半宽(H)/长度(L)/放弃(U)/宽度(W)]:
指定下一点或[圆弧(A)/闭合(C)/半宽(H)/长度(L)/放弃(U)/宽度(W)]:
指定下一点或[圆弧(A)/闭合(C)/半宽(H)/长度(L)/放弃(U)/宽度(W)]:
……
```

各选项的含义如下。

- 圆弧(A)：用多段线方式连续绘制圆弧。
- 半宽(H)：指定多段线绘制的直线或弧的半宽值。
- 长度(L)：指定多段线各段直线或弧的长度。
- 放弃(U)：取消绘制，回到上一段。

- 宽度(W)：制定多段线的宽度。

3. 操作示例

示例 1：用多段线绘制一个箭头。

```
命令: pline  (命令行输入命令，按 Enter 键)
指定起点: (在绘图区中心附近任意指定一点)
指定下一点或[圆弧(A)/半宽(H)/长度(L)…]: H(输入半宽 H，按 Enter 键)
指定起点半宽<0.0000> 5       (输入数值 5，按 Enter 键)
指定端点半宽<5.0000>        (默认，按 Enter 键)
指定直线的长度: 80          (输入长度值 80，按 Enter 键)
指定下一点或[圆弧(A)/闭合(C)/半宽(H)/长度(L)/…]: H(输入半宽 H，按 Enter 键)
指定起点半宽<0.0000> 10      (输入数值 5，按 Enter 键)
指定端点半宽<10.0000> 0      (输入数值 0，按 Enter 键)
指定直线的长度: 60           (输入长度值 60，按 Enter 键)
```

绘制效果如图 4-9 所示。

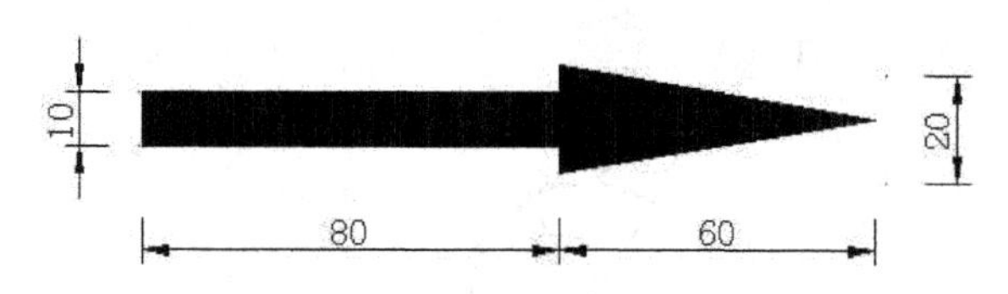

图 4-9　多段线绘制箭头结果

示例 2：用多段线绘制一个跑道。

```
命令: pline  (命令行输入命令，按 Enter 键)
指定起点: (在绘图区中心附近任意指定一点)
指定下一点或[圆弧(A)/半宽(H)/长度(L)…]: 60(光标右导，输入 60，按 Enter 键)
指定下一点或[圆弧(A)/闭合(CL)/半宽(H)…]: A(输入圆弧 A，按 Enter 键)
指定圆弧的端点或
[角度(A)/圆心(CE)/闭合(CL)…]: 30(光标上导，输入 30，按 Enter 键)
指定下一点或[圆弧(A)/闭合(CL)/半宽(H)…]: L(输入直线 L，按 Enter 键)
指定下一点或[圆弧(A)/闭合(CL)/半宽(H)…]: 60(光标左导，输入 60，按 Enter 键)
指定下一点或[圆弧(A)/闭合(CL)/半宽(H)…]: A(输入圆弧 A，按 Enter 键)
指定下一点或[圆弧(A)/闭合(CL)/半宽(H)…]: CL(闭合，按 Enter 键)
```

绘制效果如图 4-10 所示。

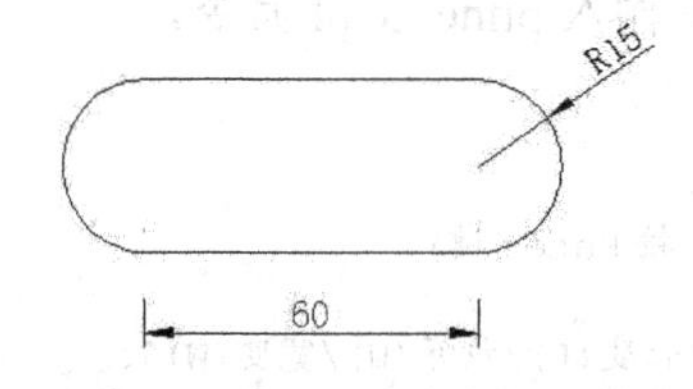

图 4-10　多段线绘制跑道结果

4.2.4　实践训练

任务：绘制如图 4-11 所示的几何图形。

1. 任务目标

掌握直线命令、多段线命令和点的定数等分等命令的使用。

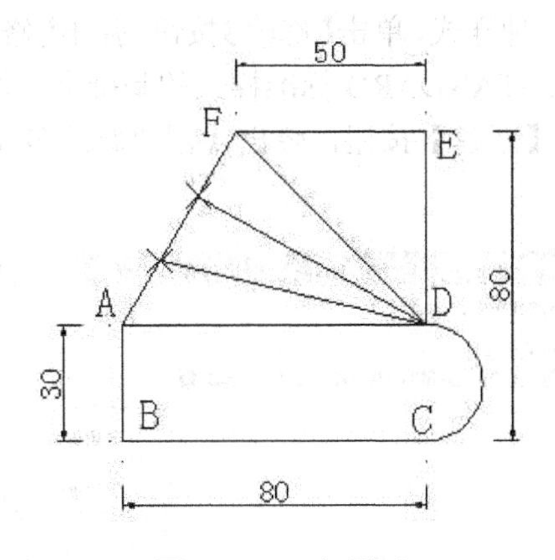

图 4-11　几何图形

2. 操作过程

(1) 新建文件。选择【文件】|【新建】命令，弹出【选择样板】对话框，选择 acadiso.dwt 样板图(默认 A3 图幅)。

(2) 启用绘图辅助工具。打开【正交】模式；确保【对象捕捉】为开启状态，选择【端点】、【交点】和【节点】捕捉方式。

(3) 利用多段线命令，按 A→B→C→D→E→F 顺序绘制图线，再利用直线命令绘制 AF 线段。

(4) 利用点的【定数等分】将 AF 线段 3 等分。更换点样式，查看等分节点位置。

(5) 利用直线命令，作节点与 D 点的连线。

(6) 将绘制的图形存盘，文件命名为 “几何图形 1”。

4.3　多线对象的绘制

多线是一组平行线。多线默认状态下是三条线，其中两条可见，一条不可见。可以根据需要在多线组内增设多条平行线。多线的绘制是比较复杂的，绘制前不但要设置好多线样式，还要在具体绘制时，按照图形特点及大小，设置好对正和比例，最后是多条多线的交叉部分的处理，还会用到多线编辑工具。多线可以说是绘制建筑图的专用命令，主要用来绘制墙线或门窗等，其绘图效率也是最高的。下面就以 360 墙线绘制为例，说明多线样式的设置和多线及多线编辑命令的使用。

4.3.1　多线样式的设置

1. 命令调用

- 菜单栏方式：选择【格式】|【多线样式】命令。
- 命令方式：在命令行中输入 mistle 命令。

2. 操作方法

命令行输入【多线样式】命令，会弹出【多线样式】对话框，如图 4-12 所示。在此对话框中，如果绘图时只使用一种样式，单击【修改】按钮，弹出【修改多线样式：STANDARD】对话框，如图 4-13 所示，在 STANDARD 标准样式的基础上，作一个修改即可；如建筑工程图采用多种墙体，可单击【新建】按钮，弹出【创建新的多线样式】对话框，如图 4-14 所示，创建新的多线样式。

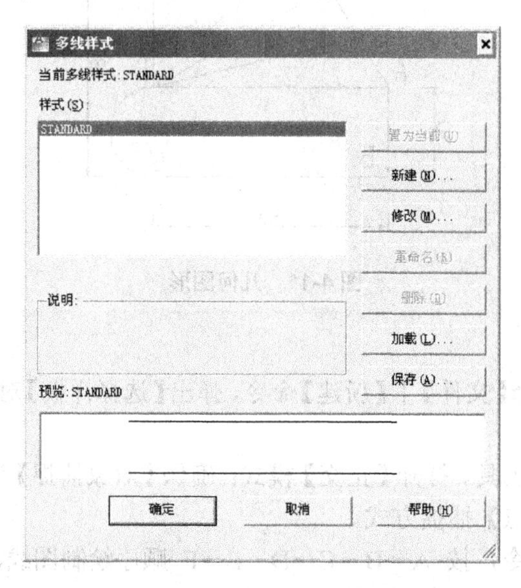

图 4-12 【多线样式】对话框

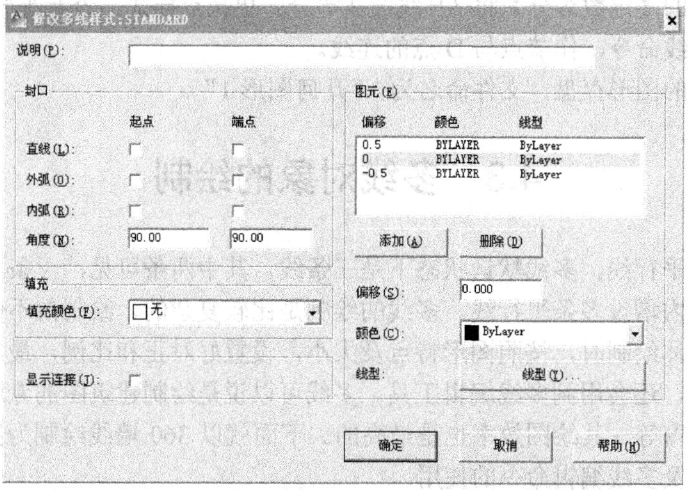

图 4-13 【修改多线样式：STANDARD】对话框

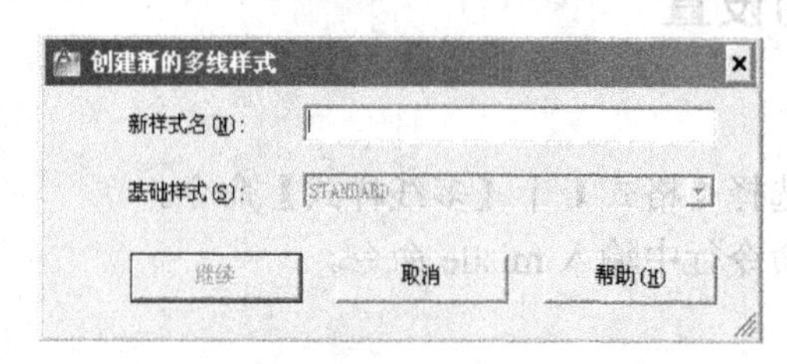

图 4-14 【创建新的多线样式】对话框

3. 操作示例

命令：mistle (命令行输入直线命令，按 Enter 键)。
弹出【多线样式】对话框。
单击对话框中的【修改】按钮。
弹出【修改多线样式：STANDARD】对话框。
(1) 添加轴线。
在【修改多线样式：STANDARD】对话框内，单击【添加】按钮，增设一条墙体轴线。
(2) 修改轴线线型(原为实线，修改为点划线)。
单击【线型】按钮。
弹出【选择线型】对话框。
单击【加载】按钮。
弹出【加载或重载线型】对话框。
选择 center 中心线，并确定。
自动返回到【选择线型】对话框。
选择刚加载的中心线，并确定。
(3) 设置中心线颜色。
单击【颜色】窗口小黑三角，选择【红色】选项。
(4) 偏移设置。
选择【图元】窗口中的一条墙线(单击变成蓝色)。
在【偏移】窗口输入数值 120。
再次选择【图元】窗口中的另一条墙线(单击变成蓝色)。
在【偏移】窗口输入数值-240。
中心线【偏移】默认为 0。
(5) 偏移、颜色及线型设置结果，如图 4-15 所示。

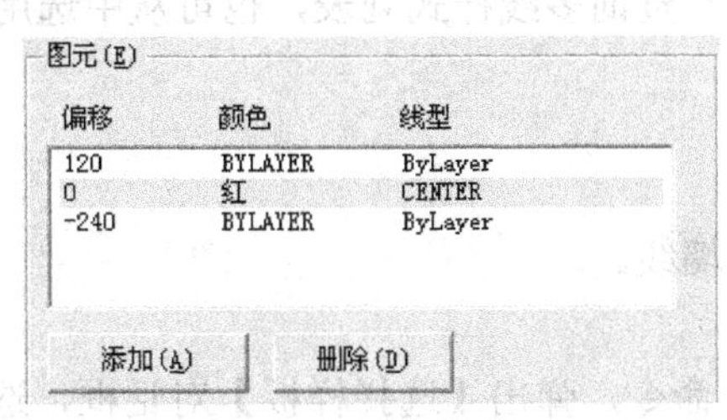

图 4-15 图元设置结果

4.3.2 多线的绘制及编辑

多线绘制前必须设置好对正和比例，才能与设置好的多线样式相匹配。

1. 命令调用

- 菜单栏方式：选择【绘图】|【多线】命令。
- 命令方式：在命令行中输入 mline 或 ml 命令。

2. 操作方法

```
命令: mline  (命令行输入命令，按Enter键)
指定起点或[对正(J)/比例(S)/样式(ST)]:
指定下一点: [放弃(U)]:
指定下一点或[闭合(J)/放弃(U)]:
……
```

各选项的含义如下：

- 对正(J)：多线是一组平行线，对正是确定以哪条平行线为基准度量多线长度。对正类型分为：【上】(T)(即顶线，选择它，多线绘制以顶线为基准)；【无】(Z)(即中线，选择它，多线绘制以中线为基准)；【下】(B)(即底线，选择它，多线绘制以底线为基准)。
  如图 4-16 所示。

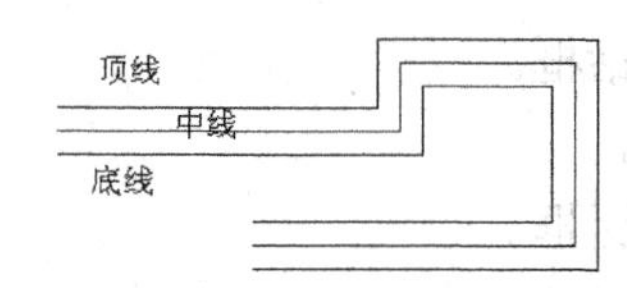

图 4-16 对正类型【上】、【无】、【下】对应示意

特别提示：习惯上多线起始绘制时，第一段都是画水平多线，顶线、底线位置也是以第一段为准，连续绘制多段后，可能顶线底线位置颠倒，这并不妨碍对多线长度的度量。我们所说的多线长度度量以开始选择的对正类型为准，如选择“Z”，则以中线为基准。

- 比例(S)：系统默认为 20，比例的设置一定要与【多线样式】对话框中的偏移值相对应，若【多线样式】中的偏移值为真实墙体厚度，如 360 墙或 240 墙，那么多线命令中的【比例】应设置为 1。
- 样式(ST)：可输入？查询多线样式列表，也可从中选用新样式，默认情况下为标准样式。

3. 操作示例

用多线命令绘制建筑图墙线。

(1) 新建图形文件。

选择【文件】|【新建】命令，弹出【选择样板】对话框，选择 acadiso.dwt 样板图。

(2) 绘图环境设置。

```
命令: limits (命令行输入 limits,按Enter键)
重新设置模型空间界限:
指定左下角点或 [开(ON)/关(OFF)] <0.0000, 0.0000> :(默认，按Enter键)
指定右上角点< 420.0000, 297.0000> : 42000, 29700 (输入新坐标，按Enter键)
命令: zoom            (命令行输入 zoom,按Enter键)
[全部(A)/中心(C)/动态(D)/…]<实时>: all (输入【all】, 按Enter键)
```

(3) 多线样式设置。

① 创建 360 新多线样式。

```
命令: mistle (命令行输入多线样式命令，按Enter键)
```

弹出【多线样式】对话框。

单击【新建】按钮，在弹出的【创建新的多线样式】对话框中，命名新样式名为 360 ，然后单击【确定】按钮。在弹出的【新建多线样式】对话框中，修改【图元】中的偏移、线型等，修改结果如图 4-17 所示。

② 创建 240 新多线样式。

方法同上。

(4) 绘制墙线。

```
命令: mline  (命令行输入命令，按 Enter 键)
指定起点或[对正(J)/比例(S)/样式(ST)]: J  (输入对正，按 Enter 键)
输入对正类型[上(T)/无(Z)/下(B)] < 上>: Z  (选择无，按 Enter 键)
指定起点或[对正(J)/比例(S)/样式(ST)]: J  (输入 S，按 Enter 键)
输入多线比例< 20> : 1  (输入 1)
指定起点或[对正(J)/比例(S)/样式(ST)]: ST  (输入 ST，按 Enter 键)
输入多线样式名称或[? ]: 360  (输入名称为 360 的墙线，按 Enter 键)
指定下一点: [放弃(U)]: (在绘图区适当的位置单击，确定图形左下角)
指定下一点或[闭合(J)/放弃(U)]: @7200,0    (相对直角法输入坐标)
指定下一点或[闭合(J)/放弃(U)]: @0,5400    (相对直角法输入坐标)
指定下一点或[闭合(J)/放弃(U)]: @-5700,0   (相对直角法输入坐标)
指定下一点或[闭合(J)/放弃(U)]: @0,-1500   (相对直角法输入坐标)
指定下一点或[闭合(J)/放弃(U)]: @-1500,0   (相对直角法输入坐标)
指定下一点或[闭合(J)/放弃(U)]: J  (闭合)
绘制 240 墙线过程同上，步骤略。
```

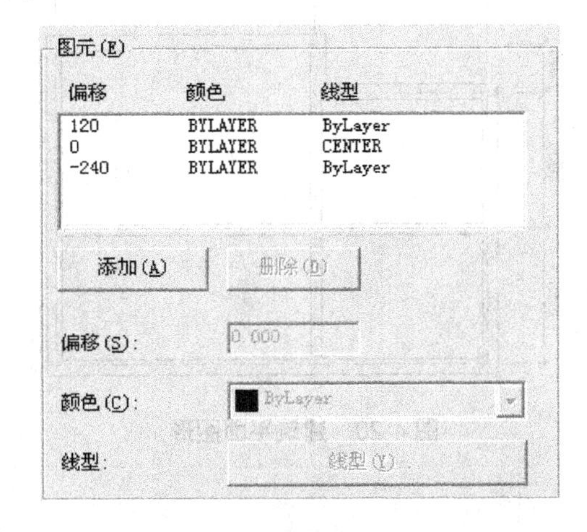

图 4-17 新多线样式图元

(5) 多线编辑。

多线编辑是多线绘制完成之后专门的编辑命令。多线的编辑可以从菜单栏调用，通过选择【修改】|【对象】|【多线】命令来找到该工具。

下面简单介绍一下这个命令的使用方法：

① 调用多线编辑命令，弹出 【多线编辑工具】对话框，如图 4-18 所示。

② 360 外墙与 240 重叠部分编辑处理方法，选择【T 形合并】选项，先拾取内墙再拾取外墙，这个重叠部分合并完毕。其他重叠部分类似。

(6) 墙线绘制结果，如图 4-19 所示。

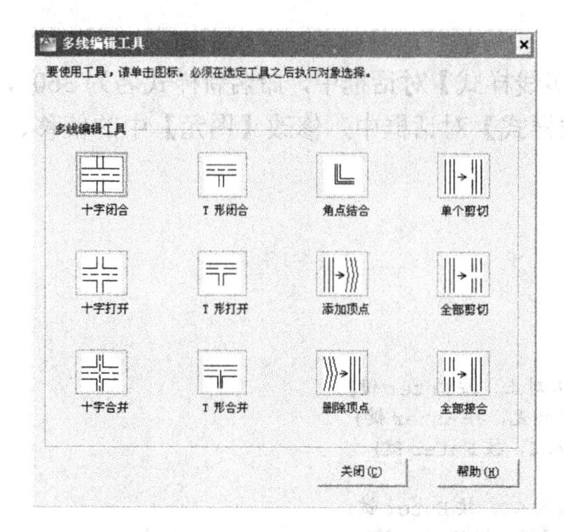

图 4-18 【多线编辑工具】对话框

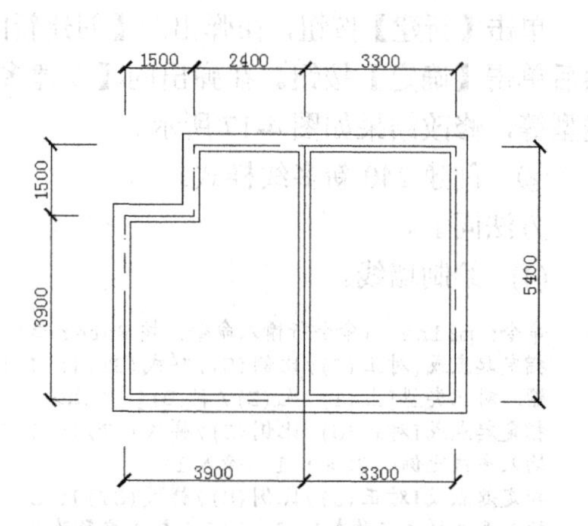

图 4-19 多线绘制墙线结果

4.3.3 实践训练

任务：绘制如图 **4-20** 所示的建筑平面图形。

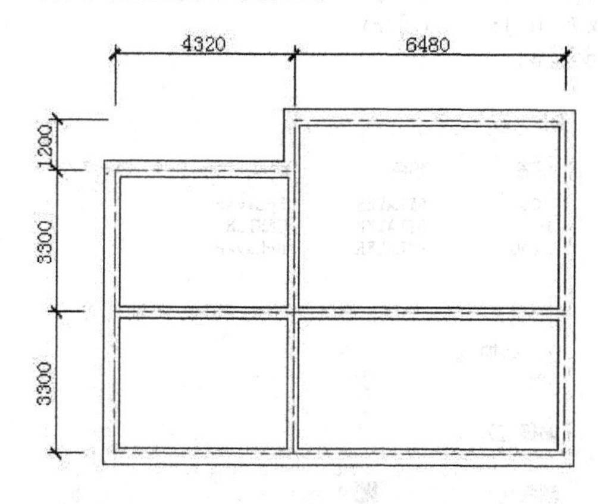

图 4-20 建筑平面图形

1. 任务目标

掌握多线样式命令、多线命令以及多线编辑命令的使用。

2. 操作过程

(1) 新建文件。选择【文件】|【新建】命令，弹出【选择样板】对话框，选择 acadiso.dwt 样板图(默认 A3 图幅)。

(2) 启用绘图辅助工具。打开【正交】模式；确保【对象捕捉】为开启状态，选择【端点】、【交点】和【中点】捕捉方式。

(3) 设置绘图环境。选择【格式】|【绘图界限】命令，执行 limits 命令。将图形界限由(420，297)更改为(42000，29700)。然后命令行输入 zoom，按 Enter 键，选择 a。

(4) 设置多线样式。本例外墙为 370 厚，内墙为 240。按 4.3.1 小节示例的方法，设置外墙和内墙多线样式，并添加中心线。

(5) 绘制和编辑多线。按 4.3.2 小节示例的方法，完成建筑平面内外墙的绘制和编辑。

(6) 将绘制的建筑平面图形存盘，文件命名为“建筑平面图练习”。

4.4 多边形对象的绘制

在 AutoCAD 中，多边形对象包括矩形和正多边形，这两种图形均属于多段线对象。在建筑绘图中，多边形对象的绘制是经常遇到的。

4.4.1 绘制矩形

1. 命令调用

- 菜单栏方式：选择【绘图】|【矩形】命令。
- 工具栏方式：单击绘图工具栏中的【矩形】按钮▭。
- 命令方式：在命令行中输入 rectang 命令。

2. 操作方法

```
命令: rectang  (命令行输入命令，按 Enter 键)
指定第一个角点或[倒角(C)/标高(E)/圆角(F)/厚度(T)/宽度(W)]:
指定另一个角点或 [面积(A)/尺寸(D)/旋转(R)]:
```

选项的含义解释及图 4-21 图示。

- 倒角(C)：将矩形的角按直线切割掉。
- 标高(E)：用于三维绘图。
- 圆角(F)：将矩形的角按四分之一圆弧切割掉。
- 厚度(T)：指定矩形厚度，用于三维绘图。
- 宽度(W)：指定矩形的线宽。
- 面积(A)：按面积方法绘制矩形。确定一条边长，指定矩形面积，则另一条边自动计算。
- 尺寸(D)：按尺寸方法绘制矩形。分别指定两条边长。
- 旋转(R)：使绘制的矩形旋转一定角度(默认情况下，始终是横平竖直矩形)。

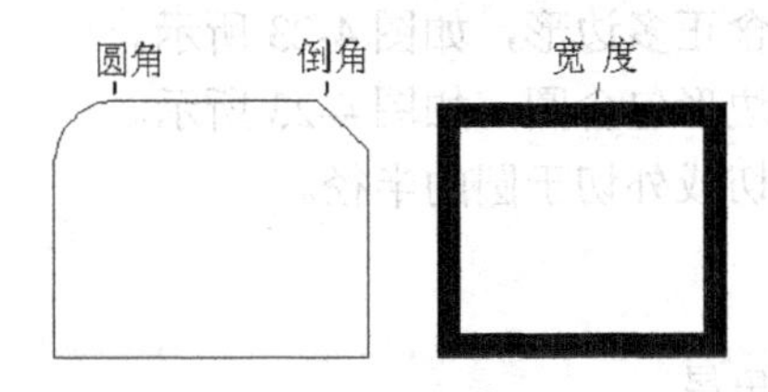

图 4-21 矩形选项含义图示

3. 操作示例

利用矩形命令完成一个倒圆角的矩形。

```
命令: rectang  (命令行输入命令，按 Enter 键)
```

```
指定第一个角点或[倒角(C)/标高(E)/圆角(F)…)]: F(输入圆角 F，按 Enter 键)
指定矩形的圆角半径<0.0000>15                    (输入半径数值 15，按 Enter 键)
指定第一个角点或[倒角(C)/标高(E)/圆角(F)…)]: 100,80 (定左下角)
指定第一个角点或[倒角(C)/标高(E)/圆角(F)…)]: @ 100,80 (定右上角)
```

绘制结果如图 4-22 所示。

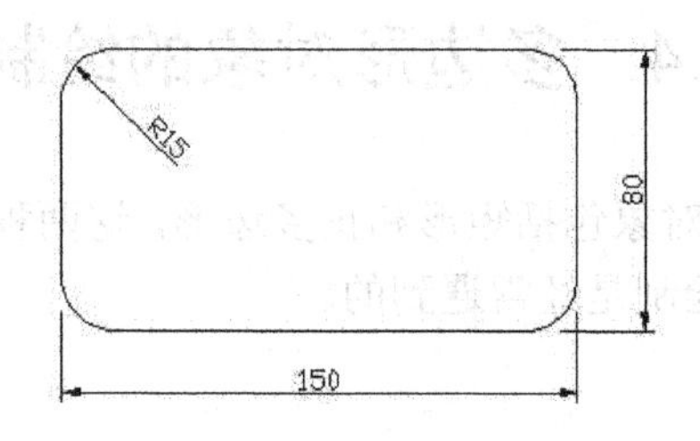

图 4-22　倒圆角矩形的结果

4.4.2　绘制正多边形

正多边形是指各边长度相等，各内角也相等的多边形。正多边形命令可绘制最少 3 条边，最多 1024 条边的正多边形。

1. 命令调用

- 菜单栏方式：选择【绘图】|【多边形】命令。
- 工具栏方式：单击绘图工具栏中的【正多边形】按钮。
- 命令方式：在命令行中输入 polygon 命令。

2. 操作方法

```
命令: polygon  (命令行输入命令，按 Enter 键)
输入侧面数<4>:
指定正多边形的中心点或[边(E)]:
输入选项[内切于圆(I)/外切于圆] <I>:
指定圆的半径:
```

各选项的含义。

- 侧面数<4>：即边数。
- 正多边形的中心点：即圆心点。
- [边(E)]:用指定边长度的方式确定正多边形。
- 内切于圆：即圆包含正多边形，如图 4-23 所示。
- 外切于圆：即正多边形包含圆，如图 4-23 所示。
- 指定圆的半径：内切或外切于圆的半径。

3. 操作示例

利用多边形命令绘制五角星。

```
命令: polygon   (命令行输入命令，按 Enter 键)
输入侧面数<4>: 5 (边数输入 5，按 Enter 键)
指定正多边形的中心点或[边(E)]: (绘图区中心适当位置单击，指定中心点)
输入选项[内切于圆(I)/外切于圆] <I>: (默认内切于圆，按 Enter 键)
指定圆的半径 30  (输入半径值 30，按 Enter 键)
命令: line (用直线命令，连接正五边形的顶点)
```

绘制结果如图 4-24 所示。

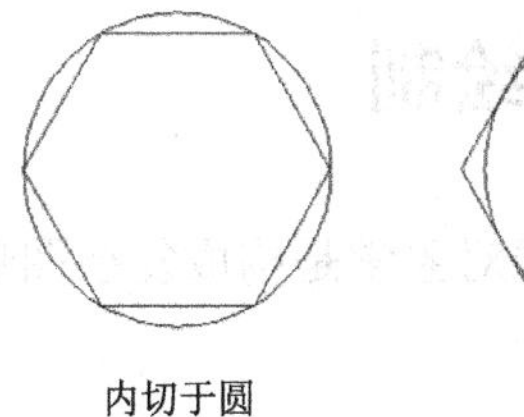

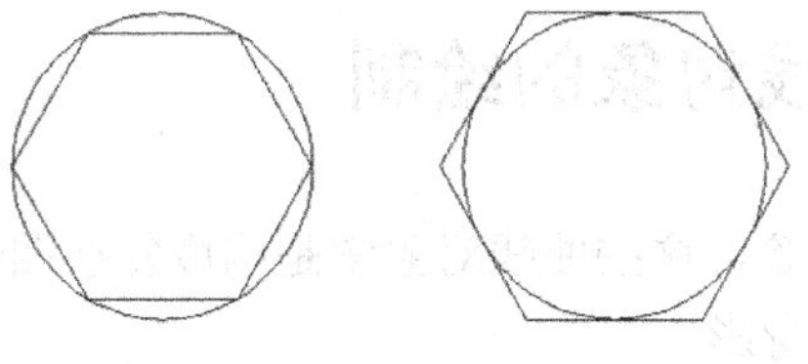

图 4-23 内切于圆、外切于圆概念

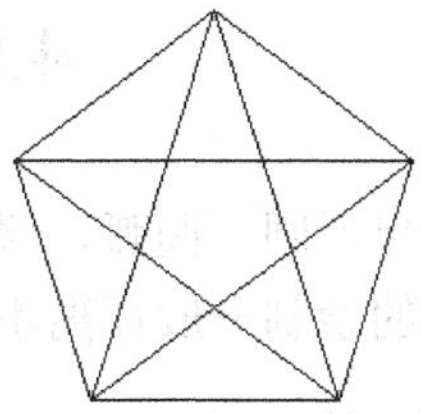

图 4-24 五角星绘制结果

4.4.3 实践训练

任务：绘制如图 4-25 所示的几何图形。

1. 任务目标

掌握正多边形命令、矩形命令的使用。

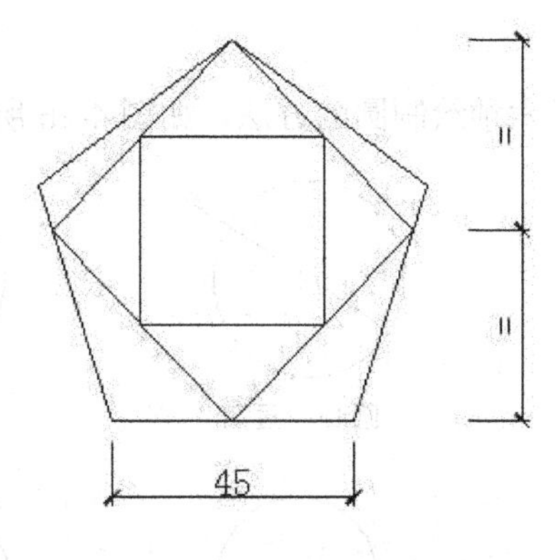

图 4-25 几何图形

2. 操作过程

(1) 新建文件。选择【文件】|【新建】命令，弹出【选择样板】对话框，选择 acadiso.dwt 样板图。

(2) 启用绘图辅助工具。确保【对象捕捉】为开启状态，选择【端点】、【交点】、【中点】捕捉方式；打开【正交】模式。

(3) 利用正多边形命令绘制正五边形。

```
命令: _polygon
输入侧面数 <5>:
指定正多边形的中心点或 [边(E)]: e
指定边的第一个端点:
指定边的第二个端点:45
```

(4) 打开直线命令，过正五边形顶点与底边中点绘制一条垂线，再经过垂线中点绘制一条水平线并相交于正五边形，然后绘制菱形。

(5) 利用相对极坐标输入法经过垂线中点绘制 45° 和 225° 斜线，并相交于菱形。

(6) 利用矩形命令绘制中间矩形。

(7) 将绘制的图形存盘，文件命名为“几何图形 2”。

4.5 曲线对象的绘制

曲线对象包括圆、圆弧、椭圆和圆环等，这些曲线对象常是构成复杂图形对象的基本元素。工程图的绘制一般都离不开它们的身影。

4.5.1 绘制圆

圆是指到定点的距离等于定长的所有点组成的图形。圆命令是最基本的绘图命令之一。

1. 命令调用

- 菜单栏方式：选择【绘图】|【圆】命令。
- 工具栏方式：单击绘图工具栏中的【圆】按钮。
- 命令方式：在命令行中输入 circle 命令。

2. 操作方法

【圆】命令为用户提供了六种绘制圆的方法，如图 4-26 所示。

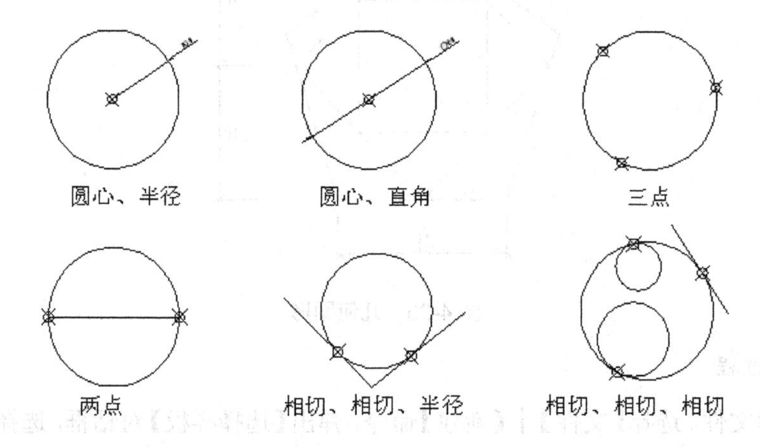

图 4-26 6 种画圆方法

6 种画圆方法的含义如下：

- 圆心、半径：用圆心和半径方式绘制圆。
- 圆心、直角：用圆心和直径方式绘制圆。
- 三点：通过确定圆经过的三个点来绘制圆。
- 两点：通过确定圆经过的两个点来绘制圆。
- 相切、相切、半径：使所绘圆与两个其他对象相切，然后给出所绘圆的半径。
- 相切、相切、相切：使所绘圆与三个其他对象相切。

3. 操作示例

(1) 先绘制一个矩形。

```
命令: rectang  (命令行输入命令，按 Enter 键)
```

```
指定第一个角点或[倒角(C)/标高(E)/圆角(F)…]: 50, 50
指定另一个角点或 [面积(A)/尺寸(D)/旋转(R)]: @120,60
```

(2) 用 line 命令连接矩形的左上角和右下角。

(3) 菜单栏选择【绘图】|【圆】|【相切、相切、相切】命令，光标移动到左下三角形中的三条边上，当出现对象捕捉【切点】标记时单击确定。

(4) 在菜单栏中选择【绘图】|【圆】|【相切、相切、半径】命令，光标移动到右上三角形中的两条直角边上，当出现对象捕捉【切点】标记时单击确定，输入半径值 15。

绘图结果如图 4-27 所示。

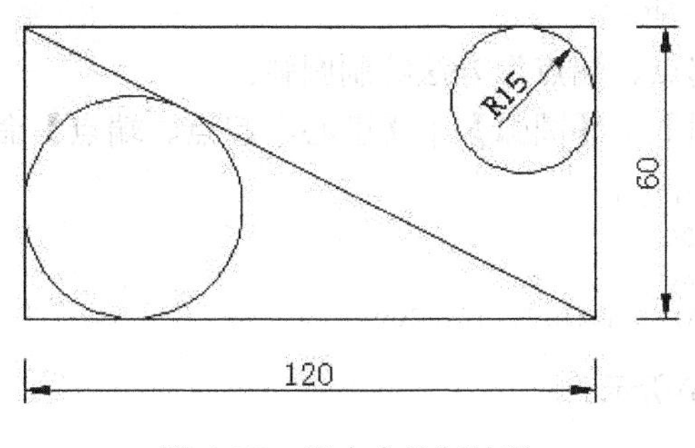

图 4-27 圆命令绘制结果

4.5.2 绘制圆弧

所谓圆弧就是圆的一部分，我们绘制的圆弧都可以合并成一个完整的圆。圆弧命令在绘图中是经常用到的命令。

1. 命令调用

- 菜单栏方式：选择【绘图】|【圆弧】命令。
- 工具栏方式：单击绘图工具栏中的【圆弧】按钮。
- 命令方式：在命令行中输入 arc 命令。

2. 操作方法

选择【绘图】|【圆弧】命令，为用户提供了 11 种绘制圆弧的方法，其含义如下。

- 三点：通过指定圆弧起点、圆弧经过点和圆弧端点来绘制圆弧。
- 起点、圆心、端点：通过依次指定圆弧起点、圆心和端点绘制圆弧。
- 起点、圆心、角度：通过依次指定圆弧起点、圆心和角度绘制圆弧。当输入角度时，以包含角出现，即圆弧对应的圆心角。角度值以逆时针为正，顺时针为负。
- 起点、圆心、长度：通过依次指定圆弧起点、圆心和弧的弦长绘制圆弧。
- 起点、端点、角度：通过依次指定圆弧起点、端点和角度绘制圆弧。
- 起点、端点、方向：通过依次指定圆弧起点、端点和起点的切线方向绘制圆弧。
- 起点、端点、半径：通过依次指定圆弧起点、端点和圆弧的半径绘制圆弧。
- 圆心、起点、端点：通过依次指定圆弧的圆心、起点和端点绘制圆弧。
- 圆心、起点、角度：通过依次指定圆弧的圆心、起点和角度绘制圆弧。
- 圆心、起点、长度：通过依次指定圆弧的圆心、起点和弦长绘制圆弧。

- 连续：接续上一次绘制的圆弧端点继续画弧。

3. 操作示例

(1) 使用“起点、圆心、端点”方法绘制圆弧。

```
命令: arc  (命令行输入命令，按Enter键)
指定圆弧的起点或[圆心(C)]: 95, 70  (输入起点绝对直角坐标值，按Enter键)
指定圆弧的第二个点或[圆心(C)/端点(E)]: C  (圆心C，按Enter键)
指定圆弧的圆心: 90, 36 (输入圆心坐标值，按Enter键)
指定圆弧的端点或[角度(A)/弦长(L)]: 48, 28 (输入绝对直角坐标值，按Enter键)
```

绘图结果如图4-27(a)所示。

(2) 使用“圆心、起点、端点”方法绘制圆弧。

菜单栏：选择【绘图】|【圆弧】|【圆心、起点、端点】命令。

```
指定圆弧的起点或[圆心(C)]: C
指定圆弧的圆心: 100, 100
指定圆弧的起点: 186, 180
指定圆弧的端点或[角度(A)/弦长(L)]: 70, 200
```

绘图结果如图4-28(b)所示。

图4-28　绘制圆弧示例

4.5.3　绘制椭圆

椭圆是平面上到两定点的距离之和为常值的点之轨迹。椭圆命令有两种绘制方法。

1. 命令调用

- 菜单栏方式：选择【绘图】|【椭圆】命令。
- 工具栏方式：单击绘图工具栏中的【椭圆】按钮。
- 命令方式：在命令行中输入Ellipse/el命令。

2. 操作方法

```
命令: ellipse  (命令行输入命令，按Enter键)
指定椭圆的轴端点或[圆弧(A)/中心点(C)]: (输入椭圆主轴的第一个端点，按Enter键)
指定轴的另一个端点: (输入椭圆主轴的第二个端点，按Enter键)
指定另一条半轴长度或[旋转(R)]: (指定另一个轴的半轴长度)
```

4.5.4　绘制圆环

圆环是由同圆心不同直径的两个圆组成的图形。当内径为0时，实际上绘制的就是一个填充圆。

1. 命令调用

- 菜单栏方式：选择【绘图】|【圆环】命令。
- 命令方式：在命令行中输入 donut 命令。

2. 操作方法

```
命令: donut （命令行输入命令，按 Enter 键）
指定圆环的内径<0.000>: （输入内径，按 Enter 键）
指定圆环的外径<0.000>: （输入外径，按 Enter 键）
指定圆环的中心点或<退出>
```

特别提示： 默认状态下绘制的为实心圆环，若绘制空心圆环，需要用 Fill 命令调整填充可见性。选择 ON，表示绘制的填充圆环，如图 4-29 所示。选择 OFF，表示绘制的为不填充圆环，如图 4-30 所示。

图 4-29 选择 ON 模式

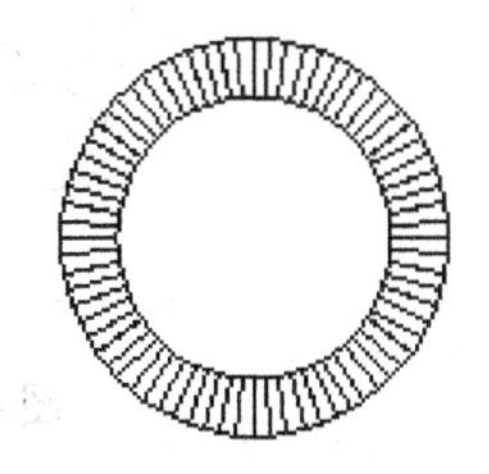

图 4-30 选择 OFF 模式

4.5.5 绘制样条曲线

样条曲线是经过或接近影响曲线形状的一系列点的平滑曲线。

1. 命令调用

- 菜单栏方式：选择【绘图】|【样条曲线】命令。
- 工具栏方式：在绘图工具栏中单击【样条曲线】按钮 。
- 命令方式：在命令行中输入 spline 命令。

2. 操作方法

```
命令: _spline
当前设置: 方式=拟合    节点=弦
指定第一个点或 [方式(M)/节点(K)/对象(O)]:                  (指定点 1)
输入下一个点或 [起点切向(T)/公差(L)]:                     (指定点 2)
输入下一个点或 [端点相切(T)/公差(L)/放弃(U)]:              (指定点 3)
输入下一个点或 [端点相切(T)/公差(L)/放弃(U)/闭合(C)]:       (指定点 4)
输入下一个点或 [端点相切(T)/公差(L)/放弃(U)/闭合(C)]:       (按 Enter 键，结束命令 )
```

特别提示： 单击样条曲线显示夹点状态，如图 4-31 所示。可以使用控制点或拟合点创建或编辑样条曲线，改变样条曲线的形状。左侧的样条曲线将沿着控制多边形显示控制顶点，而右侧的样条曲线显示拟合点。

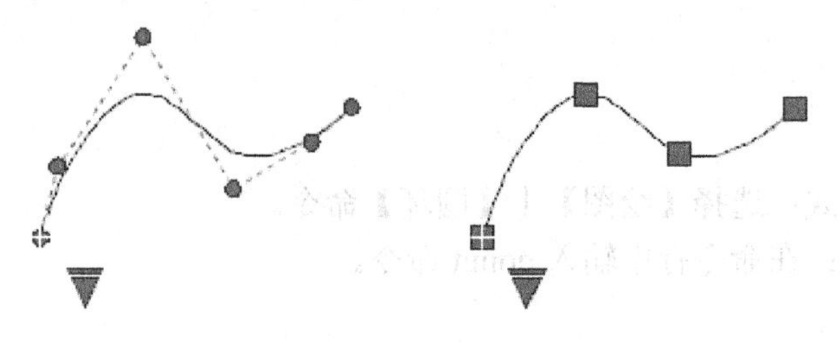

图 4-31　样条曲线夹点状态

4.5.6　实践训练

任务：绘制如图 4-32 所示的几何图形。

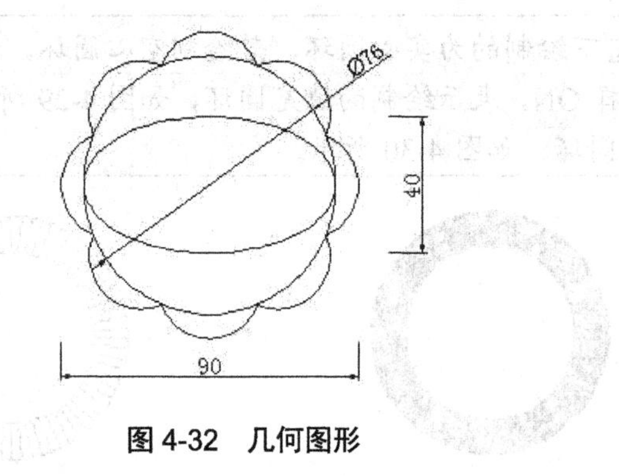

图 4-32　几何图形

1. 任务目标

掌握圆命令、圆弧命令和椭圆命令的使用方法。

2. 操作过程

(1) 新建文件。选择【文件】|【新建】命令，弹出【选择样板】对话框，选择 acadiso.dwt 样板图。

(2) 启用绘图辅助工具。确保【对象捕捉】为开启状态，选择【圆心】、【象限点】、【节点】捕捉方式；打开【正交】模式。

(3) 绘制圆。激活圆命令，指定圆心和半径。命令行提示如下。

```
命令: _circle 指定圆的圆心或 [三点(3P)/两点(2P)/切点、切点、半径(T)]:
指定圆的半径或 [直径(D)] <45.0000>: 38
命令: _circle 指定圆的圆心或 [三点(3P)/两点(2P)/切点、切点、半径(T)]:
指定圆的半径或 [直径(D)] <38.0000>: 45
```

(4) 对圆定数等分。利用点的定数等分命令，对外圆 8 等分，内圆 16 等分。更改点样式并查看等分结果。

(5) 绘制圆弧。激活圆弧命令，利用三点画弧方式，捕捉节点，完成一个圆弧的绘制，如此重复绘制完成其他圆弧。

(6) 绘制椭圆。激活椭圆命令，选用【圆心】方式，找到椭圆圆心，捕捉椭圆长轴半轴，再输入椭圆短轴半轴，绘制完成椭圆。

(7) 将绘制的图形存盘，文件命名为“几何图形 3”。

思考与练习题

1. 思考题

(1) 对一条直线进行定数等分后，为什么我们看不到等分点？如何解决？

(2) 多线命令执行过程中，对正(J)中的无(Z)含义是什么？

(3) 直线和多段线可以绘制同样的图形，绘制的图形有什么区别？它们之间可否进行转换？

(4) 正多边形命令执行过程中，会出现内接于圆和外接于圆之分，两者有何区别？

(5) 绘制圆的方式有哪几种？什么情况下可以使用两点方式画圆？

(6) 绘制圆弧的方式有哪几种？其中(起点、圆心、长度)方式中的长度指什么？

2. 连线题

将左侧的命令与右侧的功能连接起来。

LINE	多段线
RECTANG	正多边形
CIRCLE	椭圆
ARC	圆弧
ELLIPSE	圆
POLYGON	矩形
PLINE	直线

3. 选择题

(1) 以下(　　)命令不能绘制三角形。

A. LINE　　B. RECTANG　　C. POLYGON　　D. PLINE

(2) 下面(　　)命令可以绘制连续的直线段，且每一部分都是单独的线对象。

A. POLYGON　　B. RECTANGLE　　C. POLYLINE　　D. LINE

(3) 运用正多边形命令绘制的正多边形可以看作是一条(　　)。

A. 构造线　　B. 多段线　　C. 样条曲线　　D. 直线

(4) 在绘制多段线时，当在命令行提示输入A时，表示切换到(　　)绘制方式。

A. 角度　　B. 直线　　C. 直径　　D. 圆弧

(5) 在绘制圆弧时，已知道圆弧的圆心。弦长和起点，可以使用【绘图】|【圆弧】命令中的(　　)子命令绘制圆弧。

A. 三点　　B. 相切、相切、相切

C. 圆心、半径　　D. 相切、相切、半径

(6) (　　)命令拥有绘制多条相互平行的线，每一条的颜色和线型可以相同，也可以不同，此命令常用来绘制建筑工程上的墙线。

A. 直线　　B. 多段线　　C. 多线　　D. 样条曲线

(7) 将图形对象缩放(scale)2倍，其(　　)。

A. 长度和线宽为原来 2 倍，颜色不变

B. 长度为原来 2 倍，线宽不变，颜色变为随层

C. 长度为原来 2 倍，线宽为原来 0.5 倍，颜色不变

D. 长度为原来 2 倍，颜色和线宽不变

(8) 用 LINE 命令绘制一个矩形，则该矩形中有(　　)图元对象。

A. 1 个　　B. 4 个　　C. 不一定　　D. 5 个

第 5 章　图形的编辑

本章内容提要：

本章主要学习图形的选取、删除、复制、镜像、偏移、阵列、移动、旋转、修剪、缩放、拉伸、延伸、打断、合并、分解、倒角、圆角、夹点等编辑命令的用途和使用方法。

学习要点：

- 图形对象的选择方式；
- 删除或恢复图形对象；
- 图形对象复制的 4 种命令；
- 图形对象位置改变的两种命令；
- 改变图形对象形状的 4 种命令；
- 打断、合并和分解命令；
- 图形对象的倒角和倒圆角；
- 使用夹点编辑对象。

5.1　选取图形对象

无论编辑什么图形，首先都要选取图形对象，然后再执行编辑命令。

在命令行中输入 Select 并按 Enter 键，在【选择对象】提示下输入？，命令行提示：重要点或窗口(W)/上一个(L)窗交(C)/框(BOX)/全部(ALL)/栏选(F)/圈围(WP)/圈交(CP)/编组(G)/添加(A)/删除(R)/多个(R)/前一个(P)/放弃(U) /自动(AU)/单个(SI)/子对象(SU)/对象(O)等多种选取图形对象的方法。以下介绍几种常用的选取方法。

5.1.1　拾取框单选方式

绘图中拾取框单选(点选)方式是最常用、最简单的一种对象选择方式。单选是 AutoCAD 默认的选择对象的方式，操作时是将拾取框放在所选图形上单击，图形对象便被选择并呈虚线状态，如图 5-1 所示。也可以用光标拾取框依次单击多个图形对象，则多个图形对象被选取，如图 5-2 所示。

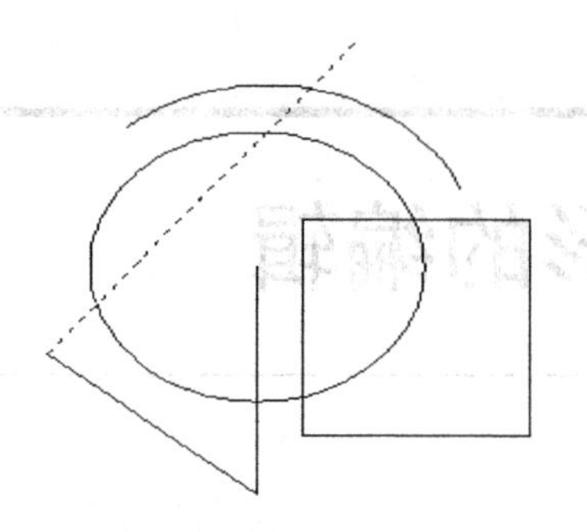

图 5-1　选择一个对象

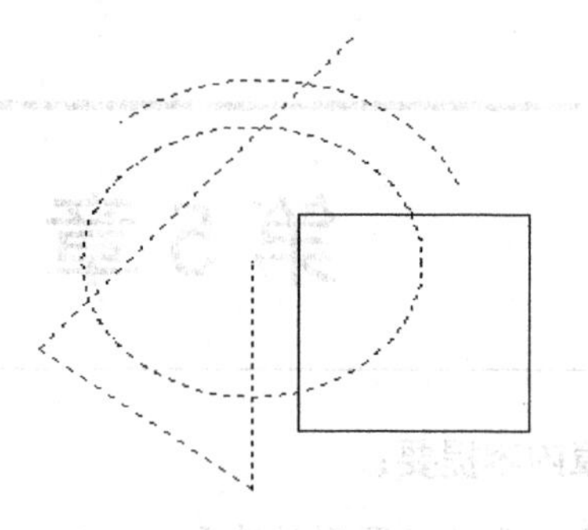

图 5-2　选择多个对象

5.1.2　框选方式

所谓框选就是指选择图形对象时用鼠标拖曳出一个矩形窗口，用这个窗口来选取图形对象。AutoCAD 默认状态除了单选方式外也包含框选方式。框选方式一次可以选择多个图形对象，既方便又快捷，是绘图时使用频率最高的一种选择方式。按照拖曳窗口的方向，框选方式又分为窗口选择与窗交选择两种。

1. 窗口选择

窗口选择是指用鼠标由左下角向右上角(或左上角向右下角)拖曳矩形窗口来选择对象的方式。拖曳出的窗口边框为实线，窗口颜色为湖蓝色，如图 5-3 所示。具体选择时，按住鼠标左键拖曳出一个窗口，当图形对象完全包含在窗口之内时，释放鼠标左键，则多个图形对象被选择，如图 5-4 所示。

特别提示： 窗口选择时窗口必须完全包含对象，有分毫不包含在选择窗口内，这个对象也不会被选择。

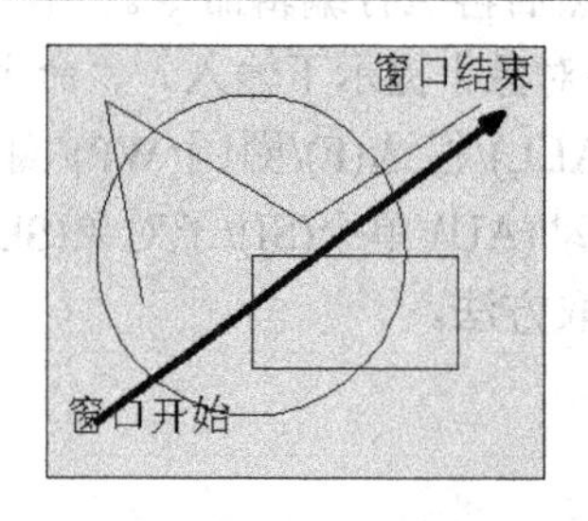

图 5-3　窗口选择对象

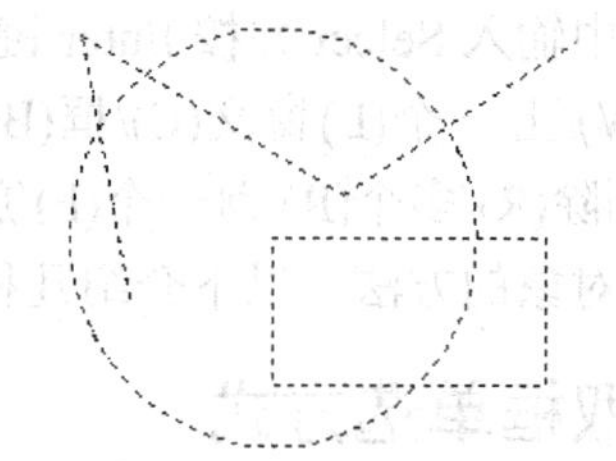

图 5-4　窗口选择结果

2. 窗交选择

窗交选择对象是指用鼠标由右下角向左上角(或右上角向左下角)拖曳矩形窗口来选择对象的方式。窗口边框为虚线，颜色为草绿色，如图 5-5 所示。选择对象时，按住鼠标左键拖曳窗口，拟选对象只需部分包含在窗口内，然后释放鼠标左键，则多个图形对象被选择，如图 5-6 所示。

特别提示： 利用窗交选择方式，只要窗口包含所选对象的一部分，哪怕是分毫，则该对象被选择。

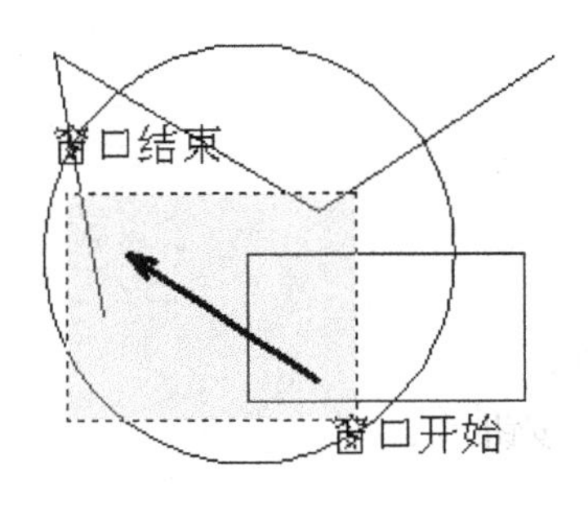

图 5-5　窗交选择对象

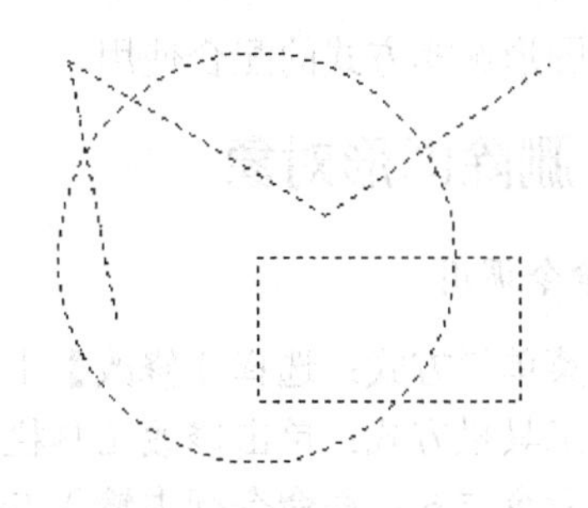

图 5-6　窗交选择结果

5.1.3　栏选方式

命令行输入 Select 命令后，在选项中选择 F，可以切换到【栏选】。这是一种通过画折线来选择图形对象的方式，如图 5-7 所示。选择时使栏选折线穿越所选对象，则图形对象被选择，没被穿越的对象不选择，结果如图 5-8 所示。

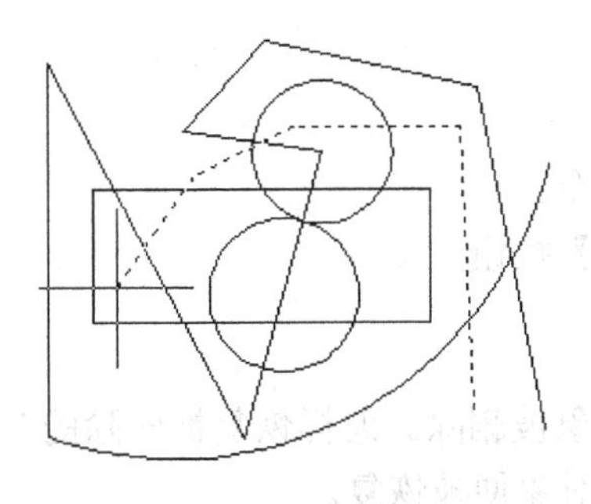

图 5-7　栏选对象

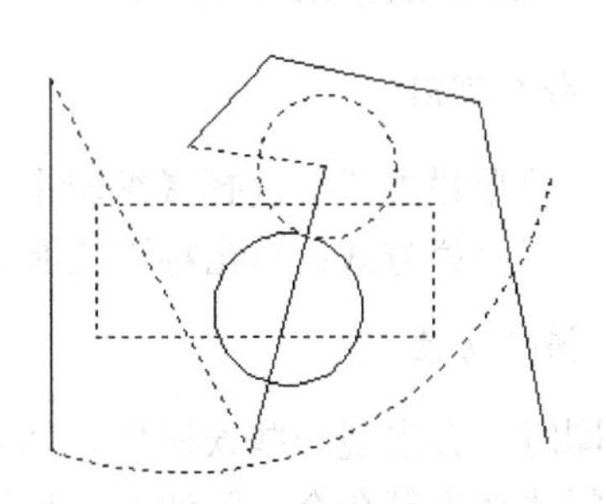

图 5-8　栏选结果

5.1.4　实践训练

任务：对象选择。

1. 任务目标

学会利用点选方式、窗口选择和窗交选择方式选择对象。

2. 操作过程

(1) 利用直线、矩形、椭圆、弧、样条曲线等命令随意绘制一组图形，尝试用点选方式选择其中的图形对象。

(2) 返回图组初始状态，尝试用窗口选择和窗交选择方式选择图形对象。

5.2　删除或恢复图形对象

在 AutoCAD 绘图过程中，经常会删除一些图形对象，这需要执行删除命令来完成。命令执行过程中有时也会出现误操作，删除了不该删除的图形对象，为了避免损失，系统提供了恢复命令，可以恢复删除的对象。删除和恢复命令是绘图过程中使用非常频繁的命令，应注意与图形选择方式的配合使用。

5.2.1 删除图形对象

1. 命令调用

- 菜单栏方式：选择【修改】|【删除】命令。
- 工具栏方式：单击修改工具栏中的【删除】按钮。
- 命令方式：在命令行中输入 Erase/E 命令。

2. 操作方法

删除图形对象的操作过程实际很简单，首先调用【删除】命令，使其处于激活状态，通过鼠标左键点选、框选或其他方式，选取将要删除的图形，当选取的图形呈虚线时，说明图形已经被选择，最后右击或按 Enter 键，图形对象被删除。

5.2.2 恢复删除的对象

1. 命令调用

- 菜单栏方式：选择【编辑】|【放弃】命令。
- 工具栏方式：单击标准工具栏中的【放弃】按钮。

2. 操作方法

绘图时，会出现一些误操作，如有用的图形对象被删除。怎样恢复被删除的对象呢？用户只需选择恢复命令，取消上一步即可，删除的对象便被恢复。

5.3 复制图形对象

在 AutoCAD 绘图中，为了提高绘图效率，常采用复制、镜像、偏移、阵列等命令，对源对象进行相同或相似的复制，这些复制命令是最基本的图形编辑命令，应熟练掌握这些命令的使用方法。以下分别介绍几种图形对象复制的操作过程。

5.3.1 直接复制对象

复制命令的用途是按照原对象创建一个或多个副本，然后复制到指定方向上的指定距离处。

1. 命令调用

- 菜单栏方式：选择【修改】|【复制】命令。
- 工具栏方式：单击标准工具栏中的【复制】按钮。
- 命令行方式：命令行输入 copy/co 命令。

2. 操作方法

命令：copy （调用复制命令，按 Enter 键）

```
选择对象: (选择复制的对象，按 Enter 键)
指定基点或[移动(D)/模式(O)]<位移>: (指定移动的基点)
指定第二个点或[阵列(A)]<使用第一个点作为位移>: (复制到指定位置，单击)
指定第二个点或[阵列(A)/退出(E)/放弃(U)]<退出>: (复制到指定位置，单击)
……
```

3. 操作示例

示例 1：复制床头柜。

(1) 用矩形和圆命令绘制双人床和床头柜，如图 5-9 所示。

(2) 复制床头柜到双人床右上角。

```
命令: _copy
选择对象: 找到 1 个                              (选择床头柜，按 Enter 键)
选择对象:
指定基点或 [位移(D)/模式(O)] <位移>:             (指定床头柜左上角作为基点)
指定第二个点或 [阵列(A)] <使用第一个点作为位移>: (拖曳光标至床右上角)
```

床头柜复制完成，如图 5-10 所示。

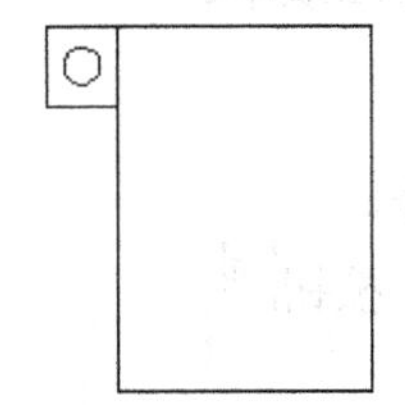

图 5-9 复制前的图形

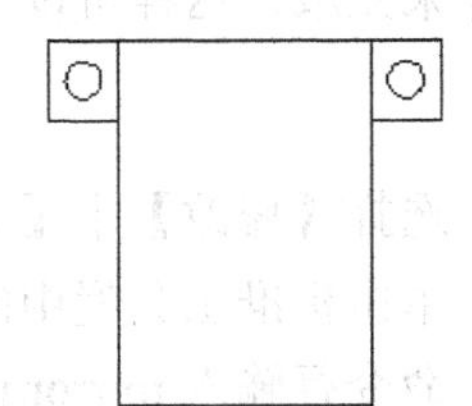

图 5-10 复制后的图形

示例 2：复制木栅栏。

(1) 绘制木栅栏。

```
命令: rectang  (命令行键入命令，按 Enter 键)
指定第一个角点或[倒角(C)/标高(E)/圆角(F)/厚度(T)/宽度(W)]: 100,100
指定另一个角点或 [面积(A)/尺寸(D)/旋转(R)]: @200,1250
命令: polygon  (命令行键入命令，按 Enter 键)
输入侧面数<3>: 3
指定正多边形的中心点或[边(E)]: E
指定边的第一个端点: 指定矩形左上角
指定边的第二个端点: 指定矩形的右上角
```

木栅栏绘制结果如图 5-11 所示。

(2) 复制木栅栏。

```
命令: copy (命令行键入命令，按 Enter 键)
选择对象: (选择复制的对象木栅栏，按 Enter 键)
指定基点或[移动(D)/模式(O)]<位移>: (指定移动的基点)
指定第二个点或[阵列(A)]<使用第一个点作为位移>:  250(光标导向，输入距离，复制对象到指定位置)
指定第二个点或[阵列(A)/退出(E)/放弃(U)]<退出>:  500(复制到指定位置)
指定第二个点或[阵列(A)/退出(E)/放弃(U)]<退出>:  750(复制到指定位置)
指定第二个点或[阵列(A)/退出(E)/放弃(U)]<退出>: 1000(复制到指定位置)
指定第二个点或[阵列(A)/退出(E)/放弃(U)]<退出>: 1250(复制到指定位置)
指定第二个点或[阵列(A)/退出(E)/放弃(U)]<退出>: 1500(复制到指定位置)
指定第二个点或[阵列(A)/退出(E)/放弃(U)]<退出>: 按 Enter 键
```

木栅栏复制结果如图 5-12 所示。

图 5-11　木栅栏

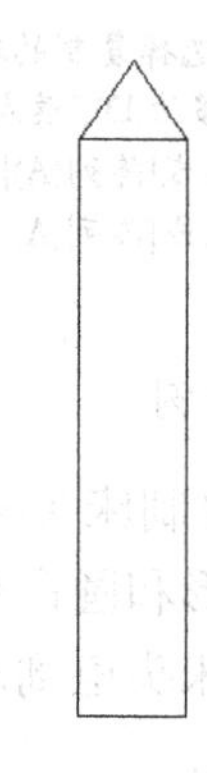

图 5-12　木栅栏复制结果

5.3.2　镜像对象

镜像对象是创建选定对象的镜像副本。在绘图过程中，当图形对称时只需绘制一半，而另一半通过镜像命令来完成，这样可以大大提高绘图效率。

1. 命令调用

- 菜单栏方式：选择【修改】|【镜像】命令。
- 工具栏方式：单击标准工具栏中的【镜像】按钮 。
- 命令行方式：命令行输入 mirror/mi 命令。

2. 操作方法

```
命令：mirror (调用镜像命令，按 Enter 键)
选择对象：指定对角点：找到 2 个(选择镜像对象)
选择对象：(按 Enter 键确认，结束选择)
指定镜像线的第一点：指定镜像线的第二点：(选择镜像轴)
要删除源对象吗？[是(Y)/否(N)]<N>：(镜像后是否保留源对象)
```

特别提示： 在图形镜像操作中，文字是否镜像可以通过系统变量 MIRRTEXT 来控制。当 MIRRTEXT 的值设置为 1 时，则文字完全镜像；当 MIRRTEXT 的值设置为 0 时，则文字不镜像。

3. 操作示例

(1) 绘制一个三角形和一条直线，如图 5-13 所示。

(2) 镜像三角形。

```
命令：mirror (命令行键入镜像命令，按 Enter 键)
选择对象：指定对角点：找到 3 个(选择三角形)
选择对象：(按 Enter 键确认，结束选择)
指定镜像线的第一点：指定镜像线的第二点：(选择镜像轴)
要删除源对象吗？[是(Y)/否(N)]<N>：(默认保留源对象)
```

镜像结果如图 5-14 所示。

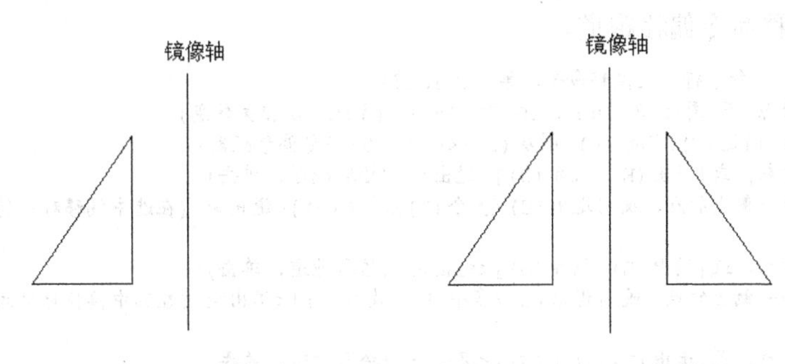

图 5-13 镜像前的图形　　图 5-14 镜像后的图形

5.3.3 偏移对象

使用偏移命令可以创建同心圆、平行线和等距曲线。在建筑绘图中，常利用偏移命令来创建轴线、阳台边线等，是很有用的一个编辑命令。

1. 命令调用

- 菜单栏方式：选择【修改】|【偏移】命令。
- 工具栏方式：单击标准工具栏中的【偏移】按钮。
- 命令行方式：命令行输入 offset/o 命令。

2. 操作方法

```
命令: offset (调用偏移命令，按 Enter 键)
当前设置: 删除源=否 图层=源 OFFSETGAPTYPE=0 (系统显示相关信息)
指定偏移距离或[通过(T)/删除(E)/图层(L)]<0>: (指定偏移距离)
选择要偏移的对象，或[退出(E)/放弃(U)]<退出>: (拾取偏移对象，单击)
指定要偏移的那一侧上的点，或 [退出(E)/多个(M)/放弃(U)]<退出>: (在偏移方向上单击，按 Enter 键结束偏移)
```

3. 操作示例

(1) 用多段线命令绘制一条跑道。

```
命令: pline (命令行输入命令，按 Enter 键)
指定起点: (在绘图区中心附近任意指定一点)
指定下一点或[圆弧(A)/半宽(H)/长度(L)…]: 150(光标右导，输入 150，按 Enter 键)
指定下一点或[圆弧(A)/闭合(CL)/半宽(H)…]: A(输入圆弧 A，按 Enter 键)
指定圆弧的端点或
[角度(A)/圆心(CE)/闭合(CL)…]: 70(光标上导，输入 70，按 Enter 键)
指定下一点或[圆弧(A)/闭合(CL)/半宽(H)/…]: L(输入直线 L，按 Enter 键)
指定下一点或[圆弧(A)/闭合(CL)/半宽(H)...]: 150(光标左导，输入 150，按 Enter 键)
指定下一点或[圆弧(A)/闭合(CL)/半宽(H)…]: A(输入圆弧 A，按 Enter 键)
指定下一点或[圆弧(A)/闭合(CL)/半宽(H)…]: CL(闭合，按 Enter 键)
```

绘制图形如图 5-15 所示。

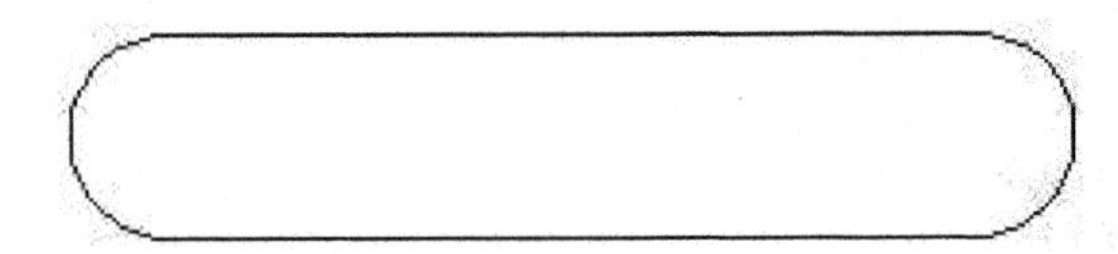

图 5-15 偏移前的跑道图形

(2) 利用偏移命令偏移跑道。

```
命令: offest (命令行输入偏移命令，按 Enter 键)
当前设置: 删除源=否 图层=源 OFFSETGAPTYPE=0 (系统显示相关信息)
指定偏移距离或[通过(T)/删除(E)/图层(L)]<0>: 10(指定偏移距离)
选择要偏移的对象，或[退出(E)/放弃(U)]<退出>: (拾取跑道，单击)
指定要偏移的那一侧上的点，或 [退出(E)/多个(M)/放弃(U)]<退出>: (在选中偏移对象的外侧单击，偏移出一条跑道)
选择要偏移的对象，或[退出(E)/放弃(U)]<退出>: (拾取跑道，单击)
指定要偏移的那一侧上的点，或 [退出(E)/多个(M)/放弃(U)]<退出>: (在选中偏移对象的外侧单击，偏移出一条跑道)
选择要偏移的对象，或[退出(E)/放弃(U)]<退出>: (拾取跑道，单击)
指定要偏移的那一侧上的点，或 [退出(E)/多个(M)/放弃(U)]<退出>: (在选中偏移对象的外侧单击，偏移出一条跑道，按 Enter 键确定)
```

绘制结果如图 5-16 所示。

图 5-16 偏移后的结果

特别提示： 在选中图形的那一侧偏移，就在那一侧单击。偏移操作可以按指定距离进行偏移(如上例)，也可以通过指定点进行偏移，并可重复执行多次。

5.3.4 阵列对象

阵列命令可以按照行、列或围绕某一点或沿某一条线有规律地复制对象副本。在建筑绘图中，对于规律排列的重复图形，如立面图窗的绘制，可以选择阵列命令。阵列命令可以减少重复性操作，可明显提高绘图效率。阵列方式包括：矩形阵列、极轴(环形)阵列和路径阵列 3 种。

1. 命令调用

- 菜单栏方式：选择【修改】|【阵列】命令。
- 工具栏方式：单击标准工具栏中的【阵列】按钮。
- 命令行方式：命令行输入 array/ar 命令。

2. 操作过程

以下通过示例分别介绍 3 种阵列类型的操作方法。

类型 1：矩形阵列

(1) 操作过程。

```
命令: array (调用阵列命令)
选择对象: (选择阵列对象)
选择对象: (按 Enter 键，结束选择)
输入阵列类型[矩形(R)/路径(PA)/极轴(PO)]<矩形>: R(选择矩形阵列方式)
```

```
类型=矩形  关联=是
为项目数指定对角点或[基点(B)/角度(A)/计数(C)]<计数>: B (选择基点选项)
指定基点或[关键点(K)]<质心>: (捕捉图形某点作为基点)
为项目数指定对角点或[基点(B)/角度(A)/计数(C)]<计数>: (拖曳鼠标指定
阵列行数和列数,并单击确定,或者选择【计数】,在命令行输入行数和列数)
指定对角点以间距项目或[间距(S)]<间距>: (拖曳鼠标手动确定,或选择【间
距】,在命令行输入阵列的行距和列距)
按Enter键接受或[关联(AS)/基点(B)/行(R)/列(C)/层(L)/退出(X)]<退
出>: (结束阵列,或选择其他选项继续)
```

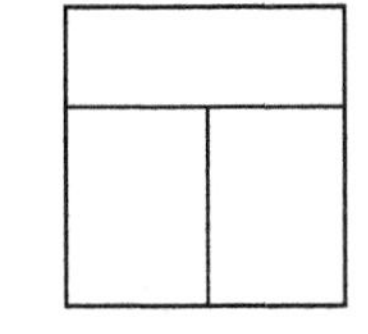

图 5-17 阵列前窗

(2) 操作示例。

① 绘制窗,如图 5-17 所示,并移动到适当位置。

② 矩形阵列窗图。

```
命令: array (命令行输入阵列命令,按Enter键)
输入阵列类型[矩形(R)/路径(PA)/极轴(PO)]<矩形>: R(选择矩形阵列方式)
类型=矩形  关联=是
为项目数指定对角点或[基点(B)/角度(A)/计数(C)]<计数>: B (选择基点选项)
指定基点或[关键点(K)]<质心>: (捕捉窗右下角作为基点)
为项目数指定对角点或[基点(B)/角度(A)/计数(C)]<计数>: C(选择【计数C】)
输入行数或[表达式(E)]<4>:3
输入列数或[表达式(E)]<4>:4
指定对角点以间距项目或[间距(S)]<间距>: S(选择【间距S 】)
指定行之间的距离[表达式(E)]<66.6789>:80 (输入行距)
指定列之间的距离[表达式(E)]<80.1239>:90 (输入列距)
按Enter键接受或[关联(AS)/基点(B)/行(R)/列(C)/层(L)/退出(X)]<退出>:按Enter键(按Enter键,
结束阵列)
```

阵列结果如图 5-18 所示。

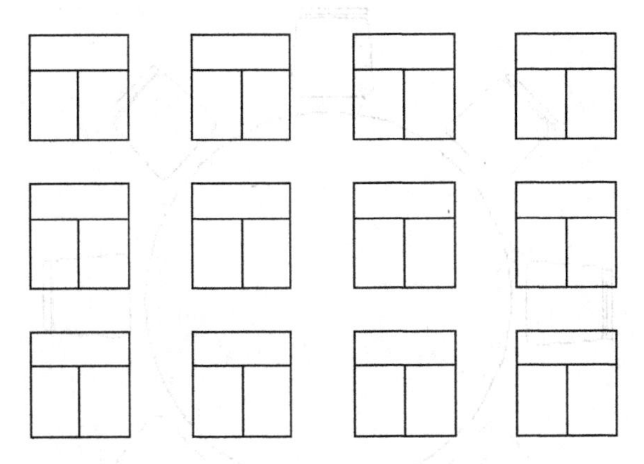

图 5-18 窗矩形阵列结果

类型 2:极轴(环形)阵列

(1) 操作过程。

```
命令: array (命令行输入阵列命令,按Enter键)
选择对象: 指定对角点: 找到 n 个 (选择阵列对象)
选择对象: (按Enter键确认)
输入阵列类型[矩形(R)/路径(PA)/极轴(PO)]<矩形>: PO(选择极轴阵列方式)
类型=矩形  关联=是
指定阵列中心点或[基点(B)/ 旋转轴(A)]: (选择旋转中心点)
输入项目数或[项目间角度(A)/ 表达式(E)]<4>: (指定项目数)
指定填充角度(+=逆时针,-=顺时针)或[表达式(EX)]<360>: (按Enter键确认)
```

(2) 操作示例。

① 绘制圆桌和椅子，如图 5-19 所示。

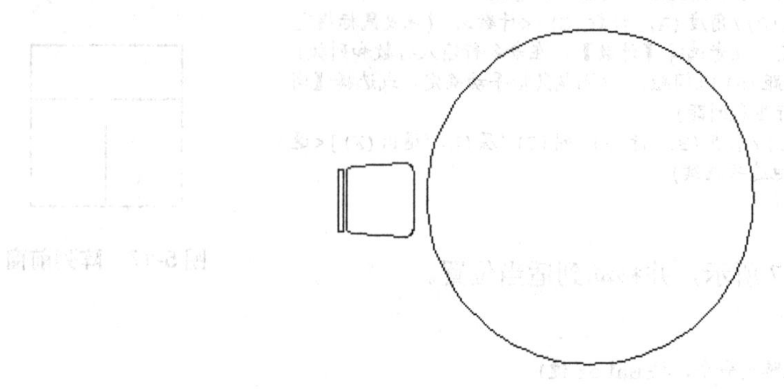

图 5-19 阵列前桌和椅

② 环形阵列椅子。

```
命令: array  (命令行输入阵列命令，按 Enter 键)
选择对象: 指定对角点: 找到 9 个 (选择旋转阵列对象椅子)
选择对象: (按 Enter 键，确认)
类型=矩形  关联=是
指定阵列中心点或[基点(B)/ 旋转轴(A)]:  (圆桌中心点)
输入项目数或[项目间角度(A)/ 表达式(E)]<4>: 8  (环形阵列 8 个椅子)
指定填充角度(+=逆时针，-=顺时针)或[表达式(EX)]<360>: (默认填充角度 360，按 Enter 键确认)
```

环形阵列结果如图 5-20 所示。

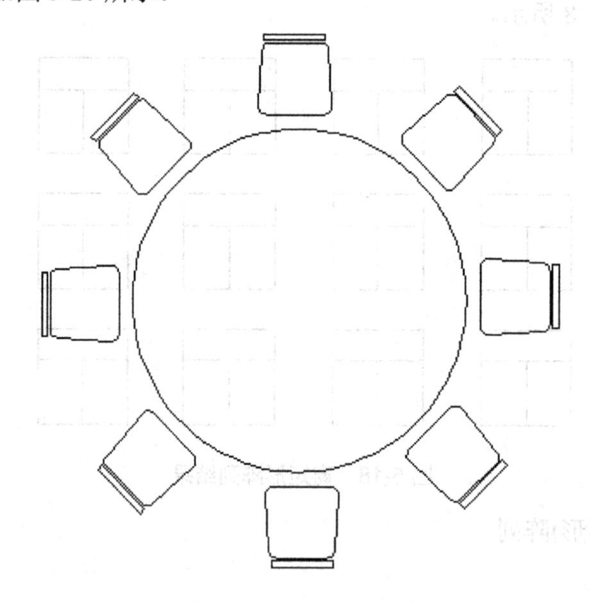

图 5-20 环形阵列结果

类型 3：路径阵列

(1) 操作过程。

```
命令: array  (命令行输入阵列命令，按 Enter 键)
选择对象: 指定对角点: 找到 n 个 (选择阵列对象)
选择对象: (按 Enter 键确认)
```

```
输入阵列类型[矩形(R)/路径(PA)/极轴(PO)]<矩形>: PA(选择路径阵列方式)
类型=矩形  关联=是
选取路径曲线: (选择路径)
输入沿路径的项目数或[方向(O)/ 表达式(E)]<方向>: O (选 【方向 O】选项)
指定基点或 [关键点(K)]<路径曲线的终点>: (捕捉基点, 该点将与路径起始点对齐)
指定与路径一致的方向或[两点(2P)/ 法线(NOR)]<当前>: 2P(选择两点选项)
指定方向矢量的第一个点: (捕捉 A)
指定方向矢量的第二个点: (捕捉 B)
输入沿路径的项目数或[表达式(E)]<4>:(拖曳鼠标确定阵列数目或直接输入阵列数量)
指定沿路径的项目之间的距离或[定数等分(D)/总距离(T)/表达式(E)]<沿路径平均定数等分(D)>: (指定阵列项目间距)
按 Enter 键接受或[关联(AS)/基点(B)/项目(I)/行(R)/层(L)/对齐项目(A)Z 方向(Z)退出(X)]<退出>:
按 Enter 键(按 Enter 键接受或修改参数)
```

选项含义如下：

- 方向(O)：控制选定对象是否按路径的起始方向重定向，然后再移动到路径的起点。
- 两点(2P)：指定所选对象两点来确定与路径的起始方向一致的方向。
- 法线(NOR)：使阵列图形法线方向与路径对齐。
- 对齐项目(A)：指定是否对齐每个项目与路径的方向相切。

(2) 操作示例。

① 绘制四边形和弧线路径，如图 5-21 所示。

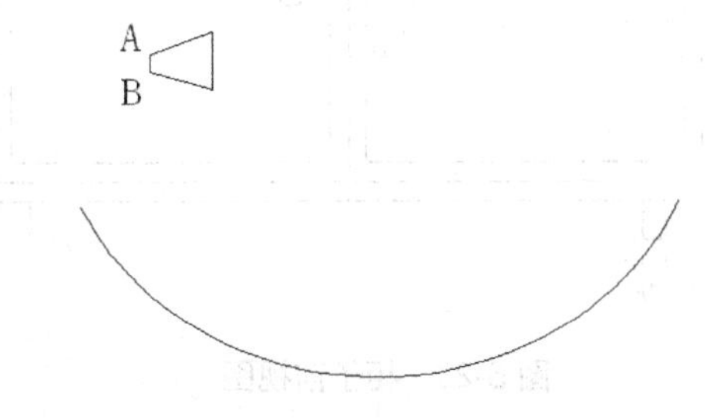

图 5-21 四边形和弧线图形

② 路径阵列图形。

```
命令: array  (命令行输入阵列命令, 按 Enter 键)
选择对象: 指定对角点: 找到 4 个 (选择四边形)
选择对象: (按 Enter 键确认)
输入阵列类型[矩形(R)/路径(PA)/极轴(PO)]<矩形>: PA(选择路径阵列)
类型=矩形  关联=是
选取路径曲线: (选择弧线)
输入沿路径的项目数或[方向(O)/ 表达式(E)]<方向>: O (选择【方向】选项)
指定基点或 [关键点(K)]<路径曲线的终点>: (捕捉 A 为基点)
指定与路径一致的方向或[两点(2P)/ 法线(NOR)]<当前>: 2P(选择两点选项)
指定方向矢量的第一个点: (捕捉 A 点)
指定方向矢量的第二个点: (捕捉 B 点)
输入沿路径的项目数或[表达式(E)]<4>: 8  (拖曳鼠标确定阵列数目或直接输入阵列数量)
指定沿路径的项目之间的距离或[定数等分(D)/总距离(T)/表达式(E)]<沿路径平均定数等分(D)>: (默认沿路径平均定数等分)
按 Enter 键接受或[关联(AS)/基点(B)/行(R)/列(C)/层(L)/退出(X)]<退出>: 按 Enter 键(按 Enter 键接受或修改参数)
```

绘图结果如图 5-22 所示。

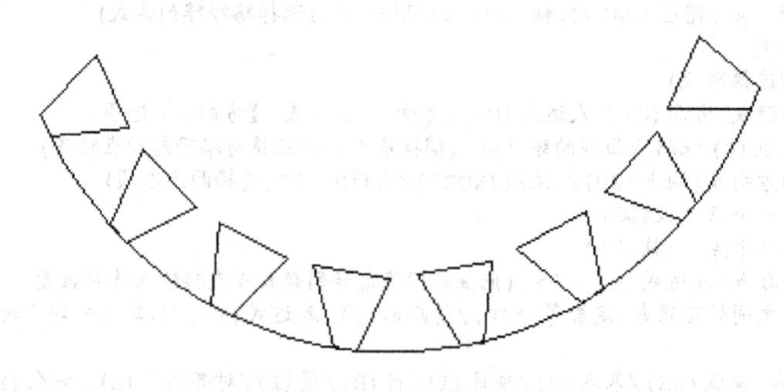

图 5-22　路径阵列结果

5.3.5　实践训练

任务 1：绘制如图 5-23 所示的柜子。

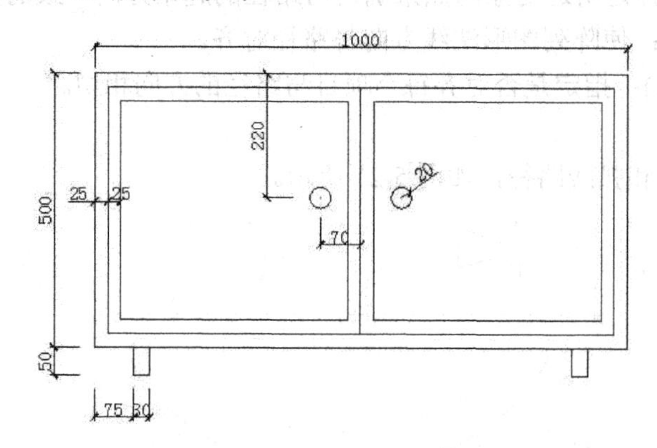

图 5-23　柜子前视图

1. 任务目标

掌握偏移和镜像等编辑命令的使用。

2. 操作过程

(1) 新建文件。选择【文件】|【新建】命令，弹出【选择样板】对话框，选择 acadiso.dwt 样板图。并将图形界限设置为(42000，29700)。

(2) 启用绘图辅助工具。确保【对象捕捉】为开启状态，选择 【中点】捕捉方式；打开【正交】模式。

(3) 利用矩形命令绘制柜子外围轮廓，然后向内偏移 25。

(4) 利用直线命令绘制两门分界线。

(5) 利用直线命令，由柜左下角开始，通过光标导向输入法绘制柜子腿。

(6) 利用直线命令，由柜左下角开始，通过相对直角坐标输入法，临时定位圆把手中心的位置，然后绘制半径为 20 的把手。

(7) 利用镜像命令，将左侧绘制好的柜门、柜脚和把手一并选择，镜像出柜子的右半部分。

(8) 将绘制的图形存盘，文件命名为“柜子”。

任务 2：绘制如图 5-24 所示的木地板。

1. 任务目标

掌握复制命令、阵列命令的使用。

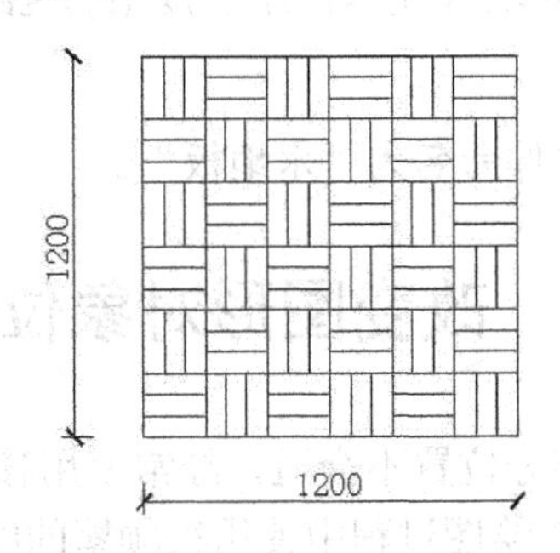

图 5-24　木地板平面图

2. 操作过程

(1) 新建文件。选择【文件】|【新建】命令，弹出【选择样板】对话框，选择 acadiso.dwt 样板图，并将图形界限设置为(42000，29700)。

(2) 启用绘图辅助工具。确保【对象捕捉】为开启状态，选择 【端点】、【节点】、【垂足】捕捉方式；打开【正交】模式。

(3) 首先利用直线命令，在绘图区域左下角适当的位置绘制一个 200×200 的矩形，然后对其定数等分 3 段，再用直线命令绘制中间直线，木地板单元绘制结果，如图 5-25 所示。依此绘制另外一个方向的木地板单元。

(4) 利用复制命令，对两个方向的木地板单元进行交错复制，完成木地板组合体图形，如图 5-26 所示。

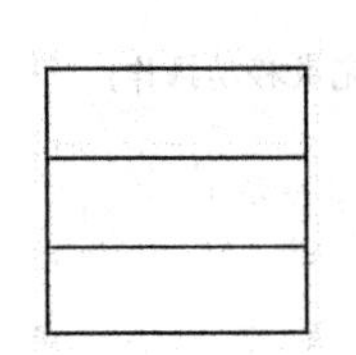

图 5-25　木地板单元

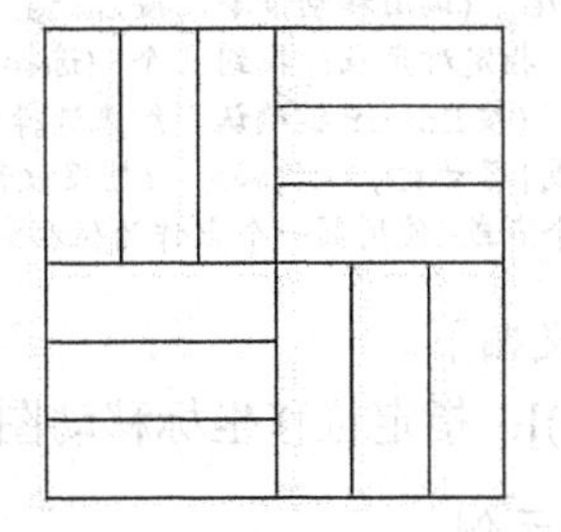

图 5-26　木地板组合体

(5) 利用阵列命令，按 3 行 3 列，行间距和列间距为 200，对选择的木地板组合体进行矩形阵列复制。命令行提示如下：

```
命令: _arrayrect
选择对象: 指定对角点: 找到 36 个
选择对象:
类型 = 矩形  关联 = 是
为项目数指定对角点或 [基点(B)/角度(A)/计数(C)] <计数>: 9
指定对角点以间隔项目或 [间距(S)] <间距>: s
按 Enter 键接受或 [关联(AS)/基点(B)/行(R)/列(C)/层(L)/退出(X)] <退出>: r
输入行数数或 [表达式(E)] <1>: 3
```

```
指定行数之间的距离或 [总计(T)/表达式(E)] <600>: 400
指定行数之间的标高增量或 [表达式(E)] <0>:
按Enter键接受或 [关联(AS)/基点(B)/行(R)/列(C)/层(L)/退出(X)] <退出>: c
输入列数或 [表达式(E)] <1>: 3
指定列数之间的距离或 [总计(T)/表达式(E)] <600>: 400
按 Enter 键接受或 [关联(AS)/基点(B)/行(R)/列(C)/层(L)/退出(X)] <退出>:
```

阵列结果如图 5-24 所示。

(6) 将绘制的图形存盘，文件命名为“木地板”。

5.4 改变图形对象位置

绘图中，若发现图形某一部分位置不合适，经常使用移动命令、旋转命令对其进行位置调整。移动和旋转命令是 CAD 绘图过程中使用很频繁的编辑命令。以下介绍两种命令的使用。

5.4.1 移动对象

移动命令的执行结果是对图形对象的平移，只是图形上下左右位置发生变化，而图形大小和角度并不发生改变。

1. 命令调用

- 菜单栏方式：选择【修改】|【移动】命令。
- 工具栏方式：单击标准工具栏中的【移动】按钮✥。
- 命令行方式：输入 move/m 命令。

2. 操作方法

```
命令: move  (调用移动命令，按 Enter 键)
选择对象: 指定对角点: 找到 n 个 (选择需要移动的图形对象)
选择对象: (按 Enter 键确认，结束选择)
指定基点或[移动(D)]<位移>: (捕捉被移动对象的基点)
指定第二个点或<使用第一个点作为位移>: (指定移动目标点，然后单击，完成移动操作)
```

选项含义如下。

[移动(D)]：指定位移坐标移动图形。

3. 操作示例

(1) 绘制一个简单图形，如图 5-27 所示。

(2) 移动图形对象

```
命令:  move
选择对象: (选择对角线矩形)
选择对象: (按 Enter 键确认，结束选择)
指定基点或[移动(D)]<位移>: (指定对角线左下角为对象的基点)
指定第二个点或<使用第一个点作为位移>: (移动所选对象到右下角，单击就位，完成移动)
```

移动结果如图 5-28 所示。

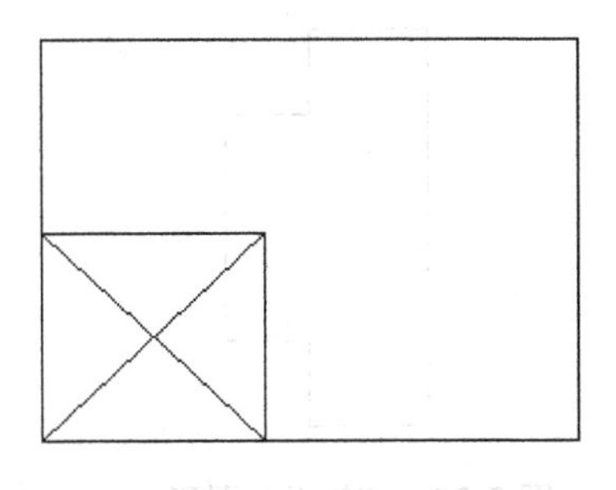
图 5-27 移动前的图形

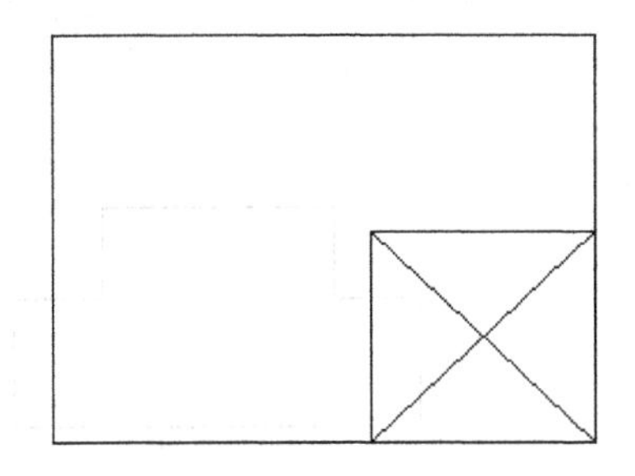
图 5-28 移动后的图形

5.4.2 旋转对象

旋转命令是使选择的对象围绕基点旋转到一个绝对的角度。可以选择转角、复制和参照 3 种方式旋转对象。

1. 命令调用

- 菜单栏方式：选择【修改】|【旋转】命令。
- 工具栏方式：单击标准工具栏中的【旋转】按钮。
- 命令行方式：输入 rotate/ro 命令。

2. 操作方法

```
命令: rotate    (调用旋转命令，按 Enter 键)
UCS 当前的正角方向: ANGDER=逆时针 ANGBASE=0    (系统显示当前 UCS 坐标)
选择对象: 指定对角点: 找到 35 个    (选择要旋转的对象)
选择对象: (按 Enter 键，确认)
指定基点:    (捕捉图形中的一点作为旋转参考点)
指定旋转角度,或[复制(C)/参考(R)]<0>:    (输入旋转角度或按住鼠标拖曳)
```

选项含义如下。

- 复制(C)：当旋转图形后，希望保留源图形时，在指定旋转角度时，先输入字母 C，然后输入角度值。
- 参考(R)：旋转参照可以精确定位旋转后的位置。

3. 操作示例

(1) 绘制窗间墙水平切面，如图 5-29 所示。
(2) 旋转窗间墙。

```
命令: rotate    (命令行输入旋转命令，按 Enter 键)
UCS 当前的正角方向: ANGDER=逆时针 ANGBASE=0    (系统显示当前 UCS 坐标)
选择对象: 指定对角点: 找到 4 个    (选择要旋转的对象)
选择对象: (按 Enter 键，确认)
指定基点:    (捕捉图形中的一点作为旋转参考点)
指定旋转角度,或[复制(C)/参考(R)]<0>:270    (输入旋转角度 270，按 Enter 键)
```

旋转结果如图 5-30 所示。

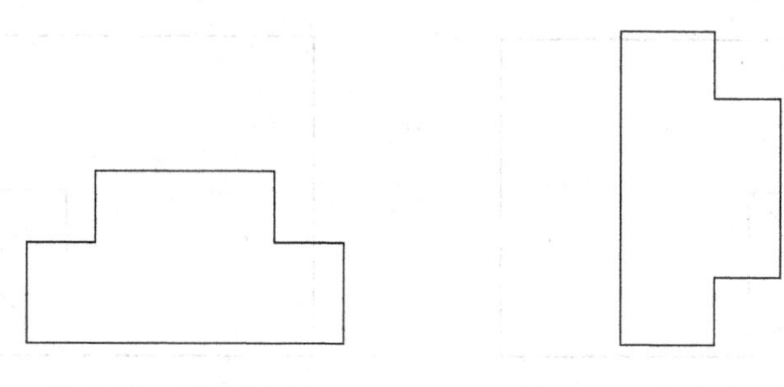

图 5-29　旋转前图形　　　　图 5-30　旋转后的图形

5.4.3　实践训练

任务：绘制床和床头柜，如图 5-31 所示。

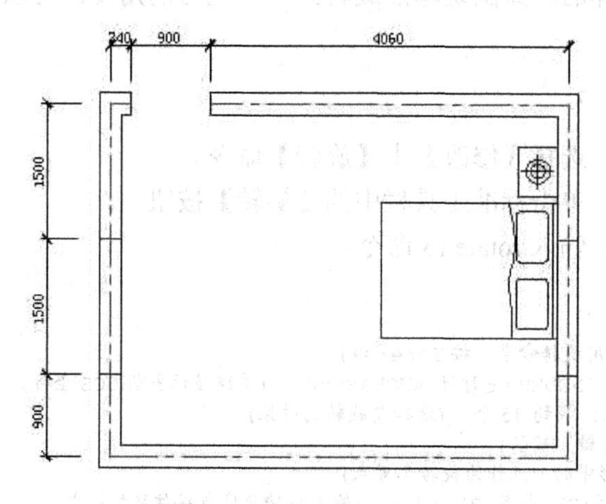

图 5-31　床和床头柜原位图形

1. 任务目标

掌握旋转命令和移动命令的使用。

2. 操作过程

(1) 新建文件。选择【文件】|【新建】命令，弹出【选择样板】对话框，选择 acadiso.dwt 样板图。将图形界限设置为(42000，29700)。

(2) 启用绘图辅助工具。确保【对象捕捉】为开启状态，选择 【交点】捕捉方式；打开【正交】模式。

(3) 按图 5-31 所示的图形和尺寸，利用多线命令绘制一个房间平面，再利用矩形命令、样条曲线命令和圆命令等绘制一张 2000×1500 的床和一个床头柜(位置不要求精确)。

(4) 利用旋转命令将床和床头柜旋转-90°。命令行提示如下。

```
命令: _rotate
UCS 当前的正角方向: ANGDIR=逆时针 ANGBASE=0
选择对象: 指定对角点: 找到 11 个
选择对象:
指定基点:
指定旋转角度, 或 [复制(C)/参照(R)] <18>: -90
```

(5) 利用移动命令，选择床头柜左下角为基点，拖曳鼠标对齐房间右下角内侧按 Enter 键，完成移动。命令行提示如下。

```
命令: _move
选择对象: 指定对角点: 找到 10 个
选择对象: 找到 1 个，总计 11 个
选择对象:
指定基点或 [位移(D)] <位移>:
指定第二个点或 <使用第一个点作为位移>:
```

旋转和移动的结果，如图 5-32 所示。

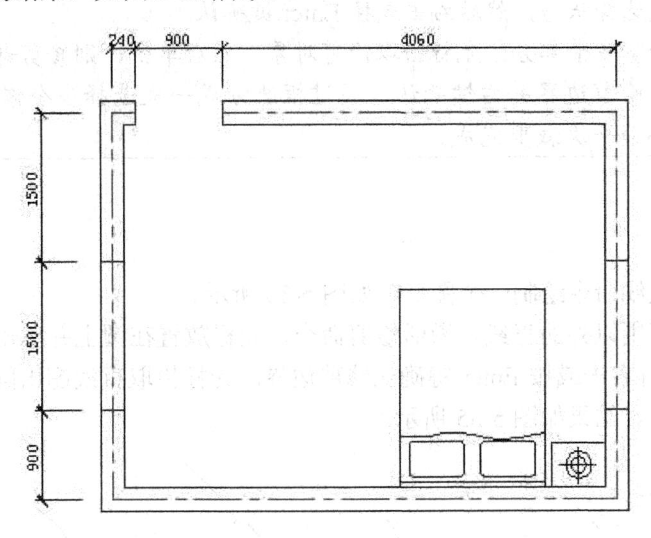

图 5-32 床和床头柜旋转与移动后的图形

5.5 改变图形对象形状

改变图形形状的命令，如修剪、延伸、缩放和拉伸等命令，是 CAD 绘图时经常遇到的。以下分别介绍几种命令的使用。

5.5.1 修剪对象

使用修剪命令编辑图形，如同园丁手里的剪刀修剪花木。该命令的执行结果是对于超出边界的多余部分进行修剪并删除。在图形编辑过程中，修剪命令是编辑命令中使用最为频繁的命令。

1. 命令调用

- 菜单栏方式：选择【修改】|【修剪】命令。
- 工具栏方式：单击标准工具栏中的【修剪】按钮。
- 命令行方式：输入 trim 命令。

2. 操作方法

```
命令: trim    (调用修剪命令，按 Enter 键)
```

选择对象或<全部选择>：(选择修剪边界，按 Enter 键)
选择对象：(选择修剪边界)
选择要修剪的对象，或按住 Shift 键选择要延伸的对象，或[栏选(F)/窗交(C)/投影(p)/边(E)/删除(R)/放弃(U)]：(选择要修剪的对象)
选择要修剪的对象，或按住 Shift 键选择要延伸的对象，或[栏选(F)/窗交(C)/投影(p)/边(E)/删除(R)/放弃(U)]：(选择要修剪的对象)
……

特别提示：修剪操作的步骤可归纳为两步：确定修剪边界和修剪多余部分。

① 确定修剪边界：首先光标拾取修剪对象的修剪边界，然后单击，所选对象呈虚线选择状态，然后右击或按 Enter 键确认。

② 修剪多余部分：光标拾取修剪对象，然后单击，则修剪部分被修剪。也可以单击修剪边界并右键确认，通过框选方式一次选择多个修剪对象，单击则修剪部分一次裁剪完成。

3. 操作示例

示例 1：

(1) 用圆和直线命令绘制一个图形，如图 5-33 所示。

(2) 修剪圆范围以外的直线。激活修剪命令，光标放置在圆上并单击，呈虚线状态，如图 5-34 所示，再右击或按 Enter 键确认修剪边界。光标拾取直线超出圆之外部分，单击则超出部分被修剪。结果如图 5-35 所示。

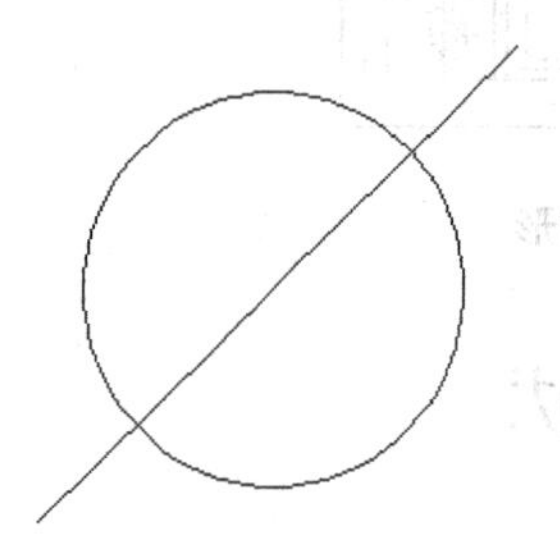

图 5-33 几何图形

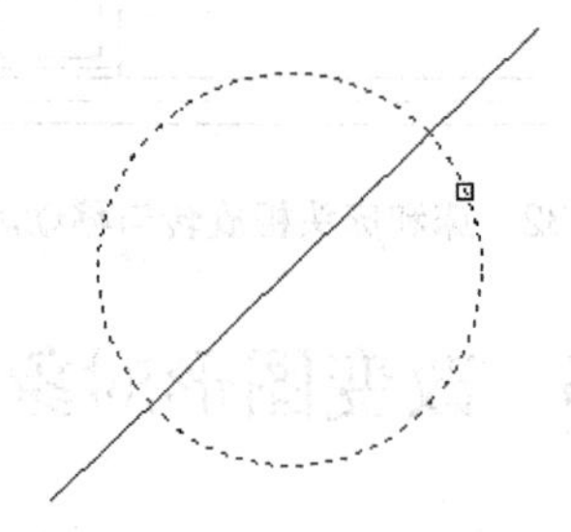

图 5-34 确定修剪边界

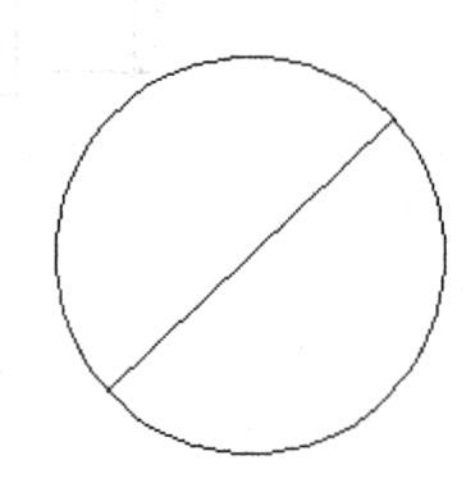

图 5-35 修剪结果

示例 2：

(1) 用矩形和直线命令绘制一个图形，如图 5-36 所示。

(2) 激活修剪命令，光标拾取矩形并单击，呈虚线状态时按 Enter 键确认，如图 5-37 所示。窗交选取修剪部分，如图 5-38 所示，然后释放鼠标左键，则多余部分被修剪，修剪结果如图 5-39 所示。

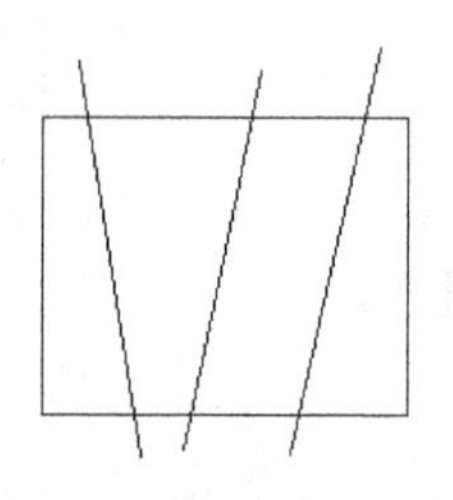

图 5-36 几何图形

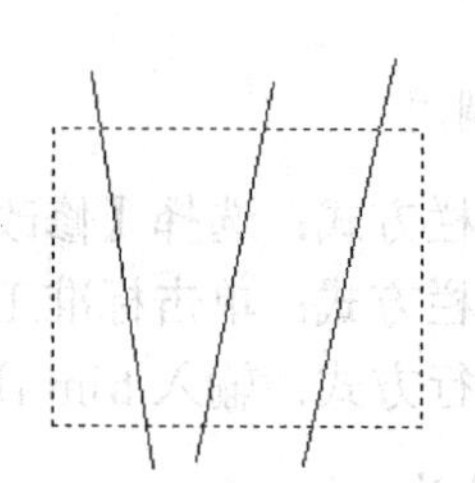

图 5-37 确定修剪边界

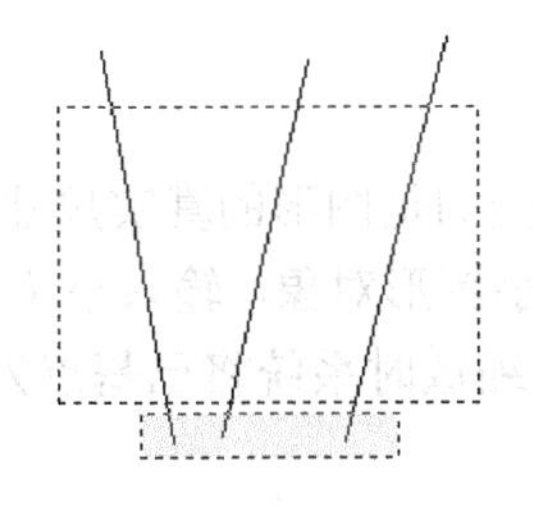

图 5-38 窗交选取修剪部分

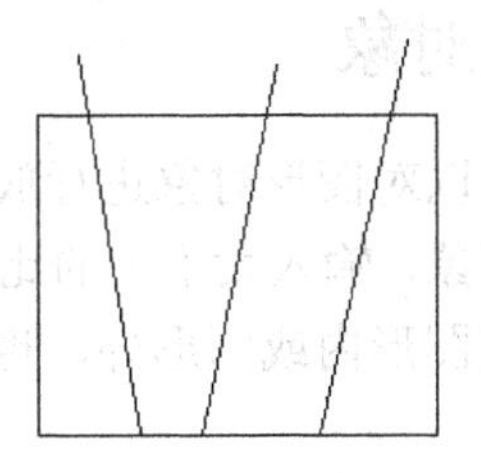

图 5-39 修剪结果

特别提示： 对于复杂图形，还有更方便的修剪方法，就是选取裁剪界限时，用窗口选择或窗交选择拖曳窗口，包含全部图形，呈虚线状态时按 Enter 键确认。然后分别单击或框选修剪部分，则多余部分分别被裁剪，最后右击确定，结束命令。

5.5.2 延伸对象

延伸命令是绘图中常用的编辑命令，常用于将直线、弧、多段线和多线延伸至指定位置。

1. 命令调用

- 菜单栏方式：选择【修改】|【延伸】命令。
- 工具栏方式：单击标准工具栏中的【修剪】按钮。

2. 操作方法

```
命令: extend      (调用延伸命令，按 Enter 键)
选择对象或<全部选择>: (选择延伸边界，按 Enter 键)
选择对象: (单击延伸对象)
```

3. 操作示例

(1) 利用直线、弧命令绘制一个图形，如图 5-40 所示。
(2) 延伸直线和圆弧。

```
命令: extend   (命令行键入延伸命令，按 Enter 键)
选择对象或<全部选择>: (选择水平直线作为延伸边界，按 Enter 键)
选择对象: (单击延伸对象竖线和弧)
```

延伸结果如图 5-41 所示。

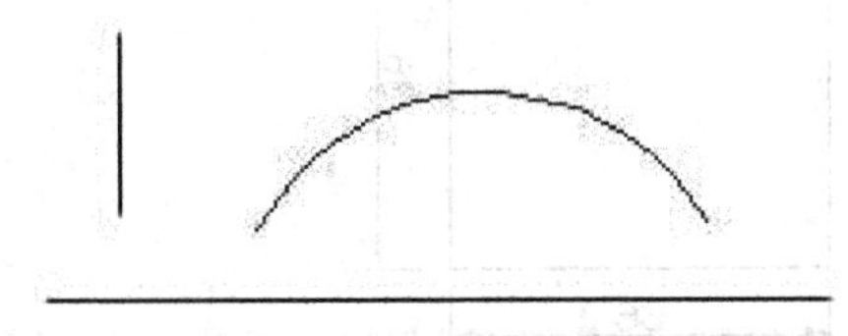

图 5-40 延伸前图形

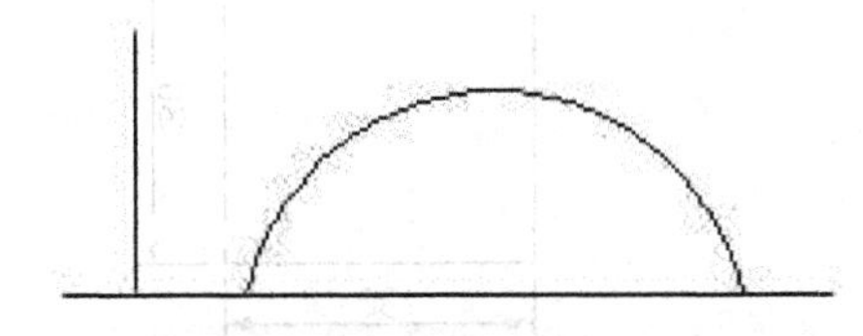

图 5-41 延伸后的图形

特别提示： 命令激活后，先选择图形延伸到哪里截止的边界线，并按 Enter 键或鼠标左键确认，然后再单击延伸图形的端点。对于复杂图形，在选择延伸边界后，可采用窗交方式选择延伸图形的端点，图形将同时延伸至边界。

5.5.3 缩放对象

缩放命令可以对图形对象进行放大或缩小，且改变的是图形的真实尺寸。命令执行时，当要放大图形对象，输入大于 1 的比例因子；当要缩小图形对象，输入小于 1 的比例因子。选择基点可以在图形内或图形外，也可以在图形上，缩放时系统将已基点为参照点，进行图形缩放。

1. 命令调用

- 菜单栏方式：选择【修改】|【缩放】命令。
- 工具栏方式：单击标准工具栏中的【缩放】按钮。
- 命令行方式：输入 scale/sc 命令。

2. 操作方法

```
命令: scale    (调用缩放命令，按 Enter 键)
选择对象: (选择缩放对象)
选择对象: (按 Enter 键，结束选择)
指定基点: (指定缩放基点)
指定比例因子或[复制(C)/参考(R)]<0>:(输入缩放比例，按 Enter 键结束命令)
```

各选项含义如下。

- 复制(C)：选择复制对象缩放，源对象保留。
- 参考(R)：选择参照方式缩放对象。

3. 操作示例

(1) 用矩形命令绘制一个 30×30 的正方形，如图 5-42 所示。
(2) 缩放图形。

```
命令: scale    (调用缩放命令，按 Enter 键)
选择对象: (选择正方形)
选择对象: (按 Enter 键，结束选择)
指定基点: (指定正方形左下角为缩放基点)
指定比例因子或[复制(C)/参考(R)]<0>:1.2(输入比例因子 1.2，按 Enter 键结束命令)
```

缩放结果如图 5-43 所示。

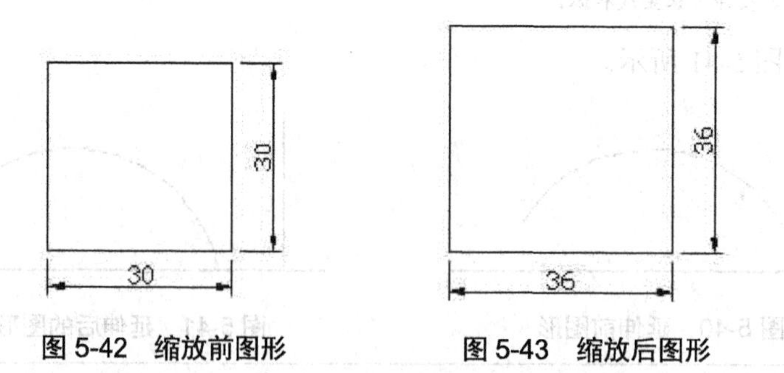

图 5-42 缩放前图形　　图 5-43 缩放后图形

5.5.4 拉伸对象

拉伸对象命令可对所选对象的指定部分，按规定的方向和角度拉长或缩短，并保持与未选部分相连接。拉伸命令适应于直线、弧、多段线、多线绘制的图形。

1. 命令调用

- 菜单栏方式：选择【修改】|【拉伸】命令。
- 工具栏方式：单击标准工具栏中的【拉伸】按钮。
- 命令行方式：输入 stretch/s 命令。

2. 操作方法

```
命令: stretch      (调用拉伸命令，按 Enter 键)
选择对象: (用窗交的方式选择拉伸的对象)
选择对象: (按 Enter 键，结束选择)
指定基点或: [位移(D)]<位移>: (指定基点)
指定第二个点或<使用第一个点作为位移> (移动光标拖曳所选部分或输入坐标精确定位移动的距离和方向)
```

3. 操作示例

(1) 利用直线和矩形命令绘制一个图形，如图 5-44 所示。

(2) 调用拉伸命令，采用窗交方式选择矩形的两个角点作为拉伸部分，呈现如图 5-45 所示虚线状态时按 Enter 键确认，再指定图形拉伸基点，最后向右拉伸所选部分，如图 5-46 所示。图形拉伸结果如图 5-47 所示。

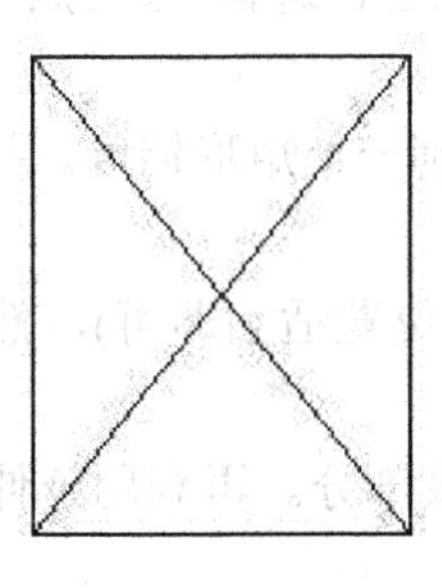

图 5-44 几何图形

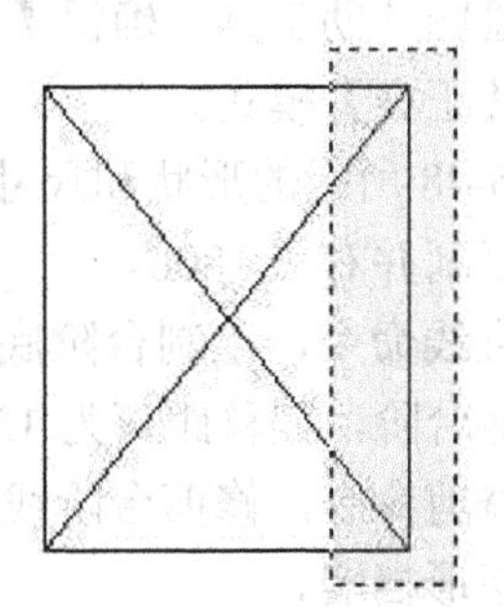

图 5-45 窗交选取拉伸部分

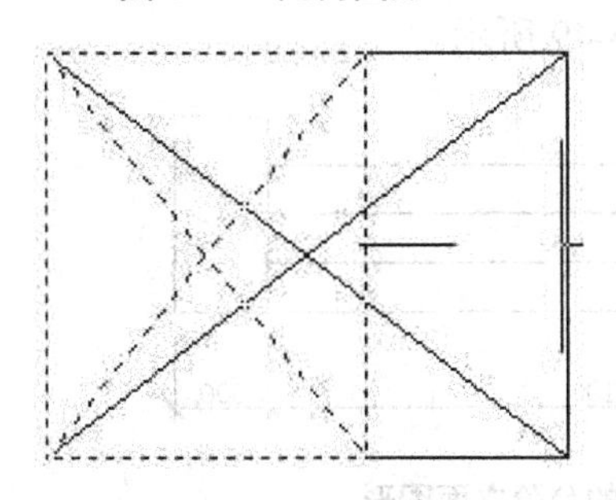

图 5-46 拉伸对象

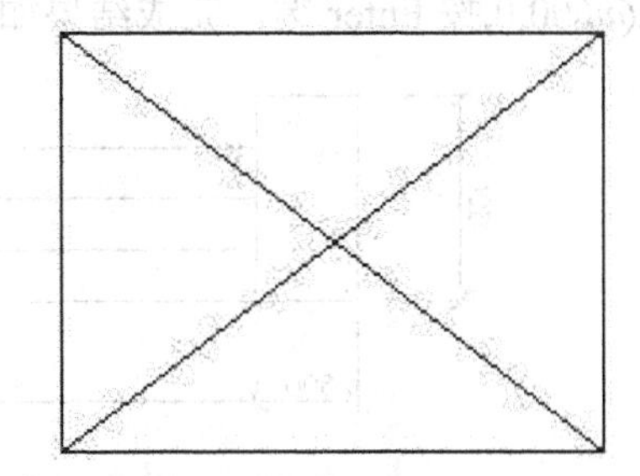

图 5-47 图形拉伸结果

特别提示： 对于图 5-44 所示的几何图形，若采用窗交选择方式选择右下角一个角点，则只拉伸该角点；若窗口选择整个图形，则拉伸的结果等同于移动命令。拉伸过程中，若需要精确定位拉伸长度和方向，可借助坐标输入法来完成。

5.5.5 实践训练

任务：绘制如图 5-48 所示的台阶立面图。

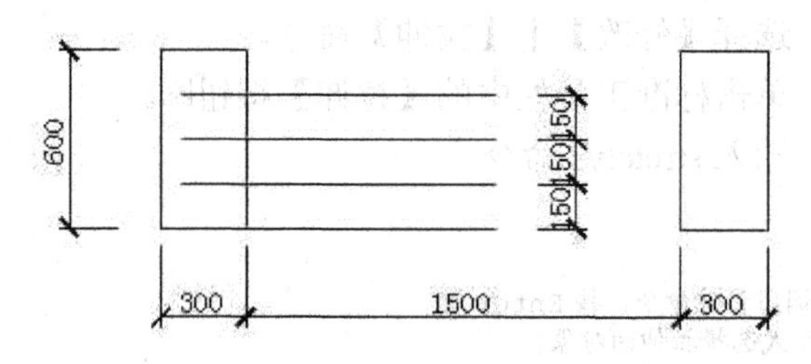

图 5-48 形状修改前的台阶立面图形

1. 任务目标

掌握修剪、延伸和拉伸等命令的使用。

2. 操作过程

(1) 新建文件。选择【文件】|【新建】命令，弹出【选择样板】对话框，选择 acadiso.dwt 样板图。将图形界限设置为(42000，29700)。

(2) 启用绘图辅助工具。确保【对象捕捉】为开启状态，选择 【交点】、【中点】捕捉方式；打开【正交】模式。

(3) 按图 5-48 所示的形状和尺寸，利用矩形命令绘制一个矩形挡墙。并将该矩形挡墙通过复制命令复制并右移 1800。

(4) 利用直线命令，绘制台阶底边线(为练习，左右位置适当即可)，然后通过偏移命令向上偏移其他台阶，偏移距离为 150。

(5) 利用修剪命令，修剪台阶线左端深入挡墙的多余部分。再利用延伸命令，将台阶线右端延伸至矩形挡墙。

(6) 利用拉伸命令，通过窗交方式完全选择右端矩形挡墙和台阶线的右侧端点，然后命令行输入@600,0,按 Enter 键。完成结果如图 5-49 所示。

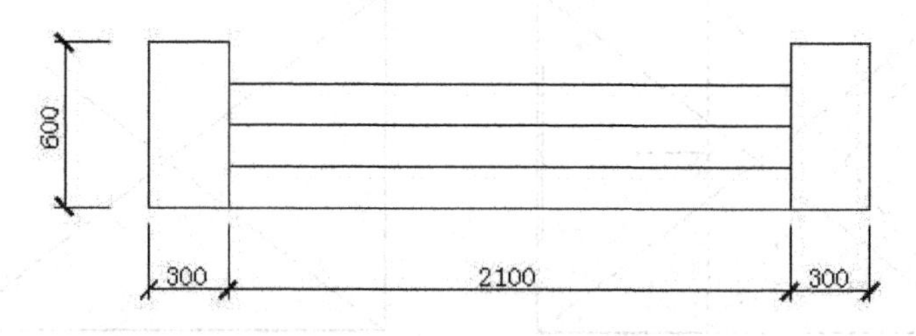

图 5-49 形状修改后的台阶立面图形

5.6 打断、合并和分解图形对象

在 CAD 绘图过程中，有时需要在保持图形整体框架不变的情况下，对图形进行局部调整编辑，这时可以借助系统提供的打断、合并和分解命令来完成。

5.6.1 打断对象

打断命令用于将图形对象断开。命令执行过程中，可采用一点打断或两点打断方式对图线进行切断。打断命令适用的图形对象包括：直线、弧、圆、多段线、样条曲线等，不适用图块等组合形体。

1. 命令调用

- 菜单栏方式：选择【修改】|【打断】命令。
- 工具栏方式：单击标准工具栏中的【打断于点】按钮□或【打断】按钮□。
- 命令行方式：命令行输入 break/br 命令。

2. 操作方法

(1) 将对象打断于一点。打断于一点这种断开方式是将图线无缝断开为两部分。操作方法如下。

```
命令: break      (调用打断于点命令，按 Enter 键)
选择对象: (选择要打断的对象)
指定第二个打断点或: [第一点(F)] : f (系统自动选择【第一点】，表示重新指定打断点)
指定第一个打断点: (光标移动到需要断开的位置单击)
指定第二个打断点: (出现@符号，表示第一点与第二点重合，系统进行无缝断开)
```

(2) 以两点方式打断对象。

两点打断是将图线对象创建两个断点，并自动删除两点之间的图线部分。具体操作如下。

```
命令: break      (调用打断命令，按 Enter 键)。
选择对象: (选择要打断的对象)
指定第二个打断点或: [第一点(F)] : f (输入 f,重新确定第一点)
指定第一个打断点: (鼠标单击第一个断开点)
指定第二个打断点: (鼠标单击第二个断开点)
```

3. 操作示例

(1) 利用正多边形和直线命令绘制一个图形，如图 5-50 所示。

(2) 用两点方式打断图形。

```
命令: break      (调用打断命令，按 Enter 键)
选择对象: (选择直线)
指定第二个打断点或: [第一点(F)] : f (输入 f,重新确定第一点)
指定第一个打断点: (光标捕捉 p1 点)
指定第二个打断点: (光标捕捉 p2 点)
```

完成效果如图 5-51 所示。

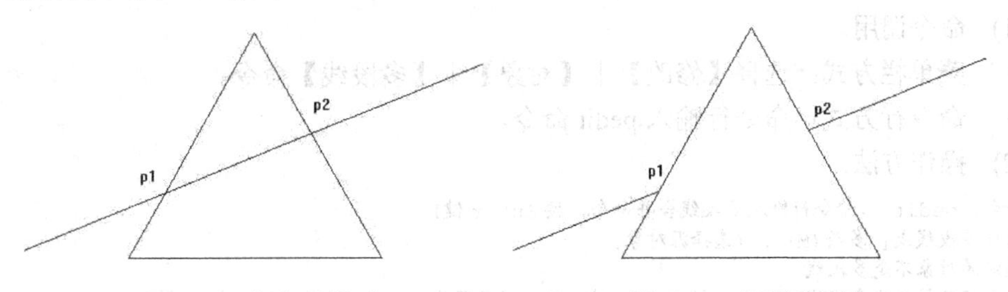

图 5-50 打断前图形　　图 5-51 打断后图形

5.6.2 合并对象

对于直线、弧和椭圆弧等这种单一属性的图元，可直接调用合并命令进行合并。如具有相同轨迹的多条线段、可以通过合并命令合并成一条直线；同样对于圆弧也可以通过合并命令合并成一个完整的圆。而对于由直线、弧、多段线等不同属性的图元构成的复杂图形，还可以通过【修改】|【对象】|【多段线】命令合并成一个对象。在绘制建筑图时，这个命令还是很有用的。以下分别介绍两种合并的方法。

1. 单一对象合并

(1) 命令调用。

- 菜单栏方式：选择【修改】|【合并】命令。
- 工具栏方式：单击标准工具栏中的【合并】按钮。
- 命令行方式：命令行键入 join/j 命令。

(2) 操作方法(合并圆弧)。

```
命令: join  (调用合并命令，按 Enter 键)
选择源对象: (选择合并源对象)
选择圆弧，以合并到源或进行[闭合(L)]:
```

(3) 操作示例。

① 利用圆弧命令绘制圆弧，如图 5-52 所示。

② 合并圆弧。

```
命令: join  (调用合并命令，按 Enter 键)
选择源对象: (选择圆弧)
选择圆弧，以合并到源或进行[ 闭合(L)]: L  (选择【合并】选项，输入 L，按 Enter 键)
```

合并结果如图 5-53 所示。

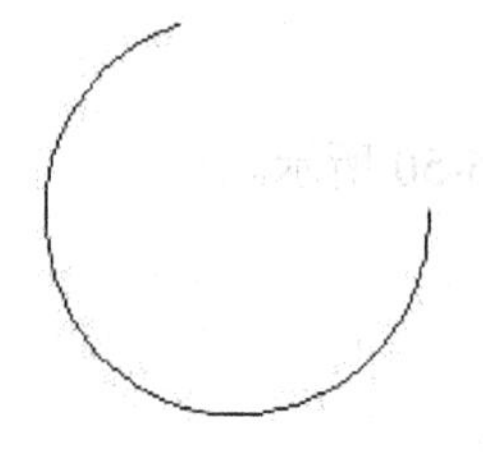

图 5-52　合并前的图形

图 5-53　合并后的图形

2. 多段线合并

(1) 命令调用。

- 菜单栏方式：选择【修改】|【对象】|【多段线】命令。
- 命令行方式：命令行输入 pedit 命令。

(2) 操作方法。

```
命令: pedit  (命令行输入多段线合并命令，按 Enter 键)
选择多段线或[ 多条(M)]: (选择源对象)
选定的对象不是多段线
是否将其转换为多段线? <Y> (按 Enter 键，转化成多段线)
```

输入选项 [闭合(C)/合并(J)/宽度(W)/编辑顶点(E)/ 拟合(F)…]: J (选择合并,输入 J, 按 Enter 键)
选择对象: 找到 1 个(依次单击其他合并对象)
选择对象: 找到 1 个,总计 2 个(依次单击其他合并对象)
选择对象: 找到 1 个,总计 3 个(依次单击其他合并对象)
......
选择对象:
M 条线段已添加到多段线(两次按 Enter 键, 结束命令)

(3) 操作示例。

绘制曲线阳台。

① 用直线和圆弧命令绘制阳台初步图形，如图 5-54 所示。

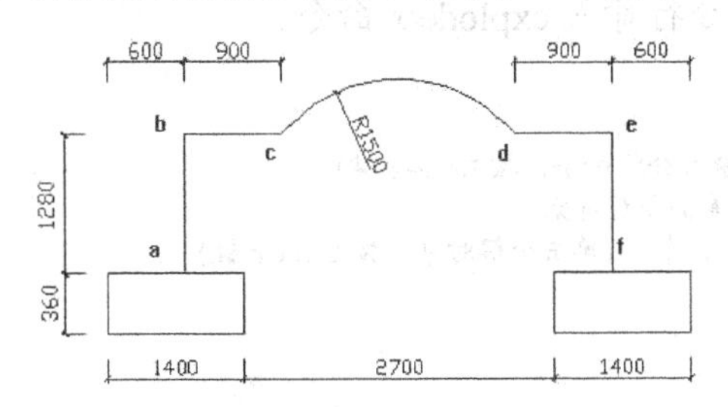

图 5-54 阳台初步图形

② 合并多段线。

命令: pedit (命令行输入多段线合并命令, 按 Enter 键)
选择多段线或 [多条(M)]: (鼠标点击上图 ab 线段)
选定的对象不是多段线
是否将其转换为多段线? <Y> (按 Enter 键, 转化成多段线)
输入选项 [闭合(C)/合并(J)/宽度(W)/编辑顶点(E)/ 拟合(F)…]: J (输入 J, 按 Enter 键)
选择对象: 找到 1 个(单击 bc 线段)
选择对象: 找到 1 个,总计 2 个(单击 cd 弧线)
选择对象: 找到 1 个,总计 3 个(单击 de 线段)
选择对象: 找到 1 个,总计 4 个(单击 ef 线段)
选择对象:
M 条线段已添加到多段线(两次按 Enter 键, 结束命令)

③ 偏移多段线。

命令: offset (调用偏移命令, 按 Enter 键)
当前设置: 删除源=否 图层=源 OFFSETGAPTYPE=0 (系统显示相关信息)
指定偏移距离或[通过(T)/删除(E)/图层(L)]<0>: 120(输入偏移距离 120)
选择要偏移的对象, 或[退出(E)/放弃(U)]<退出>: (拾取要偏移的对象, 单击, 呈虚线状态)
指定要偏移的那一侧上的点, 或 [退出(E)/多个(M)/放弃(U)]<退出>: (在阳台外侧单击, 按 Enter 键结束偏移)

偏移效果如图 5-55 所示。

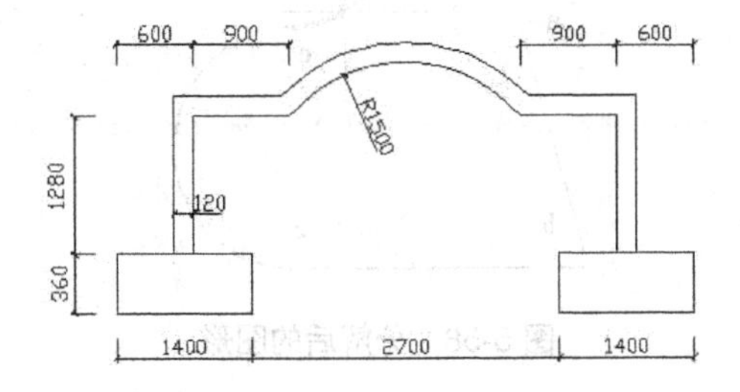

图 5-55 合并与偏移后的阳台效果图

5.6.3 分解对象

分解命令可以将多段线、块和图案填充等复合对象分解成基本图元。分解后的对象可能会改变某些属性，如对象的颜色、线型和线宽等。

1. 命令调用

- 菜单栏方式：选择【修改】|【分解】命令。
- 工具栏方式：选择标准工具栏【分解】按钮。
- 命令行方式：命令行输入 explode/x 命令。

2. 操作方法

```
命令: explode (命令行输入分解命令，按 Enter 键)
选择对象: 找到 1 个      (单击分解对象)
选择对象: 找到 1 个，总计 2 个  (单击分解对象，按 Enter 键)
选择对象:
```

3. 操作示例

(1) 利用多段线命令绘制一个图形，如图 5-56 所示。光标放置在图形上，呈高亮显示，说明多段线图形为一个整体，如图 5-57 所示。

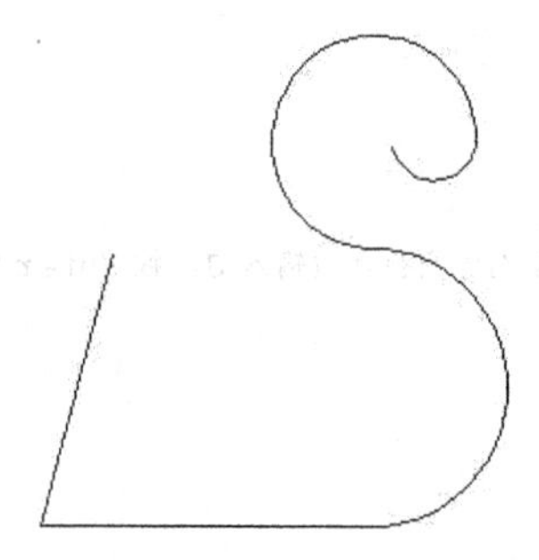

图 5-56　分解前的图形

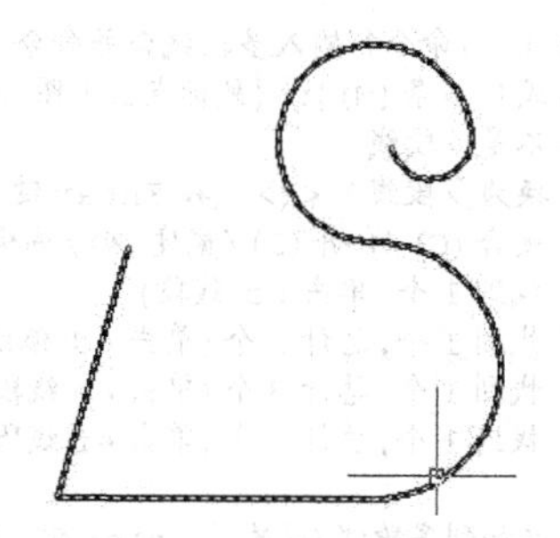

图 5-57　多段线整体性显示

(2) 分解图形对象。

命令行输入分解命令，单击分解对象，分解后的图形对象呈现多个基本图元，分别是 ab 直线、bc 直线、cd 弧、de 弧和 ef 弧，如图 5-58 所示。

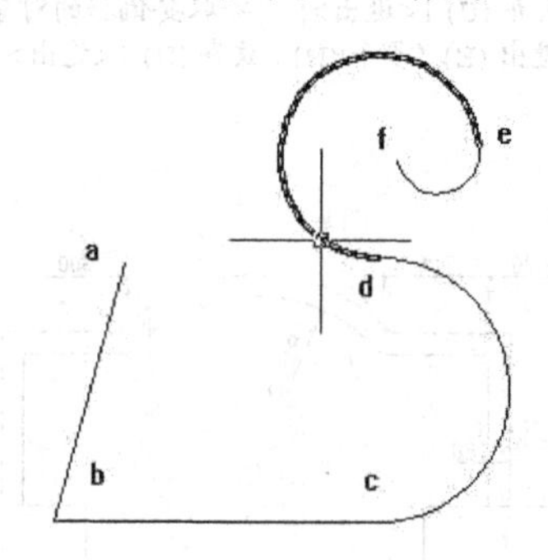

图 5-58　分解后的图形

5.6.4 实践训练

任务：绘制装饰木门。

1. 任务目标

掌握分解、打断、合并等命令的使用方法。

2. 操作过程

(1) 新建文件。选择【文件】|【新建】命令，弹出【选择样板】对话框，选择 acadiso.dwt 样板图。将图形界限设置为(42000，29700)。

(2) 启用绘图辅助工具。确保【对象捕捉】为开启状态，选择 【交点】、捕捉方式；打开【正交】模式。

(3) 利用矩形命令，按图 5-59 所示尺寸，绘制门外轮廓线。再利用偏移命令向内偏移出两个矩形，偏移距离分别为 40、120。偏移结果如图 5-60 所示。

(4) 利用分解命令，分解向内偏移的第一个矩形(门框内侧边线)。利用删除命令删除门框内侧底边线，再使用延伸命令将门框内边线缺少部分向下延伸至底边，分解及延伸的结果如图 5-61 所示。

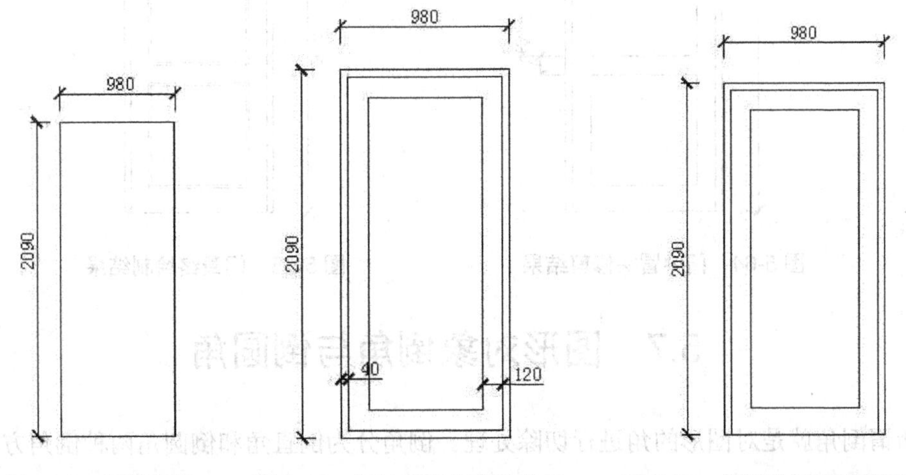

图 5-59 门轮廓线　　图 5-60 门轮廓线偏移的结果　　图 5-61 门框分解及延伸的结果

(5) 利用偏移命令将门框内边线的上边线向下偏移，偏移距离分别为 1100 和 120，如图 5-62 所示。

(6) 利用两点打断命令，打断向内偏移的第二个矩形。命令行提示如下：

```
命令: _break 选择对象:
指定第二个打断点 或 [第一点(F)]: f
指定第一个打断点:
指定第二个打断点:
```

打断结果如图 5-63 所示。

(7) 利用修剪命令，修剪门中冒头多余线段，结果如图 5-64 所示。

(8) 利用多段线合并，分别将门内部两个矩形合并成多段线，再利用偏移命令分别向内偏移 15。绘制的最终结果如图 5-65 所示。

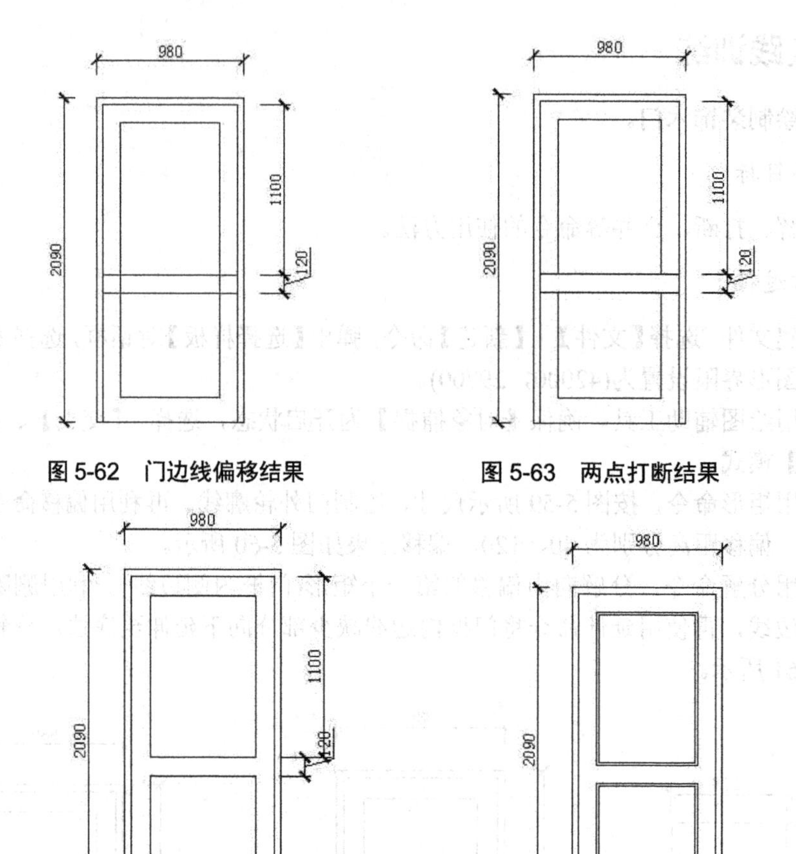

图 5-62　门边线偏移结果　　图 5-63　两点打断结果

图 5-64　门中冒头修剪结果　　图 5-65　门最终绘制结果

5.7　图形对象倒角与倒圆角

所谓倒角就是对图形的角进行切除处理。倒角分为倒直角和倒圆角两种倒角方式。

5.7.1　倒直角

倒直角用于将两条非平行线或多段线做出有斜度的倒角，倒角处理的结果如同用刀切掉一个桌角一样。

1. 命令调用

- 菜单栏方式：选择【修改】|【倒角】命令。
- 工具栏方式：单击标准工具栏中的【倒角】按钮。
- 命令行方式：输入 chamfer/cha 命令。

2. 操作方法

命令：chamfer（命令行输入倒角命令，按 Enter 键）

```
选择第一条直线或[放弃(U)/多段线(P)/距离(D)角度(A)/修剪(T)/方式(E)/多个(M)]: (单击第一条倒角边)
选择第二条直线，或按住 Shift 键选择要应用角点的直线: (单击第二条倒角边)
```

部分选项含义如下。

- 多段线(P)：可以对由多段线组成的图形的所有角进行同时倒角。
- 距离(D)：以指定倒角距离 1 和倒角距离 2 的方式进行倒角。
- 角度(A)：以指定倒角长度和倒角角度的方式进行倒角。
- 修剪(T)：控制倒角后是否保留原角，默认为删除。
- 多个(M)：可连续对多组对象进行倒角。

3. 操作示例

(1) 利用矩形命令绘制一个 60×45 的矩形，如图 5-66 所示。

(2) 对矩形倒直角。

```
命令: chamfer (命令行输入倒角命令，按 Enter 键)
选择第一条直线或[放弃(U)/多段线(P)/距离(D)角度(A)/修剪(T)/方式(E)/多个(M)]: D(输入 D，按 Enter 键)
指定第一个倒角距离<0>: 15
指定第二个倒角距离<0>: 25
选择第一条直线或[放弃(U)/多段线(P)/距离(D)角度(A)/修剪(T)/方式(E)/多个(M)]: (单击第一条倒角边)
选择第一条直线或[放弃(U)/多段线(P)/距离(D)角度(A)/修剪(T)/方式(E)/多个(M)]: (单击第二条倒角边)
```

倒角效果见图 5-67 所示。

图 5-66 倒角前图形

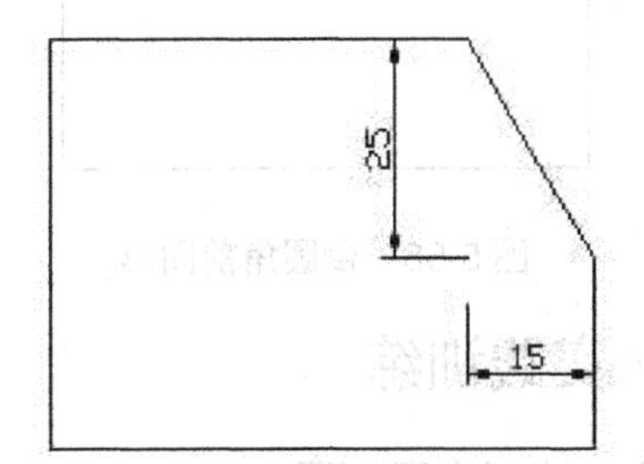

图 5-67 倒角后图形

5.7.2 倒圆角

倒圆角是对两条相交的直线切除多余部分，做一个弧形连接。圆弧的半径可以根据需要自由设定。

1. 命令调用

- 菜单栏方式：选择【修改】|【圆角】命令。
- 工具栏方式：单击标准工具栏中的【圆角】中的按钮。
- 命令行方式：命令行输入 fillet/f 命令。

2. 操作方法

```
命令: fillet (命令行输入圆角命令，按 Enter 键)
当前设置: 模式=修剪，半径=0.0000 (系统提示当前圆角设置)
选择第一个对象或[放弃(U)/多段线(P)/半径(R)/修剪(T)/多个(M)]: R(选择【半径】选项，按 Enter 键)
```

```
指定圆角半径<0.0000> ：（输入半径值，按 Enter 键）
选择第一个对象或[放弃(U)/多段线(P)/半径(R)/修剪(T)/多个(M)]：（单击第一个圆角倒角边）
选择第二个对象或[放弃(U)/多段线(P)/半径(R)/修剪(T)/多个(M)]：R(单击第二个圆角倒角边)
```

3．操作示例

(1) 用矩形命令绘制一个 55×65 的矩形，如图 5-68 所示。

(2) 对矩形倒直角。

```
命令：fillet（命令行输入圆角命令，按 Enter 键）
当前设置：模式=修剪，半径=0.0000（系统提示当前圆角设置）
选择第一个对象或[放弃(U)/多段线(P)/半径(R)/修剪(T)/多个(M)]：R(选择【半径】选项，按 Enter 键)
指定圆角半径<0.0000> ：25(输入半径值 25，按 Enter 键)
选择第一个对象或[放弃(U)/多段线(P)/半径(R)/修剪(T)/多个(M)]：（单击左上角水平边）
选择第二个对象或[放弃(U)/多段线(P)/半径(R)/修剪(T)/多个(M)]：R(单击左上角竖直边)
```

倒角效果见图 5-69 所示。

图 5-68　倒圆角前图形

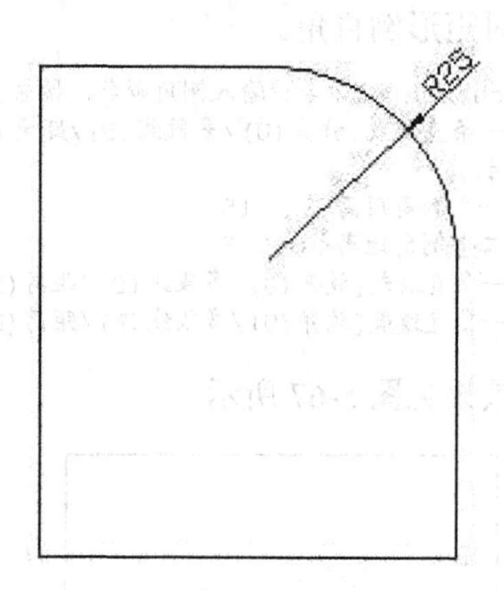

图 5-69　倒圆角后图形

5.7.3　实践训练

任务：绘制床平面图。

1．任务目标

掌握倒直角和倒圆角命令的使用。

2．操作过程

(1) 新建文件。选择【文件】|【新建】命令，弹出【选择样板】对话框，选择 acadiso.dwt 样板图。将图形界限设置为(42000，29700)。

(2) 启用绘图辅助工具。确保【对象捕捉】为开启状态，选择【交点】、【端点】捕捉方式。

(3) 按图 5-70 所示的形状和尺寸，利用矩形命令、分解命令和偏移命令绘制床倒角前的图形。命令行提示如下。

```
命令：_rectang
指定第一个角点或 [倒角(C)/标高(E)/圆角(F)/厚度(T)/宽度(W)]：
指定另一个角点或 [面积(A)/尺寸(D)/旋转(R)]：@1500,2000
```

```
命令: _explode
选择对象: 找到 1 个
选择对象:
命令: _offset
当前设置: 删除源=否  图层=源  OFFSETGAPTYPE=0
指定偏移距离或 [通过(T)/删除(E)/图层(L)] <30.0000>: 30
选择要偏移的对象, 或 [退出(E)/放弃(U)] <退出>:
指定要偏移的那一侧上的点, 或 [退出(E)/多个(M)/放弃(U)] <退出>:
选择要偏移的对象, 或 [退出(E)/放弃(U)] <退出>:
命令: _offset
当前设置: 删除源=否  图层=源  OFFSETGAPTYPE=0
指定偏移距离或 [通过(T)/删除(E)/图层(L)] <30.0000>: 370
选择要偏移的对象, 或 [退出(E)/放弃(U)] <退出>:
指定要偏移的那一侧上的点, 或 [退出(E)/多个(M)/放弃(U)] <退出>:
选择要偏移的对象, 或 [退出(E)/放弃(U)] <退出>: *取消*
```

(4) 打断 a 点，然后利用倒直角命令倒角。命令行提示如下。

```
命令: _break 选择对象:
指定第二个打断点 或 [第一点(F)]: _f
指定第一个打断点:
指定第二个打断点: @
命令: _chamfer
(【不修剪】模式) 当前倒角距离 1 = 50.0000, 距离 2 = 30.0000
选择第一条直线或 [放弃(U)/多段线(P)/距离(D)/角度(A)/修剪(T)/方式(E)/多个(M)]: d 指定 第一
个 倒角距离
<50.0000>: 550
指定 第二个 倒角距离 <30.0000>: 300
选择第一条直线或 [放弃(U)/多段线(P)/距离(D)/角度(A)/修剪(T)/方式(E)/多个(M)]: t
输入修剪模式选项 [修剪(T)/不修剪(N)] <不修剪>: n
选择第一条直线或 [放弃(U)/多段线(P)/距离(D)/角度(A)/修剪(T)/方式(E)/多个(M)]:
选择第二条直线, 或按住 Shift 键选择直线以应用角点或 [距离(D)/角度(A)/方法(M)]:
```

床倒直角结果，如图 5-71 所示。

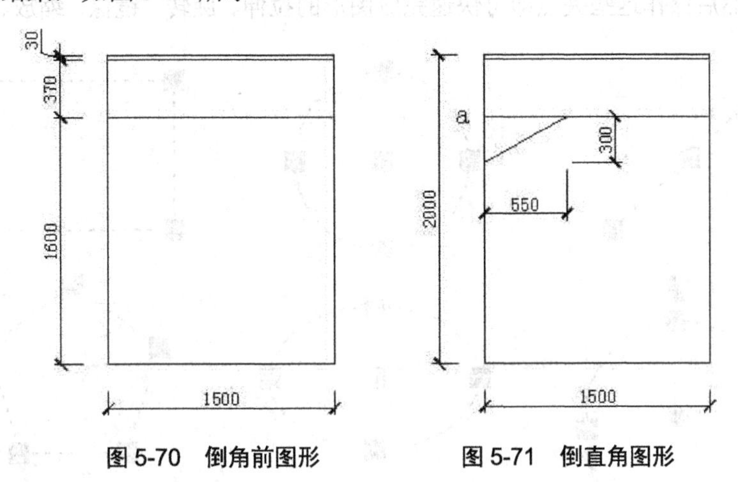

图 5-70 倒角前图形　　图 5-71 倒直角图形

(5) 利用圆角命令倒圆角。命令行提示如下。

```
命令: _fillet
当前设置: 模式 = 不修剪, 半径 = 150.0000
```

```
选择第一个对象或 [放弃(U)/多段线(P)/半径(R)/修剪(T)/多个(M)]: r
指定圆角半径 <150.0000>: 200
选择第一个对象或 [放弃(U)/多段线(P)/半径(R)/修剪(T)/多个(M)]: t
输入修剪模式选项 [修剪(T)/不修剪(N)] <不修剪>: t
选择第一个对象或 [放弃(U)/多段线(P)/半径(R)/修剪(T)/多个(M)]:
选择第二个对象，或按住 Shift 键选择对象以应用角点或 [半径(R)]:
```

倒圆角结果如图 5-72 所示。

(6) 利用单点打断命令，打断 b 点和 c 点；利用镜像命令，以 bc 为镜像轴镜像 ab 和 ac 线段。镜像结果如图 5-73 所示。

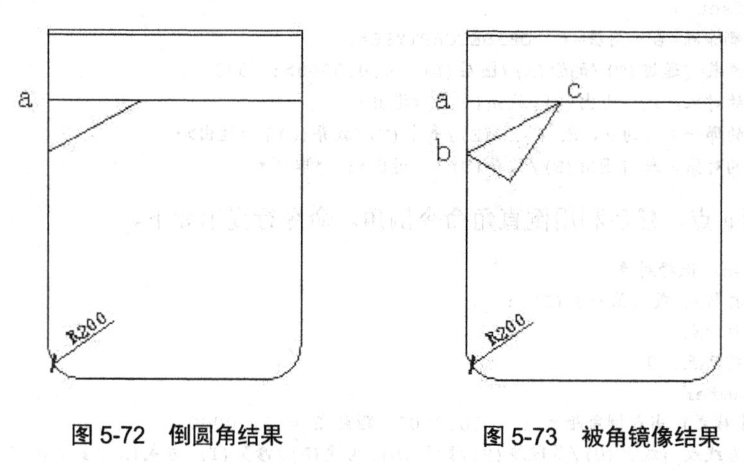

图 5-72 倒圆角结果　　　　图 5-73 被角镜像结果

5.8 使用夹点编辑对象

在 AutoCAD 绘图中，夹点功能是非常灵活方便的编辑功能，它可以在不输入任何命令的情况下，单击图形对象便可进入夹点编辑状态，这时图形的特征点显示为夹点标记，如图 5-74 所示。编辑时只需再次单击对象的某个夹点，使其由蓝色的【冷夹点】变成红色的【热夹点】，然后操作这些夹点即可快速完成图形的拉伸、旋转、镜像、缩放、复制等编辑。

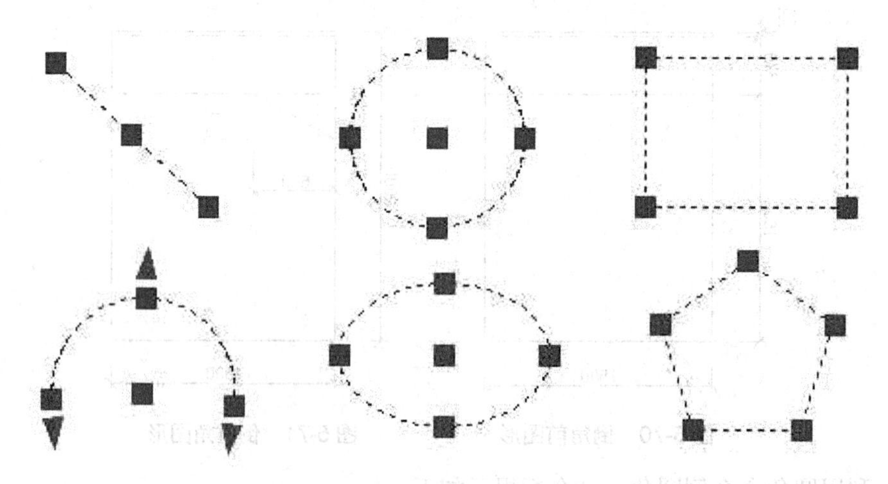

图 5-74 各种图形对象的夹点

1. 命令调用

直接单击图形对象，使图形呈夹点编辑状态。光标与夹点对齐单击，夹点由蓝色变成红色，即可对该夹点进行编辑。

2. 操作示例

示例 1：利用夹点拉伸对象。

(1) 绘制一个圆。

(2) 单击圆呈夹点状态，光标放置圆夹点上右击，出现快捷菜单，如图 5-75 所示，选【拉伸】命令，然后拉伸圆对象，如图 5-76 所示。

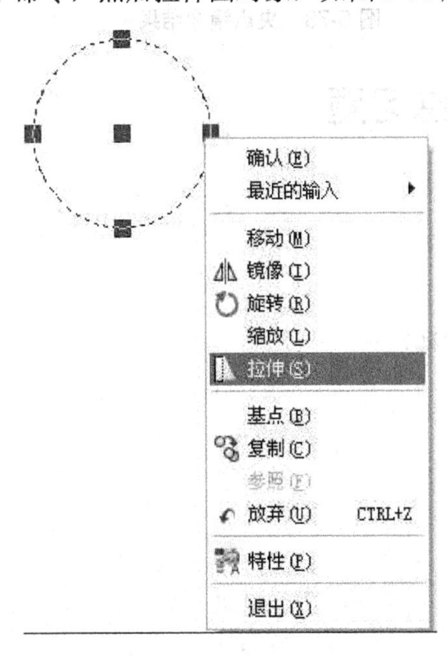

图 5-75 右键快捷菜单

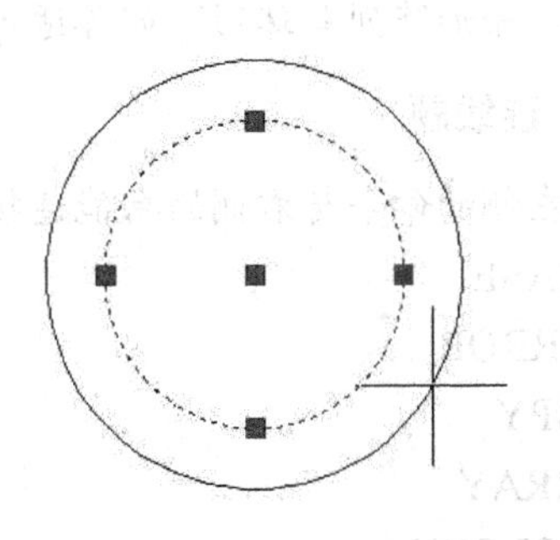

图 5-76 拉伸对象

示例 2：利用夹点镜像对象。

(1) 利用多段线命令绘制一个三角形，如图 5-77 所示。

(2) 单击三角形进入夹点状态，光标放置在右下夹点上单击，呈热夹点状态，然后右击调出快捷菜单，观察命令行并按提示操作。

```
命令:
**拉伸**
指定拉伸点或[基点(B)/复制(C)/放弃(U)/退出(X)]: mirror (选择镜像)
**镜像**
指定第二点或[基点(B)/复制(C)/放弃(U)/退出(X)]: B(捕捉镜像轴端点)
指定基点:
**镜像**
指定第二点或[基点(B)/复制(C)/放弃(U)/退出(X)]: C(不删除原对象)
**镜像(多重)**
指定第二点或[基点(B)/复制(C)/放弃(U)/退出(X)]: (捕捉镜轴另一个端点)
指定第二点或[基点(B)/复制(C)/放弃(U)/退出(X)]: (按 Enter 键确认)
```

夹点镜像结果，如图 5-78 所示。

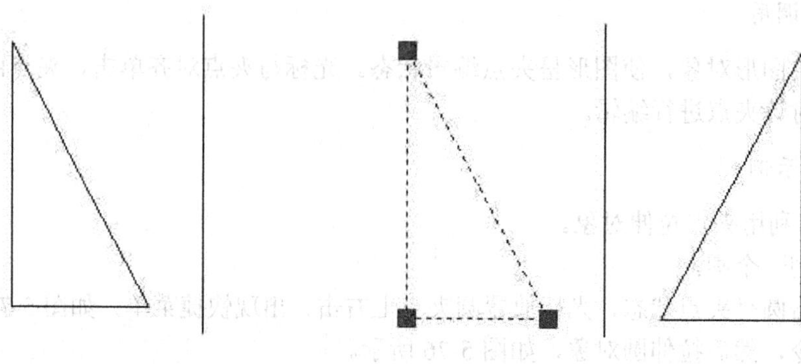

图 5-77　镜像对象　　　　图 5-78　夹点镜像结果

思考与练习题

1. 思考题

(1) 复制命令与镜像命令有何区别？

(2) 延伸命令与拉伸命令有何区别？

(3) 矩形阵列与环形阵列各适用于哪种情况？

2. 连线题

将左侧的命令与右侧的功能连接起来。

ERASE	镜像
MIRROR	复制
COPY	删除
ARRAY	阵列
EXPLODE	修剪
TRIM	延伸
EXTEND	圆角
FILLET	分解
STRETCH	拉伸
SCALE	缩放
CHAMFER	旋转
MOVE	移动
ROTATE	倒角

3. 选择题

(1) 使用(　　)命令可以绘制出所选对象的对称图形。

A. COPY　　B. LENGTHEN　　C. STRETCH　　D. MIRROR

(2) 运用延伸命令延伸对象时，在【选择延伸的对象】提示下，按住(　　)键，可以由延伸对象状态变为剪切对象状态。

A. Alt　　B. Ctrl　　C. Shift　　D. 以上均可

(3) 当使用移动命令和复制命令编辑对象时，两个命令具有的相同功能是(　　)。

A. 对象的尺寸变小　　B. 对象的方向被改变了

C. 原实体保持不变，增加了新的实体　　D. 对象的基点必须相同

4．绘图题

(1) 按图 5-79 所示尺寸绘制吊车梁。

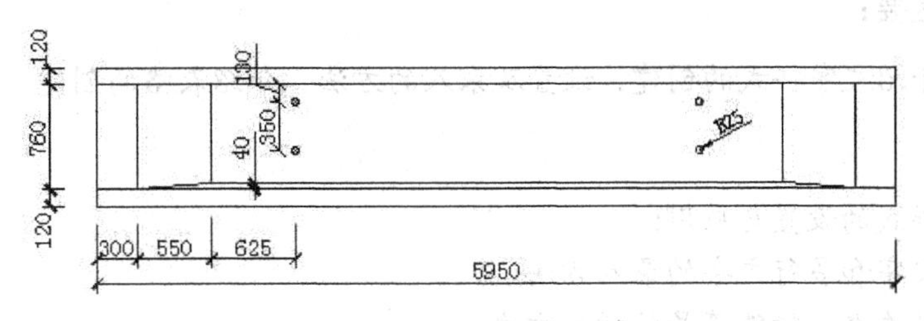

图 5-79　吊车梁

(2) 按图 5-80 所示尺寸绘制洗手盆。

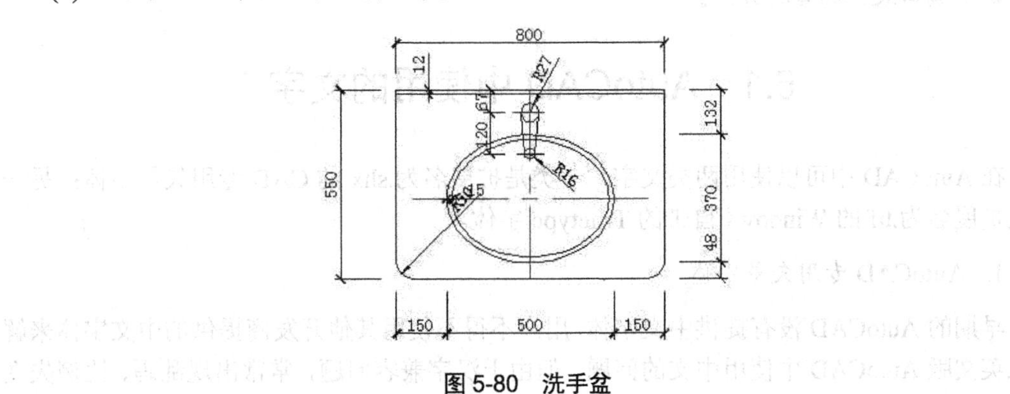

图 5-80　洗手盆

第6章　文字录入与表格

本章内容提要：

本章主要介绍文字样式的创建、设置及录入的方法，介绍表格的创建、编辑方法。

学习要点：

- 文字样式的设置与应用；
- 单行文字和多行文字的录入方法；
- 文字的堆叠、特殊符号的插入方法；
- 创建表格样式与插入表格；
- 编辑表格的4种方法。

6.1　AutoCAD中使用的文字

在AutoCAD中可以使用两类文字，一类是扩展名为.shx的CAD专用矢量字体；另一类是扩展名为.tif的Windows自带的Truetype字体。

1. AutoCAD专用矢量字体

早期的AutoCAD没有提供中文字体，用户不得不使用其他开发商提供的中文字体来解决在英文版AutoCAD中使用中文的问题，但由于汉字兼容问题，常常出现乱码、比例失调或出现问号等问题。在AutoCAD 2000中文版以后，专为中国用户开发了符合国标要求的中西文工程形字体，其中包括两种西文字体，即西文正体gbenor.shx、西文斜体gbeitc.shx和一种中文仿宋工程字体，即gbcbig.shx，如图6-1所示。

当AutoCAD专用字体使用时，直接在文字样式中，选择gbenor.shx或西文斜体gbeitc.shx，再选择大字体中的gbcbig.shx (大字体是为东亚方块字国家专门提供的shx字体)，这样既可以标注中文或英文，亦可以标注特殊字符，且字高比例为0.7。

在绘制建筑施工图时，用户采用专用字体，完全符合制图标准，不需要再调整字体比例，同时也避免问号和乱码等麻烦。

2. TrueType字体

在AutoCAD绘图中，可以直接使用Windows操作系统提供的TrueType字体，如宋体、仿宋体、楷体、黑体等，字高比例均默认为1∶1，如图6-2所示。虽然字体形态美观，可选字体类型较多，但这些字占用计算机资源较多，对硬件配置要求较高，且TrueType字体也不完全符合建筑工程图的制图标准，因此一般情况下并不推荐使用TrueType字体。

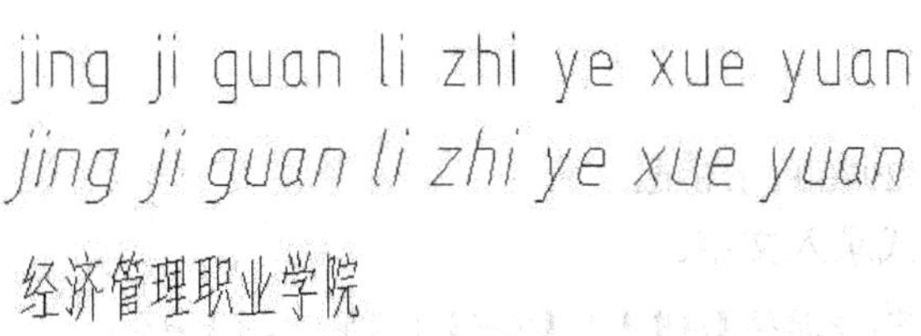

jing ji guan li zhi ye xue yuan

jing ji guan li zhi ye xue yuan

经济管理职业学院

图 6-1 符合国标的 CAD 专用字体

中文黑体字

华文楷体字

华文琥珀字

图 6-2 TrueType 字体

6.2 文字样式的设置

在建筑图中，除了图形这种工程语言之外，还常常需要辅以必要的文字注释加以说明，如技术要求、尺寸、标题栏、明细栏等，可以说文字是工程图中必不可少的重要组成部分。在录入文字时，首先应该设置好文字样式，新建一个图形文件后，系统会自动默认一个文字样式，即标准(standard)样式。当绘制的工程图复杂时，显然一个标准样式是不够的，用户可以创建新的文字样式或修改当前文字样式。文字样式设置内容包括确定字体、字高、字宽高比等。

1. 命令调用

- 菜单栏方式：选择【格式】|【文字样式】命令，调出【文字样式】对话框，如图 6-3 所示。
- 命令方式：输入 style 命令。

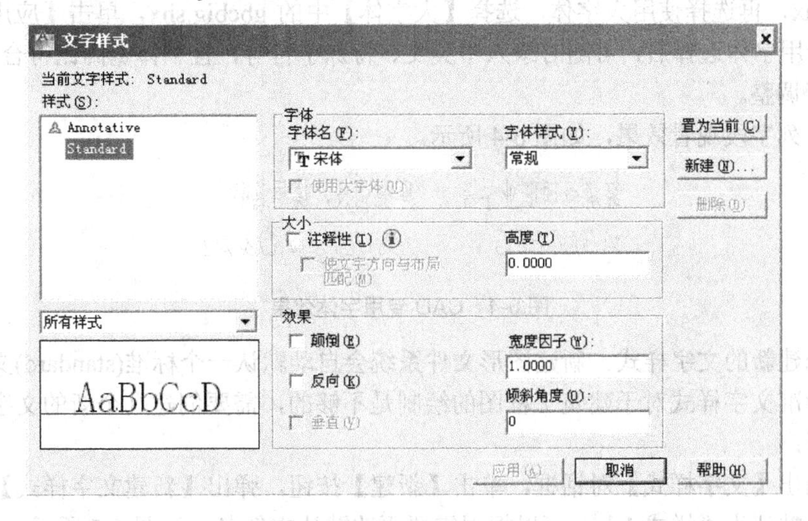

图 6-3 【文字样式】对话框

2. 操作方法

【文字样式】对话框调出后，文字的大小、字体类型及效果或许并不符合你的需要，用户可以在此对话框中进行选择与调整。

3. 操作示例

(1) 修改当前文字样式。

① 创建一张绘图范围为42000×29700的图纸。

② 使用当前默认的标准文字样式录入文字。

```
命令: dtext (输入dtext，选择单行文字，或选择【绘图】|【文字】|【单行文字】命令)
当前文字样式: standard 当前文字高度: 2.5(默认当前字高)
指定文字起点或[对正(J)/样式(S)]: (在绘图区任取一点)
指定高度<2.5000> : (按Enter键)
指定文字的旋转的角度<0> : (按Enter键)
输入文字: Jing ji guan li zhi ye xue yuan ，经济管理职业学院 (键盘录入文字)
```

③ 修改字高。

观察录入文字的效果，发现文字几乎看不到，应进行字体高度的修改。调出【文字样式】对话框，在【高度】文本框中，将默认字高(0.0000)改为600，在从新录入文字，用户看到修改高度以后的文字了。

特别提示： 在【文字样式】对话框中，字高默认为0.0000。若字高在此不做修改，输入文字时，命令行会提示用户指定字高；若修改字高，输入文字时，命令行不再提示。

④ 修改字体。

前面输入的字体为系统默认的【宋体】，字高比例均为1∶1，而绘制建筑工程图时一般不采用，通常选择符合制图标准的CAD专用字体。调出【文字样式】对话框，在【字体名】下拉列表框右侧有一个小黑三角，单击它会出现字体菜单，选择gbenor.shx或西文斜体gbeitc.shx，再选择使用大字体，选择【大字体】中的gbcbig.shx，单击【应用】完成字体修改。专用字体选择后，可随时录入中英文、特殊字符等，且字体宽高比符合制图标准，无须再进行调整。

输入下列字段观看效果，如图6-4所示。

经济管理职业学院　　厚德强技，慎思笃行

ABCDEFG　　abcdefg $@&Ø±

图6-4　CAD专用字体效果

(2) 创建新的文字样式。新建图形文件系统会自动默认一个标准(standard)文字样式，通常一个标准文字样式对于建筑工程图的绘制是不够的，需要创建几个新的文字样式。创建过程如下：

① 调出【文字样式】对话框，单击【新建】按钮，弹出【新建文字样式】对话框，这时样式名默认为“样式1”，可以根据需要更改默认文件名，如图6-5所示。

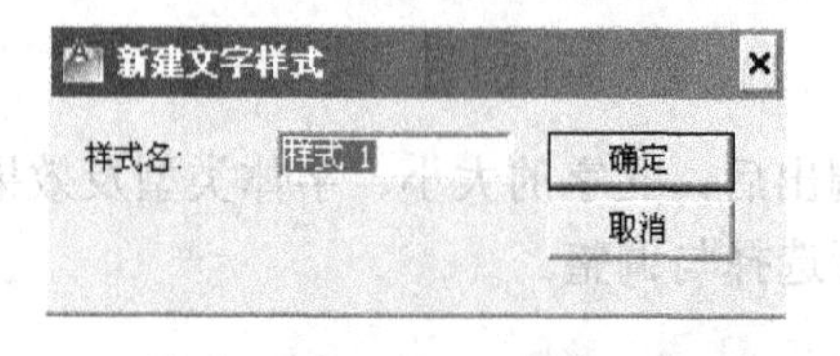

图6-5　【新建文字样式】对话框

② 修改字体、大小及效果选项。

新建文字样式命名后单击【确定】按钮，便可以在【文字样式】对话框中修改现有的样式，可对【文字样式】对话框中字体名、字体样式、字高、宽度比例、颠倒、倾斜角度等进行修改。【字体名】选项框中，有 20 余种汉字字体和数十种英文字体可供选择，如宋体、微软雅黑、幼圆、vladimir script、gungsuhche 等。

在【新建文字样式】对话框中，将字体更改为【华文琥珀】，字高置为 600，宽度比例置为 0.7，然后录入文字观看效果，如图 6-6 所示。

经济管理职业学院 厚德强技慎思笃行

图 6-6 修改现有文字样式后的效果

特别提示： 某些样式设置对于多行文字和单行文字影响是不一样的，如【颠倒】和【反向】选项不适用多行文字的输入，【宽度比例】和【倾斜角度】选项不适用单行文字的输入。

6.3 文 字 录 入

在 AutoCAD 中，文字的录入方式有两种，分别是单行文字和多行文字。以下介绍两种文字录入的方法。

6.3.1 单行文本录入

对于不需要多种字体或多行的简短项，使用单行文字录入文字非常方便。每次只录入一行，录入的文字都是独立的整体，且可以重新定位、调整格式或进行其他修改。

1. 命令调用

- 菜单栏方式：选择【绘图】|【单行文字】命令。
- 命令行方式：命令行输入 dtext 命令，按 Enter 键。

2. 操作过程

```
命令: dtext
当前文字样式: standard    当前文字高度 2.5
指定文字的起点或[对正(J)/样式(S)]: (单击选择文字起点或选择选项)
指定高度<2.5000>: (可以输入新的高度值)
指定文字的旋转角度<0>: (输入文字旋转角度)
输入文本: (输入文字)
```

各选项的含义如下。

对正(J)：文字按顶线、中线、基线和底线进行对齐，如图 6-7 所示。包含对齐(A)/调整(F)/中心(C)/中间(M)/右(R)/左上(TL)/中上(TC)/右上(TR)/左中(ML)/正中(MC)/右中(MR)/左下(BL)/中下(BC)/右下(BR)14 种对齐选项。

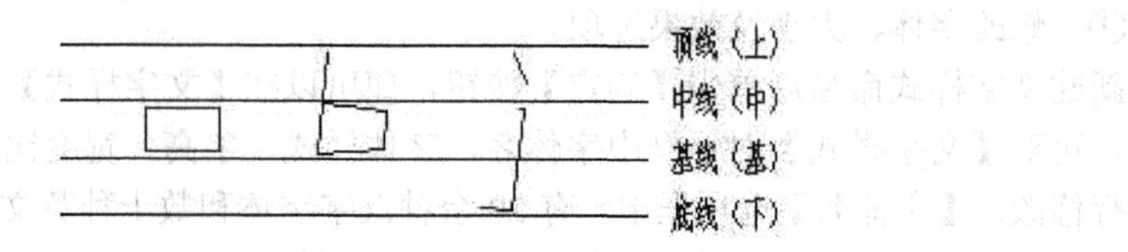

图 6-7　文字的对齐方式

(1) 对齐(A)：对齐基线起始点和结束点，字高改变，输入字越多字越小。

(2) 调整(F)：对齐基线起始点和结束点，字高不变，字越高字越窄。

(3) 中心(C)：对齐基线中心，输入字体时，向两侧顺序延伸，输入字越多向两侧延伸越多。

(4) 中间(M)：与顶线、中线、基线和底线无任何关系，是指文字几何中心。

(5) 右(R)：基线右对齐。

(6) 左上(TL)、中上(TC)、右上(TR)：分别为顶线左对齐、顶线中心对齐和顶线右对齐。

(7) 左中(ML)、正中(MC)、右中(MR)：分别为中线左对齐、中心中心对齐和中心右对齐。

(8) 左下(BL)、中下(BC)、右下(BR)：分别为底线左对齐、底线中心对齐和底线右对齐。

样式(S)：系统提示用户指定文字样式。

6.3.2　多行文本录入

对于较长、较为复杂的内容，可以采用多行文字方式录入文字。 多行文字是由任意数目的文字行或段落组成的，布满指定的宽度。还可以沿垂直方向无限延伸。 无论行数是多少，单个编辑任务中创建的每个段落集将构成单个对象；用户可对其进行移动、旋转、删除、复制、镜像或缩放操作。多行文字的编辑选项比单行文字多。例如，可以将对下划线、字体、颜色和高度的修改应用到段落中的单个字符、单词或短语。

1. 命令调用

- 菜单栏方式：选择【绘图】|【文字】|【多行文字】命令，调出在位文字编辑器，如图 6-8 所示。
- 命令方式：命令行输入 mtext 或 mt 命令，按 Enter 键。

图 6-8　在位文字编辑器

2. 操作过程

```
命令: mtext
当前文字样式:"Standard"  当前文字高度:2.5
指定第一角点:
指定对角点或 [高度(H)/对正(J)/行距(L)/旋转(R)/样式(S)/宽度(W)]:
```

各选项的含义如下。

- 高度(H)：文本框高度。一般不用，而直接指定角点拉出文字范围。
- 对正(J)：文字在文本框内的对正方式，包含左、中、右，上、中、下。
- 行距(L)：1x 为正常行距，2x 为正常行距的 2 倍。
- 旋转(R)：文本框旋转角度。
- 样式(S)：文字样式。

3. 操作示例

(1) 选择【绘图】|【多行文字】命令。

(2) 指定文本框的对角点以定义多行文字对象的宽度，显示在位文字编辑器。

```
命令: mtext
当前文字样式:"Standard"  当前文字高度: 2.5
指定第一角点:(任选一点)
指定对角点或 [高度(H)/对正(J)/行距(L)/旋转(R)/样式(S)…]: @100, 50
```

(3) 首行及段落缩进，拖曳标尺上的滑块缩进至文字标准排版位置。

(4) 除默认文字样式，还可以设置新的文字样式并在【在位文字编辑器】中选用。

(5) 输入多行文本，如图 6-9 所示。

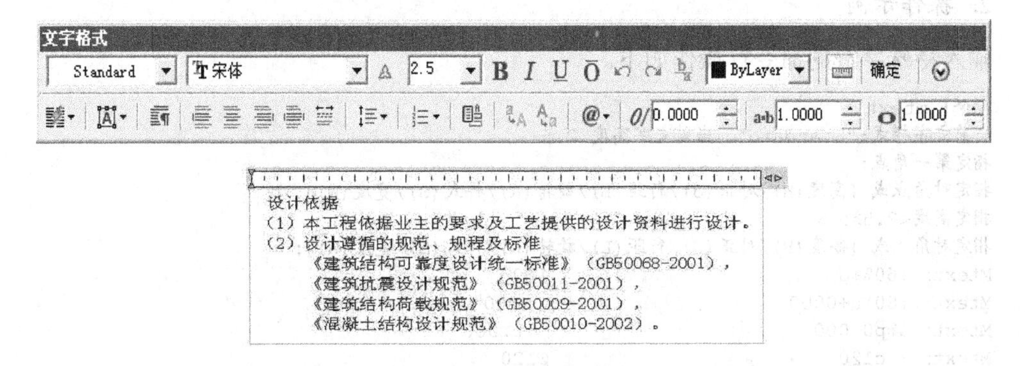

图 6-9 多行文字输入

(6) 保存并推出编辑器，可单击在位文字编辑器中的【确定】按钮；或单击编辑器外部的图形。

6.3.3 在文本中插入特殊符号

在建筑工程图绘制过程中，偶尔会遇到一些特殊的字符需要输入，这些字符不能直接输入，需要在多行文字录入中通过输入控制代码或 Unicode 字符串来实现。单击在位文字编辑器中的@按钮，弹出符号菜单，如图 6-10 所示。单击符号菜单中的【其他】会弹出【字符映射表】对话框，有更多的字符可供选择，如图 6-11 所示。

度数(D)	%%d
正/负(P)	%%p
直径(I)	%%c
几乎相等	\U+2248
角度	\U+2220
边界线	\U+E100
中心线	\U+2104
差值	\U+0394
电相位	\U+0278
流线	\U+E101
标识	\U+2261
初始长度	\U+E200
界碑线	\U+E102
不相等	\U+2260
欧姆	\U+2126
欧米加	\U+03A9
地界线	\U+214A
下标 2	\U+2082
平方	\U+00B2
立方	\U+00B3
不间断空格(S)	Ctrl+Shift+Space
其他(O)...	

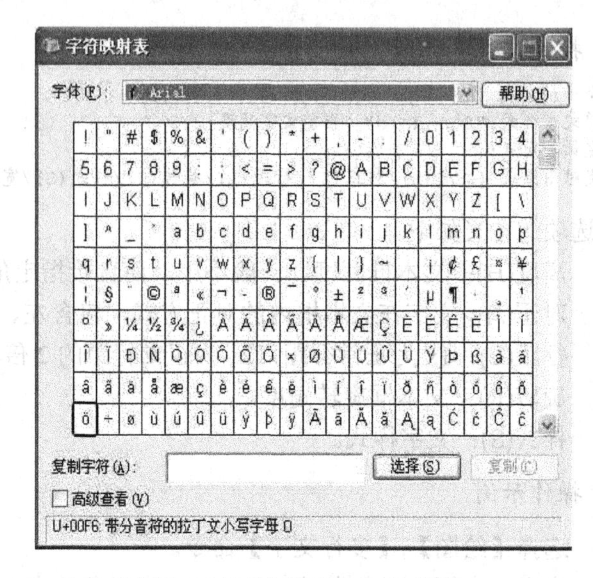

图 6-10　符号菜单　　　　图 6-11　【字符映射表】对话框

1. 操作过程

特殊字符具体输入时，需查找控制代码(如%%d、%%p 等)或 Unicode 字符串代码(如\U+2205、\U+2220 等)。通过图 6-10 所示的符号菜单可直接查阅，如图 6-11 字符映射表需将光标放置在所选符号上，光标附近会显示相应字符 Unicode 字符串代码。特殊字符录入时，直接单击菜单符号或键盘输入代码均可。

2. 操作示例

输入特殊字符的命令行操作如下。

```
命令: mtext
当前文字样式:"Standard"  当前文字高度:2.5
指定第一角点:
指定对角点或 [高度(H)/对正(J)/行距(L)/旋转(R)/样式(S)/宽度(W)]: h
指定高度<2.5>: 6
指定对角点或 [高度(H)/对正(J)/行距(L)/旋转(R)/样式(S)/宽度(W)]:
Mtext: 160%%d                        160°
Mtext: 180\u+00b0                     180°
Mtext: %%p0.000                      ±0.000
Mtext: %%c120                        Ø120
Mtext: %%c50%%p0.035                 Ø50±0.035
      (输入代码)                    (输入结果)
```

6.3.4　文字堆叠特性的应用

堆叠字符可以标注数字的分数形式或机械图的公差。

1. 操作过程

在位文字编辑器中输入数字和^、/、#等堆叠的字符，光标刷选，单击堆叠 $\frac{a}{b}$ 按钮，可分别转换成公差格式、斜分数和水平分数，如图 6-12、图 6-13 所示。

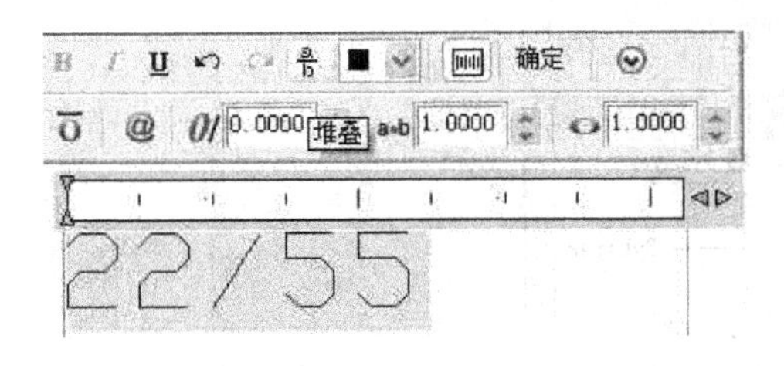

图 6-12　文字堆叠前

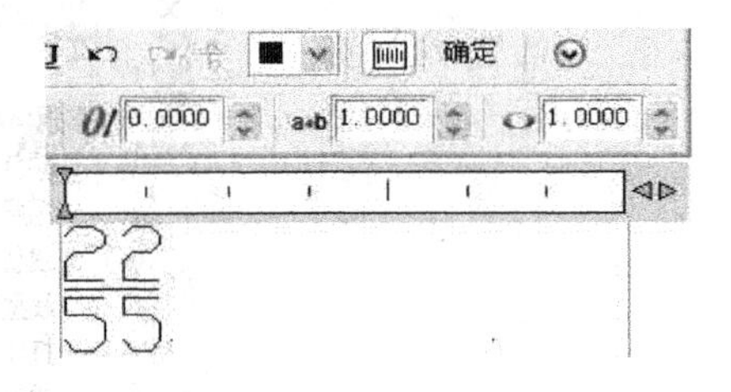

图 6-13　文字堆叠后结果

2. 操作示例

```
命令: mtext
当前文字样式:"Standard"  当前文字高度:2.5
指定第一角点:
指定对角点或 [高度(H)/对正(J)/行距(L)/旋转(R)/样式(S)/宽度(W)]: h
指定高度<2.5>: 6
指定对角点或 [高度(H)/对正(J)/行距(L)/旋转(R)/样式(S)/宽度(W)]:
Mtext: 23/5 (斜杠 (/) 以垂直方式堆叠文字，由水平线分隔。)      23/55
 Mtext: 2#15 (井号 (#) 以对角形式堆叠文字，由对角线分隔。)      2/15
Mtext: Ø100+0.025^-0.025    (插入符 (^) 创建公差堆叠，)      Ø50 ± 0.025/0.025
       (输入数字和堆叠符号)                                    (输入结果)
```

6.4 文 本 编 辑

无论单行文字还是多行文字，创建的对象都是一个独立的整体。可对其进行移动、删除、复制、旋转、缩放等操作。

对于单行文字、多行文字的编辑修改可以通过以下几种方式来实现。

1. 命令调用

- 通过菜单栏，进入修改状态：选择【修改】|【对象】|【文字】|【编辑】命令。
- 调用对象特性，修改文字参数：单击需修改的文字，单击【特性】按钮，调出【特性】对话框，如图 6-14 所示，可修改文字内容、字高、旋转等参数。
- 双击需修改的文字，进入编辑状态。

2. 操作示例

(1) 修改单行文字。

① 选择需修改的【计算机设计软件】单行文字对象。

② 单击【特性】按钮，调出【对象】特性对话框。

③ 在【特性】选项板中，添加“辅助”二字，然后按 Enter 键，修改的文字如图 6-15 所示。

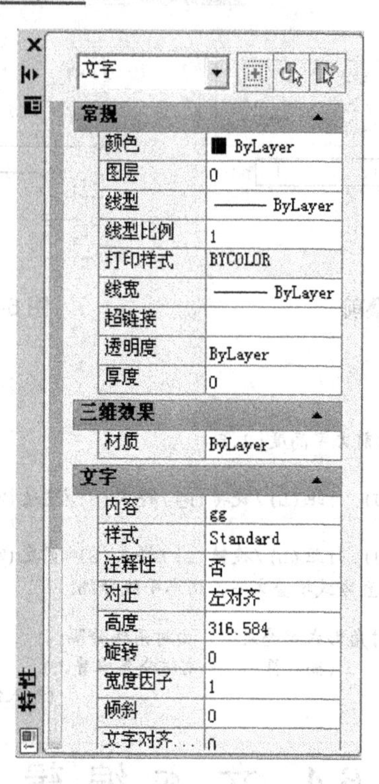

图 6-14 【特性】对话框

计算机设计软件 → 计算机辅助设计软件

图 6-15 单行文字的修改

特别提示：单行文字编辑只删除或添加文字，而不支持字体及文字高度的调整。

(2) 修改多行文字。

① 双击【标准实例教程】多行文字对象。

② 弹出【文字格式】在位编辑器，如图 6-16 所示。

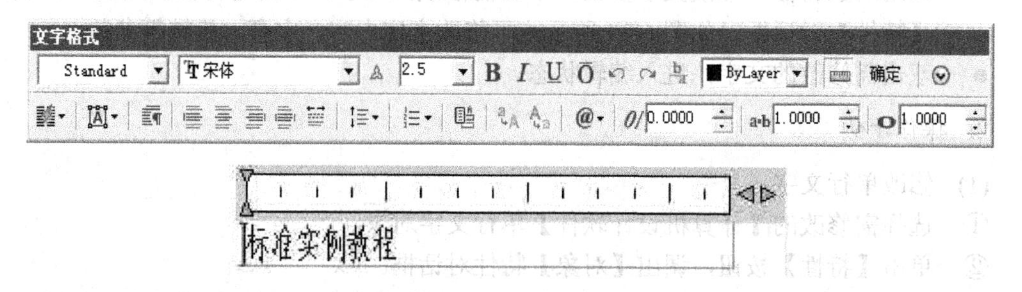

图 6-16 修改前多行文字

③ 改变字高，在文字上按住鼠标左键拖曳，刷选“标准实例教程”，将原字高 2.5 改为 6，单击则字高更改完成。

④ 修改字体，在文字上按住鼠标左键拖曳，刷选“标准实例教程”，将 CAD 专用字体改为【正方舒体】，单击完成修改，结果如图 6-17 所示。

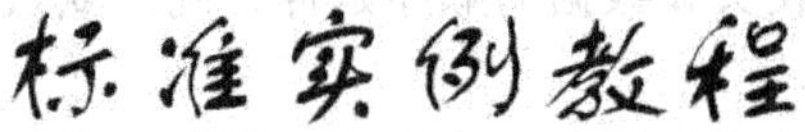

标准实例教程

图6-17 修改后的结果

对于多行文字的编辑比单行文字要灵活得多，不但可以添加、删除文字，还可以进行更改文字样式，改变字高等操作。

6.5 绘制表格

建筑工程图中的门窗统计表、钢筋下料表、构件信息表以及图纸目录等，经常要用到AutoCAD的表格功能来创建。新版AutoCAD支持表格分段、序号自动生成，有更强的表格公式以及数据链接等。可以使用表格工具进行简单的统计分析。以下介绍表格的使用方法。

6.5.1 创建表格样式

要创建一个表格对象，要创建一个空的表格，然后在表格的单元格中录入文本内容。在AutoCAD中，系统提供了一个默认的标准表格样式，但这个表格样式不一定符合我们的绘图要求，需要创建新的表格样式，以下介绍表格样式创建的方法。

1. 命令调用

- 菜单栏方式：选择【格式】|【表格样式】命令，弹出【表格样式】对话框。
- 命令行方式：输入tablestyle(ts)命令，按Enter键。

2. 操作过程

(1) 命令行输入tablestyle，弹出【表格样式】对话框，如图6-18所示。

(2) 在【样式】列表框中，系统提供一个名为Standard的标准表格样式，可在此基础上，新建或修改表格样式。单击【新建】按钮，会弹出【创建新的表格样式】对话框，如图6-19所示。在【新样式名】文本框中起一个新名，然后单击【继续】按钮，弹出【新建表格样式】对话框，如图6-20所示。

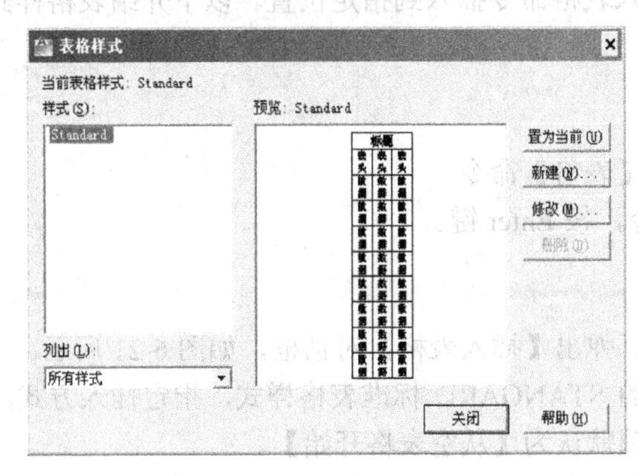

图6-18 【表格样式】对话框

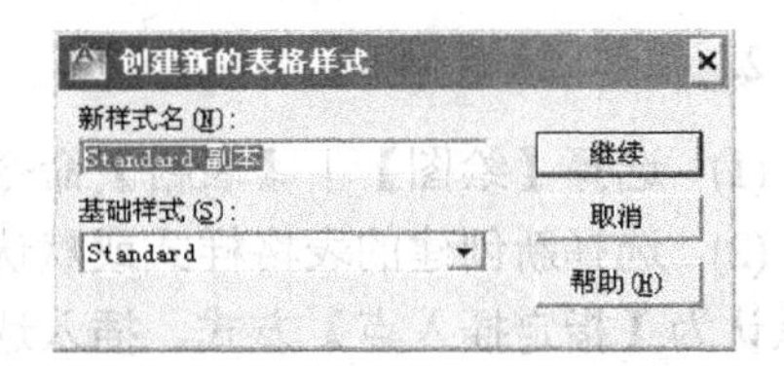

图6-19 【创建新的表格样式】对话框

(3) 表格方向即标题、表头和数据的顺序延伸方向，默认向下，也可调整为向上，在预览中可以观察表格的方向。

(4) 在【单元样式】下拉列表框中，选择【数据】选项，在【常规】选项卡中，【页边距】对于【水平】和【垂直】距离可不做修改。

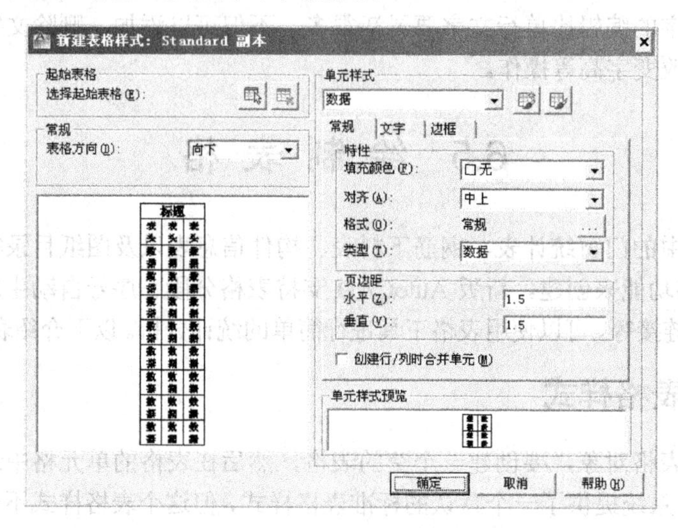

图 6-20 【新建表格样式】对话框

(5) 在【文字】选项卡中，将文字高度更改为 5。

(6) 在【边框】选项卡中，将外边框更改为 0.4mm 线宽，内边框改为 0.15mm 线宽，需要说明的是：更改线宽，要先选择线宽，在单击需要更改的边框按钮。

(7) 在【单元样式】下拉列表框中，选择【表头】选项，重复步骤(4)～步骤(6)，将文字高度更改为 5，外边框更改为 0.4mm 线宽，内边框更改为 0.15mm 线宽。

(8) 若表格中有标题，还可以对【标题】单元样式进行设置。

(9) 单击【关闭】按钮，结束表格样式修改。

6.5.2 插入表格

对于创建好表格样式，需要通过插入表格命令插入到指定位置。以下介绍表格样式的插入方法。

1. 命令调用

- 菜单栏方式：选择【绘图】|【表格】命令。
- 命令行方式：输入 table(tb)命令，按 Enter 键。

2. 操作过程

(1) 选择【绘图】|【表格】命令，弹出【插入表格】对话框，如图 6-21 所示。

(2) 选择新创建的表格样式或默认的 STANGARD 标准表格样式，指定插入方式，一般默认为【指定插入点】方式。插入选项默认为【从空表格开始】。

(3) 在【列和行设置】选项组中确定表格的【列数】、【列宽】、【数据行数】、【行高】。需要指出的是：行高基于文字高度和单元边距，这两项均在表格样式中设置。列宽即每一列的宽度，对于列宽通常在创建表格时，暂定一个列宽，最后根据表格情况编辑调整每个单元格的列宽。

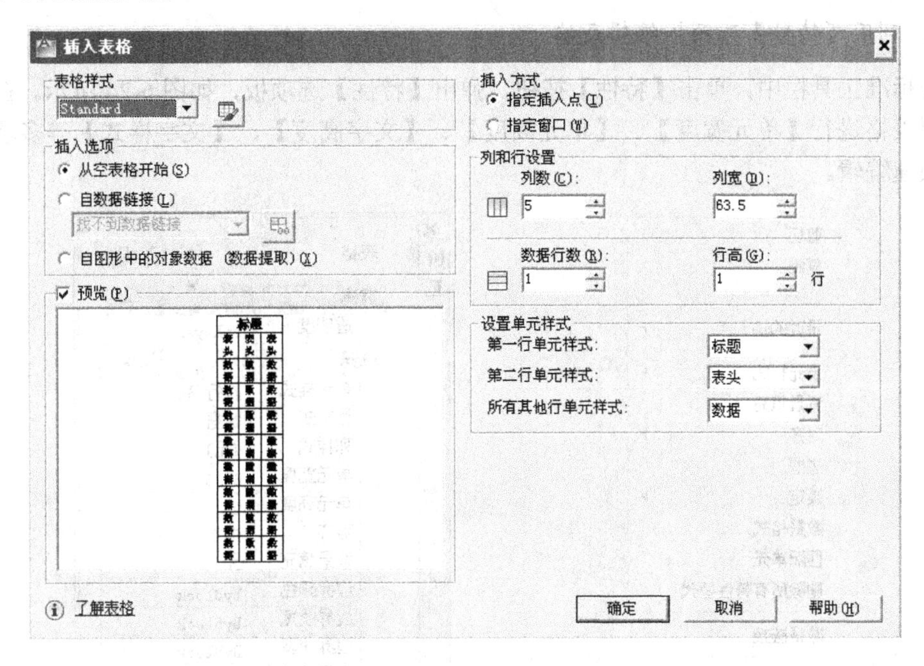

图 6-21 【插入表格】对话框

(4) 在【设置单元样式】选项组中，可以根据表格的需要进行调整，如某些表格第一单元行不设标题，这时可以改成表头，第二单元行可以改成数据。然后单击【确定】按钮，表格生成。

(5) 在表格中录入文本内容。录入时只需双击单元格，便进入录入状态。

6.5.3 编辑表格

对于复杂的表格，往往需要合并或拆分单元格，有时还要调整表格的行高和列宽，以下介绍编辑表格具体操作方法。

1. 利用【表格】工具条编辑表格

AutoCAD 2012 提供了表格工具条编辑方式。在表格编辑时，只需单击已创建的表格单元格，则表格工具条即弹出，如图 6-22 所示。在【表格】编辑工具栏中可以很方便地进行插入行列、设置边框、文字对齐、合并单元格、插入块等操作。

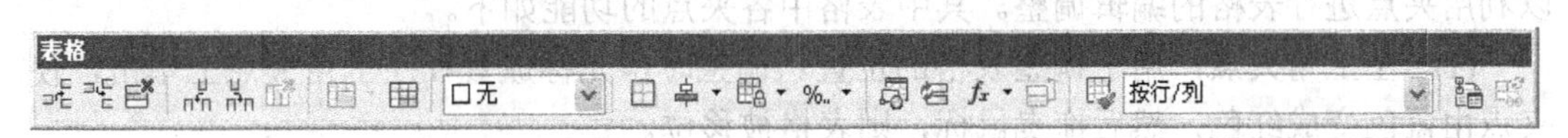

图 6-22 【表格】编辑工具栏

2. 利用【表格快捷菜单】编辑表格

首先建一个表格，按下鼠标左键并拖曳选择多个单元格，然后右击，会弹出表格快速编辑菜单，如图 6-23 所示。在该快捷菜单中，可以进行表格的【单元样式】、【对齐】、

【边框】、【行】、【列】、【合并】等编辑操作。如果选择一个单元格，右击，快捷菜单中还会出现公式等选项。

3. 利用【特性】选项板编辑表格

在标准工具栏中，单击【特性】按钮，弹出【特性】选项板，如图 6-24 所示。在其中可以对表格进行【单元宽度】、【单元高度】、【文字高度】、【文字样式】等多项内容进行快速编辑。

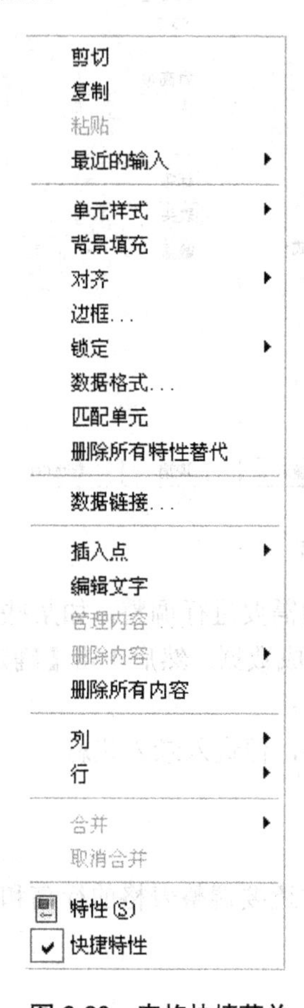

图 6-23 表格快捷菜单

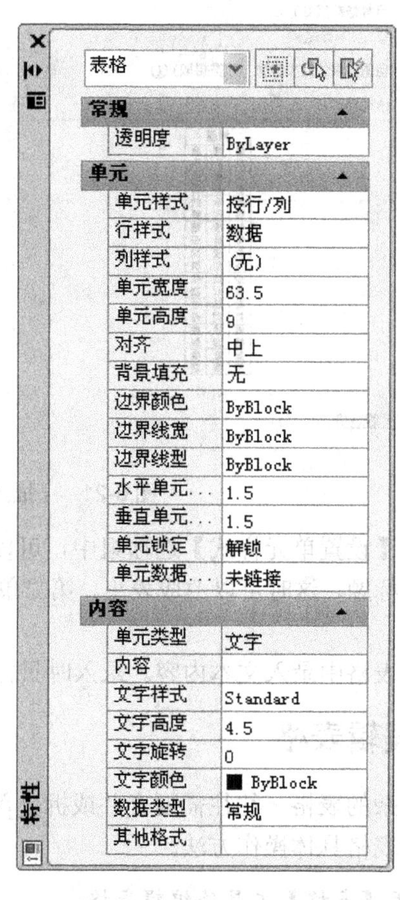

图 6-24 【特性】选项板

4. 利用夹点编辑表格

当表格创建后，用鼠标窗口选择表格，表格便进入夹点状态，如图 6-25 所示。此时可以利用夹点进行表格的编辑调整。其中表格中各夹点的功能如下。

(1) 左上角夹点：用于调整表格的位置。调整时，光标放置在左上角夹点上单击，使夹点由蓝色变成红色，然后拖曳鼠标，则表格被移位。

(2) 右上角夹点：用于等比调整表格的列宽。夹点操作同上。

(3) 左下角夹点：用于等比调整表格的行高。夹点操作同上。

(4) 右下角夹点：用于同时等比调整表格的列宽和行高。夹点操作同上。

(5) 表头夹点：用于调整单元格的列宽。需要注意的是当我们调整中间单元格列宽时，状态栏的【对象捕捉】按钮要关闭。

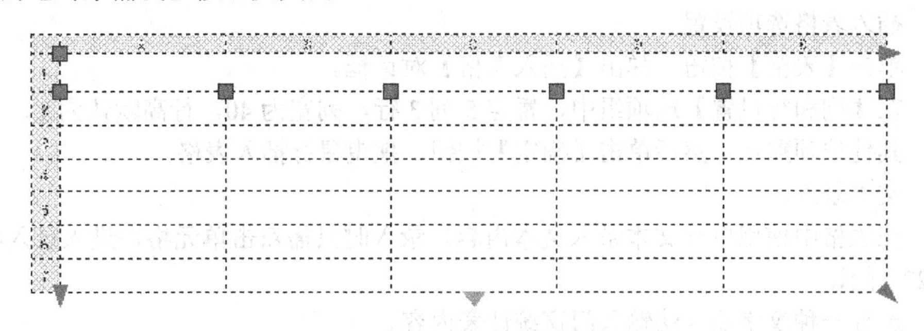

图 6-25　表格夹点位置图

6.6　实践训练

任务：绘制门窗统计表，如图 6-26 所示。

门窗统计表				
序号	门窗代号	洞口尺寸	数量	备注
1	M-1	900x2100	63	
2	M-2	1300x2100	3	
3	C-1	1800x1800	36	
4	C-2	1200x1500	6	
5	C-3	900x1800	14	

图 6-26　门窗统计表

1. 任务目标

掌握表格创建和编辑方法。

2. 操作过程

(1)　新建表格样式。

①　选择【格式】|【表格样式】命令，弹出【表格样式】对话框，单击【修改】按钮，弹出【修改表格样式】对话框。

②　在【单元样式】下拉列表框中，选择【数据】选项，在【常规】选项卡中，【页边距】对于【水平】、【垂直】可不做修改。

③　在【文字】选项卡中，将文字高度更改为 5。

④　在【边框】选项卡中，外边框和内边框均采用默认线宽。

⑤　在【单元样式】下拉列表框中，选择【表头】选项，重复步骤②～步骤④。

⑥　在【单元样式】下拉列表中，选择【标题】选项，文字高度改为 8，其他默认。

⑦　单击【关闭】按钮，结束表格样式修改。

(2)　字体类型选择。

选择【格式】|【文字样式】命令，调出【文字样式】对话框，选择【字体】中 gbenor.shx 或西文斜体 gbeitc.shx，再选中【使用大字体】复选框，选择【大字体】中的 gbcbig.shx 字

体，其中字体高度默认不变。

(3) 插入表格选项设置。

① 单击【表格】按钮，弹出【插入表格】对话框。

② 在【列和行设置】选项组中，暂定 5 列 3 行，列宽为 40，行高默认为 1。

③ 其他选项默认，然后单击【确定】按钮，拖曳鼠标插入表格。

(4) 文本录入。

① 在表格中使用单行文本录入文本内容。录入时只需双击单元格，进入录入状态，如图 6-27 所示。

② 选择一种汉字输入法输入门窗统计表内容。

	A	B	C	D	E
1					
2	序号	门窗代号	洞口尺寸	数量	备注
3	1	M-1	900x2100	63	
4	2	M-2	1300x2100	3	
5	3	C-1	1800x1800	36	
6	4	C-2	1200x1500	6	
7	5	C-3	900x1800	14	

图 6-27 文本录入状态图

(5) 表格编辑。

在【插入表格】对话框中，暂定了等宽度的列宽，由于表的填写字段内容长短不一，因此需要调整列宽。调整时可利用夹点不精确调整，也可以利用【特性】选项板做精确行高和列宽调整。具体调整时，鼠标选中需调整的列，如图 6-28 所示。然后调出【特性】选项板，如图 6-24 所示，对其中的【单元高度】、【单元宽度】进行修改，对【序号】列宽由原来的 40，修改为 15，【门窗代号】列宽改为 45，【洞口尺寸】列宽改为 120，【数量】列宽改为 60，【备注】列宽改为 45。

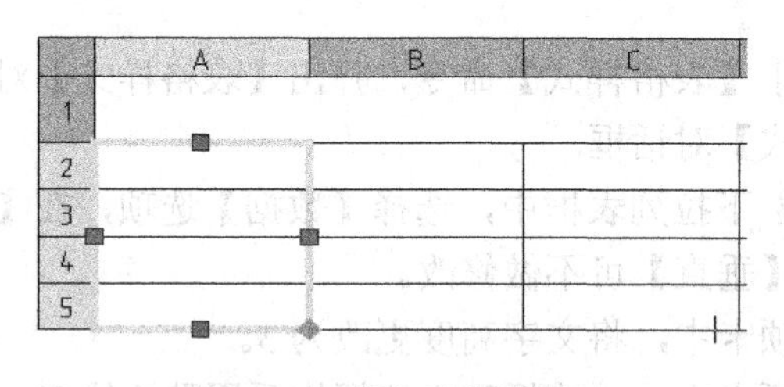

图 6-28 鼠标选择结果

思考与练习题

1. 思考题

(1) 单行文字与多行文字命令有什么区别？各适用于什么情况？

(2) 如何创建新的文字样式？

(3) 如何创建新的表格样式？

(4) 表格中的单元格能否合并？如何操作？怎样利用夹点功能调整表格的行高和列宽？

(5) 在单行文字录入过程中，如何录入特殊字符？

(6) 当打开图纸文件时，原文字标注处显示问号是何原因？如何解决？

2．连线题

TEXT　　创建多行文字
STYLE　　创建表格对象
MTEXT　　编辑文字内容
DDEDIT　　创建单行文字
TABLE　　创建文字样式

3．选择题

(1) 工程图样上使用的国家标准大字体矢量字体文件是(　　)。

A. isoct.shx　　B. gothice.shx　　C. gdt.shx　　D. gbcbig.shx

(2) 下面有关字体样式中【字体】选项组的设置，正确的是(　　)。

A. 在【使用大字体】复选框没有选中时，左边的【字体名】下拉列表框中只包含AutoCAD中的.shx字体文件

B. 【高度】文本框中可以设置标注文字的高度，默认值为2.5

C. 选中【使用大字体】复选框，可以选择bigfont字体文件，【文字样式】下拉列表框变为【大字体】下拉列表被激活，可以进行相应的设置

D. 选中【使用大字体】复选框，左边的【字体名】下拉列表框中只包括Windows系统中的中文字体文件

(3) AutoCAD软件使用的矢量字体文件格式为(　　)。

A. *.shp　　B. *.shx　　C. *.scr　　D. *.lin

(4) 以下(　　)控制符表示正、负高差。

A. %%P　　B. %%D　　C. %%C　　D. %%U

(5) 系统默认的STANDARD文字样式采用的字体是(　　)。

A. simplex.shx　　B. 仿宋GB2312　　C. txt.shx　　D. 宋体

第7章　尺 寸 标 注

本章内容提要：

本章主要介绍各种尺寸标注的创建、定义标注样式、基本标注命令的使用；标注的编辑与修改方法。

学习要点：

- 尺寸的组成和标注方法；
- 标注样式的创建；
- 基本标注命令的使用；
- 尺寸标注的编辑命令的使用。

7.1　尺寸标注基础

对于建筑工程图，尺寸标注是重要的一环。从某种意义上讲，尺寸标注比图形比例更为重要，标注的尺寸才是指导工程施工的最重要的依据。以下分别介绍尺寸标注的相关知识、标注方法等内容。

7.1.1　尺寸标注组成

为了满足建筑、机械等诸多领域的绘图要求，AutoCAD 提供了多种类型的尺寸标注，这些类型的尺寸标注，一般是由尺寸线、尺寸界限、箭头和标注文字 4 个部分组成的，如图 7-1 所示。

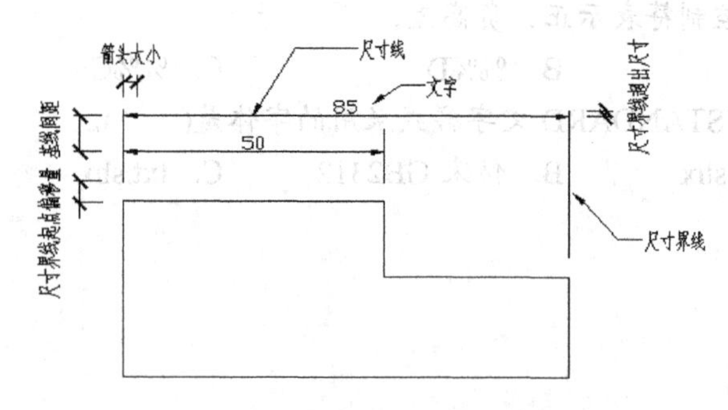

图 7-1　构成标注的基本元素

1．标注文字

文字的大小、样式、位置及对齐方式等用户都可以根据需要进行修改。一般字体高度以 3～4mm 为宜，系统默认为 2.5mm。

2. 尺寸界线

尺寸界线指明拟注尺寸的边界，用细实线绘制，一般末端超出尺寸线约 2～3mm。图形的轮廓线、轴线、中心线都可以作为尺寸界线使用。

3. 尺寸线

尺寸线画在两尺寸界线之间，用来注写尺寸，用细实线绘制。对于线性尺寸，尺寸线应与被注长度方向平行；对于角度尺寸，尺寸线应画成圆弧，圆弧的圆心是该角的顶点。

4. 箭头

箭头显示在尺寸的两端，用于指出测量的开始和结束位置。系统提供了多种箭头符号可供选择，其中包括建筑标记、实心闭合、空心闭合、倾斜等十余种箭头标记。

7.1.2 尺寸标注方法

图形绘制完成以后，可以调用尺寸标注命令进行尺寸标注。标注菜单或标注工具栏提供了两种类型十余种标注命令，分别是基本标注类型和其他标注类型，其中基本标注类型包括线性、对齐、基线、连续、半径、直径、角度、弧长等标注命令；其他标注类型还提供了引线、坐标、圆心标记、公差标注等标注命令。

1. 命令调用

- 菜单栏方式：选择【标注】命令。
- 工具栏方式：将鼠标放置在标准工具栏任何一个按钮上，右击，在弹出的快捷菜单中选择【标注】命令。

2. 操作方法

尺寸标注的方法实际很简单，标注时通常通过菜单栏方式调出【标注】菜单，如图 7-2 所示，选用相应的尺寸标注命令进行标注；也可以利用【标注】工具栏，如图 7-3 所示，选择命令进行尺寸标注。

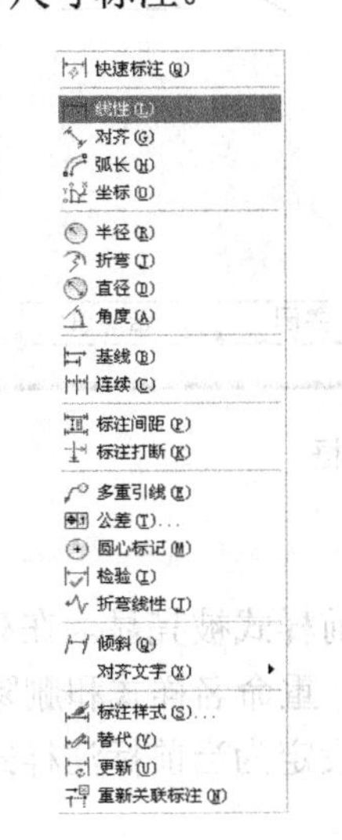

图 7-2 【标注】菜单

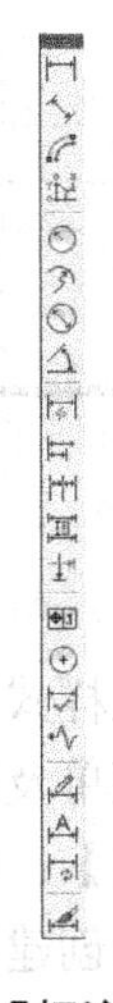

图 7-3 【标注】工具栏

具体标注时，一般需要借助【对象捕捉】，捕捉图形对象尺寸界线所在位置的特殊点，如交点、端点、节点等，然后拖曳鼠标将尺寸线移到适当的位置再单击，则尺寸标注完毕。

7.2 尺寸标注样式

系统默认的尺寸标注样式只适合 A3 这样的小图幅，且箭头类型是实心闭合箭头，而绘制建筑工程图需要的图幅往往要大得多，且箭头类型采用的是建筑标记，即 45° 小斜线。绘制建筑工程图时，若仍采用默认的标注样式进行标注，则文字及箭头都小得几乎看不出来。因此，要进行尺寸样式的创建或修改，以适合本行业工程图的要求。

7.2.1 标注样式管理器

标注样式管理器用来创建新的标注样式、修改原有样式，还可以替换和比较标注样式。

1. 命令调用

- 菜单栏方式：选择【格式】|【标注样式】命令，调出【标注样式管理器】对话框，如图 7-4 所示。
- 命令行方式：输入 dimstyle，按 Enter 键。

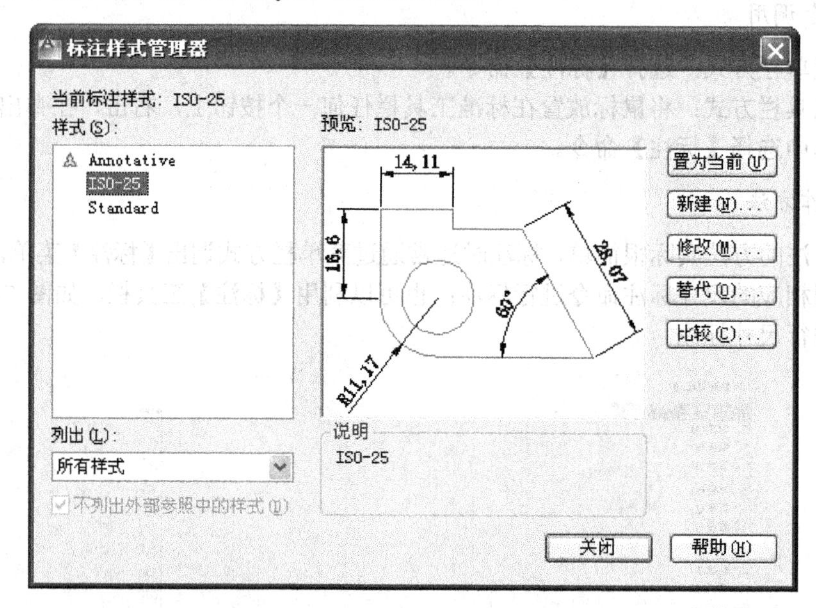

图 7-4 【标注样式管理器】对话框

2. 对话框功能

- 【当前标注样式】：列出图形中的标注样式。当前样式被亮显。在列表中右击可显示快捷菜单及选项，可用于设定当前标注样式、重命名样式和删除样式。
- 【置为当前】：将在【样式】下选定的标注样式设定为当前标注样式。当前样式将应用于所创建的标注。
- 【新建】：显示【创建新标注样式】对话框，从中可以定义新的标注样式。

- 【修改】：显示【修改标注样式】对话框，从中可以修改标注样式。
- 【替换】：显示【替换当前样式】对话框，从中可以设定标注样式的临时替代值。
- 【比较】：显示【比较标注样式】对话框，从中可以比较两个标注样式或列出一个标注样式的所有特性。

7.2.2 创建【建筑】标注样式

以下通过一个 42000×29700 图幅的建筑工程图标注样式的创建来讲述创建的过程。

(1) 调出【标注样式管理器】对话框，单击【新建】按钮，弹出【创建新标注样式】对话框，选择【基础样式】为 ISO-25，在【新样式名】文本框中录入“建筑图”样式名，如图 7-5 所示。

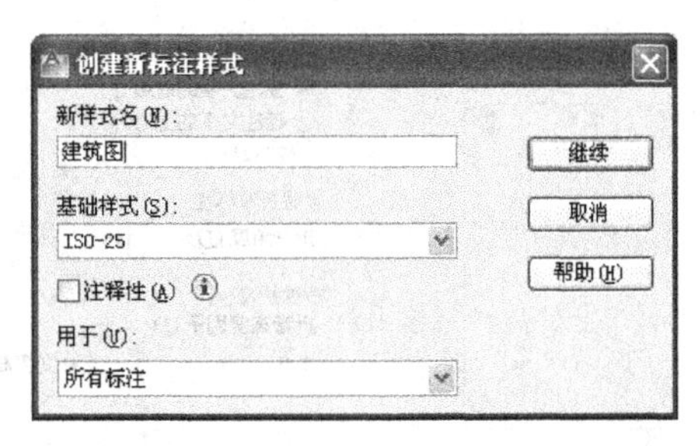

图 7-5 【创建新标注样式】对话框

(2) 单击【继续】按钮，会弹出【新建标注样式：建筑图】对话框，如图 7-6 所示。在【线】选项卡中，可以对尺寸线、尺寸界线、超出尺寸线等进行设置。通常对于尺寸线、尺寸界线保持默认即可，将尺寸界线的【起点偏移量】设置为 300。需要说明的是：无论【起点偏移量】，还是【固定长度的尺寸界线】，设置时都必须与图幅的大小相适应。如图幅为 42000×29700 时，则起点偏移量需设定为 200～300。当需要尺寸界线等长时，可选中【固定长度的尺寸界线】复选框，并输入具体的长度数值。

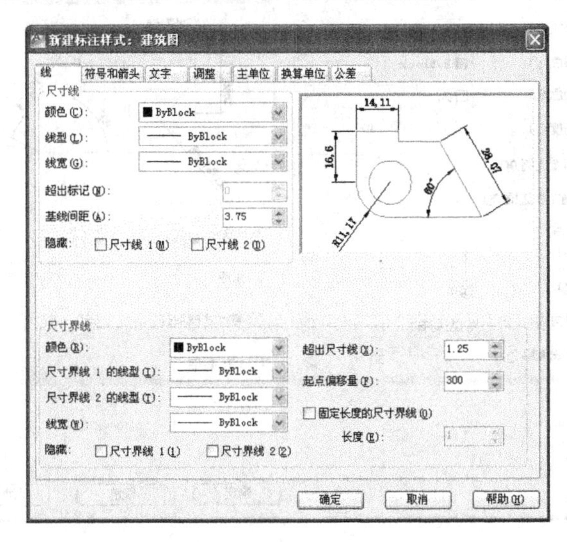

图 7-6 【新建标注样式：建筑图】对话框

(3) 切换到【符号和箭头】选项卡，如图 7-7 所示。在选项卡中，可以对箭头、引线、箭头大小、折断标注、弧长符号等进行设置。绘制建筑图时，需将【箭头】选项组的【实心闭合】箭头改为【建筑标记】。【箭头大小】设置为 200。其他保持默认。

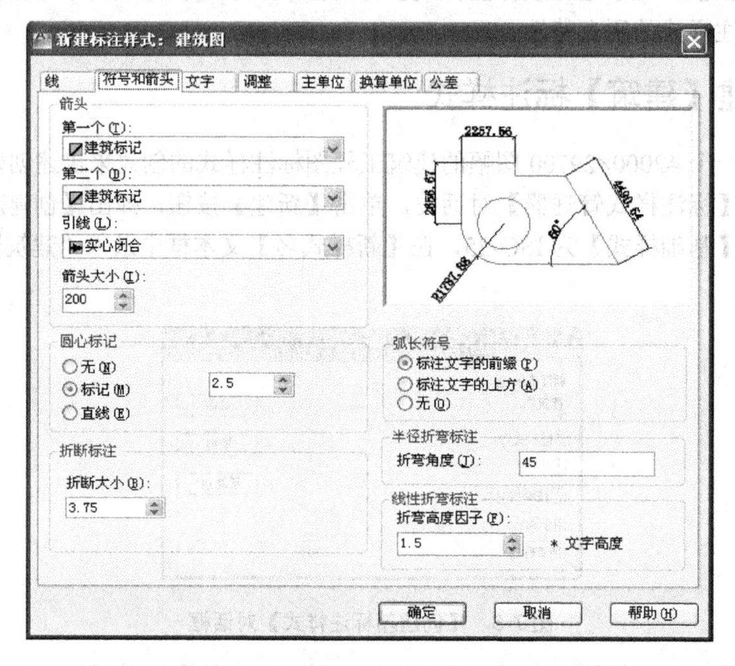

图 7-7 【符号和箭头】选项卡

(4) 切换到【文字】选项卡，如图 7-8 所示。在选项卡中，将【文字高度】设置为 300～400 为宜，为使标注的文字与尺寸线保持一定距离，一般可设置在 30～60 为宜。

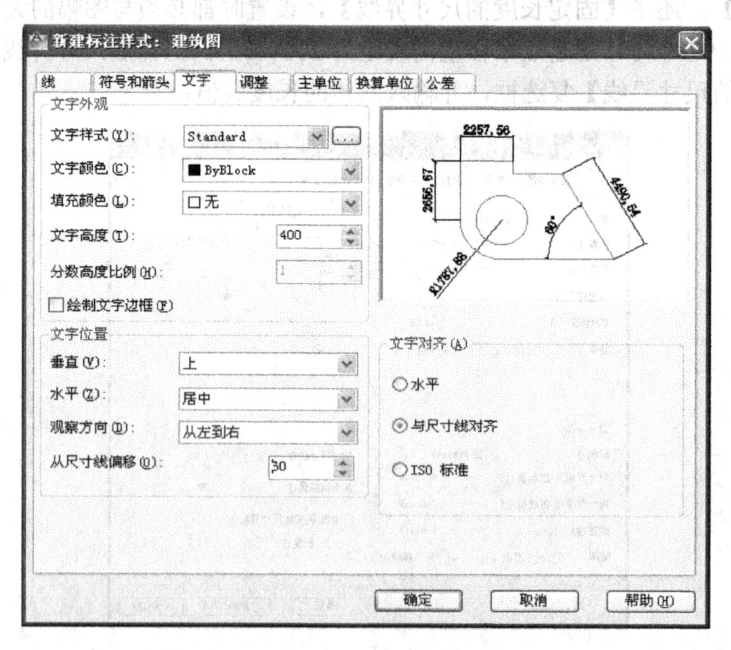

图 7-8 【文字】选项卡

(5) 切换到【调整】选项卡，如图 7-9 所示。在【文字位置】选项组中，选中【尺寸线上方，不带引线】单选按钮。对于【使用全局比例】，若认为原【线】、【符号和箭头】、【文字】等选项匹配合适的情况下，这些选项可以保持默认，而只调整【使用全局比例】的大小。调整时，可根据图形界限的范围在 1～100 进行调整，如图形界限为 42000×29700，【使用全局比例】由默认的 1 调整为 100。

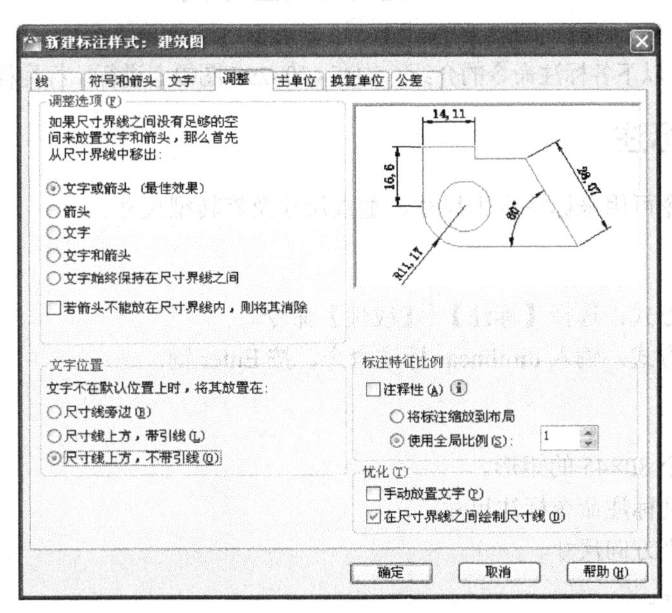

图 7-9 【调整】选项卡

(6) 切换到【主单位】选项卡，将【线性标注】选项组中的【单位格式】设置为【小数】，【精度】设置为 0，如图 7-10 所示。

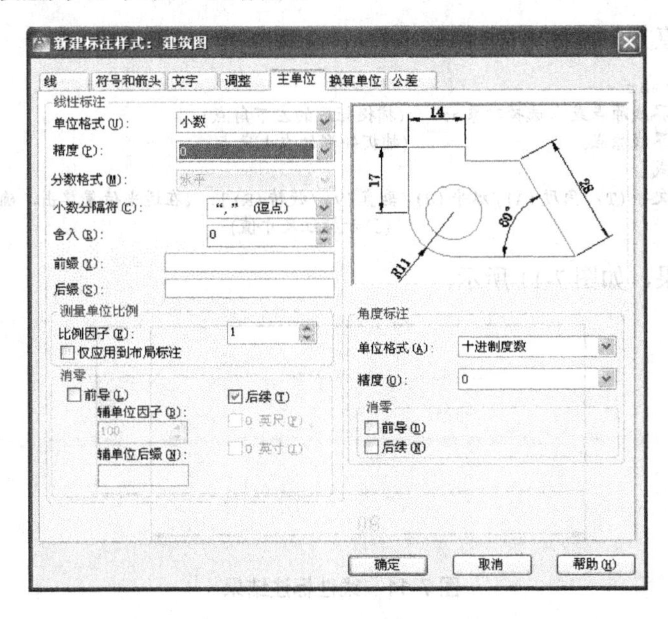

图 7-10 【主单位】选项卡

(7) 单击【确定】按钮，返回到【标注样式管理器】对话框，在【样式】列表框中选择【建筑图】标注样式，单击【置为当前】按钮，则尺寸标注时将按照“建筑图”标注样式进行标注，最后单击【关闭】按钮，完成标注样式创建。

7.3 基本标注命令

为讲解方便，以下各标注命令的介绍，均在 420×297 图幅上进行，标注样式默认 ISO-25。

7.3.1 线性标注

线性标注命令可用来标注水平尺寸、垂直尺寸及旋转型尺寸。

1. 命令调用

- 菜单栏方式：选择【标注】|【线性】命令。
- 命令行方式：输入 dimlinear 标注命令，按 Enter 键。

2. 操作示例

(1) 绘制一个 80×45 的矩形。

(2) 利用线性标注命令标注尺寸。

① 标注水平方向尺寸。

```
命令: dimlinear
指定第一个尺寸界线原点或 <选择对象>:   (捕捉矩形的左下角点)
指定第二个尺寸界线原点:                (捕捉矩形的右下角点)
指定尺寸线位置或
[多行文字(M)/文字(T)/角度(A)/水平(H)/垂直(V)/旋转(R)]: (在适当位置单击，确定尺寸线的位置)
标注文字 = 80                          (显示标注尺寸值)
```

② 标注垂直方向尺寸。

```
命令: _dimlinear
指定第一个尺寸界线原点或 <选择对象>:   (捕捉矩形的左下角点)
指定第二个尺寸界线原点:                (捕捉矩形的左上角点)
指定尺寸线位置或
[多行文字(M)/文字(T)/角度(A)/水平(H)/垂直(V)/旋转(R)]: (在适当位置单击，确定尺寸线的位置)
标注文字 = 30                          (显示标注尺寸值)
```

尺寸标注结果，如图 7-11 所示。

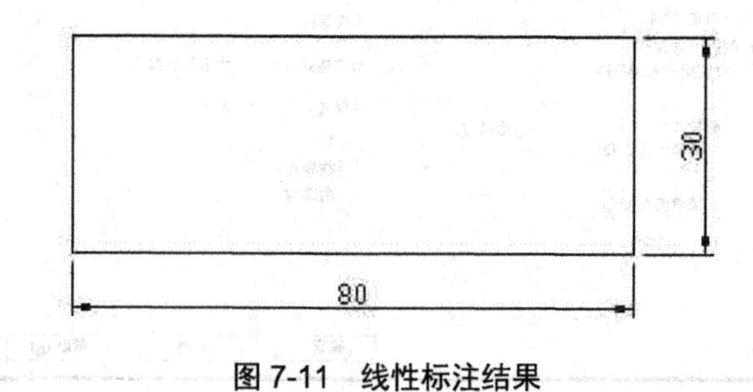

图 7-11 线性标注结果

7.3.2 对齐标注

对齐标注命令用来标注与拾取点对齐的线段长度。

1. 命令调用

- 菜单栏方式：选择【标注】|【对齐】命令。
- 命令行方式：输入 dimaligned 标注命令，按 Enter 键。

2. 操作示例

(1) 用正多边形命令绘制一个边长为 70 的等边三角形。
(2) 利用对齐标注命令标注尺寸。

```
命令: _dimaligned
指定第一个尺寸界线原点或 <选择对象>:          (捕捉三角形的左下角点)
指定第二个尺寸界线原点:                       (捕捉三角形的顶点)
指定尺寸线位置或
[多行文字(M)/文字(T)/角度(A)]:                (在适当位置单击，确定尺寸线的位置)
标注文字 = 70                                 (显示标注尺寸值)
```

尺寸标注结果，如图 7-12 所示。

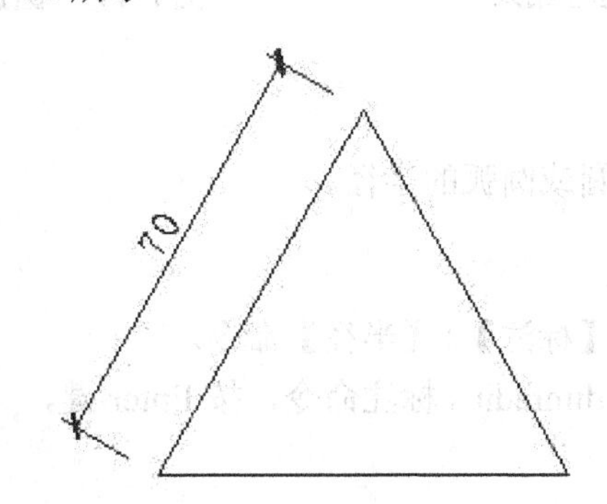

图 7-12 对齐标注结果

7.3.3 角度标注

角度标注命令用来标注两条直线的夹角或圆弧角度。

1. 命令调用

- 菜单栏方式：选择【标注】|【角度】命令。
- 命令行方式：输入 dimangular 标注命令，按 Enter 键。

2. 操作示例

(1) 标注直线夹角。

① 用直线命令绘制锐角分别为 41°、49° 的直角三角形，边长尺寸自定。

② 利用角度标注命令标注角度。

```
命令: _dimangular
选择圆弧、圆、直线或 <指定顶点>:              (光标拾取三角形的一条边)
选择第二条直线:                               (光标拾取三角形的另一条边)
```

```
指定标注弧线位置或 [多行文字(M)/文字(T)/角度(A)/象限点(Q)]: (在适当位置单击，确定尺寸线的位置)
标注文字 = 41                                (显示角度标注值)
```

标注结果如图 7-13 所示。

(2) 标注圆弧所对角度。

```
命令: _dimangular
选择圆弧、圆、直线或 <指定顶点>:               (光标拾取圆弧)
指定标注弧线位置或 [多行文字(M)/文字(T)/角度(A)/象限点(Q)]: (在适当位置单击，确定尺寸线的位置)
标注文字 = 88                                       (显示圆弧所对角度值)
```

标注结果如图 7-14 所示。

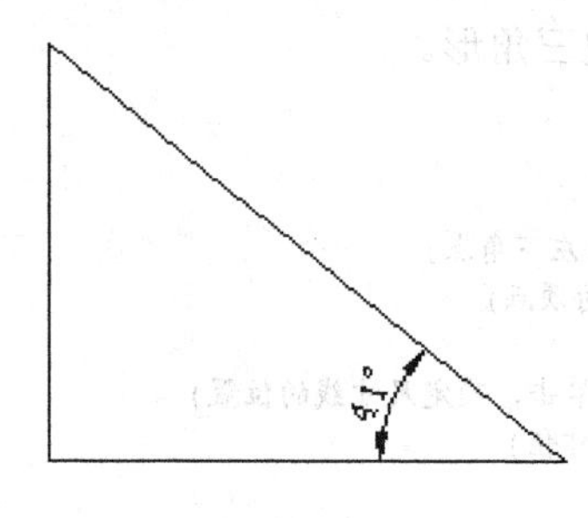

图 7-13 夹角标注结果

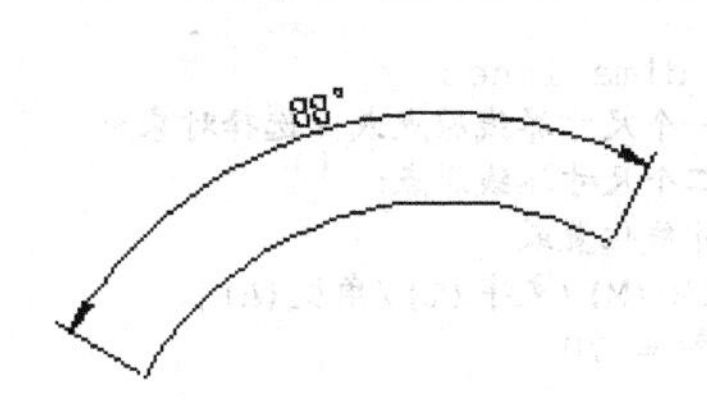

图 7-14 圆弧所对角度标注结果

7.3.4 半径标注

半径标注命令用来标注圆或圆弧的半径。

1. 命令调用

- 菜单栏方式：选择【标注】|【半径】命令。
- 命令行方式：输入 dimradius 标注命令，按 Enter 键。

2. 操作示例

(1) 用圆命令绘制一个半径为 35 的圆。

(2) 利用半径标注命令标注圆的半径。

```
命令: _dimradius
选择圆弧或圆:            (光标拾取圆)            标注文字 = 35
指定尺寸线位置或 [多行文字(M)/文字(T)/角度(A)]:    (在适当位置单击，确定尺寸线的位置)
```

(3) 标注结果如图 7-15 所示。

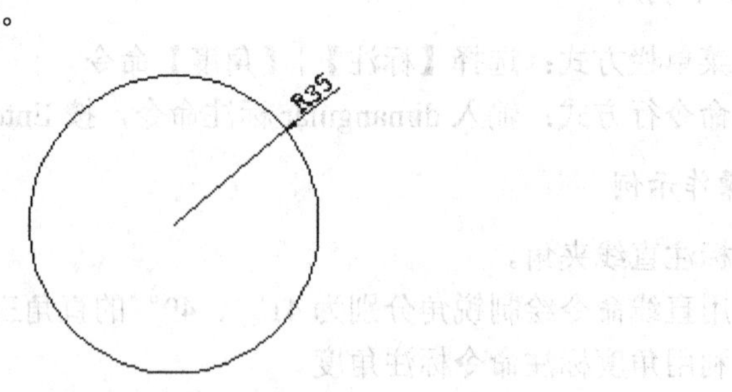

图 7-15 半径标注结果

7.3.5 直径标注

直径标注命令用来标注圆或圆弧的直径。

1. 命令调用

- 菜单栏方式：选择【标注】|【直径】命令。
- 命令行方式：输入 dimdiameter 标注命令，按 Enter 键。

2. 操作示例

(1) 用圆命令绘制一个半径为 30 的圆。
(2) 利用直径标注命令标注圆的直径。

```
命令: _dimdiameter
选择圆弧或圆:
标注文字 = 60
指定尺寸线位置或 [多行文字(M)/文字(T)/角度(A)]: (指定尺寸线位置)
```

(3) 标注结果如图 7-16 所示。

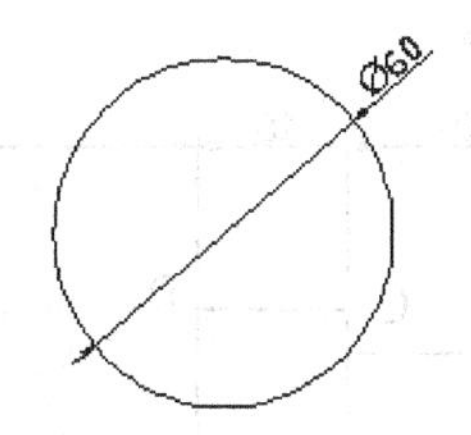

图 7-16 直径标注结果

7.3.6 连续标注

对于首尾相连的一系列连续尺寸，可以选择连续标注，不但快捷，而且规整。

1. 命令调用

- 菜单栏方式：选择【标注】|【连续】命令。
- 命令行方式：输入 dimcontinue 标注命令，按 Enter 键。

2. 操作示例

(1) 按尺寸绘制如图 7-17 所示。

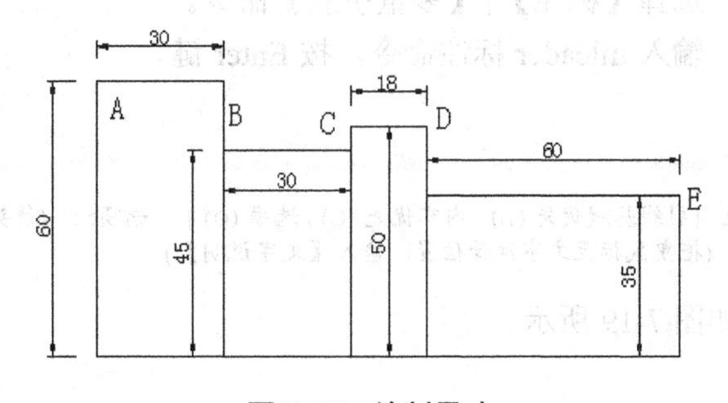

图 7-17 绘制尺寸

(2) 利用连续标注命令标注图形。

① 首先利用【线性】标注，标注 A、B 之间的尺寸。

```
命令: _dimlinear
指定第一个尺寸界线原点或 <选择对象>:                         (捕捉 A 点)
指定第二个尺寸界线原点:                                       (捕捉 B 点)
指定尺寸线位置或
[多行文字(M)/文字(T)/角度(A)/水平(H)/垂直(V)/旋转(R)]: (在适当位置单击，确定尺寸线的位置)
标注文字 = 30                                                (显示 AB 段尺寸值)
```

② AB 段标注完成以后，再利用【连续】标注命令标注 BC、CD、DE 段尺寸。

```
命令: _dimcontinue
指定第二条尺寸界线原点或 [放弃(U)/选择(S)] <选择>:      (捕捉 C 点)
标注文字 = 30                                       (显示 BC 段尺寸值)
指定第二条尺寸界线原点或 [放弃(U)/选择(S)] <选择>:      (捕捉 D 点)
标注文字 = 18                                       (显示 CD 段尺寸值)
指定第二条尺寸界线原点或 [放弃(U)/选择(S)] <选择>:      (捕捉 E 点)
标注文字 = 60                                       (显示 DE 段尺寸值)
指定第二条尺寸界线原点或 [放弃(U)/选择(S)] <选择>:      (按 Enter 键)
选择连续标注:                                       (按 Enter 键)
```

连续标注的结果如图 7-18 所示。

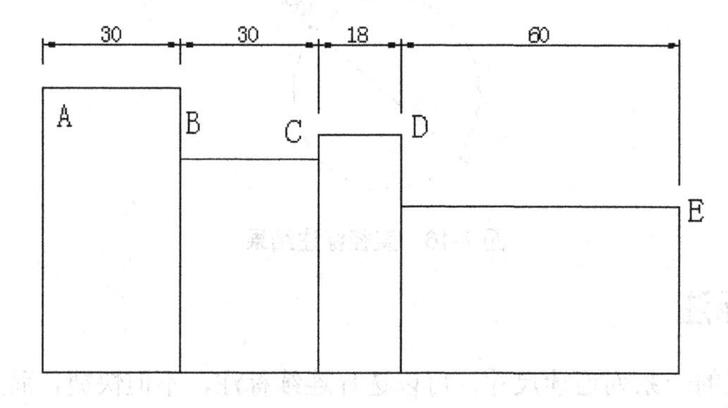

图 7-18 连续标注结果

7.3.7 多重引线标注

多重引线标注命令用于通过引线指示标注位置并加以注释。

1. 命令调用

- 菜单栏方式：选择【标注】|【多重引线】命令。
- 命令行方式：输入 mleader 标注命令，按 Enter 键。

2. 操作示例

```
命令: _mleader
指定引线箭头的位置或 [引线基线优先(L)/内容优先(C)/选项(O)] <选项>; (箭头指定注释对象)
指定引线基线的位置: (拖曳鼠标至文字注释位置，输入【文字说明】)
```

引线标注结果，如图 7-19 所示。

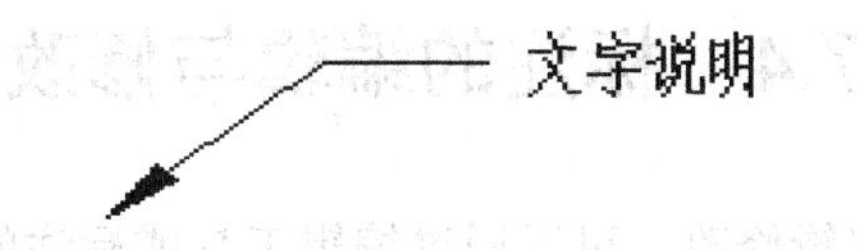

图 7-19 引线标注结果

3. 多重引线样式的设置

多重引线有专门的多重引线样式，属于 AutoCAD 2010 以后版本新增功能，这不同于【标注样式管理器】设置的快速引线。

在命令行输入 mleaderstyle，弹出【多重引线样式管理器】对话框，如图 7-20 所示。在【样式】列表中，有一个名为 Standard 的多重引线，可以在此基础上进行引线设置。如单击【修改】按钮，会弹出【修改多重引线样式】对话框，如图 7-21 所示。其中包含【引线格式】、【引线结构】和【内容】3 个选项卡。【引线格式】选项卡用以设置引线线型、箭头类型及符号等；【引线结构】选项卡用以设置约束、基线及比例等；【内容】选项卡用以设置多重引线类型、文字高度、引线连接等。

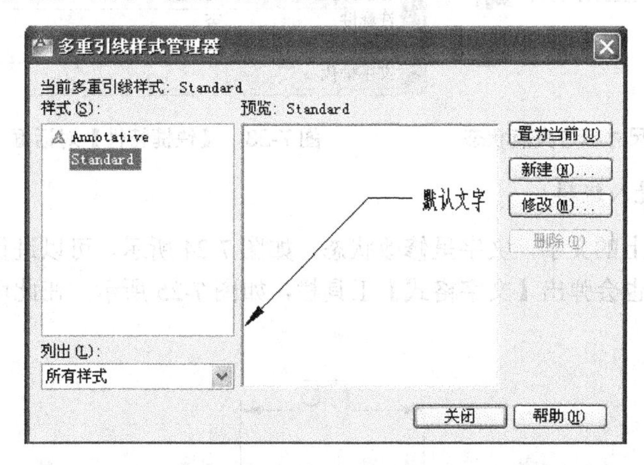

图 7-20 【多重引线样式管理器】对话框

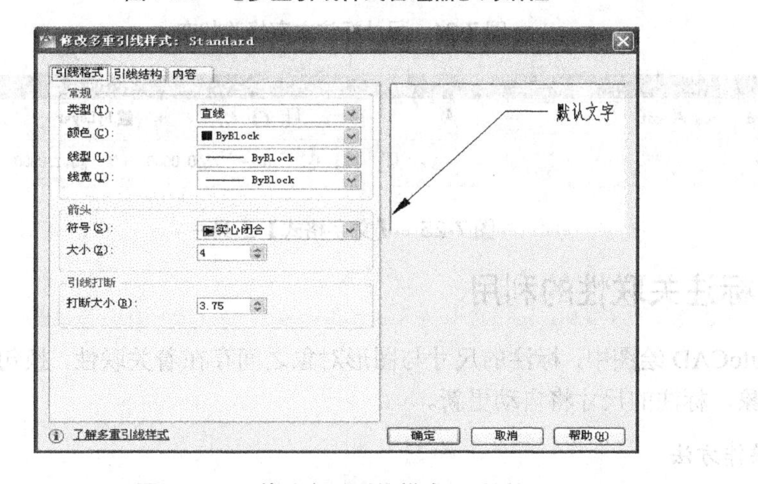

图 7-21 【修改多重引线样式】对话框

7.4 标注的编辑与修改

标注完成后，若需要编辑修改，可以通过编辑工具或标注的关联性进行修改。下面介绍几种编辑与修改的方法。

7.4.1 编辑标注的尺寸文字

1. 单击文字进入编辑

单击尺寸标注上的文字，尺寸标注呈夹点状态，如图 7-22 所示，可以利用夹点调整尺寸线的位置、文字位置。在弹出的【快捷特性】对话框中，如图 7-23 所示，还可以选择标注样式或替换文字。

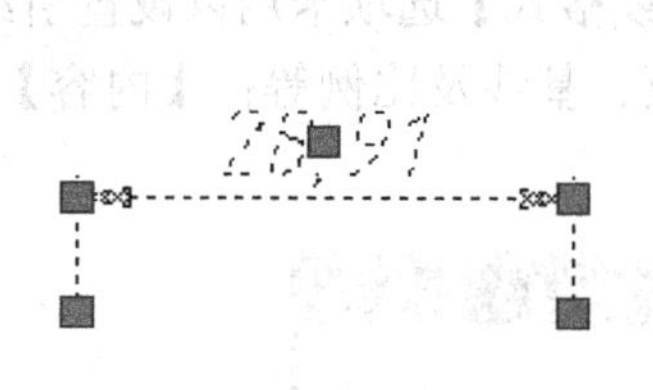

图 7-22 尺寸标注夹点状态

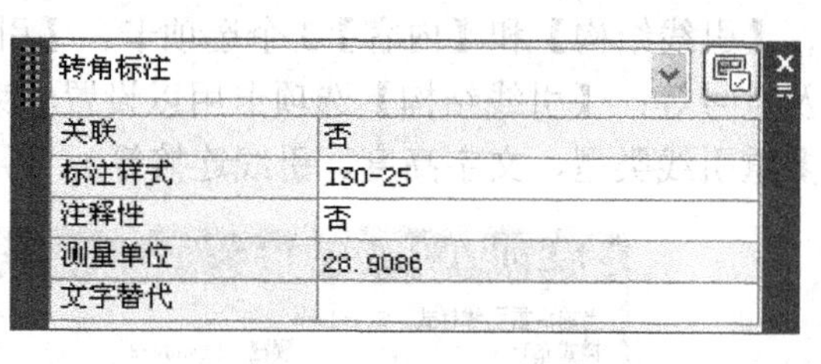

图 7-23 【快捷特性】对话框

2. 双击文字进入编辑

双击尺寸标注上的文字，文字呈修改状态，如图 7-24 所示，可以进行添加、更改或删除文字操作，同时也会弹出【文字格式】工具栏，如图 7-25 所示，在此可以对字型、文字大小等进行修改。

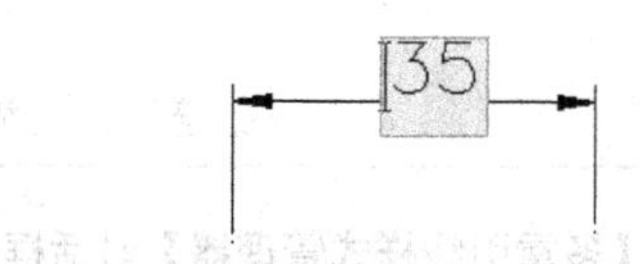

图 7-24 尺寸标注文字修改状态

图 7-25 【文字格式】工具栏

7.4.2 标注关联性的利用

在 AutoCAD 绘图中，标注的尺寸与图形对象之间存在着关联性，换句话说，就是修改了图形对象，标注的尺寸将自动更新。

1. 操作方法

图形尺寸标注以后，当利用【拉伸】命令进行拉伸，则尺寸值自动更新。

2. 操作示例

(1) 利用矩形命令绘制一个图形，如图 7-26 所示。

(2) 利用尺寸关联性拉伸图形。

```
命令: _stretch                              (激活拉伸命令)
以交叉窗口或交叉多边形选择要拉伸的对象...(窗交选择部分图形，如图 7-27 所示)
选择对象: 指定对角点: 找到 3 个
选择对象:
指定基点或 [位移(D)] <位移>:                  (指定基点)
指定第二个点或 <使用第一个点作为位移>:
>>输入 ORTHOMODE 的新值 <0>:
正在恢复执行 STRETCH 命令。
指定第二个点或 <使用第一个点作为位移>:    @20,0(相对坐标法右移 20 个单位)
```

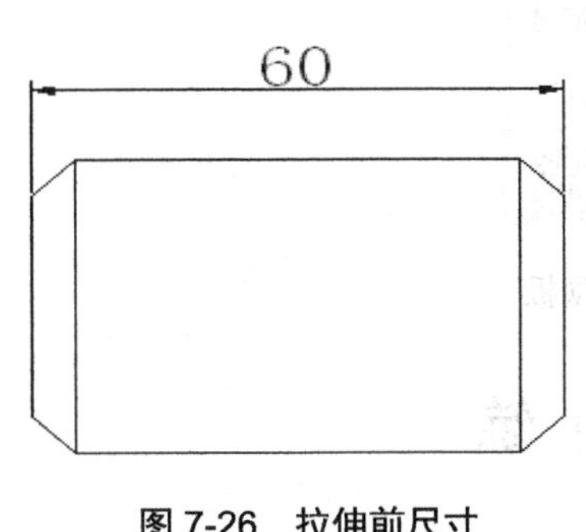

图 7-26　拉伸前尺寸

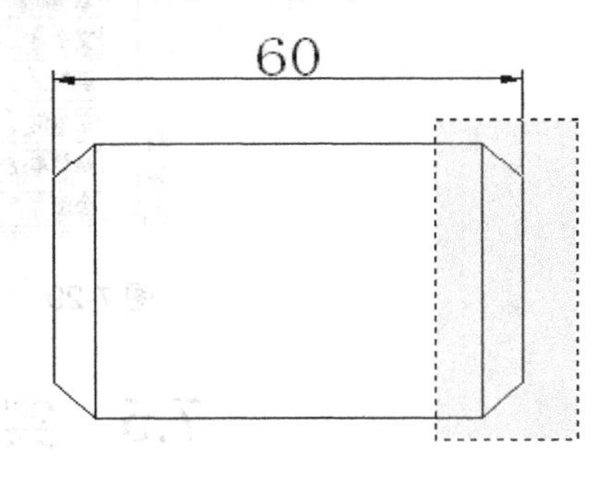

图 7-27　窗交选择部分

(3) 尺寸关联拉伸后的结果，如图 7-28 所示。

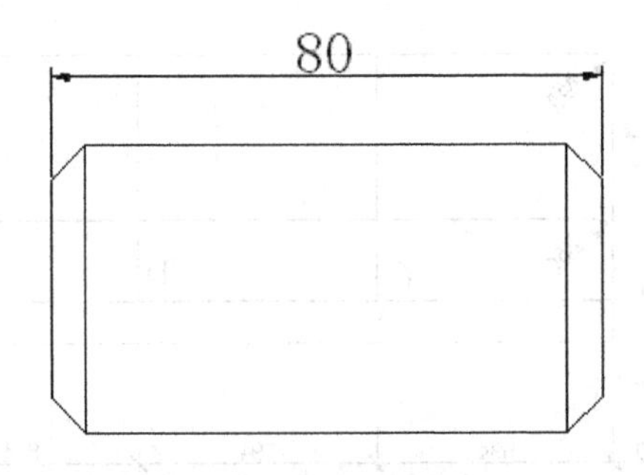

图 7-28　关联拉伸后的尺寸

7.4.3　利用对象特性管理器编辑尺寸标注

对象特性管理器不但可以编辑标注的尺寸，也可以对其他各种图形对象进行编辑，是非常有用的编辑工具。编辑尺寸对象时，只需单击对象上的尺寸，再单击标准工具栏中的特性按钮图标，则弹出【特性】选项板，如图 7-29 所示。在【特性】选项板中可以对尺寸的标注样式、文字、箭头等许多相关选项进行调整。

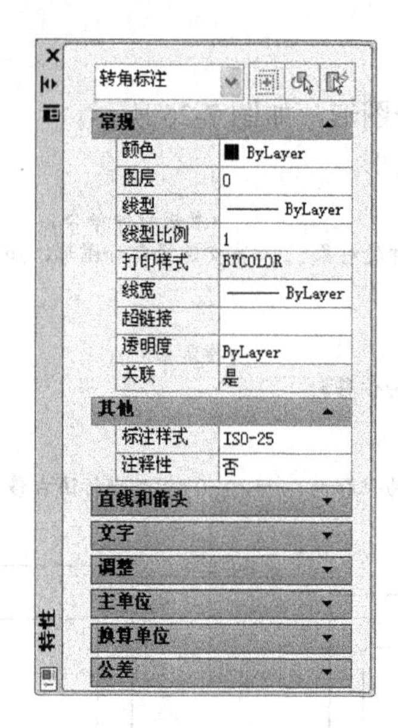

图 7-29 【特性】选项板

7.5 实 践 训 练

任务：绘制如图 7-30 所示沙发立面图。

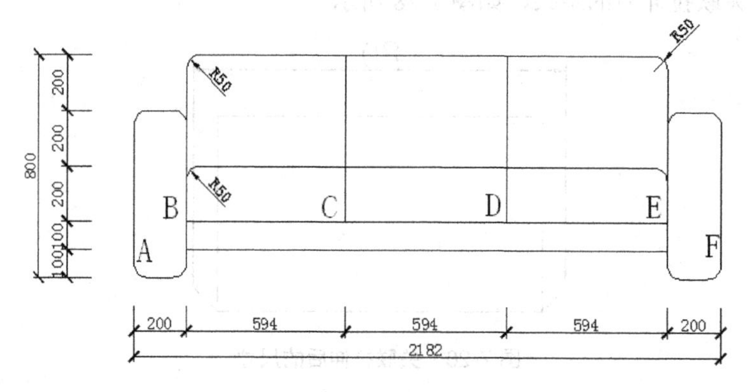

图 7-30 沙发立面图

1. 任务目标

掌握尺寸标注的方法。

2. 操作过程

(1) 按图 7-30 所标注的尺寸绘制沙发立面图。

(2) 新建标注样式。

① 选择【格式】|【标注样式】命令，弹出【标注样式管理器】对话框。

② 单击【新建】按钮，弹出【创建新标注样式】对话框。

③ 选择 ISO-25 为基础样式，在【新样式名】文本框中输入“沙发”样式名，单击【继

续】按钮，弹出【新建标注样式：沙发】对话框。

④ 切换到【线】选项卡，选中【固定长度的尺寸界线】复选框，并在文本框中输入数值 6。

⑤ 切换到【文字】选项卡，将【文字高度】文本框内数值改为 3。

⑥ 切换到【调整】选项卡，将【使用全局比例】文本框内数值改为 15。

⑦ 其他不变，单击【确定】按钮，单击【置为当前】按钮，单击【关闭】按钮，结束标注样式创建。

(3) 标注尺寸。

```
命令: _dimlinear                                          (启用线性标注)
指定第一个尺寸界线原点或 <选择对象>: <打开对象捕捉>         (开启捕捉交点，并指定 A 点)
指定第二条尺寸界线原点:                                    (选择 B 点)
指定尺寸线位置或[多行文字(M)/文字(T)/角度(A)/水平(H)/垂直(V)/旋转(R)]: (移动尺寸线到适当位置)
标注文字 = 200                                            (显示尺寸值)
命令: _dimcontinue                                        (启用连续标注)
指定第二条尺寸界线原点或 [放弃(U)/选择(S)] <选择>:          (选择 C 点)
标注文字 = 594                                            (显示尺寸值)
指定第二条尺寸界线原点或 [放弃(U)/选择(S)] <选择>:          (选择 D 点)
标注文字 = 594                                            (显示尺寸值)
指定第二条尺寸界线原点或 [放弃(U)/选择(S)] <选择>:          (选择 E 点)
标注文字 = 594                                            (显示尺寸值)
指定第二条尺寸界线原点或 [放弃(U)/选择(S)] <选择>:          (选择 F 点)
标注文字 = 200                                            (显示尺寸值)
指定第二条尺寸界线原点或 [放弃(U)/选择(S)] <选择>:          (按 Enter 键结束)
选择连续标注: *取消*
命令: _dimlinear                                          (启用线性标注)
指定第一个尺寸界线原点或 <选择对象>:                        (选择 A 点)
指定第二条尺寸界线原点:                                    (选择 F 点)
指定尺寸线位置或
[多行文字(M)/文字(T)/角度(A)/水平(H)/垂直(V)/旋转(R)]:(移动尺寸线到适当位置)
标注文字 = 2182                                             (显示尺寸值)
```

(4) 沙发的竖向尺寸标注方法与水平尺寸同理。

(5) 标注的结果如图 7-30 所示。

特别提示：①沙发的几处倒角半径的标注，需另外创建标注样式；②对于不合适的文字位置，可运用夹点功能进行调整。

思考与练习题

1. 思考题

(1) 如何创建一个新的尺寸标注样式？

(2) 标注样式中的全局比例如何使用？

(3) 如何进行连续标注？连续标注结束后可否再续接连续标注？

2. 选择题

(1) 设置标注样式的命令是(　　)。

A. DIMSTYLE　　B. STYLE
C. TABLESTYLE　　D. MTEXT

(2) 连续标注是(　　)的标注。

A. 自同一基线处测量　　B. 线性对齐
C. 首尾相连　　D. 增量方式创建

(3) 角度标注命令可以标注(　　)的角度。

A. 圆弧　　B. 圆上的某段圆弧
C. 两条直线　　D. 以上都可以

3. 绘图题

绘制图 7-31 所示的空腹鱼腹式吊车梁，并标注尺寸。

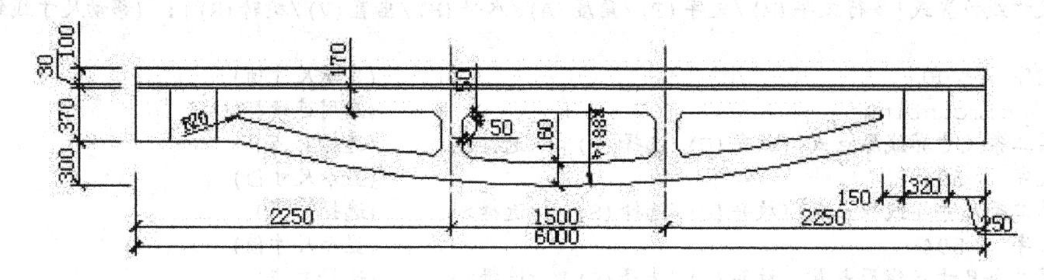

图 7-31　空腹鱼腹式吊车梁

第8章 图案填充

本章内容提要：

本章主要介绍图案填充和渐变色的设置与使用以及图案填充的编辑方法。

学习要点：

- 创建图案填充；
- 创建渐变色填充；
- 编辑填充图案；
- 控制填充图案的可见性。

8.1 图案填充和渐变色填充的设置

绘制建筑立面、剖面、节点详图时，经常要填充一些图案，这个过程称为图案填充。AutoCAD 2012 提供了实体填充以及 60 多种行业标准填充图案，同时也提供了 10 余种符合国际标准化组织的标准填充图案。填充前，需要根据填充要求，设置填充图案类型、比例、角度等选项。

调用图案填充命令的方法如下：

- 选择【绘图】|【图案填充】命令。
- 单击绘图工具栏中的按钮。
- 命令行输入 bhatch 命令，按 Enter 键。

3 种命令都可以打开【图案填充和渐变色】对话框，如图 8-1 所示。下面介绍对话框中的各选项功能。

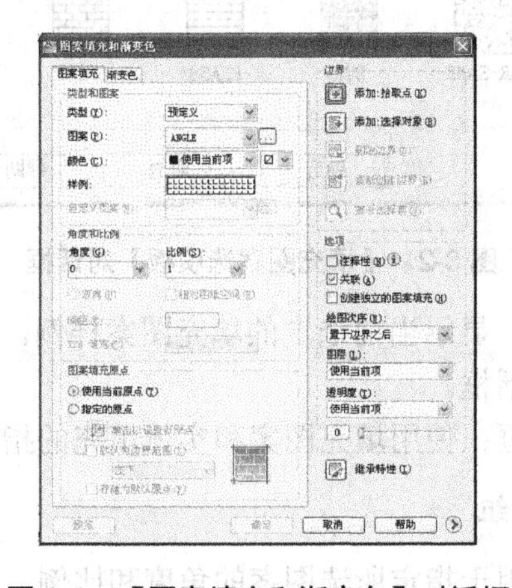

图 8-1 【图案填充和渐变色】对话框

8.1.1 【图案填充】选项卡

在【图案填充和渐变色】对话框的【图案填充】选项卡中，包含【类型和图案】、【角度和比例】、【图案填充原点】、【边界】和【选项】5个选项组，其主要功能如下。

1. 【类型和图案】选项组

【类型和图案】选项组用于指定图案填充的类型和图案。选项组内包含以下选项：

(1) 【类型】下拉列表框：用于设置填充图案的类型。其中包含3种类型供用户选择。

① 【预定义】选项：使用系统已有图案。其中包括 ANSI(美国国家标准化组织建议图案)、ISO(国际标准化组织建议图案)、其他预定义图案(AutoCAD 提供的可用填充图案)。

② 【用户定义】选项：用于自建平行线或交叉填充图案，角度和比例可以根据需要进行调整。

③ 【自定义】选项：将定义的填充图案添加到图案文件中。

(2) 【图案】下拉列表框：用于填充图案的选择。只有选择【预定义】选项时，此下拉列表才可使用。在该下拉列表中可根据图案名称进行填充图案的选择，也可以单击该下拉列表右侧的□按钮，弹出【填充图案选项板】对话框，如图 8-2 所示。选项板中的填充图案均是预览图像，可直观选择。

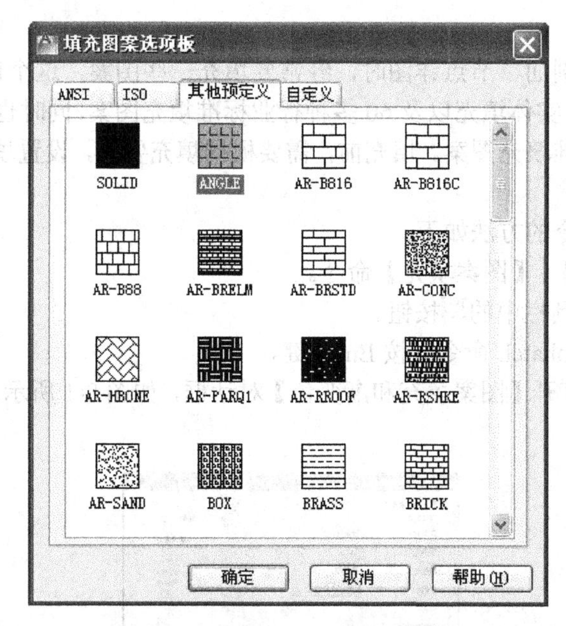

图 8-2 【填充图案选项板】对话框

(3) 【样例】预览窗口：显示当前选定的填充图案样例。单击该样例列表图案也可以打开【填充图案选项板】对话框。

(4) 【颜色】下拉列表框：使用填充图案和实体填充的指定颜色替代当前颜色。

2. 【角度和比例】选项组

【角度和比例】选项组用于指定所选图案的角度和比例。选项组包含以下内容。

(1) 【角度】下拉列表框：用于指定填充图案的旋转角度(相对当前 UCS 坐标系的 X 轴)。

(2) 【比例】下拉列表框：放大或缩小预定义或自定义图案。只有将【类型】设置为【预定义】或【自定义】时，此选项才可用。

需要指出的是所选图案比例是否理想，填充前并不知道，需要填充后预览效果，无经验的话或许要调整几次，才能达到满意效果。

(3) 【双向】复选框：对于用户定义的图案，绘制于原始直线成 90° 的另一组直线，从而构成交叉线。只有将【类型】设定为【用户定义】，此选项才可用。

示例：填充矩形。【类型】设定为【用户定义】，选中【双向】复选框，【角度】设置为 45°，【间距】设置为 15，填充结果如图 8-3 所示。

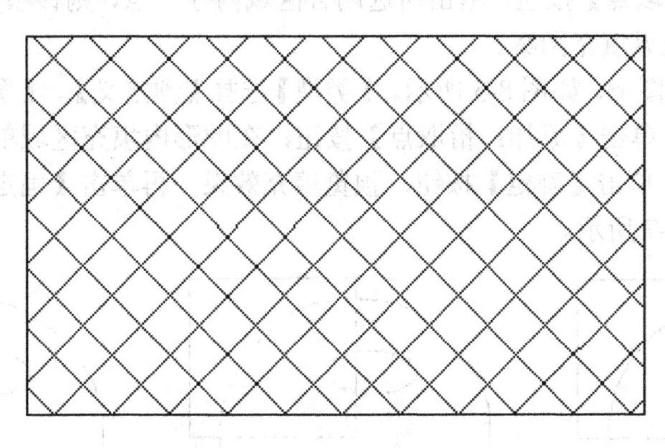

图 8-3 用户定义填充结果

(4) 【间距】文本框：指定用户定义图案中的直线间距。只有将【类型】设置为【用户定义】时，此选项才可用。

(5) 【相对图纸空间】复选框：相对于图纸空间单位缩放填充图案。使用此选项可以按适合于命名布局的比例显示填充图案。该选项仅适用于命名布局。

(6) 【ISO 笔宽】下拉列表框：基于选定笔宽缩放 ISO 预定义图案。只有将【类型】设定为【预定义】，并将【图案】设定为一种可用的 ISO 图案，此选项才可用。

3. 【图案填充原点】选项组

用来控制填充图案的起始位置。选项设置包含以下内容。

(1) 【使用当前原点】单选按钮：使用存储在 HPORIGIN 系统变量中的图案填充原点。默认情况下，填充图案与用户坐标系的原点对齐。

(2) 【指定的原点】选项：指定图案填充的新原点。单击【单击以设置新原点】按钮，可用鼠标直接指定新的图案填充原点；选中【默认为边界范围】复选框，有左下、左上、右下、右上、正中 5 个对齐点可供选择。

示例：填充矩形，【类型】设定为【预定义】，【图案】选择 AR-B816，【比例】设置为 0.08，选择【指定的原点】中的【单击以设置新原点】，用鼠标选择矩形的右下角，再单击【边界】中【拾取点】按钮，在矩形内单击，然后单击【确定】按钮，则填充完成，结果如图 8-4 所示。

图 8-4　右下角为对齐原点

4. 【边界】选项组

用于确定填充边界。

(1) 【添加：拾取点】按钮：单击所选闭合区域内任一点，则该填充区域边界被选择。通常应用此法确定边界填充图案。

示例：绘制几何图形，如图 8-5 所示。【类型】选择【预定义】，【图案】选择 ANGLE，【比例】设置为 2。单击【添加：拾取点】按钮，在图形内填充区域单击，则填充边界形成，如图 8-6 所示。单击【确定】按钮，预览填充效果，再单击【确定】按钮，则图案填充完成。结果如图 8-7 所示。

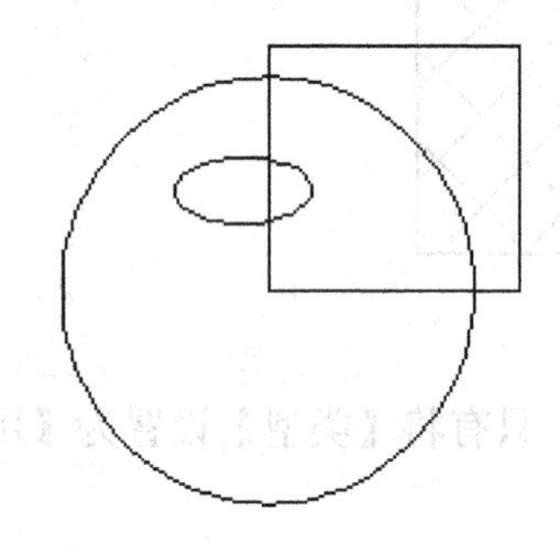

图 8-5　几何图形

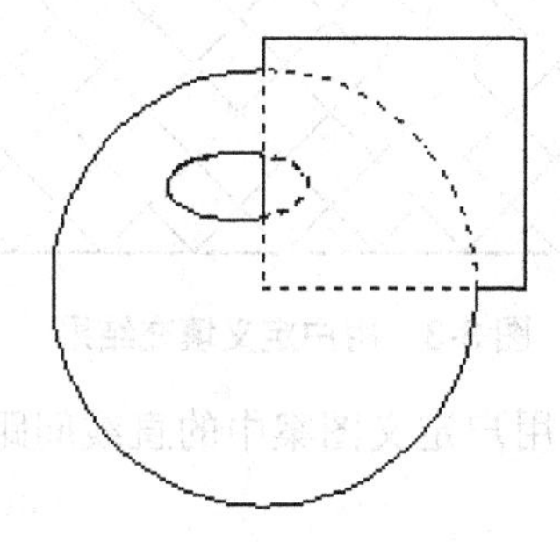

图 8-6　指定内部点生成填充边界

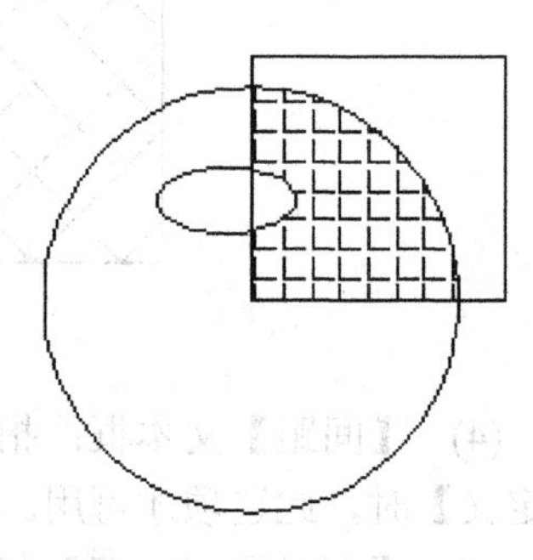

图 8-7　图案填充结果

(2) 【添加：选择对象】按钮：单击图形对象，则填充边界被确定。

示例：绘制几何图形，如图 8-8 所示。【类型】选择【预定义】，【图案】选择 ANGLE，【比例】设置为 2。单击【添加：选择对象】按钮，单击矩形，则填充边界形成，如图 8-9 所示。单击【确定】按钮，预览填充效果，再单击【确定】按钮，则图案填充完成。结果如图 8-10 所示。

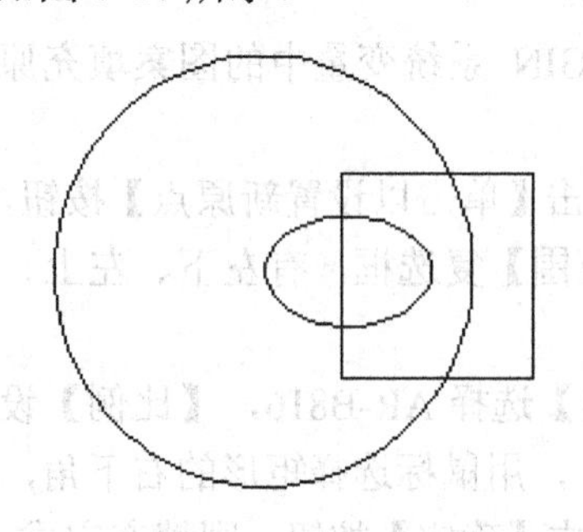

图 8-8　几何图形

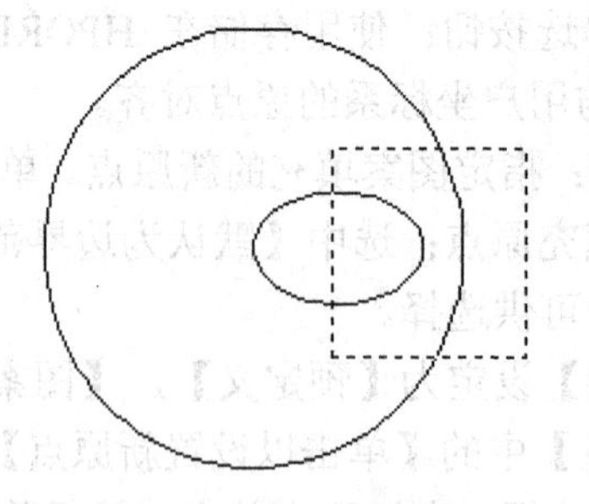

图 8-9　指定图形对象生成填充边界

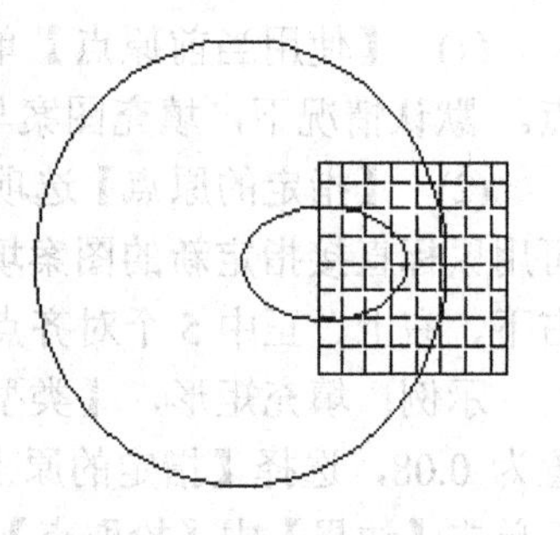

图 8-10　图案填充结果

(3) 【删除边界】按钮：从边界定义中删除之前添加的任何对象。

5. 【选项】选项组

(1) 【注释性】复选框：指定图案填充是否为可注释。此特性会自动完成缩放注释过程，从而使注释能够以正确的大小在图纸上打印或显示。

(2) 【关联】复选框：图案填充后，选择关联填充无论图形形状如何改变，图案均填满图形。不关联填充，图形改变，图案仍保留初始填充形状。

示例：首先是关联填充。绘制矩形，填充图案，如图 8-11 所示。夹点拉伸矩形右上角，图形改变，图案填满图形，如图 8-12 所示。其次是不关联填充。仍以矩形填充为例，图形改变，原填充图案形状不变，如图 8-13 所示。

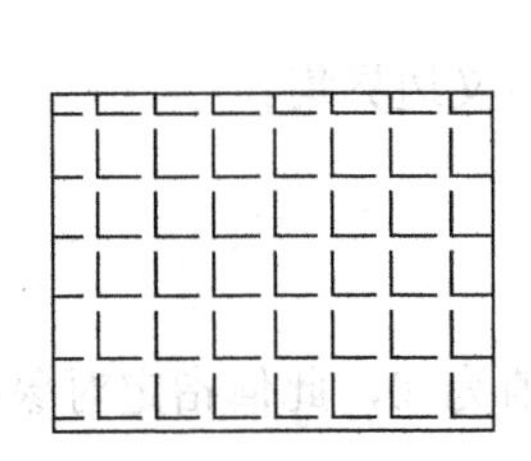

图 8-11 图形改变前的填充

图 8-12 关联填充

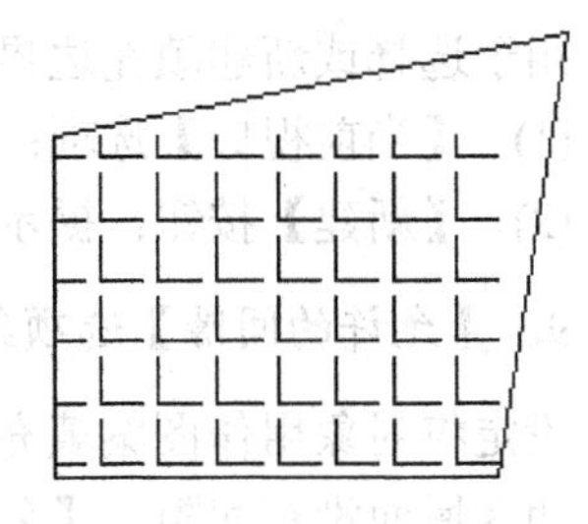

图 8-13 不关联填充

(3) 【创建独立的图案填充】复选框：控制当指定了几个独立的闭合边界时，是创建单个图案填充对象，还是创建多个图案填充对象。

(4) 【绘图次序】下拉列表框：可以通过不同的选择将图案置于指定层次。其中包括不指定、前置、后置、置于边界之前、置于边界之后 5 种选择。

6. 【孤岛】选项组

在【图案填充和渐变色】对话框的右下角有一个按钮，单击该按钮后可显示【孤岛】选项组，如图 8-14 所示。

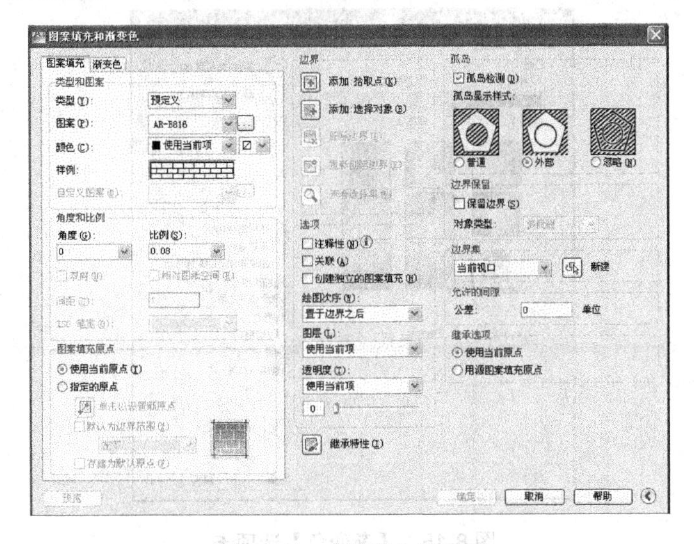

图 8-14 【孤岛】选项组

(1) 【孤岛检测】复选框：检测是否为闭合边界，即孤岛。

(2) 【孤岛显示样式】：①普通即从外部边界向内部填充。如果遇到内部孤岛，它将停止填充，直到再次遇到孤岛继续填充。②外部即从外部向内部填充。如果遇到内部孤岛，它将停止填充。③忽略即忽略所有内部对象，填充图案时将填充这些对象。

7. 【边界保留】选项组

(1) 【保留边界】复选框：可将填充边界保留成一个多段线或面域。

(2) 【对象类型】下拉列表框：用于选择创建填充边界的保留类型，有多段线和面域两种。

8. 【边界集】选项组

用于选择或新建填充边界的对象集。

(1) 【当前视口】选项：表示从当前视口中可见的所有对象定义边界集。

(2) 【新建】按钮：提示用户选择用来定义边界集的对象。

9. 【允许的间隙】选项组

设定将对象用作图案填充边界时可以忽略的最大间隙。默认值为 0，此值指定对象必须封闭区域而没有间隙。【公差】范围在 0～5000。

8.1.2 【渐变色】选项卡

调用图案填充命令的方法如下：

- 单击【绘图】|【图案填充】命令，弹出【图案填充和渐变色】对话框，切换到【渐变色】选项卡。
- 单击绘图工具栏中的按钮。
- 命令行输入 gradient 命令，按 Enter 键。

以上 3 种方式都可以弹出【渐变色】选项卡，如图 8-15 所示。

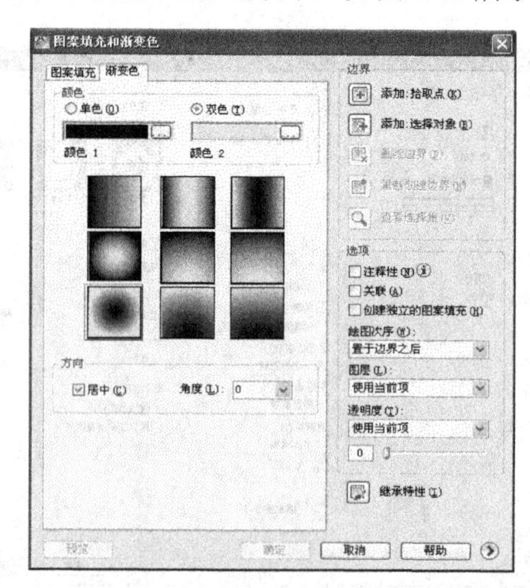

图 8-15 【渐变色】选项卡

1. 【颜色】选项组

(1) 【单色】单选按钮：指定使用从较深色调到较浅色调平滑过渡的单色填充。

(2) 【双色】单选按钮：指定在两种颜色之间平滑过渡的双色填充。

2. 【方向】选项组

(1) 【居中】复选框：由于创建对称的渐变。若没有选定此选项，渐变填充将朝左上方变化，创建光源在对象左边的图案。

示例：以五角星为例，双色渐变色填充，效果如图 8-16 所示。

(2) 【角度】下拉列表框：指定渐变填充的角度。

示例：以五角星为例，角度设置为 45°，渐变色填充效果，如图 8-17 所示。

图 8-16 【居中】渐变色填充效果

图 8-17 【角度】45° 渐变色填充效果

8.2 编辑填充图案

对于图案填充的编辑可以单击【特性】按钮，调出【特性】对话框，如图 8-18 所示。

在对话框中可以修改现有的图案或渐变色填充的相关参数。对话框与【图案填充和渐变色】对话框相同，此时【重新创建边界】可用。

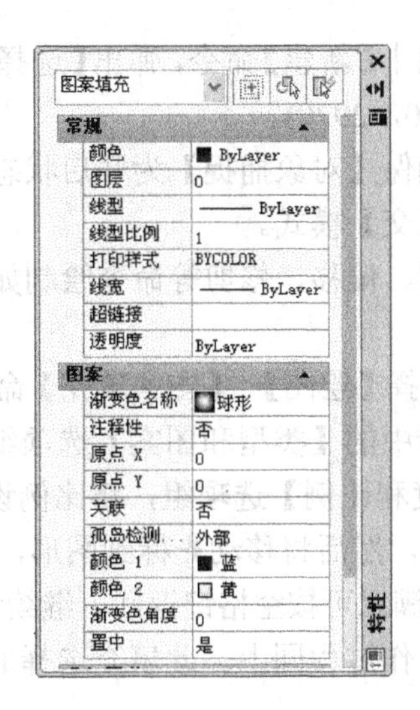

图 8-18 【特性】对话框

8.3 实践训练

任务：绘制石灯立面图，如图 8-19 所示。

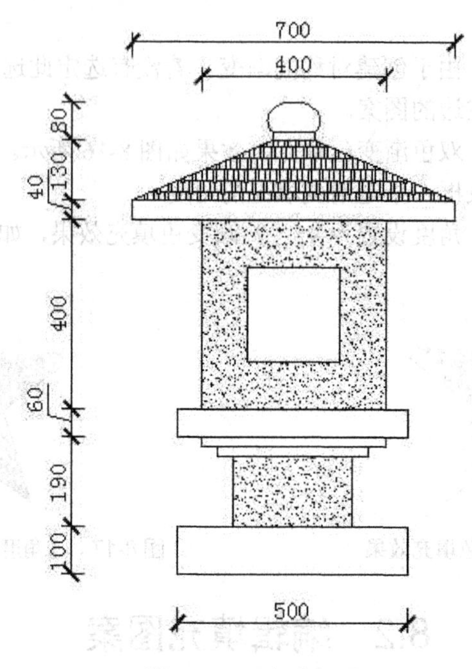

图 8-19　石灯立面图

1. 任务目标

掌握图案填充的方法。

2. 操作过程

(1) 新建文件。选择【文件】|【新建】命令，弹出【选择样板】对话框，选择 acadiso.dwt 样板图。将图形界限设置为(4200，2970)。

(2) 启用绘图辅助工具。确保【对象捕捉】为开启状态，选择 【中心】、【交点】、【象限点】捕捉方式；打开【正交】模式。

(3) 利用直线、矩形、椭圆、偏移、修剪等命令绘制如图 8-19 所示的石灯立面。

(4) 填充图案。

① 填充石灯灯帽图案。选择【绘图】|【图案填充】命令，弹出【图案填充和渐变色】对话框，在【图案填充】选项卡中的【类型和图案】选项组，选择【预定义】类型，【图案】选择 AR-RSHKE，在【角度和比例】选项组，将比例设置为 0.08。在【边界】选项组内，单击【添加：拾取点】按钮，然后将移动光标到图形，单击要填充的区域，然后预览，效果满意单击【确定】按钮，不满意可按空格键返回，继续调整比例。

② 填充石灯灯身图案。操作过程同上。此填充选择的图案为 AR-SAND，比例设置为 0.5。

思考与练习题

1. 思考题

(1) 在绘制的建筑图中，常有完全涂黑的填充区域，应选择哪个图案样例？

(2) 请简述图案填充的过程。

2. 选择题

(1) 图案填充时，有时需要改变原点位置来适应图案填充边界，但默认情况下，图案填充原点坐标是(　　)。

A. (0,0)　　B. (0,1)　　C. (1,0)　　D. (1,1)

(2) 如图 8-20 所示，同一矩形两次填充效果各异，其原因是(　　)。

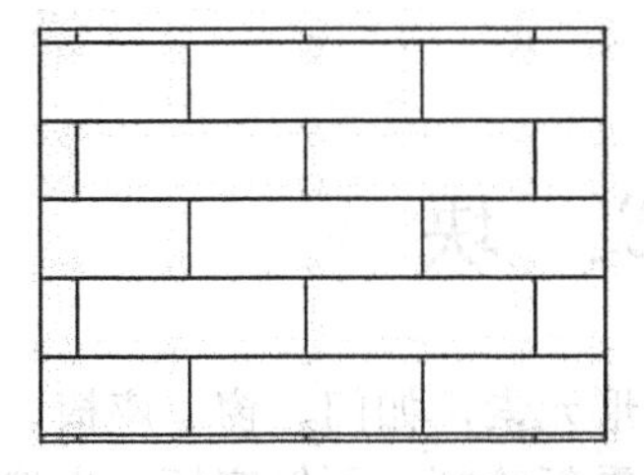
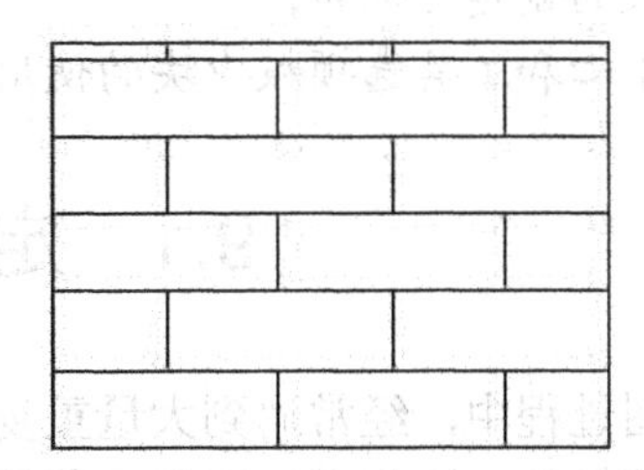

图 8-20　两种图案填充情况

A. 右图在【图案填充原点】选择【指定原点】，选择矩形左下角作为原点

B. 右图在【图案填充原点】选择【指定原点】，选择矩形右下角作为原点

C. 右图填充【比例】不同

D. 右图在【图案填充原点】选择默认选项

(3) 下列属于【图案填充】命令中的参数的是(　　)。

A. 基线　　B. 锁定　　C. 水平　　D. 角度

(4) 下列不属于【图案填充】中的填充选项的是(　　)。

A. ISO　　B. ANSI　　C. 其他预定义　　D. 纹理

(5) 如图 8-21 所示，当使用图案填充命令添加拾取点时，单击左图 A 点，填充效果如右图，则需要孤岛显示样式设置为(　　)。

A. 普通　　B. 外部　　C. 忽略　　D. 无法设置

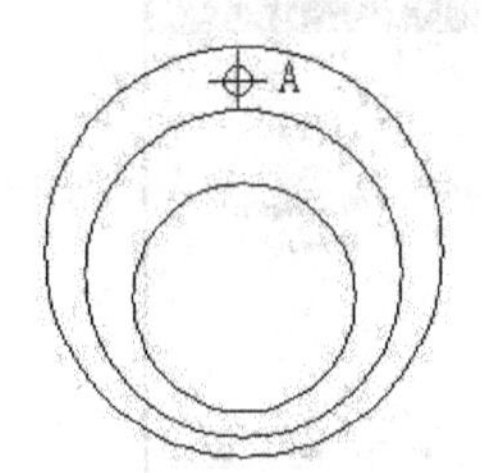

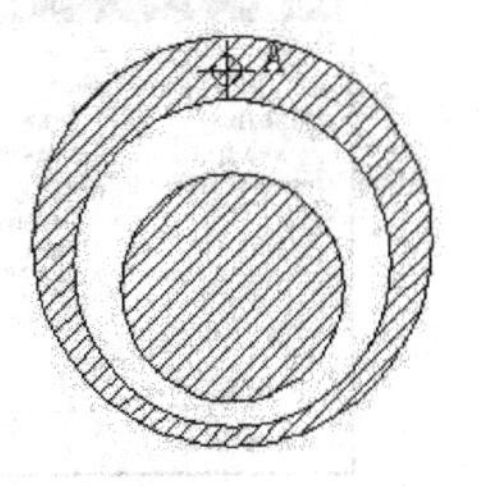

图 8-21　孤岛图案填充情况

第9章　块的使用

本章内容提要：

本章主要学习块的概念、创建、编辑和使用，属性块的创建和编辑，设计中心和工具选项板中块的使用等。

学习要点：

- 内部块和外部块的创建、编辑及块的插入方法；
- 属性块的创建与编辑；
- 设计中心和工具选项板中块的使用。

9.1　定　义　块

在建筑绘图过程中，经常遇到大量重复的图形元素，如门、窗、座椅、卫生器具、轴线符号、标高符号等。这些重复图形，若每次都重新绘制，不仅麻烦，也浪费了很多宝贵的时间。在AutoCAD中，有“块”这样的功能，可以把需重复绘制的图形，创建成一个块，使用起来既快捷又方便。块有内部块和外部块之分。

9.1.1　定义内部块

定义块也叫创建块。若创建的块只存于本图形环境中，仅供本图形使用，而不能应用于其他图形环境，我们称这种块为内部块。

1．命令调用

- 菜单栏方式：选择【绘图】|【块】|【创建】命令。
- 工具栏方式：在绘图工具栏中单击按钮。
- 命令方式：在命令行中输入block命令，按Enter键。

以上3种方式均可以打开【块定义】对话框，如图9-1所示。

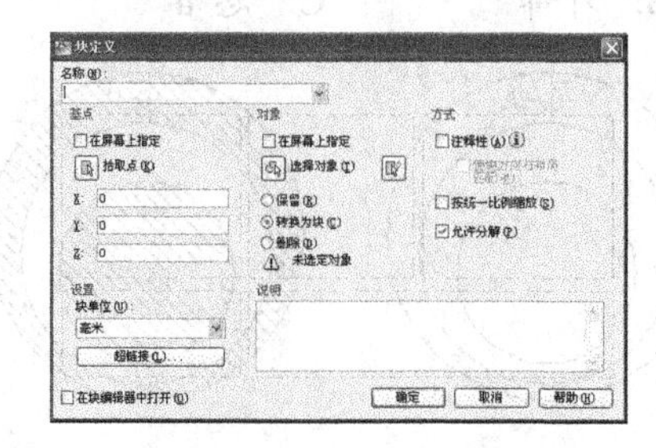

图9-1　【块定义】对话框

2. 创建方法

首先把块图形对象绘制出来，然后就可以创建块了。在创建块过程中，名称、基点和对象这 3 个基本要素是缺一不可的。创建步骤如下：

(1) 打开【块定义】对话框。

(2) 在【名称】下列表框中，输入块的名称。

(3) 在基点选择上，一般通过单击【基点】选项组中的【拾取点】按钮，拾取块对象的一个点，作为以后插入块的对齐基点。

(4) 在对象选择上，通过单击【对象】选项组中的【选择对象】按钮，选择需定义的块对象，然后单击【确定】按钮，完成块创建。

注意：创建块选取图形对象时，有【保留】、【转换为块】和【删除】3 个选项，其中，【保留】是指定义的块保留原有图形的属性；【转换为块】将原有图形转换为块；【删除】原有图形转换为块后被删除。一般情况下，选中【转换为块】单选按钮，此时【注释性】复选框不选中。

3. 操作示例

(1) 按尺寸绘制塑钢窗立面，如图 9-2 所示。

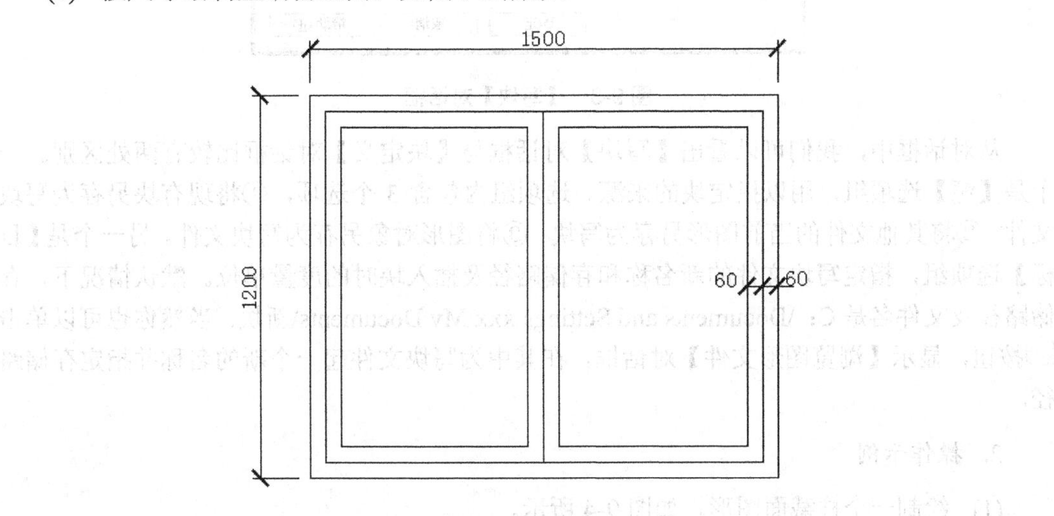

图 9-2 窗立面

(2) 创建内部块。创建步骤如下。

① 激活命令：在命令行中输入 block，按 Enter 键，弹出【块定义】对话框。

② 块命名：在【名称】组合框中，输入“塑钢窗”。

③ 基点选择：单击【拾取点】按钮，指定塑钢窗左下角为块基点。

④ 选择对象：窗口选择塑钢窗图形。选择前删除图形尺寸。

⑤ 单击【确定】按钮，块创建完成。

9.1.2 定义外部块

对于内部块，只能在同一张图中使用。换句话说，这张图取消了，这个块也不复存在了。对于创建的块，我们希望任意一张图都可以用，且能长期保存磁盘中。AutoCAD 提供了满足这一要求的命令，那就是“写块”。下面介绍外部块的创建方法。

1. 命令调用

在命令行输入 wblock 或 w 命令，按 Enter 键，弹出【写块】对话框，如图 9-3 所示。

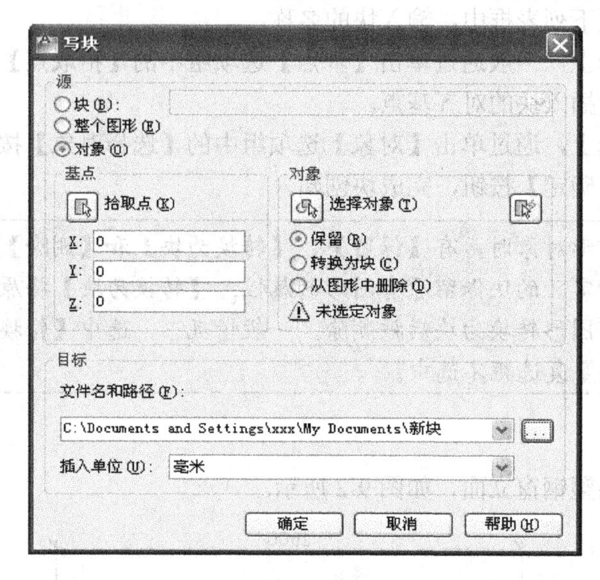

图 9-3 【写块】对话框

从对话框中，我们可以看出【写块】对话框与【块定义】对话框比较有两处区别。一个是【源】选项组，用以指定块的来源。选项组内包含 3 个选项，①将现有块另存为写块文件；②将其他文件的当前图形另存为写块；③将图形对象另存为写块文件。另一个是【目标】选项组，指定写块文件的新名称和存储路径及插入块时的度量单位。默认情况下，存储路径及文件名是 C：\Documents and Settings\xxx\My Documents\新块。当然你也可以单击□按钮，显示【浏览图形文件】对话框，在其中为写块文件起一个新的名称并指定存储路径。

2. 操作示例

(1) 绘制一个柱截面图形，如图 9-4 所示。

(2) 创建【写块】。步骤如下。

① 激活命令：命令行中输入 wblock 命令，按 Enter 键，弹出【写块】对话框。

② 源：选择【对象】选项。

③ 基点选择：单击【拾取点】按钮，指定柱截面下边线中点为块基点。

④ 选择对象：单击【选择对象】按钮，窗口选择柱截面图形。

⑤ 指定路径并命名：路径默认，写块文件命名为“柱截面图”。

⑥ 单击【确定】按钮，写块创建完成。

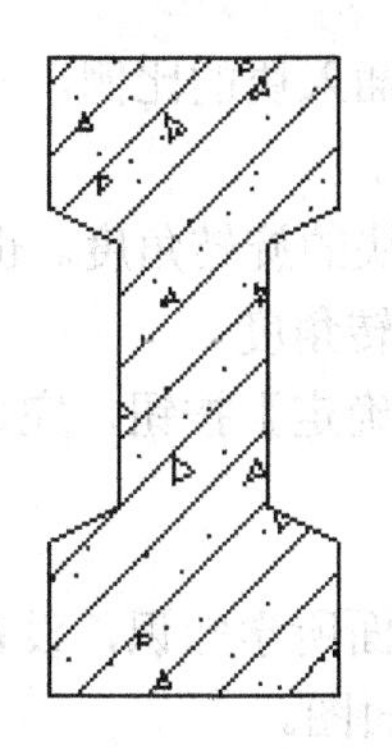

图 9-4　柱截面图

9.1.3　插入块

AutoCAD 提供了插入块命令，我们可以把创建好了的块插入到指定的任何位置。

1. 命令调用

- 菜单栏方式：选择【插入】|【块】命令。
- 命令方式：在命令行中输入 insert 命令，按 Enter 键。
- 工具栏方式：在【绘图】工具栏中单击按钮。

以上 3 种方式都可以打开【插入】对话框，如图 9-5 所示。

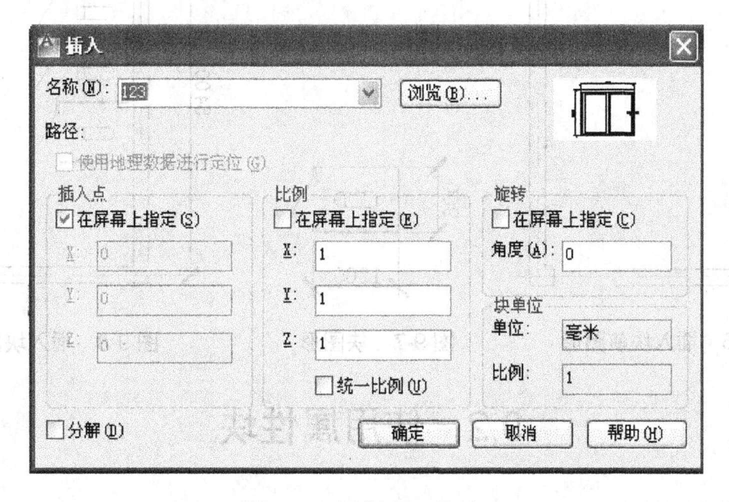

图 9-5　【插入】对话框

2. 插入方法

(1) 【名称】组合框：打开【插入】对话框，首先在【名称】组合框中，单击右侧小三角，展开块列表，找到需要插入的块，然后单击。对于【写块】，也可以单击【浏览】按钮，按路径查找块。

(2) 【插入点】选项组：在此指定块的插入点。一般情况下，选中【在屏幕上指定】复选框，可以直接在绘图区域内用鼠标拾取块的插入点，也可以输入精确的 X、Y、Z 坐标值。

(3) 【比例】选项组：在此指定插入块的比例。一般情况下，对于1∶1精确绘图，默认X、Y、Z 3个方向的比例因子为1。

(4) 【旋转】选项组：指定插入块的旋转角度。也可以选中【在屏幕上指定】复选框，插入块时，命令行中会提示你输入旋转角度。

(5) 插入到指定位置后，单击【确定】按钮，完成块插入。

3. 操作示例

(1) 绘制卫生间平面图：依照前面所学知识，设置绘图环境，并按图9-6所示的开间进深尺寸，240墙厚，绘制卫生间平面图。

(2) 创建块：按图9-7所示尺寸绘制卫生间标准隔间，并按照块的创建步骤制作成块，块名命名为“标准隔间”。注意：创建块时，对齐基点选标准隔间的左上角。用窗口选择的方式，只保留图形，不选择尺寸。

(3) 插入块：依照块的插入方法，在如图9-6所示的卫生间平面图的左上角，开始插入块名为“标准隔间”的块。块插入结果如图9-8所示。

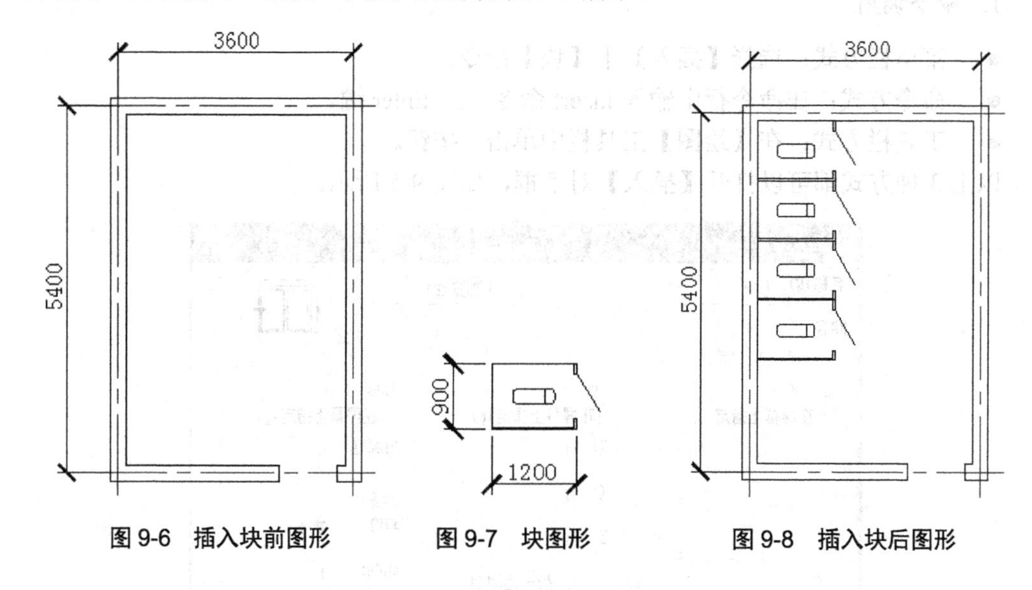

图9-6 插入块前图形　　图9-7 块图形　　图9-8 插入块后图形

9.2 使用属性块

9.2.1 属性的概念

对于我们前面讲到的内部块和写块，只包含图形信息，并不包含文字、特殊符号等这样的非图形信息。所谓图的属性即单行文字属性，是从属于块的非图形信息，是块的组成部分，当块删除时，附着的属性也将不复存在。我们在绘制建筑图时，经常会用到带有属性的块，如标高符号、轴线符号、编号等，如图9-9、图9-10所示。这些块附着文字信息，成为具有各种标签或标记的特殊文本对象。当插入属性块时，系统会提示你输入要与块一同存储的数据。块也可以使用常量属性(即属性值不变的属性)。常量属性在插入块时不提示输入值。

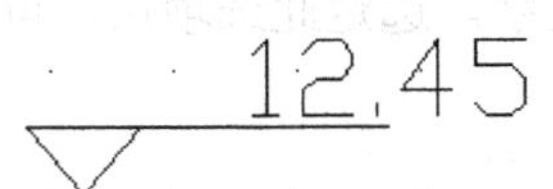
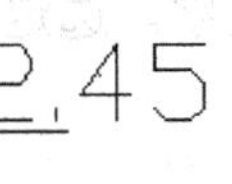

图 9-9　带有属性的标高符号

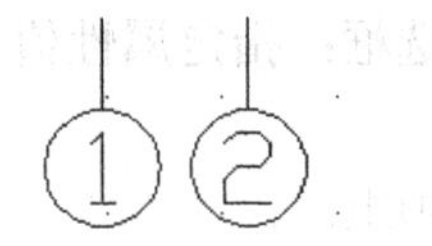

图 9-10　带有属性的轴线符号

9.2.2 创建属性块

对于属性块的创建，首先定义属性，然后再创建块。定义块前，用户可以修改属性定义。定义块时，应将图形对象和表示属性定义的属性标记名一起用来定义块对象。插入有属性的块时，AutoCAD 通过提示要求用户输入属性值。因此，同一个块，在不同点插入时，可以有不同的属性值，如果属性值在属性定义时规定为常量，AutoCAD 则不询问它的属性值。插入块后，用户可以改变属性的显示可见性。

1. 命令调用

- 菜单栏方式：选择【绘图】|【块】|【定义属性】命令。
- 命令方式：在命令行中输入 attkef 命令，按 Enter 键。

执行命令后，系统会弹出【属性定义】对话框，如图 9-11 所示。

图 9-11　【属性定义】对话框

2. 对话框功能

(1)　【模式】选项组。

①　【不可见】复选框：指定插入块时不显示或打印属性值。ATTKESP 替代不可见模式。

②　【固定】复选框：在插入块时赋予属性固定值。

③　【验证】复选框：插入块时提示验证属性值是否正确。

④　【预设】复选框：插入包含预置属性值的块时，将属性设置为默认。

⑤　【锁定位置】复选框：锁定块参照中属性的位置。解锁后，属性可以相对于使用夹点编辑块时的其他部分移动，并且可以调整多行文字属性的大小。

⑥ 【多行】复选框：指定属性值可以包含多行文字。选定此选项后，可以指定属性的边界宽度。

(2) 【属性】选项组。

① 【标记】文本框：标识图形中每次出现的属性。此项不可空置，输入时可以使用除空格外的任何字符组合作为属性标记。

② 【提示】文本框：指定在插入包含该属性定义的块时显示的提示。如果不输入提示，属性标记将用作提示。如果在【模式】选项组中选择【常数】模式，【属性提示】选项不可用。

③ 【默认】文本框：指定默认属性值。

(3) 【插入点】选项组。

关闭对话框后将显示【起点】提示。

(4) 【文字设置】选项组。

① 【对正】下拉列表框：指定属性文字的对正。有 15 种对正方式可供选择。

② 【文字样式】下拉列表：指定属性文字的预定义样式。显示当前加载的文字样式。

③ 【注释性】复选框：指定属性的注释性。如果块是注释性的，则属性将与块的方向相匹配。单击信息图标以了解有关注释性对象的详细信息。

④ 【文字高度】文本框：指定属性文字的高度。

⑤ 【旋转】文本框：指定属性文字的旋转角度。

3. 操作示例

以轴线符号为例，介绍属性块的创建过程。

(1) 绘制图形文件。图形界限设置为 42000×29700，按图 9-12 所示尺寸绘制建筑平面。

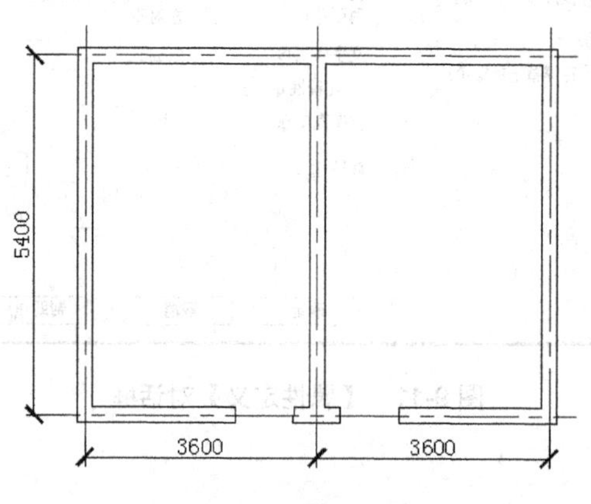

图 9-12 建筑平面

(2) 绘制轴线符号。参照图幅及制图标准，将轴线符号的直径设定为 800，绘制一个圆，然后打开【对象捕捉】中的象限，用直线命令绘制一段线段。如图 9-13 所示。

(3) 定义属性。选择【绘图】|【块】|【定义属性】命令，弹出【属性定义】对话框。在对话框中，按照图 9-14 所示设置相关文字属性。注意：【标记】文本框不能空置，可暂时随意输入一个数值，如 12；【对正】方式，选择【中间】对齐；【文字高度】结合图幅及制图标准，设置为 450；其他默认，然后单击【确定】按钮。这时光标上会附着标

记 12，如图 9-15 所示。可以移动光标，将标记 12 对齐圆心，然后单击，属性就位，如图 9-16 所示。

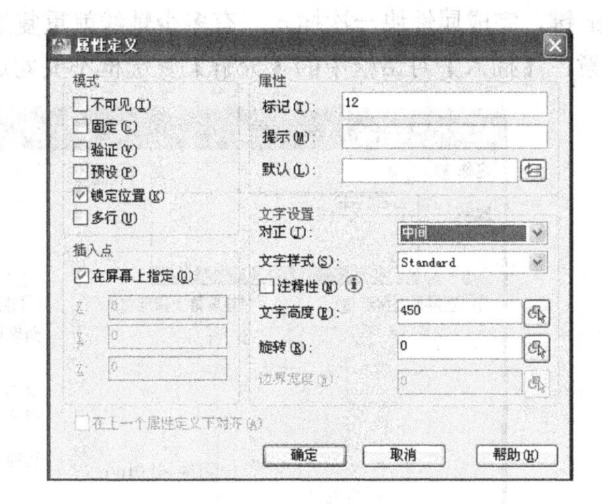

图 9-13 轴线符号　　　　图 9-14 设置属性

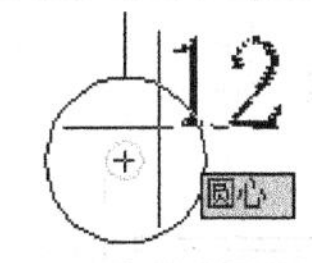

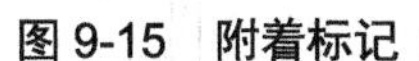

图 9-15 附着标记　　　　图 9-16 属性就位

(4) 创建属性块。选择【绘图】|【块】|【创建】命令，弹出【块定义】对话框。并按图 9-17 所示做如下操作：①【名称】命名为【轴线符号】；②单击【拾取点】按钮，拾取图 9-16 线段部分的上端点作为对齐基点；③单击【选择对象】按钮，用窗口选择或窗交选择方式对图 9-16 所示附着属性的图形一并选择；④其他默认，然后单击【确定】按钮，弹出【编辑属性】对话框，如图 9-18 所示，在文本框中任意输入一个数值，再单击【确定】按钮，则属性块创建完成。

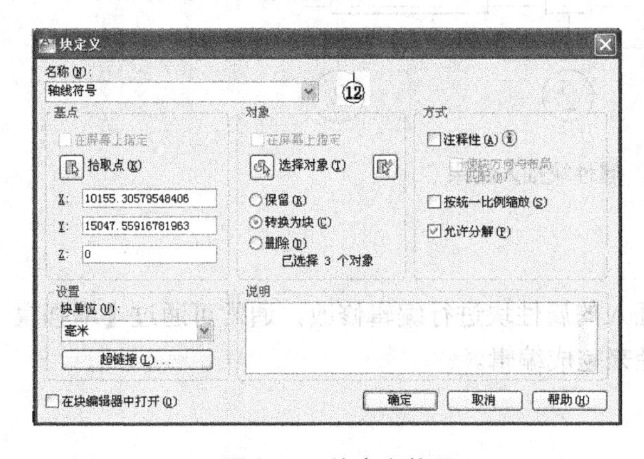

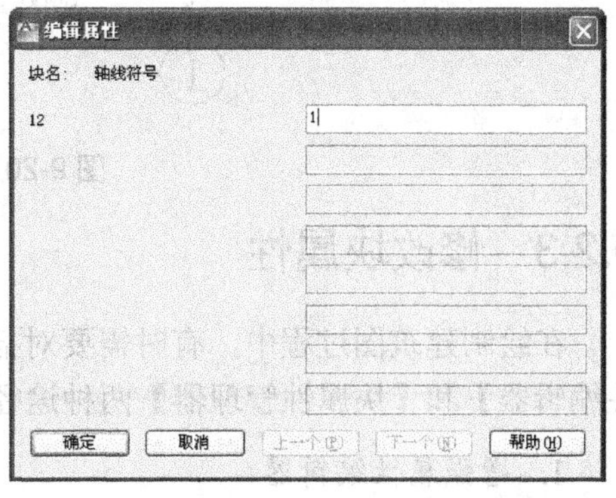

图 9-17 块定义状况　　　　图 9-18 【编辑属性】对话框

(5) 插入属性块。在菜单栏中，选择【插入】|【块】命令，弹出【插入】对话框。并依照图 9-19 所示，完成插入块操作：①在【名称】组合框中，找到块名为【轴线符号】

的属性块；②其他保持默认状态，单击【确定】按钮，此时属性块附着在光标上，移动光标把属性块基点对齐 1 轴下端点，然后单击，这时系统会提示你输入属性值，输入数字 1 并按 Enter 键，完成属性块一次插入。有多少轴线就重复插入多少次，最终结果如图 9-20 所示。注意：【插入】对话框中的【分解】复选框不要勾选，否则属性值输入时无提示。

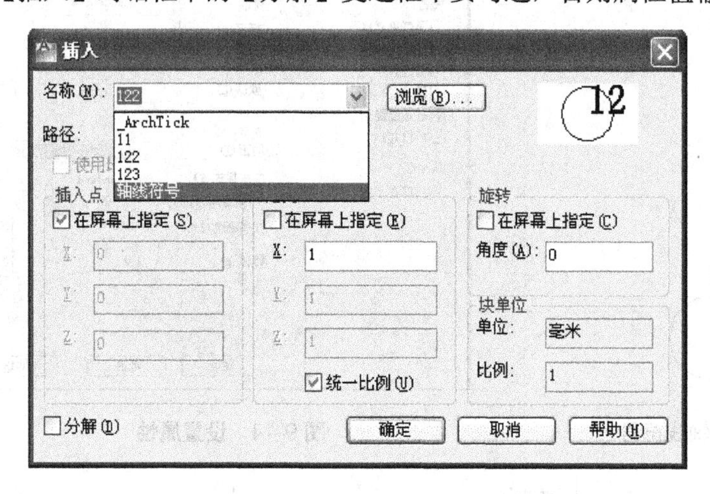

图 9-19 【插入】对话框

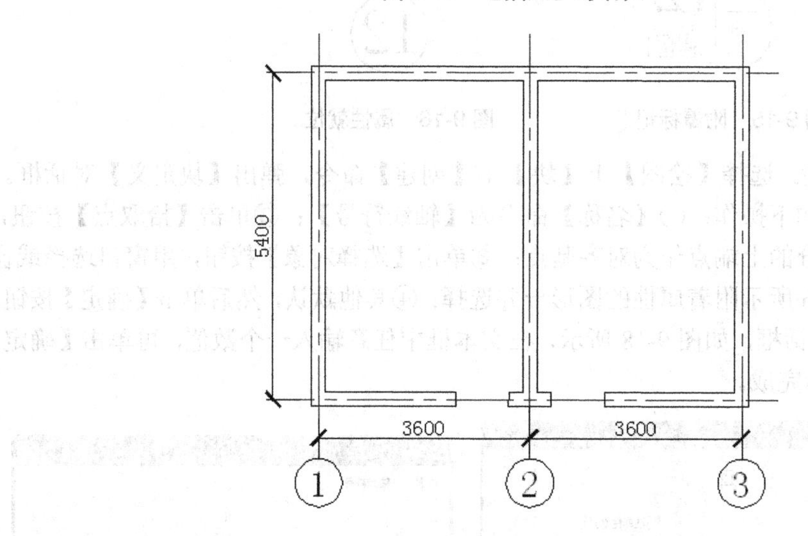

图 9-20 属性块插入结果

9.2.3 修改块属性

在绘制建筑图过程中，有时需要对插入的属性块进行编辑修改，通常可通过【增强属性编辑器】和【块属性管理器】两种途径来完成编辑。

1. 增强属性编辑器

我们可以通过以下 3 种方法，调用【增强属性编辑器】，如图 9-21 所示。

(1) 命令调用。

- 在菜单栏中，选择【修改】|【对象】|【属性】|【单个】命令修改对象。

- 直接双击带属性的块。
- 在命令行输入 eattedit 命令，按 Enter 键，单击修改对象。

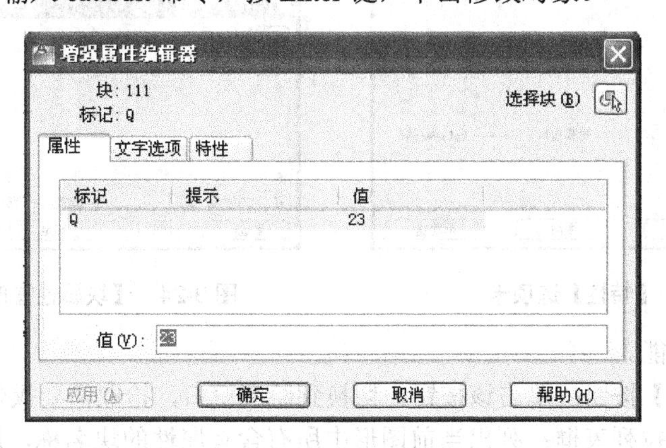

图 9-21 【增强属性编辑器】对话框

(2) 对话框功能。

① 【属性】选项卡：显示当前每个属性的标记、提示和值。用户可以对该属性的值进行修改，见图 9-21 所示的【属性】选项卡。

② 【文字选项】选项卡：在该选项卡中，可以对文字样式、对正方式、文字高度、旋转等进行修改，如图 9-22 所示。

③ 【特性】选项卡：显示属性的图层、线型、颜色、线宽和打印样式等进行修改，如图 9-23 所示。

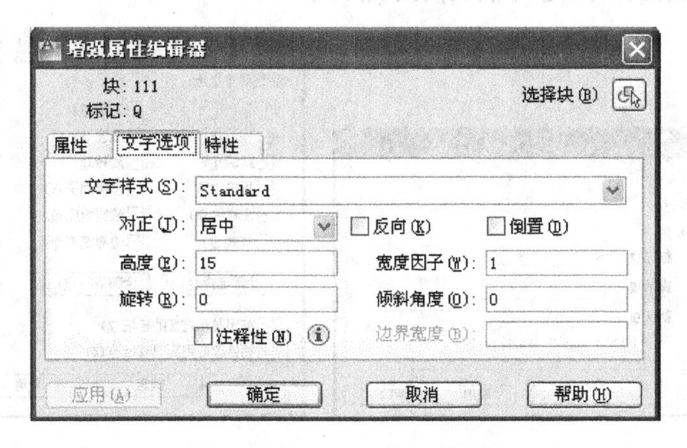

图 9-22 【文字选项】选项卡

2. 块属性管理器

(1) 命令调用。

- 在菜单栏中，选中【修改】|【对象】|【属性】|【块属性管理器】命令。
- 在命令行输入 battman 命令，按 Enter 键。

执行命令后，弹出【块属性管理器】对话框，如图 9-24 所示。

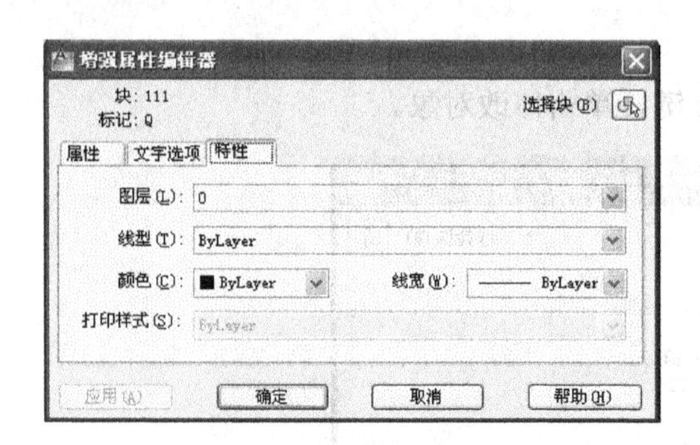

图 9-23 【特性】选项卡

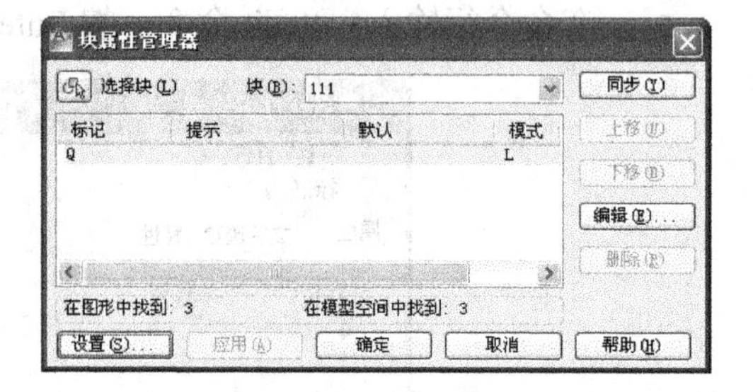

图 9-24 【块属性管理器】对话框

(2) 对话框功能。

① 【选择块】按钮：单击该按钮，切换到绘图窗口，拾取需要操作的块。

② 【块】下拉列表框：列出当前图形中所有含有属性的块名称，用户可以在列表中选择修改属性的块。

③ 【同步】按钮：更新具有当前定义的属性特性的选定块的全部实例。此操作不会影响每个块中赋给属性的值。

④ 【编辑】按钮：单击该按钮，弹出【编辑属性】对话框，如图 9-25 所示。在对话框中包含【属性】、【文字选项】、【特性】3 个选项卡，从中可以修改属性特征。

⑤ 【删除】按钮：从块定义中删除选定的属性。

⑥ 【设置】按钮：单击此按钮，弹出【块属性设置】对话框，如图 9-26 所示。从中可以自定义【块属性管理器】中属性的列出方式。

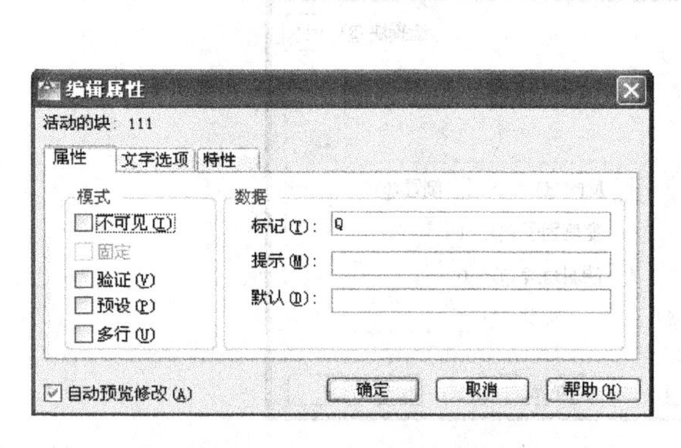

图 9-25 【编辑属性】对话框

图 9-26 【块属性设置】对话框

9.3 使用设计中心的块

在 AutoCAD 系统中，设计中心保存有大量的块定义文件。利用设计中心，用户可以查找建筑行业一些常用的块定义，如门、窗、卫生设备、厨房设备等。需要时可以将选中的块随时拖曳到当前图形中。此外利用设计中心也可以方便地把其他图形文件中的图层、图块、文字样式和标注样式等复制到当前图形中。

1. 命令调用

- 在标准工具栏中，单击【设计中心】按钮。
- 在命令行输入 adcenter 命令，按 Enter 键。

命令执行后，会弹出【设计中心】对话框，如图 9-27 所示。【设计中心】对话框分为两部分，左边为树状图，右边为内容区。可以在树状图中浏览内容的源，而在内容区显示内容。

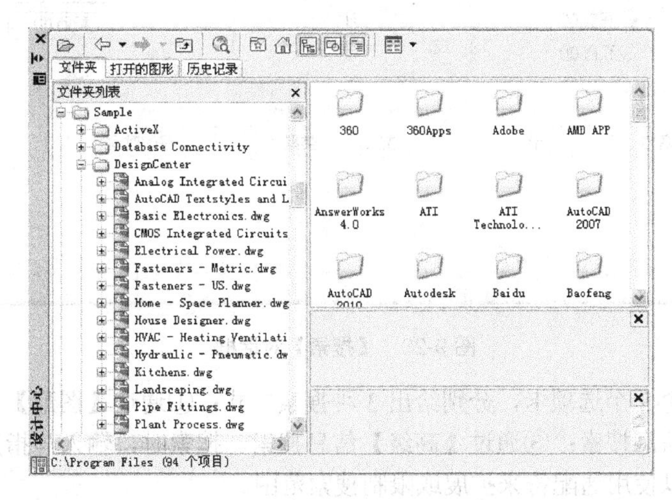

图 9-27 【设计中心】对话框

2. 显示图形信息

在 AutoCAD 设计中心中，可以通过选项卡和工具栏两种方式显示图形信息。

(1) 选项卡。

AutoCAD 设计中心有以下 3 个选项卡。

① 文件夹选项卡：显示计算机或网络驱动器(包括【我的电脑】和【网上邻居】)中文件和文件夹的层次结构。在图形文件层次结构的树状列表中，可以根据列表名称查找相应图块，然后拖曳到当前图形中，释放左键即可。

② 打开的图形选项卡：显示当前打开的图形的列表。单击某个图形文件，然后单击列表中的一个定义表可以将图形文件的内容加载到内容区中。

③ 历史记录选项卡：显示设计中心中以前打开的文件的列表。双击列表中的某个图形文件，可以在【文件夹】选项卡中的树状视图中定位此图形文件并将其内容加载到内容区中。

(2) 工具栏。

设计中心窗口上部显示系列工具栏，其中包括【加载】、【上一页或下一页】、【搜索】、【收藏夹】、【主页】、【树状图切换】、【预览】、【说明】和【视图】等按钮。

3. 查找内容

在设计中心，可以查找图形、填充图案、块、外部参照、图层、文字样式等内容。单击【搜索】按钮，弹出【搜索】对话框，如图 9-28 所示。

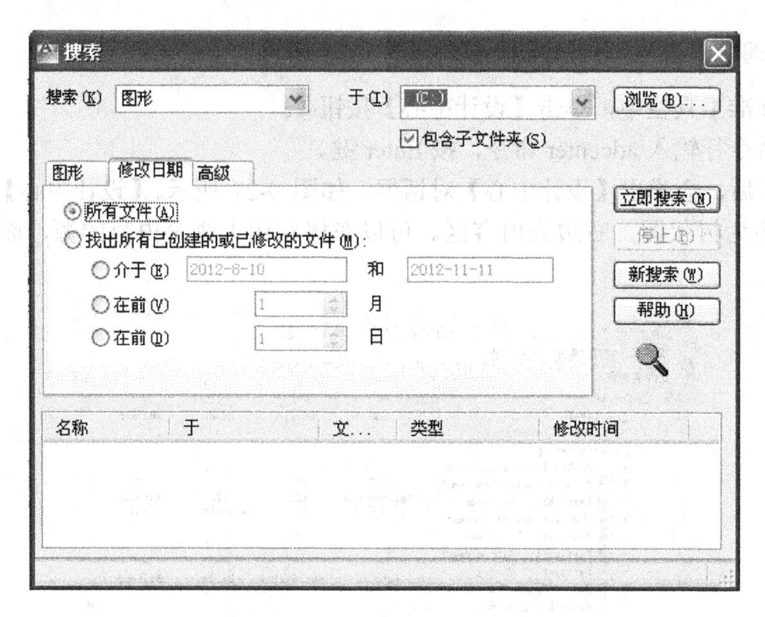

图 9-28 【搜索】对话框

对话框中包含 3 个选项卡，分别给出 3 种搜索方式：①通过【图形】信息搜索；②通过【修改日期】信息搜索；③通过【高级】信息搜索。搜索时，输入与指定内容类型相对应的字段，也可以使用通配符来扩展或限制搜索范围。

4. 插入图块

从文件夹列表或查找结果列表选择要插入的图块，按住鼠标左键拖曳，找到指定的位置，然后释放鼠标左键，此时，被选择的图块插入到当前打开的图形中。

示例：在命令行输入 adcenter 命令并按 Enter 键，打开【设计中心】对话框，单击【文件夹】选项卡，在树状层次结构中找到 autocad2012 \sample\designcenter\kitchens.dwg，然后单击展开文件夹，单击【块】，右侧内容区域显示有关厨房的有关图块，选择【洗涤槽-单槽】并按住鼠标左键拖曳，在图形插入位置释放左键，图块插入完成，如图 9-29 所示。

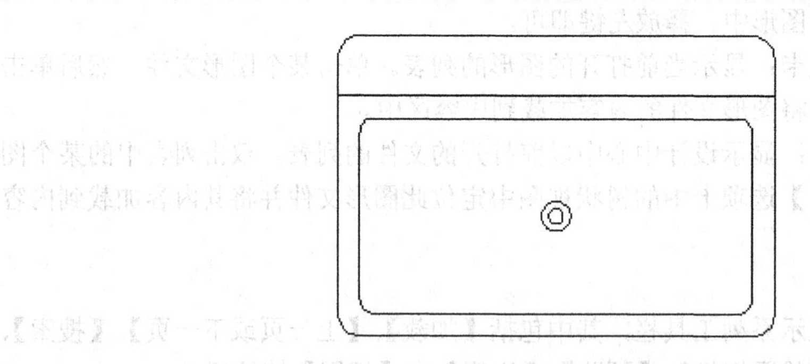

图 9-29 洗涤槽

注意： 设计中心中的图块，一般都是以 1∶1 比例绘制的，对于 A3 这样的图幅，插入洗涤槽这样的块会显得很大。

9.4 使用工具选项板的块

工具选项板是比设计中心更加强大的帮手，它能够将块图形、几何图形、填充、外部参照等都组织到工具选项板并创建成工具，这个帮手可以帮助用户快速地应用工具选项板中的现有图块及其他图形。

1. 命令调用

- 在标准工具栏中，单击【工具选项板窗口】按钮。
- 在命令行输入 toolpalettes 命令，按 Enter 键。

以上两种方式都可以打开【工具选项板】选项板，如图 9-30 所示。

2. 工具选项板的功能

工具选项板由多个选项卡组成，默认状态下，包含建模、约束、注释、建筑、机械、电力、土木工程选项卡，每个选项卡中含有多个常用的专业图形样例。

3. 工具选项板的使用

将工具选项板中的块应用到当前图形中非常简单，单击工具选项板里的工具，命令行显示相应提示，只要按照提示操作即可。

4. 创建工具

可以从设计中心创建工具。在设计中心左边的文件夹列表树状图中，鼠标放置在选中文件上右击，会弹出【创建工具选项板】快捷菜单，如图 9-31 所示，单击【创建工具选项板】，则这一部分工具样例作为选项卡加入到工具选项板中。

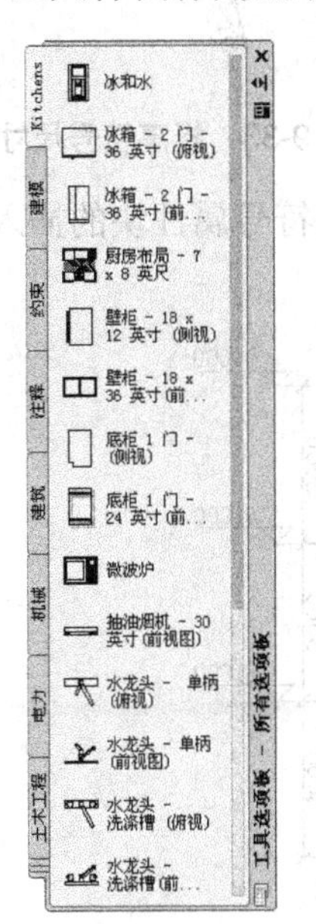

浏览(E)
搜索(S)...
添加到收藏夹(D)
组织收藏夹(Z)...
创建工具选项板
设置为主页

图 9-30 【工具选项板】选项板　　图 9-31 【创建工具选项板】快捷菜单

9.5 实践训练

任务：标高标注。

1. 任务目标

学会制作带有属性的建筑标高符号块，正确标注层高。

2. 操作过程

(1) 新建文件。选择【文件】|【新建】命令，弹出【选择样板】对话框，选择 acadiso.dwt 样板图。将图形界限设置为(42000，29700)。

(2) 启用绘图辅助工具。确保【对象捕捉】为开启状态，选择 【中点】、【交点】捕捉方式；打开【正交】模式。

(3) 利用直线、偏移、修剪等命令绘制如图 9-32 所示的剖面示意图，并标注尺寸。

(4) 按属性块的创建方法，创建标高符号属性块。标高符号尺寸如图 9-33 所示。

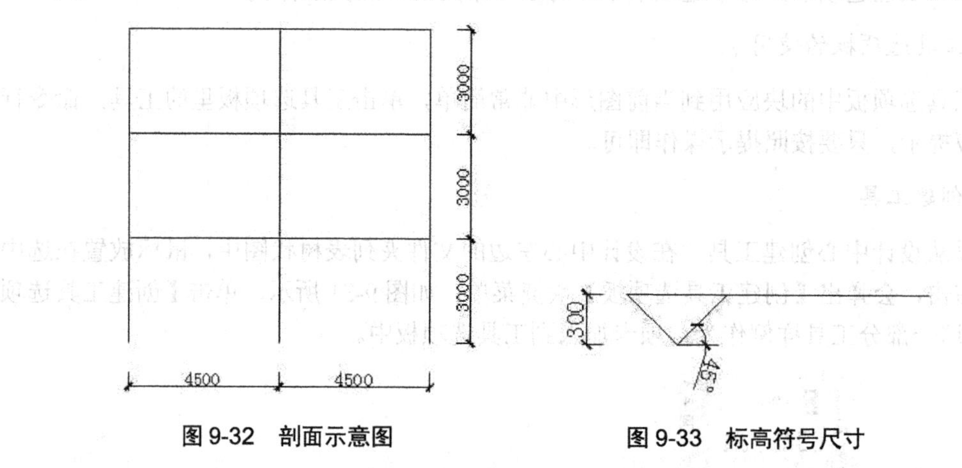

图 9-32 剖面示意图　　　　图 9-33 标高符号尺寸

(5) 按照块的插入方法，插入标高符号属性块。标高符号属性块的插入结果，如图 9-34 所示。

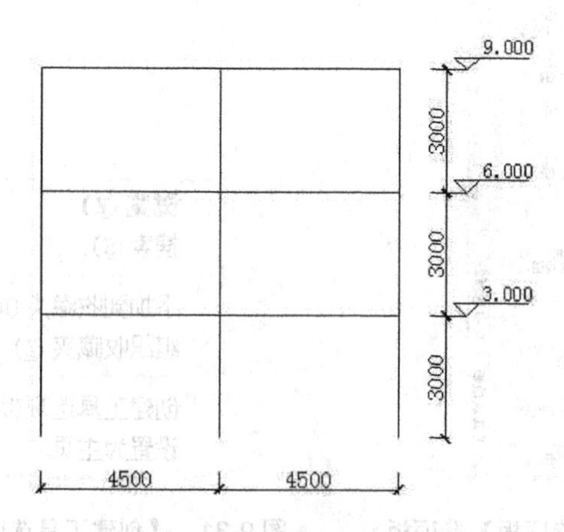

图 9-34 标高标注结果

3. 问题解析

- 标高属性块的制作，其对齐点一定要根据标注位置进行选择，标注时为使标高符号位置齐整，需绘制一条临行垂直基准线。
- 标高符号尺寸是对应当前图形界限的，若为 A3 图幅，标高符号的高度为 3mm。

思考与练习题

1. 思考题

(1) 如何创建一个内部块和外部块？两种块有何不同？

(2) 如何创建带有文字属性的块？在绘制建筑工程图中有何实际用途？举例说明。

(3) 如何使用设计中心的图块？你知道这些图块的存储位置吗？

(4) 外部图块创建完成后，不命名而直接保存，将以什么默认名存盘？

2. 选择题

(1) 要将一个指定了新插入点的图形文件插入到另一个图形中，需要调用命令(　　)。

A. BASE　　B. INSERT

C. BLOCK　　D. WBLOCK

(2) 块定义必须包括(　　)。

A. 块名、基点、对象

B. 块名、基点、属性

C. 基点、对象、属性

D. 块名、基点、对象、属性

(3) (　　)不能用“块属性管理器”进行修改。

A. 属性值的可见性　　B. 默认属性值

C. 单一的块参照属性值　　D. 属性图层

(4) 使用块属性管理器重新定义一个包含字段的属性，对于已经插入的块实例该字段的(　　)不会被修改。

A. 颜色　　B. 文字高度

C. 值　　D. 高度

(5) AutoCAD 中块文件的扩展名是(　　)。

A. .dwt　　B. 块.dwg

C. bak　　D. dxf

(6) 属性和块的关系，不正确的是(　　)。

A. 属性和块是平等关系

B. 属性必须包含在块中

C. 属性是块中非图形信息的载体

D. 块中可以只有属性而无图形对象

(7) 关于属性的定义正确的是(　　)。

A. 块必须定义属性

B. 一个块中最多只能定义一个属性

C. 多个块可以定义共用一个属性

D. 一个块可以定义多个属性

(8) 设计中心是(　　)。

A. 与资源管理器相似的可以帮助查找图形的界面

B. 一种组织应用图块的方法

C. 一种了解图形内容的工具

D. 以上都可以

第三篇　实　战　篇

第 10 章　建筑制图统一标准

本章内容提要：

本章主要介绍建筑制图的统一标准，如图幅、图线、字体、图例等，这些规定是绘制规范建筑图样的基础。

学习要点：

- 图纸图幅的内容、规格及设置；
- 图线的线型、宽度和用途；
- 字体的规定及选用；
- 绘图比例的表示方法及注写；
- 剖切、索引、标高符号的规定及使用。

10.1　图纸幅面规格

10.1.1　图纸图幅

图纸幅面是指图纸本身的大小规格。图纸幅面及图框尺寸，应符合表 3-1 图纸幅面及图框尺寸(mm)的规定。图幅分横式和竖式两种，如图 10-1 和图 10-2 所示。幅面内容包含幅面线、图框线、标题栏、会签栏和装订线等。无论是否装订，图框线必须采用粗实线表示。

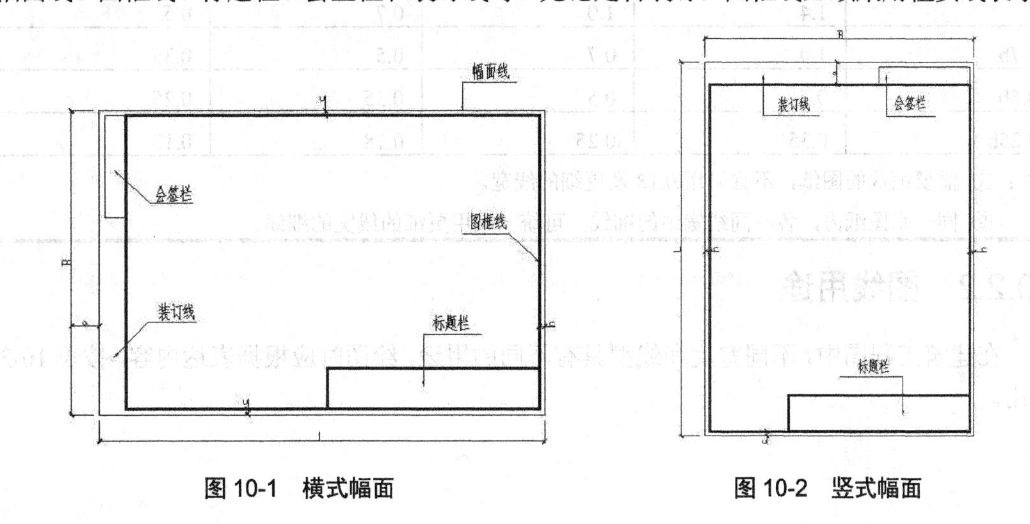

图 10-1　横式幅面　　　　图 10-2　竖式幅面

当图纸需要加长时，一般只加长图框长边，而短边不变，且加长尺寸也应符合国家标准。

10.1.2 标题栏和会签栏

一张图纸应有标题栏和会签栏。标题栏放置在图纸的左下角。标题栏内注有工程名称、图号、图别、设计号、建设单位、设计单位等内容，如图 10-3 所示。会签栏放置在图纸左上方图框线外，用于各工种负责人签字用表格，如图 10-4 所示。

<table>
<tr><td colspan="4" rowspan="2">设计单位名称区</td><td>建设单位名称区</td><td>设计号</td><td></td></tr>
<tr><td>工程名称</td><td>日期</td><td></td></tr>
<tr><td>审定</td><td></td><td>设计</td><td></td><td rowspan="2">图名</td><td>图别</td><td></td></tr>
<tr><td>校核</td><td></td><td>制图</td><td></td><td>图号</td><td></td></tr>
</table>

40

200

图 10-3 标题栏

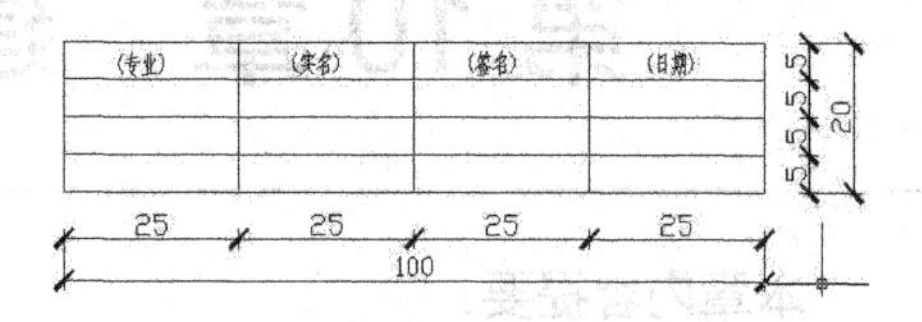

图 10-4 会签栏

10.2 图　　线

绘制图形的线条称为图线。绘制建筑工程图时，为使图形主次分明，常采用粗、中、细不同的图线。具体要求及选用如下。

10.2.1 选择线宽

一般应根据图形复杂程度和比例大小先选定基本线宽 b。基本线宽 b 可从 1.4mm、1.0mm、0.7mm、0.5mm、0.35mm、0.25mm、0.18mm、0.13mm 线宽系列中选取，再选用表 10-1 中相应的线宽组，图线最小宽度不应小于 0.1mm。同一张图纸中，相同比例的各图样，应选用相同的线宽组。

表 10-1 线宽组

线宽比	线宽组			
b	1.4	1.0	0.7	0.5
0.7b	1.0	0.7	0.5	0.35
0.5b	0.7	0.5	0.35	0.25
0.25b	0.35	0.25	0.18	0.13

注：① 需要缩放的图纸，不宜采用 0.18 及更细的线宽。

② 同一张图纸内，各不同线宽中的细线，可统一采用更细的线宽的细线。

10.2.2 图线用途

在建筑工程图中，不同宽度和线型具有不同的用途，绘图时应根据表达内容，按表 10-2 选用。

表 10-2 图线的线型、线宽和用途

名 称		线 型	线 宽	一般用途
实线	粗		b	主要可见轮廓线
	中粗		0.7b	可见轮廓线
	中		0.5b	可见轮廓线、尺寸线、变更云线
	细		0.25b	图例填充线、家具线
虚线	粗		b	见各有关专业制图标准
	中粗		0.7b	不可见轮廓线
	中		0.5b	不可见轮廓线、图例线
	细		0.25b	图例填充线、家具线
单点长划线	粗		b	见各有关专业制图标准
	中		0.5b	见各有关专业制图标准
	细		0.25b	中心线、对称线、轴线等
双点长划线	粗		b	见各有关专业制图标准
	中		0.5b	见各有关专业制图标准
	细		0.25b	假想轮廓线、成型前原始轮廓线
折断线	细		0.25b	断开界线
波浪线	细		0.25b	断开界线

注：① 表中精实线用途包含剖面图中被剖部分的轮廓线、结构图中的钢筋线、建筑或构筑物的外轮廓线、剖切符号、地面线、详图标志的圆圈、图样的图框线等。

② 粗中实线用途包含剖面图中次要结构件轮廓线、未被剖面仍能看到而需要画出的轮廓线等。中实线用途包含尺寸起止线、原有的各种水管线等。

③ 细实线用途包含尺寸线、尺寸界限、材料的图例、索引标志的圆圈及引出线、标高符号线等。

④ 细虚线用途包含不可见轮廓线、图例线等。

⑤ 细单点长划线用途包含中心线、对称线、定位轴线等。

10.3 字 体

10.3.1 一般规定

图纸上使用的各种文字如汉字、字母、数字等，必须排列整齐、间隔均匀。字体的高度的公称尺寸系列为：1.8mm、2.5mm、3.5mm、5mm、7mm、10mm、14mm、20mm。如书写更大的字，其字体高度应按 $\sqrt{2}$ 的比率递增。字高即为字体的号数，如 10 号字，其字高为 10mm。汉字不应小于 3.5 号。汉字的字宽是字高的 $1/\sqrt{2}$，具体地说，汉字的尺寸系列为：3.5×2.5、5×3.5、7×5、10×7、14×10、20×14。字母和数字分为 A 型和 B 型，A 型字体的笔画宽度为字高的 1/14，B 型字体的笔画为字高的 1/10。在同一张图上宜选用一种形式的字体，不应超过两种。

10.3.2 汉字

建筑工程图中，汉字一般应写成仿宋体，并采用《汉字简化方案》中规定的简化字，如图 10-5 所示。根据《房屋建筑制图统一标准》(GB/T 50001—2010)的规定，也可以采用黑体字。

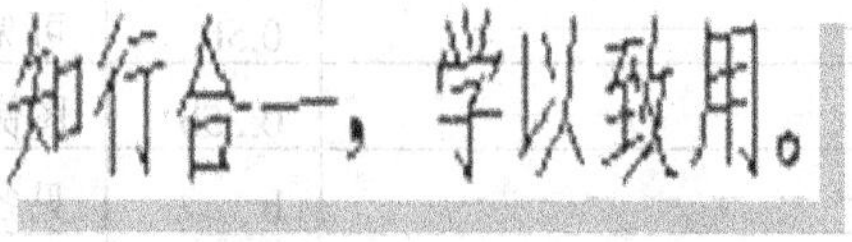

知行合一，学以致用。

图 10-5 长仿宋体字样

10.3.3 字母和数字

字母和数字可写成斜体或直体。拉丁字母、阿拉伯数字与罗马数字，如下写成斜体字，其斜度应是从字的底线逆时针向上倾斜 75° 角。如图 10-6 所示是斜体拉丁字母和数字的字样。

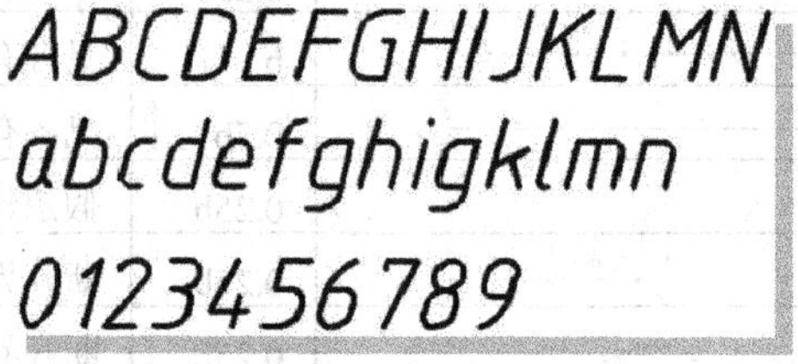

ABCDEFGHIJKLMN
abcdefghigklmn
0123456789

图 10-6 斜体字符字样

10.4 绘图比例

图样的比例是指绘制的图形与实物对应的线性尺寸之比。比例的符号为“：”，以阿拉伯数字表示，并注写在图名的右侧，字的基准线应取平，如图 10-7 所示。

图 10-7 比例的注写

绘图所用的比例应根据图样的用途与被绘制对象的复杂程度，从表 10-3 中选用，并应优先采用表中的常用比例。一般情况下，一个图样应选择一种比例。同一图样可选用两种比例。

表 10-3 绘图可选比例

常用比例	1：1、1：2、1：5、1：10、1：20、1：30、1：50、1：100、1：150、1：200、1：500、1：1000、1：2000
可用比例	1：3、1：4、1：6、1：15、1：25、1：40、1：60、1：80、1：250、1：300、1：400、1：600、1：5000、1：10000、1：20000、1：50000、1：100000、1：200000

10.5 符　　号

10.5.1 剖视的剖切符号

剖视的剖切符号是由剖切位置线和剖视方向组成的，均用粗实线绘制。剖切符号应符合以下规定：

(1) 剖切位置线的长度在 6～10mm 之间，剖视方向线应垂直于剖切位置线，长度应短于剖切位置线，宜为 4～6mm，如图 10-8 所示。绘制时剖切符号不应与其他图线相接触。

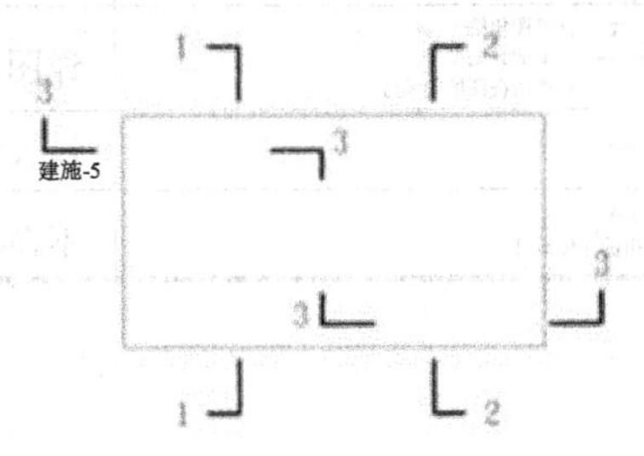

图 10-8　剖视剖切符号

(2) 剖视剖切符号的编号宜采用阿拉伯数字，按由左向右、由下向上的顺序编排，并应注写在剖视方向线的端部。

10.5.2 断面的剖切符号

断面的剖切符号应符合下列规定：

(1) 断面的剖切符号应只用剖切位置线表示，并应以粗实线绘制，长度宜为 6～10mm。

(2) 断面剖切符号的编号宜采用阿拉伯数字，按顺序连续编排，并应注写在剖切位置线的一侧，编号所在的一侧应为该断面的剖视方向，如图 10-9 所示。

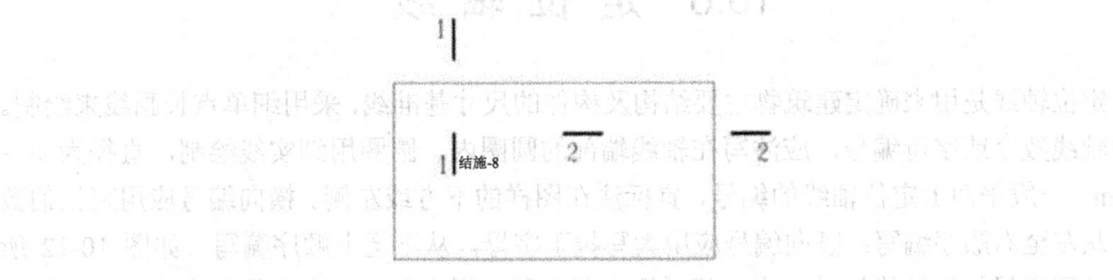

图 10-9　断面剖切符号

10.5.3 索引符号与详图符号

索引符号和详图符号用来反映某部位或构件与详图及有关专业详图之间的关系，见表 10-4。索引符号用细实线绘制，圆圈直径为 10，若索引线将圆分为上下两个半圆，则半圆内字高为 4；详图符号用粗实线绘制，圆圈直径为 14，若整圆则字高为 10，半圆内字高为 5，如图 10-10 所示。

图 10-10 索引符号圆的直径与字高

表 10-4 索引符号及详图符号

名 称	符 号	说 明
详图索引符号	6/— 详图编号 详图在本张图样上	详图在本张图上
	2/5 详图符号 详图所在图纸编号	详图不在本张图上
	08B4-4 3/4 标准图集编号 标准的详图编号 详图所在图纸的编号	详图引用标准图集
详图符号	5 详图编号	在本张图上索引
	3/6 详图编号 被索引的详图编号	不在本张图上索引

10.5.4 标高符号

标高是用来标注建筑物各部位高度的尺寸形式。标高符号形式为等腰三角形，高度3mm，短横线为标注标高的界限，长横线用于注写标高数字，均用细实线绘制，如图 10-11 所示。

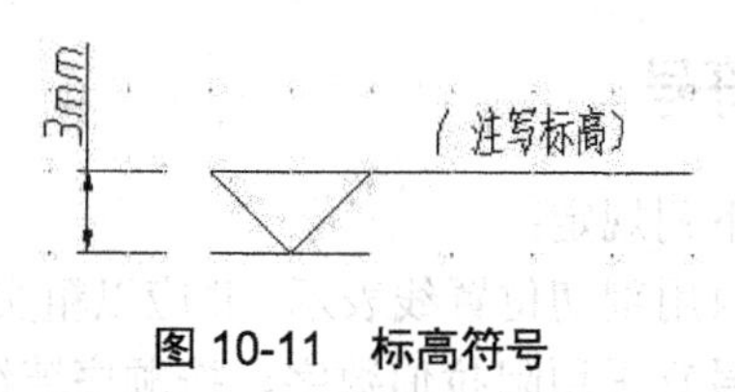

图 10-11 标高符号

10.6 定 位 轴 线

定位轴线是用来确定建筑物主要结构及构件的尺寸基准线，采用细单点长画线来绘制。定位轴线数字或字母编号，应注写在轴线端部的圆圈内。圆圈用细实线绘制，直径为 8～10mm。一般平面上定位轴线的编号，宜标注在图样的下方或左侧。横向编号应用阿拉伯数字，从左至右顺序编写；竖向编号应用大写拉丁字母，从下至上顺序编写，如图 10-12 所示。拉丁字母作为轴线号时，应全部采用大写字母，不应用同一个字母的大小写来区分轴线号。拉丁字母的 I、O、Z 不得用作轴线编号。当字母数量不够使用，可增用双字母或单字母加数字注脚。组合较复杂的平面图中定位轴线也可采用分区编号，如图 10-13 所示。编号的注写形式应为“分区号-该分区编号”。“分区号-该分区编号”采用阿拉伯数字或大写拉丁字母表示。

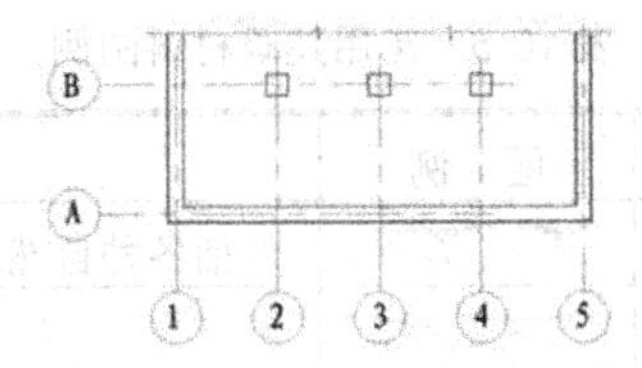

图 10-12 定位轴线及编号

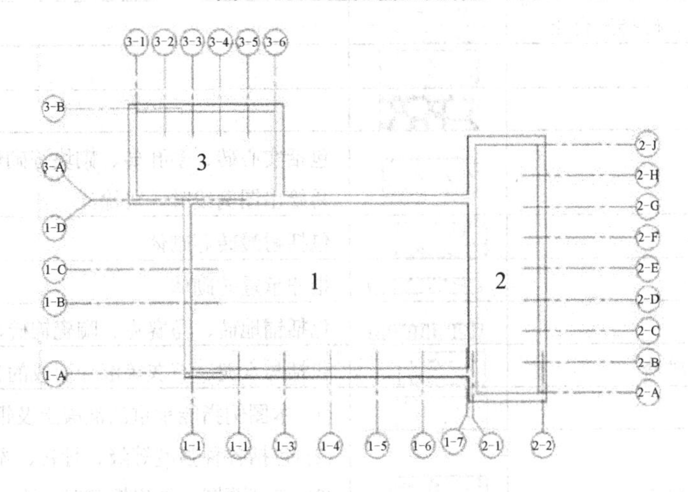

图 10-13 分区定位轴线及编号

10.7 常用建筑材料图例

国家规定正规示意性符号称为图例，用来表示建筑细部节点的材料做法。本节只介绍常用建筑材料的图例画法，绘制时采用多大比例不做具体规定，而根据图样的大小而定。

1. 图例绘制的一般规定

(1) 图例线应间隔均匀，疏密适度，做到图例正确，表示清楚。

(2) 不同品种的同类材料使用同一图例时(如某些特定部位的石膏板必须注明是防水石膏板时)，应在图上附加必要的说明。

(3) 两个相同的图例相接时，图例线宜错开或使倾斜方向相反，如图 10-14 所示。

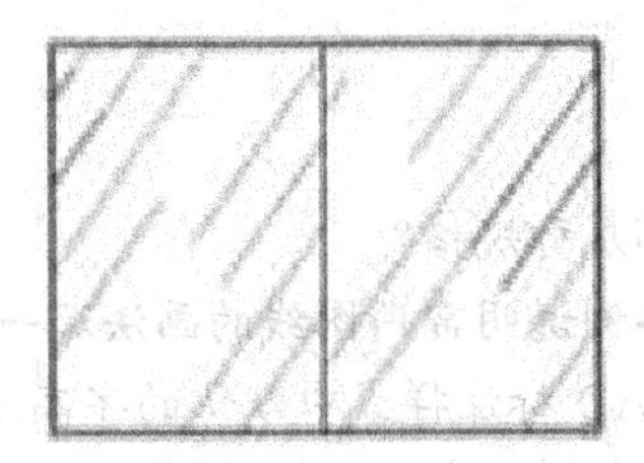

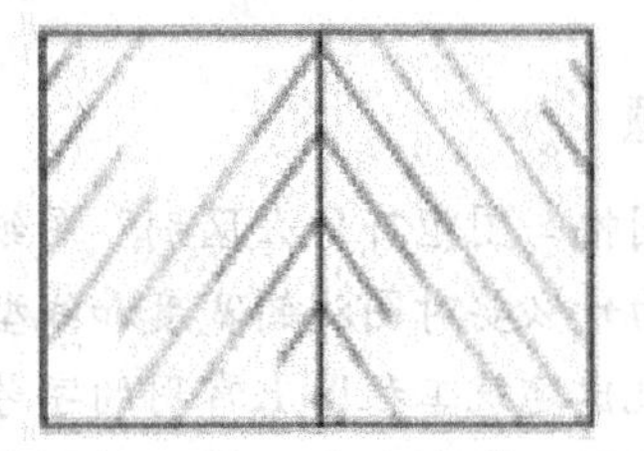

图 10-14 相同图例相接时的画法

2. 常用建筑材料图例

常用建筑材料应按表 10-5 所示图例画法绘制。

表 10-5　常用建筑材料图例

序　号	名　称	图　例	备　注
1	自然土壤		包括各种自然土壤
2	夯实土壤		
3	砂、灰土		靠近轮廓线绘较密的点
4	沙砾石、碎砖三合土		
5	石材		
6	毛石		
7	普通砖		包括实心砖、多孔砖、砌块等砌体。断面较窄不易绘出图例线时，可涂红
8	耐火砖		包括耐酸砖等砌体
9	空心砖		指非承重砖砌体
10	饰面砖		包括铺地砖、马赛克、陶瓷锦砖、人造大理石等
11	焦渣、矿渣		包括与水泥、石灰等混合而成的材料
12	混凝土		(1) 本图例指能承重的混凝土及钢混凝土 (2) 包括各种强度等级、骨料、添加剂的混凝土 (3) 在剖面图上画出钢筋时，不画图例线 (4) 断面图形小，不易画出图例线时，可涂黑
13	钢筋混凝土		
14	多孔材料		包括水泥珍珠岩、沥青珍珠岩、泡沫混凝土、非承重加气混凝土、软木、蛭石制品等
15	纤维材料		包括矿棉、岩棉、玻璃棉、麻丝、木丝板、纤维板等
16	泡沫塑料材料		包括聚苯乙烯、聚乙烯、聚氨酯等多孔聚合物类材料
17	木材		(1) 上图为横断面，上左图为垫木、木砖或木龙骨； (2) 下图为纵断面

思考与练习题

思考题

(1)　图幅与图框有什么区别？图纸基本图幅有哪几种规格？

(2)　为什么要对图线的宽度和线型作规定？试举例说明常用图线的画法及一般用途。

(3)　说出建筑工程图上常用的字号有哪几种？CAD 标注样式中默认的字高是多少？

(4)　在同一张图上宜选用一种形式的字体，不应超过几种？

(5)　请画出混凝土、钢筋混凝土、灰土、普通黏土砖、素土夯实的图例。

第 11 章　绘制建筑平面图

本章内容提要：

本章主要介绍建筑平面图的概念、绘制要求及绘制方法，经过实例演练掌握建筑平面图的绘制要领。

学习要点：

- 建筑平面图的产生、组成及分类；
- 建筑平面图的图示表达内容；
- 单元式住宅建筑平面图的绘制过程。

11.1　建筑平面图概述

建筑平面图是用来表示建筑物在水平方向房屋各部分组合关系的工程图。它是指导施工和工程预算的重要依据。在使用 AutoCAD 绘制建筑施工图之前，应先了解建筑平面图的一些相关知识。

11.1.1　平面图的产生

假想用一个水平剖切平面沿房屋的门窗洞口的位置把房屋切开，移去上部之后，对剖切平面以下部分所作出的水平投影图，称为建筑平面图，简称平面图，如图 11-1 所示。建筑平面图是施工图中最重要的图样之一，它可以反映出房屋的平面形状、大小及房间的布置，墙或柱的位置、大小、厚度和材料，门窗的类型和位置等情况。

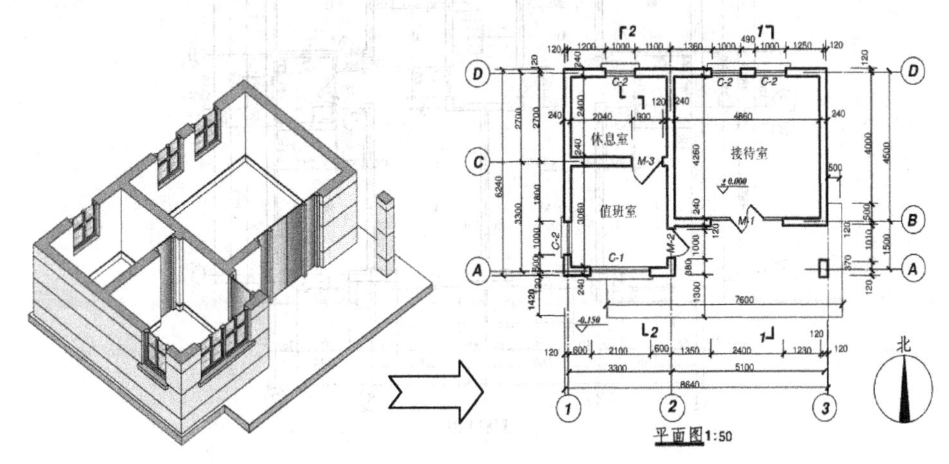

图 11-1　平面图的产生

11.1.2 平面图的组成与分类

建筑平面图是由轴线、墙体、注、门、窗、楼梯、阳台、室内布置以及尺寸标注和文字说明等内容组成。建筑平面图按照图所在层的位置，分为底层平面图、标准层平面图、局部平面图和屋顶平面图。

11.1.3 图示表达内容

1. 一层平面图(首层、底层)

一层平面图主要反映该层在平面布置、各部分的形状以及台阶、花池、散水等在水平方向的投影，如图 11-2 所示。一般情况下，一层平面图应包含如下图示内容。

(1) 墙、柱及其定位轴线和轴线编号，门窗位置、编号，门的开启方向，房间的名称等。

(2) 三道标注尺寸：总尺寸(或外包总尺寸)；轴线间尺寸(开间或进深尺寸)；门窗定位尺寸。

(3) 楼梯、电梯位置和楼梯上下方向示意及编号索引。

(4) 主要建筑设备和固定家具的位置及相关做法索引，如卫生器具、雨水管、水池、橱柜、隔断等。

(5) 主要建筑构造部位的位置、尺寸和做法索引，如阳台、台阶、坡道、散水、地沟等。

(6) 地面预留孔道和通气管道、尺寸和做法索引，如墙体预留洞的位置、尺寸和标高等。

(7) 室外地面标高、底层地面标高等。

(8) 指北针、剖切线位置及编号。

(9) 设计说明、图名、比例等文字注释。

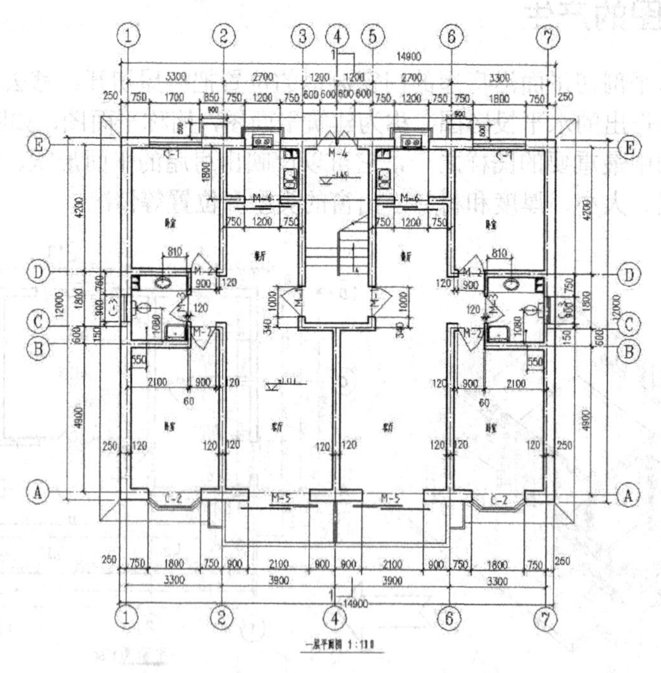

图 11-2 一层平面图

2. 标准层平面图(楼层、二层)

标准层平面图的图示内容与一层平面图基本相同，因室外的台阶、花坛、散水等已在底层平面图中表达清楚，所以中间标准层平面图绘制时不再重复。只需绘制二层范围内的主要投影内容，以及底层无法表达雨篷、遮阳板等。此外，因剖切位置变化，楼梯间梯段与底层平面图有所区别，它看上去是一个完整的梯段，但两个剖切位置的踏步线的水平投影重合，且相差一个层高，如图 11-3 所示。

一般情况下，标准层平面图应包含以下图示内容。

(1) 墙、柱及其定位轴线和轴线编号，门窗位置、编号，门的开启方向，房间的名称等。

(2) 三道标注尺寸：总尺寸(或外包总尺寸)；轴线间尺寸(开间或进深尺寸)；门窗定位尺寸。

(3) 楼梯、电梯位置和楼梯上下方向示意及编号索引。

(4) 主要建筑设备和固定家具的位置及相关做法索引，如卫生器具、雨水管、橱柜、隔断等。

(5) 主要建筑构造部位的位置、尺寸和做法索引，如阳台、雨篷等。

(6) 楼面预留孔道和通气管道、尺寸和做法索引，如墙体预留洞的位置、尺寸和标高等设计说明、图名、比例等文字注释。

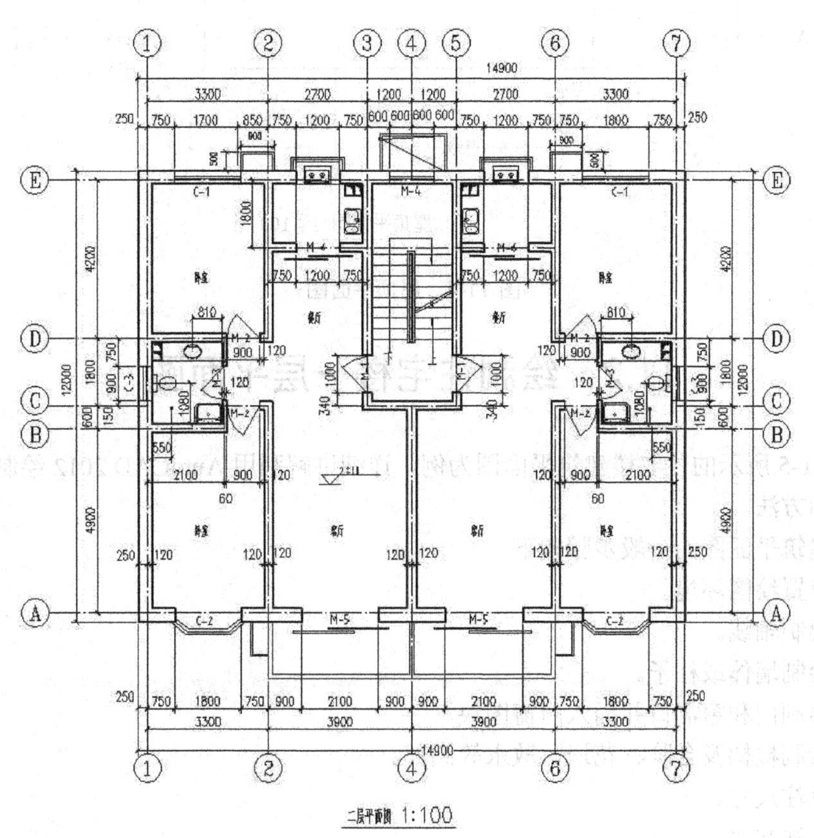

图 11-3 二层平面图

3. 屋顶平面图

屋顶平面图是从房屋顶面向下绘制的水平投影，主要用于表达屋顶形状、屋面排水的方向及坡度、檐沟的形状、女儿墙、烟囱、上人孔等内容，以及采用标准图集的索引符号等。由于屋顶平面图绘制的内容少，图形较简单，一般可以采用较小的比例绘制，如图 11-4 所示。

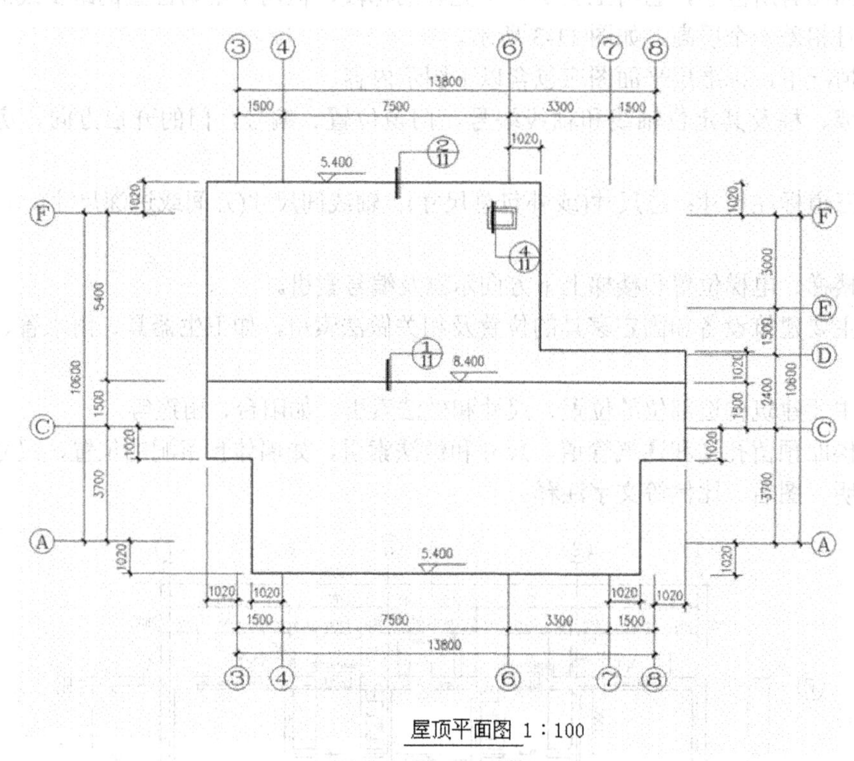

图 11-4　屋顶平面图

11.2　绘制住宅楼一层平面图

以图 11-5 所示的住宅楼建筑平面图为例，详细讲解利用 AutoCAD 2012 绘制建筑平面图的过程和方法。

绘制建筑平面图的一般步骤如下。

(1) 设置绘图环境。

(2) 绘制轴线。

(3) 绘制墙体或柱子。

(4) 绘制门和窗洞口并插入门窗图块。

(5) 绘制楼梯及台阶、花坛、散水等细部。

(6) 标注尺寸。

(7) 标注文字。

(8) 打印输出。

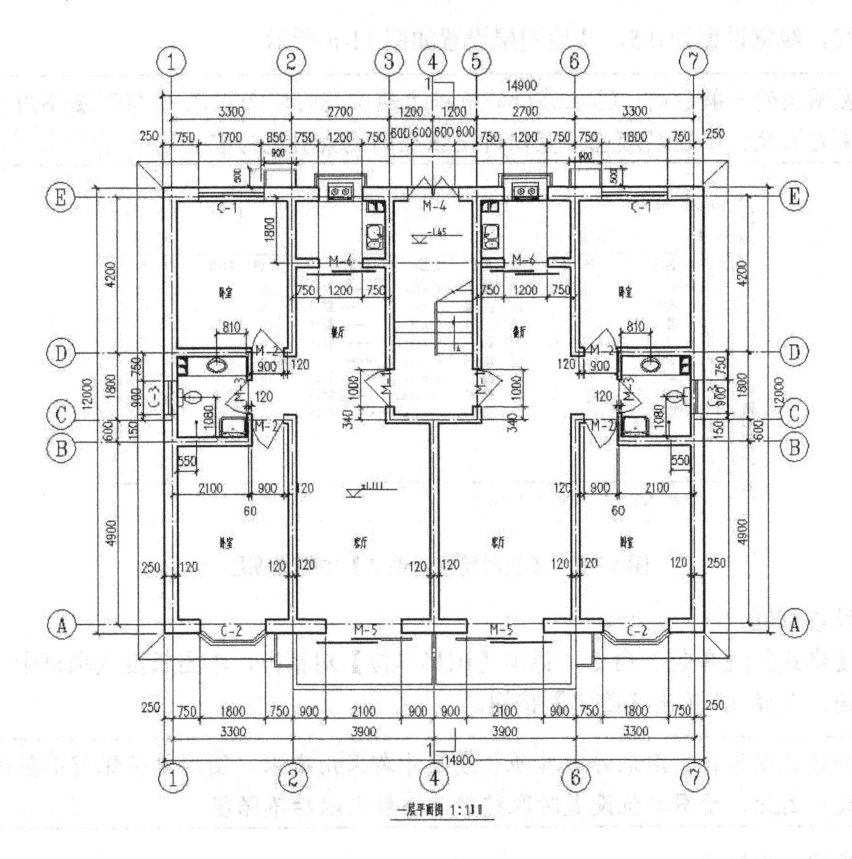

图 11-5 建筑平面图

11.2.1 设置绘图环境

设置绘图环境步骤如下。

(1) 创建新图形文件。

单击文件下拉菜单中的新建按钮，弹出【选择样板】对话框，选择 acadiso.dwt 样板图，单击【打开】按钮，进入 AutoCAD 2012 绘图界面。

(2) 设置绘图界限及精度。

选择【格式】|【绘图界限】命令，命令行提示如下。

```
命令: '_limits
重新设置模型空间界限:
指定左下角点或 [开(ON)/关(OFF)] <0.0000,0.0000>:
指定右上角点 <420.0000,297.0000>: 42000,29700
命令: zoom
指定窗口的角点，输入比例因子 (nX 或 nXP)，或者
[全部(A)/中心(C)/动态(D)/范围(E)/上一个(P)/比例(S)/窗口(W)/对象(O)] <实时>: a
正在重生成模型。
```

(3) 设置图层。

选择【格式】|【图层】命令，弹出【图层特性管理器】对话框，然后创建新图层。新增轴线、墙线、窗、门、楼梯、尺寸、文字图层。轴线层选用单点划线，线宽默认；墙线

默认为实线，线宽设置为0.5，其他图层设置如图11-6所示。

注意：设置图层的一般原则：①在够用的基础上越少越好；②默认的“0”层不用于绘图而用来定义块；③图层颜色设置以对比强烈的纯索引色为宜。

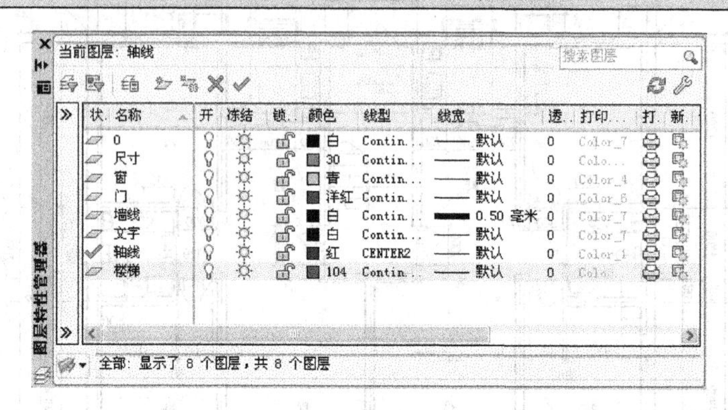

图11-6 【图层特性管理器】中新增图层

(4) 设置单位。

选择【格式】|【单位】命令，弹出【图形单位】对话框，单击长度选项框中【精度】右侧小三角，选择0，单击【确定】按钮。

注意：绘制建筑图除标高用米外，其他长度尺寸都采用毫米，图形单位保留小数没有什么意义。因此，绘图单位设置时取整数，小数点以后不保留。

(5) 设置文字样式。

选择【格式】|【文字样式】命令，调出【文字样式】对话框，选用【字体】中的gbcbig.shx+gbenor.shx组合，【高度】设置为350，这样就不用每次都调整字高了，然后关闭对话框。

(6) 设置标注样式。

选择【格式】|【标注样式】命令，调出【标注样式管理器】对话框，选择【修改】按钮，在【修改标注样式：ISO-25】中，在【符号和箭头】选项卡中选择建筑标记，将【调整】选项卡中【标注特征比例】中的【使用全局比例】修改为100，然后单击【确定】按钮，退出【修改标注样式：ISO-25】对话框，再单击返回的【标注样式管理器】对话框中的【关闭】按钮。

(7) 完成设置保存文件。

在【文件】菜单中，单击【保存】按钮，首次保存会弹出【文件另存为】对话框，在对话框中，将文件命名为“建筑平面图”，然后单击【确定】按钮。

11.2.2 绘制定位轴网

绘制轴线的步骤如下。

(1) 将轴线层置为当前层，同时打开正交方式，对象捕捉方式设置为【端点】和【交点】。

(2) 利用直线命令和偏移命令绘制1～3轴线。

因住宅楼单元左右对称，只需绘制一半图形，另一半用镜像命令来完成。

① 绘制 1 轴线。

单击直线命令按钮，命令行提示：

```
命令: _line 指定第一点:
指定下一点或 [放弃(U)]: 18000                    (轴线长度暂定 18000mm)
指定下一点或 [放弃(U)]:                          (按 Enter 键，结束命令)
```

② 绘制 2 轴线。

```
单击偏移命令按钮，命令行提示:
命令: _offset
当前设置: 删除源=否  图层=源  OFFSETGAPTYPE=0
指定偏移距离或 [通过(T)/删除(E)/图层(L)] <3900>:  3300(输入 1、2 轴之间的距离 3300)
选择要偏移的对象，或 [退出(E)/放弃(U)] <退出>:          (选择 1 轴)
指定要偏移的那一侧上的点，或 [退出(E)/多个(M)/放弃(U)] <退出>:(在 1 轴的右侧单击)
选择要偏移的对象，或 [退出(E)/放弃(U)] <退出>:  *取消*(按 Enter 键，结束命令)
```

③ 以此类推，利用偏移命令绘制 3 和 4 轴线，偏移距离分别为 2700 和 1200，绘制结果如图 11-7 所示。

(3) 利用直线命令和偏移命令绘制 A～E 轴线

绘制方法同上，利用直线命令在适当的位置绘制出 A 轴，然后重复利用偏移命令，绘制出 B、C、D、E 轴，间距分别为 4900、600、1800、4200，绘制结果如图 11-8 所示。

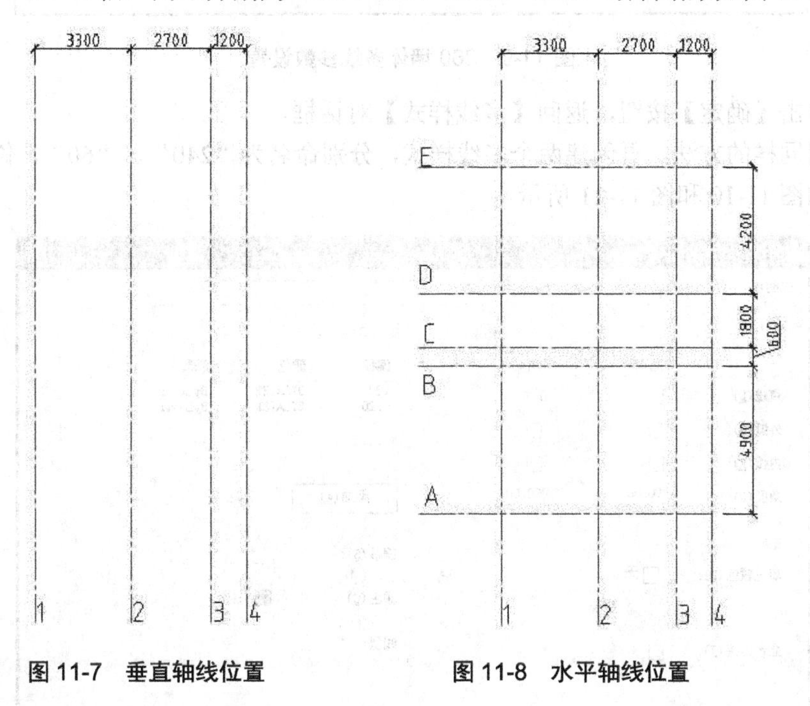

图 11-7 垂直轴线位置　　图 11-8 水平轴线位置

11.2.3 绘制墙线

轴网完成后，接下来就可以绘制墙线了。墙线绘制的步骤如下。

(1) 将墙线层设置为当前层。

(2) 设置多线样式。

① 选择【格式】|【多线样式】命令，弹出【多线样式】对话框。

② 单击【新建】按钮，在弹出的【创建新的多线样式】对话框中，输入新样式名“360”，单击【继续】按钮，弹出【新建多线样式：360】对话框，修改其中的参数设置，在【偏移】文本框内分别输入偏移距离“240”和“-120”，如图 11-9 所示。

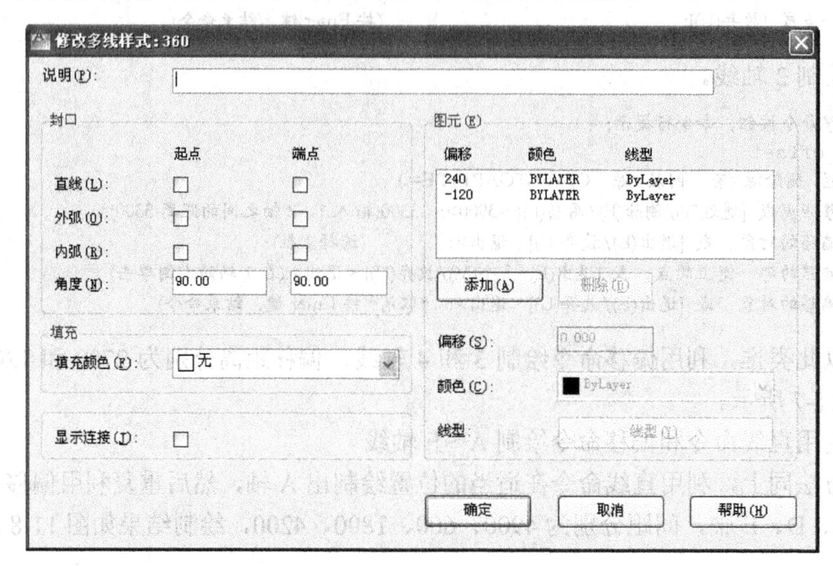

图 11-9 360 墙体多线参数设置

③ 单击【确定】按钮，返回【多线样式】对话框。

④ 用同样的方法，再创建两个多线样式，分别命名为“240”、“60”，修改多线样式参数，如图 11-10 和图 11-11 所示。

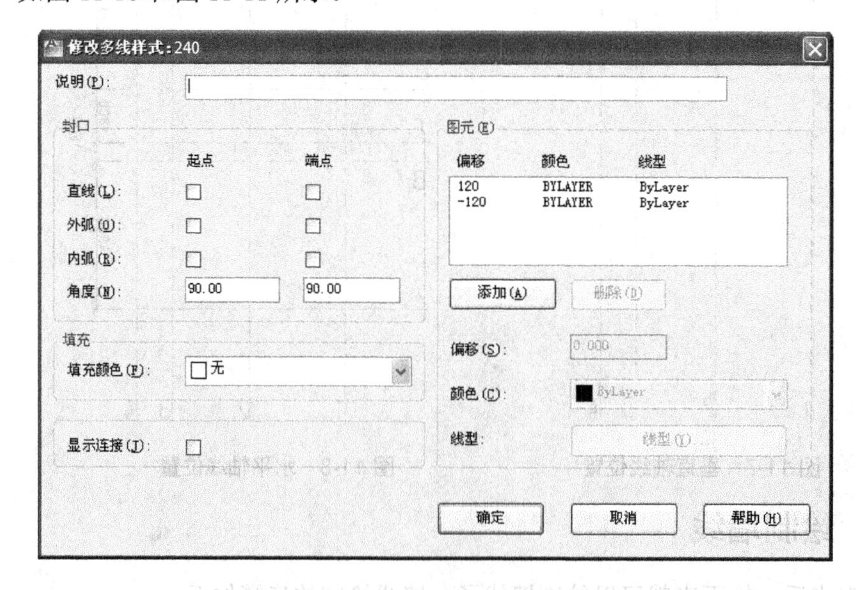

图 11-10 240 墙体多线参数设置

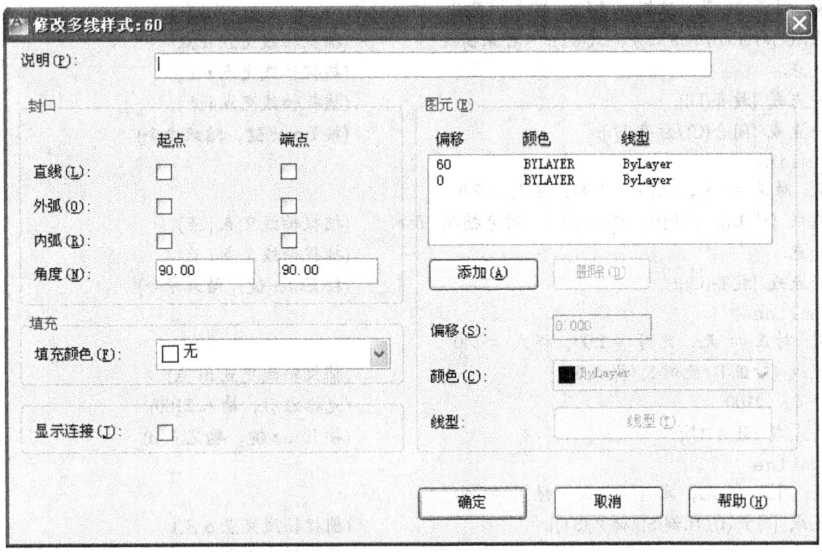

图 11-11　60 墙体多线参数设置

(3) 绘制墙体。

① 绘制 360 外墙线。

选择【绘图】|【多线】命令，命令行提示如下。

```
命令: _mline
当前设置: 对正 = 上, 比例 = 20.00, 样式 = STANDARD
指定起点或 [对正(J)/比例(S)/样式(ST)]: j            (调整对正选项)
输入对正类型 [上(T)/无(Z)/下(B)] <上>: z            (选择中线对齐方式)
当前设置: 对正 = 无, 比例 = 20.00, 样式 = STANDARD
指定起点或 [对正(J)/比例(S)/样式(ST)]: s            (调整比例选项)
输入多线比例 <20.00>: 1                             (设置比例为 1)
当前设置: 对正 = 无, 比例 = 1.00, 样式 = STANDARD
指定起点或 [对正(J)/比例(S)/样式(ST)]: st           (选择多线样式)
输入多线样式名或 [?]: 360
当前设置: 对正 = 无, 比例 = 1.00, 样式 = 360
指定起点或 [对正(J)/比例(S)/样式(ST)]:              (捕捉轴线交点 a 点)
指定下一点:                                         (捕捉轴线交点 b 点)
指定下一点或 [放弃(U)]:                             (捕捉轴线交点 c 点)
指定下一点或 [闭合(C)/放弃(U)]:                     (捕捉轴线交点 d 点)
指定下一点或 [闭合(C)/放弃(U)]:                     (按 Enter 键, 结束命令)
```

结果如图 11-12 所示。

② 绘制 240 内墙线。

选择【绘图】|【多线】命令，命令行提示如下。

```
命令: _mline
当前设置: 对正 = 无, 比例 = 1.00, 样式 = 240
指定起点或 [对正(J)/比例(S)/样式(ST)]: <对象捕捉 开>   (捕捉轴线交点 e 点)
指定下一点:                                         (捕捉轴线交点 f 点)
指定下一点或 [放弃(U)]:                             (捕捉轴线交点 g 点)
指定下一点或 [闭合(C)/放弃(U)]:                     (按 Enter 键, 结束命令)
命令: _mline
```

```
当前设置: 对正 = 无, 比例 = 1.00, 样式 = 240
指定起点或 [对正(J)/比例(S)/样式(ST)]: <对象捕捉 开>        (捕捉轴线交点 h 点)
指定下一点:                                               (捕捉轴线交点 r 点)
指定下一点或 [放弃(U)]:                                    (捕捉轴线交点 j 点)
指定下一点或 [闭合(C)/放弃(U)]:                            (按 Enter 键, 结束命令)
命令: _mline
当前设置: 对正 = 无, 比例 = 1.00, 样式 = 240
指定起点或 [对正(J)/比例(S)/样式(ST)]: <对象捕捉 开>        (捕捉轴线交点 j 点)
指定下一点:                                               (捕捉轴线交点 i 点)
指定下一点或 [放弃(U)]:                                    (按 Enter 键, 结束命令)
命令: _mline
当前设置: 对正 = 无, 比例 = 1.00, 样式 = 240
指定起点或 [对正(J)/比例(S)/样式(ST)]:                      (捕捉轴线交点 m 点)
指定下一点: 2100                                          (光标右引, 输入 2100)
指定下一点或 [放弃(U)]:                                    (按 Enter 键, 确定点 n)
命令: _mline
当前设置: 对正 = 无, 比例 = 1.00, 样式 = 240
指定起点或 [对正(J)/比例(S)/样式(ST)]:                      (捕捉轴线交点 o 点)
指定下一点:                                               (捕捉轴线交点 P 点)
指定下一点或 [放弃(U)]: 240                                (光标左引, 输入 240)
指定下一点或 [闭合(C)/放弃(U)]:                            (按 Enter 键, 确定 q 点)
```

结果如图 11-13 所示。

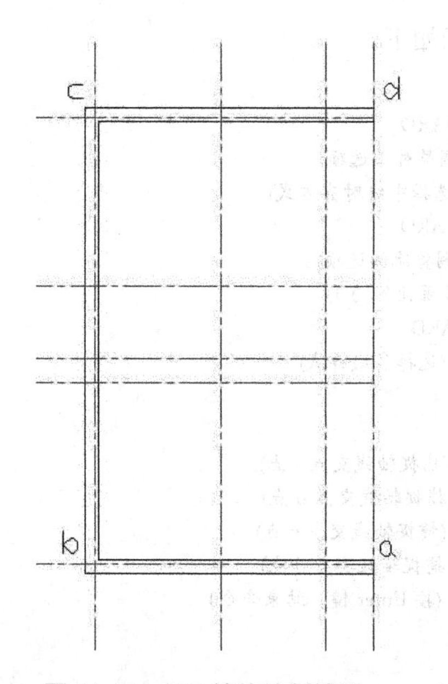

图 11-12　360 墙体绘制结果

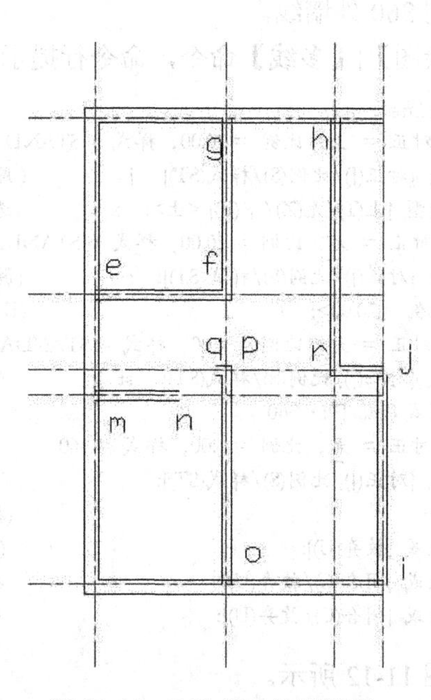

图 11-13　240 墙体绘制结果

③　绘制 60 内墙线。

```
命令: _mline
当前设置: 对正 = 无, 比例 = 1.00, 样式 = 60
指定起点或 [对正(J)/比例(S)/样式(ST)]:                (捕捉 n 点)
指定下一点:                                         (捕捉垂足 t 点)
指定下一点或 [放弃(U)]:                              (按 Enter 键, 结束命令)
```

结果如图 11-14 所示。

④ 补齐部分 240 墙体。

绘制过程中，难免会有遗漏部分，如 lu 段缺少 240 墙线，可以通过偏移命令和多线命令完成补齐。偏移 E 轴，偏移距离 1800；多线命令，补齐 lu 段 240 墙线。结果如图 11-15 所示。

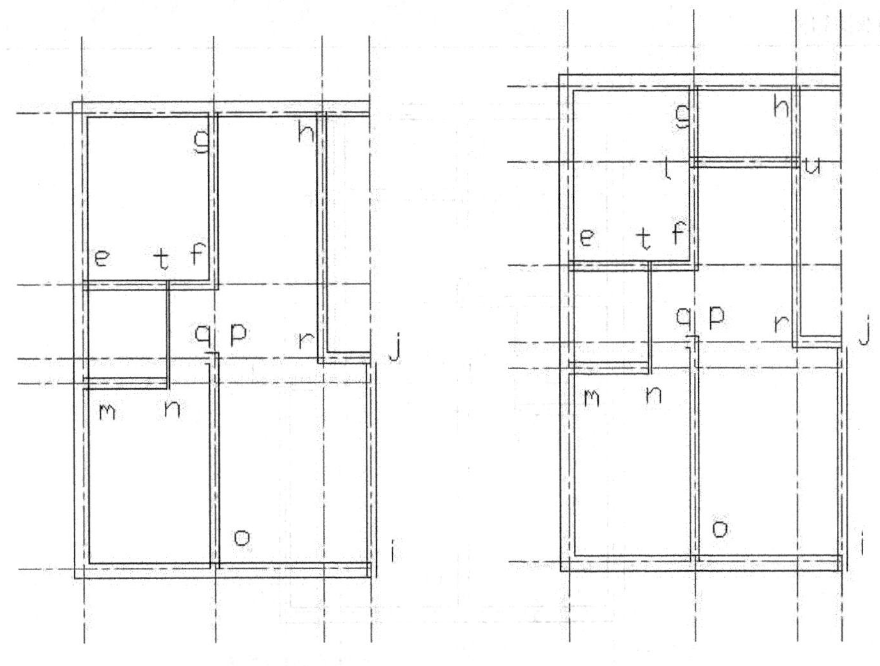

图 11-14 60 墙体绘制结果　　　　图 11-15 补齐墙线

(4) 编辑多线。

选择【修改】|【对象】|【多线】命令，弹出【多线编辑工具】对话框，如图 11-16 所示。

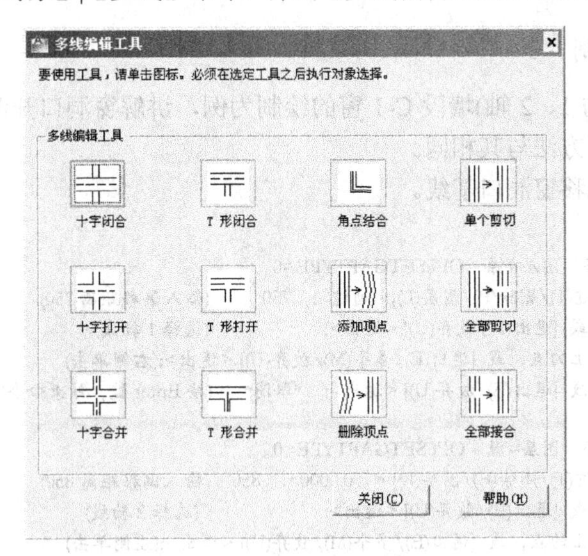

图 11-16 【多线编辑工具】对话框

利用【多线编辑工具】对话框中的【T 形合并】和【角点结合】完成多线编辑，如图 11-17 所示。

注意：操作时，对于【T 形合并】，应将光标移至需要编辑的节点附近，先单击内墙，再单击外墙。对于【角点结合】，应将光标移至需要编辑的墙角附近，分别单击墙角两侧墙体。

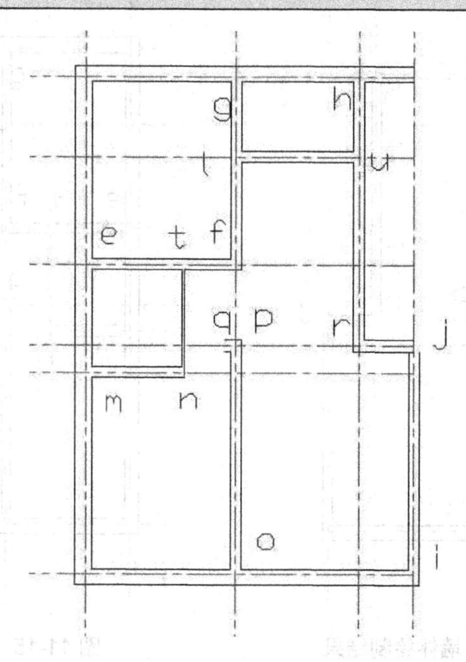

图 11-17　多线编辑结果

11.2.4　绘制门窗

1. 窗开洞及绘制

这里只以(E 轴与 1、2 轴)墙段 C-1 窗的绘制为例，讲解窗洞口开洞和编辑的方法，其他窗及门的开洞绘制方法与其相同。

(1) 利用轴线偏移窗洞口基线。

```
命令: _offset
当前设置: 删除源=否　图层=源　OFFSETGAPTYPE=0
指定偏移距离或 [通过(T)/删除(E)/图层(L)] <通过>:  750        (输入偏移距离 750)
选择要偏移的对象, 或 [退出(E)/放弃(U)] <退出>:               (选择 1 轴线)
指定要偏移的那一侧上的点, 或 [退出(E)/多个(M)/放弃(U)] <退出>:(右侧单击)
选择要偏移的对象, 或 [退出(E)/放弃(U)] <退出>:  *取消*      (按 Enter 键, 结束命令)
命令: _offset
当前设置: 删除源=否　图层=源　OFFSETGAPTYPE=0
指定偏移距离或 [通过(T)/删除(E)/图层(L)] <750.0000>:  850  (输入偏移距离 850)
选择要偏移的对象, 或 [退出(E)/放弃(U)] <退出>:                (选择 2 轴线)
指定要偏移的那一侧上的点, 或 [退出(E)/多个(M)/放弃(U)] <退出>:(左侧单击)
选择要偏移的对象, 或 [退出(E)/放弃(U)] <退出>:  *取消*      (按 Enter 键, 结束命令)
```

结果如图 11-18 所示。

(2) 修剪窗洞口。

```
命令: _trim
当前设置:投影=UCS, 边=无
选择剪切边...
选择对象或 <全部选择>:  找到 1 个                    (选择窗口剪切边界)
选择对象: 找到 1 个, 总计 2 个                      (选择窗口剪切边界)
选择对象:
选择要修剪的对象, 或按住 Shift 键选择要延伸的对象, 或
[栏选(F)/窗交(C)/投影(P)/边(E)/删除(R)/放弃(U)]:     (选择窗洞口处多线)
选择要修剪的对象, 或按住 Shift 键选择要延伸的对象, 或
[栏选(F)/窗交(C)/投影(P)/边(E)/删除(R)/放弃(U)]:     (按 Enter 键, 结束命令)
```

结果如图 11-19 所示。

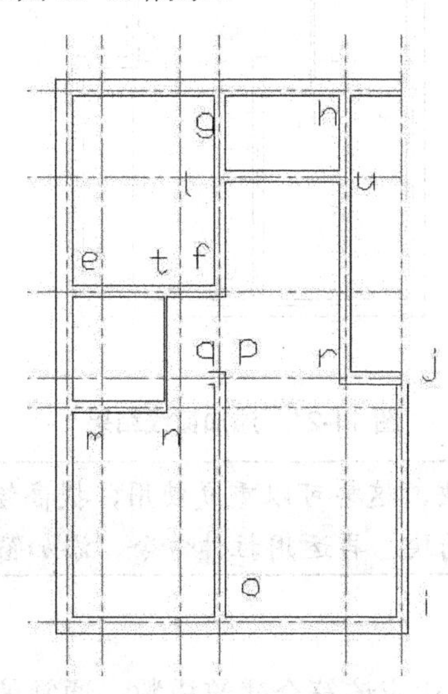

图 11-18 偏移窗洞口基线

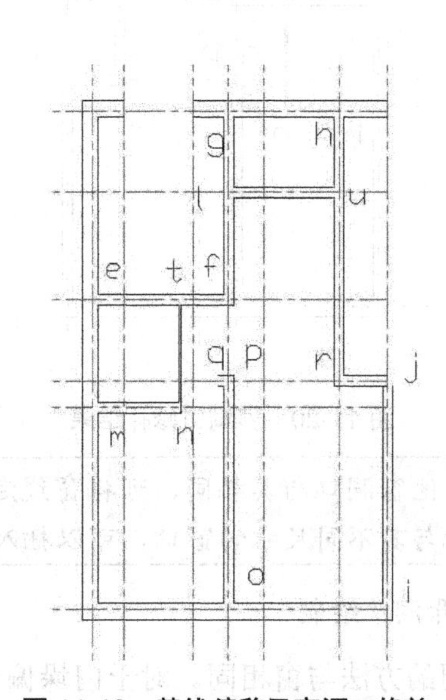

图 11-19 基线偏移及窗洞口修剪

(3) 修补窗洞口。

① 将“墙线”层置为当前层。

② 利用直线命令修补窗口。

```
命令: _line 指定第一点:                          (捕捉 a′点)
指定下一点或 [放弃(U)]:                          (捕捉 a″点)
指定下一点或 [放弃(U)]:                          (按 Enter 键, 结束命令)
命令:
命令: _line 指定第一点:                          (捕捉 b′点)
指定下一点或 [放弃(U)]:                          (捕捉 b″点)
指定下一点或 [放弃(U)]:                          (按 Enter 键, 结束命令)
命令:
```

③ 删除偏移窗洞口基线。

```
命令: _erase
选择对象: 找到 1 个                              (删除临时偏移轴线)
选择对象: 找到 1 个, 总计 2 个                   (删除临时偏移轴线)
选择对象:
```

结果如图 11-20 所示。

(4) 添加窗线。

① 将窗图层置为当前层。

② 利用直线命令绘制 4 条窗线，中间两条窗线，一条在轴线上，一条与其偏移 50。结果如图 11-21 所示。

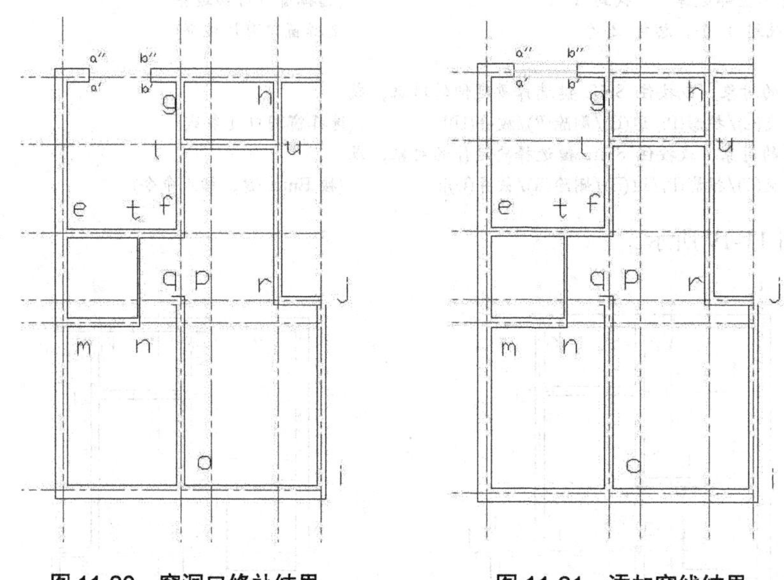

图 11-20 窗洞口修补结果　　　　图 11-21 添加窗线结果

注意：若其他窗洞口与其相同，可将窗线定义成块，这样可以重复使用，提高绘图效率。对于与其不同尺寸的窗口，可以插入先前的块，再运用拉伸命令，添加窗线。

2. 门开洞及绘制

门开洞的方法与窗相同。对于门垛偏移的尺寸应该符合建筑模数，通常偏移尺寸有 120、240、360 几种。

住宅单元所有门窗开洞及部分普通窗线的绘制结果，如图 11-22 所示。

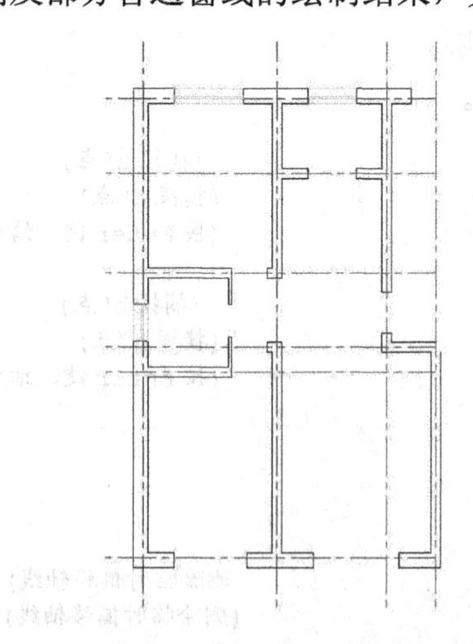

图 11-22 门窗开洞口及部分普通窗线绘制结果

3. 制作异型窗线

A 轴与 1、2 轴的 C-2 异型窗线基本尺寸，如图 11-23 所示。绘制过程如下。

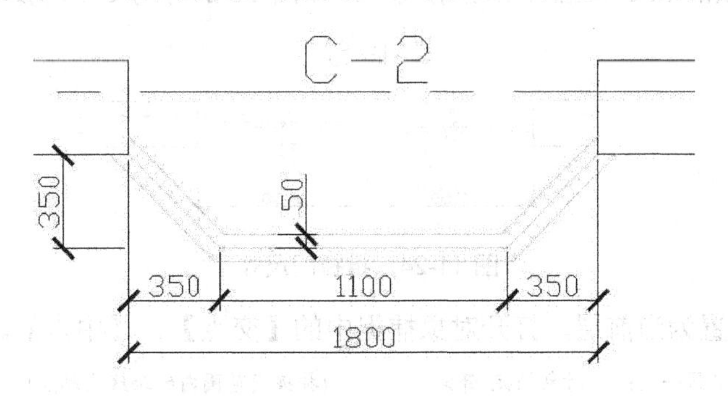

图 11-23 异型窗尺寸

```
命令: _pline
指定起点:
当前线宽为 0.0000
指定下一个点或 [圆弧(A)/半宽(H)/长度(L)/放弃(U)/宽度(W)]: @350,-350(输入相对直角坐标数值，350，-350)
指定下一点或 [圆弧(A)/闭合(C)/半宽(H)/长度(L)/放弃(U)/宽度(W)]: 1100(光标导向，输入 1100)
指定下一点或 [圆弧(A)/闭合(C)/半宽(H)/长度(L)/放弃(U)/宽度(W)]:(捕捉窗角点)
指定下一点或 [圆弧(A)/闭合(C)/半宽(H)/长度(L)/放弃(U)/宽度(W)]:(按 Enter 键，结束命令)

命令: _offset
当前设置: 删除源=否  图层=源  OFFSETGAPTYPE=0
指定偏移距离或 [通过(T)/删除(E)/图层(L)] <通过>:  50          (输入偏移值 50)
选择要偏移的对象，或 [退出(E)/放弃(U)] <退出>:                  (选择偏移对象)
指定要偏移的那一侧上的点，或 [退出(E)/多个(M)/放弃(U)] <退出>: (光标单击内侧)
选择要偏移的对象，或 [退出(E)/放弃(U)] <退出>:                  (重选偏移对象)
指定要偏移的那一侧上的点，或 [退出(E)/多个(M)/放弃(U)] <退出>: (光标单击外侧)
选择要偏移的对象，或 [退出(E)/放弃(U)] <退出>:                  (按 Enter 键，结束命令)

命令: _extend
当前设置:投影=UCS，边=无
选择边界的边...
选择对象或 <全部选择>: 找到 1 个
选择对象: 找到 1 个，总计 2 个
选择对象: 找到 1 个，总计 3 个
选择对象: 找到 1 个，总计 4 个                                  (确定延伸边界)
选择对象:
选择要延伸的对象，或按住 Shift 键选择要修剪的对象，或
[栏选(F)/窗交(C)/投影(P)/边(E)/放弃(U)]:                        (延伸窗线)
选择要延伸的对象，或按住 Shift 键选择要修剪的对象，或
[栏选(F)/窗交(C)/投影(P)/边(E)/放弃(U)]:                        (延伸窗线)
选择要延伸的对象，或按住 Shift 键选择要修剪的对象，或
[栏选(F)/窗交(C)/投影(P)/边(E)/放弃(U)]:                        (延伸窗线)
选择要延伸的对象，或按住 Shift 键选择要修剪的对象，或
[栏选(F)/窗交(C)/投影(P)/边(E)/放弃(U)]:                        (延伸窗线)
选择要延伸的对象，或按住 Shift 键选择要修剪的对象，或
[栏选(F)/窗交(C)/投影(P)/边(E)/放弃(U)]:                        (按 Enter 键，结束命令)
```

4. 制作推拉门

A 轴与 1、2 轴的 M-5 推拉门的基本尺寸，如图 11-24 所示。绘制过程如下。

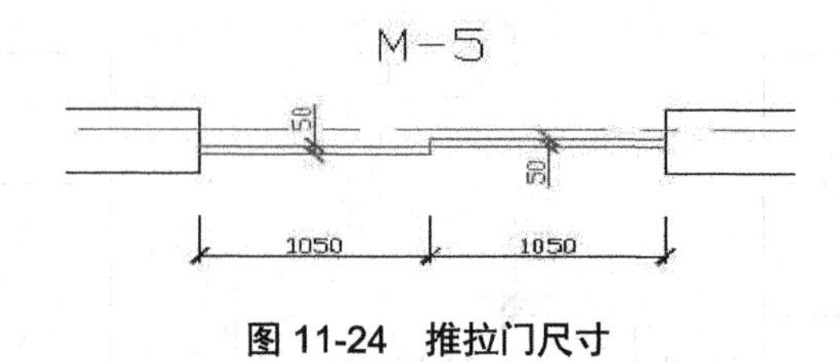

图 11-24 推拉门尺寸

将【门】图层置为当前层，打开对象捕捉中的【交点】、【中点】。

```
命令: _line 指定第一点: <对象捕捉 开>              (捕捉门范围内的轴线左端点)
指定下一点或 [放弃(U)]:                          (捕捉门范围内的轴线右端点)
指定下一点或 [放弃(U)]:                          (按 Enter 键，结束命令)
命令: _offset
当前设置: 删除源=否  图层=源  OFFSETGAPTYPE=0
指定偏移距离或 [通过(T)/删除(E)/图层(L)] <50.0000>:  50     (输入偏移距离值 50)
选择要偏移的对象，或 [退出(E)/放弃(U)] <退出>:
指定要偏移的那一侧上的点，或 [退出(E)/多个(M)/…] <退出>:(向下单击偏移直线)
选择要偏移的对象，或 [退出(E)/放弃(U)] <退出>:
指定要偏移的那一侧上的点，或 [退出(E)/多个(M)/…]<退出>:(再向下单击偏移直线)
选择要偏移的对象，或 [退出(E)/放弃(U)] <退出>:
指定要偏移的那一侧上的点，或 [退出(E)/多个(M)/放弃(U)] <退出>:(按 Enter 键结束命令)
命令: _line 指定第一点:                               (捕捉门线中点)
指定下一点或 [放弃(U)]:                              (捕捉门另一条线中点)
指定下一点或 [放弃(U)]:                              (按 Enter 键，结束命令)
命令: _erase
选择对象: 找到 1 个                                  (删除轴线位置的门线)
选择对象:                                            (按 Enter 键，结束命令)
命令: _trim
当前设置:投影=UCS，边=无
选择剪切边...                                        (选择门中线作为剪切边)
选择对象或 <全部选择>:  指定对角点: 找到 4 个
选择对象:                                            (窗交选择全部门线)
选择要修剪的对象，或按住 Shift 键选择要延伸的对象，或
[栏选(F)/窗交(C)/投影(P)/边(E)/删除(R)/放弃(U)]:          (裁剪中线多余部分)
选择要修剪的对象，或按住 Shift 键选择要延伸的对象，或
[栏选(F)/窗交(C)/投影(P)/边(E)/删除(R)/放弃(U)]:          (裁剪左边多余门线)
选择要修剪的对象，或按住 Shift 键选择要延伸的对象，或
[栏选(F)/窗交(C)/投影(P)/边(E)/删除(R)/放弃(U)]:          (裁剪右边多余门线)
选择要修剪的对象，或按住 Shift 键选择要延伸的对象，或
[栏选(F)/窗交(C)/投影(P)/边(E)/删除(R)/放弃(U)]:          (按 Enter 键，结束命令)
```

5. 使用工具选项板中的动态块

对于一些常用的门，在工具选项板中提供了门的动态块，在建筑平面图绘制过程中，用户可以直接插入这些块。插入过程如下。

(1) 单击标准工具栏中的【工具选项板窗口】按钮，弹出【所有选项板】对话框，如图 11-25 所示。

(2) 切换到【建筑】选项卡，卡中有公制门的动态块样例。

(3) 移动鼠标至所选门的动态块上，按住鼠标左键并拖曳到绘图区域内，释放左键。

(4) 单击动态门，呈现夹点状态，如图 11-26 所示。

(5) 调整夹点，使门安放正确。夹点功能各不相同，其中有移位夹点、调整开启方向夹点、调整门宽夹点和调整开启角度夹点等。这些门动态块，同样可以使用复制、旋转、镜像等编辑命令。

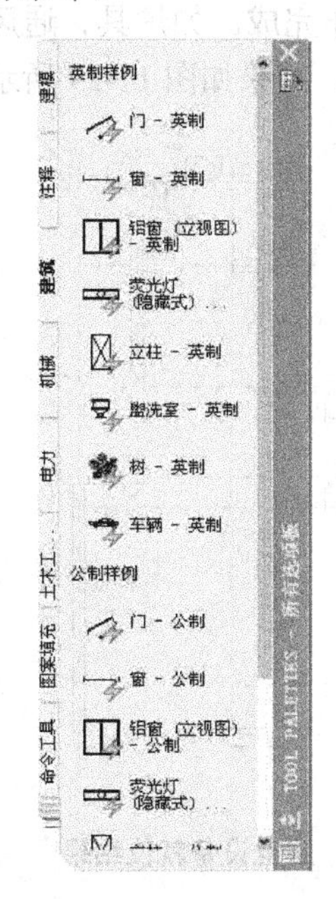

图 11-25 工具选项板

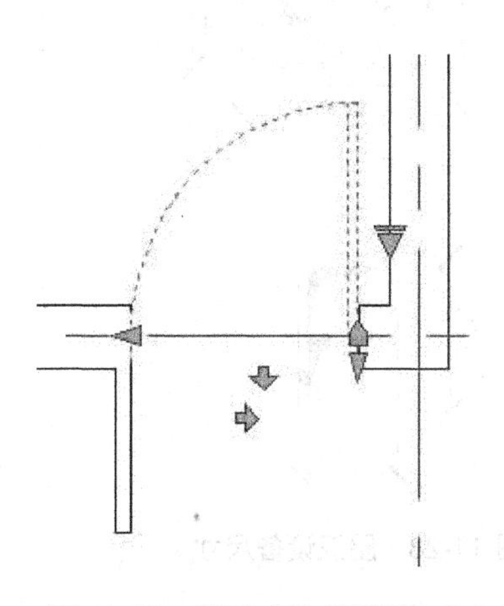

图 11-26 门动态块的调整

6. 住宅单元其余门窗制作

我们了解了门窗的制作及动态块的使用，现在把剩余的门窗制作完成并安放就位，结果如图 11-27 所示。

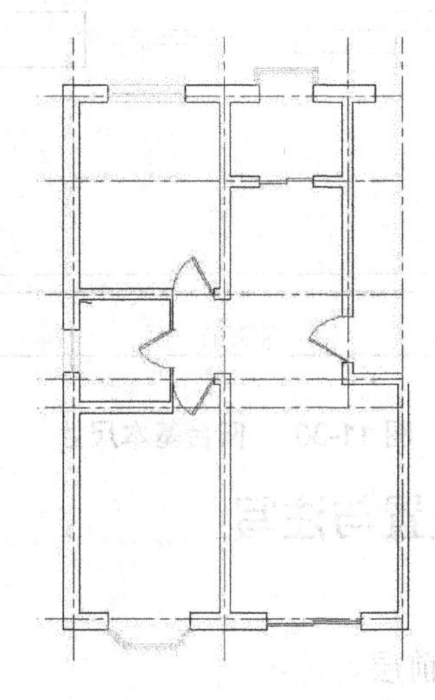

图 11-27 门窗安放就位结果

11.2.5 绘制厨房和卫生间设备

对于厨房和卫生间设备，若【设计中心】有现成图块，可以直接插入到指定位置，如厨房的洗涤槽，卫生间的坐便器、洗脸盆等。因为这些图块都是按 1∶1 比例绘制，一般不需要调整图块的大小。对于设计中心没有的，可以自己制作完成。如炉具、通风道等，其尺寸可参考图 11-28 所示尺寸。 制作完毕后即可安放就位，结果如图 11-29 所示。

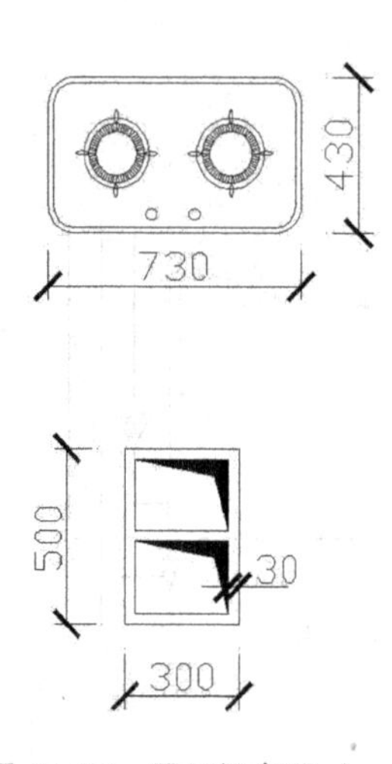

图 11-28 厨卫设备尺寸

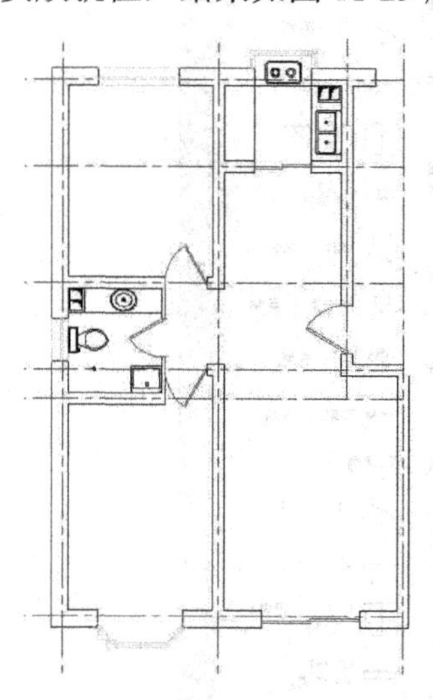

图 11-29 厨卫设备就位结果

11.2.6 绘制阳台

阳台的基本尺寸，如图 11-30 所示。绘制时，采用多段线命令，根据基本尺寸绘制阳台外围轮廓线，然后通过偏移命令，向内偏移 120。单元之间的阳台隔墙，可单独绘制。

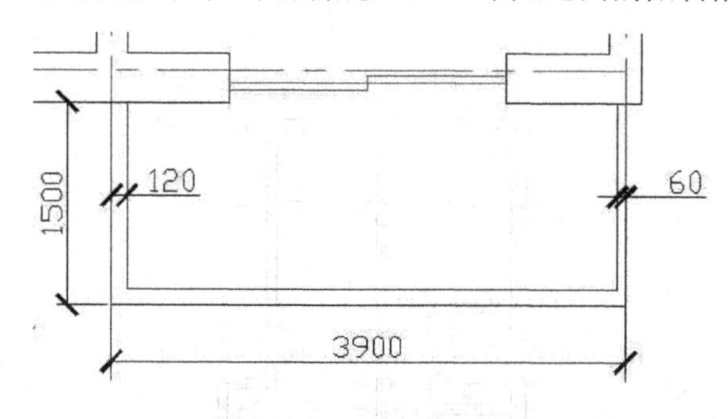

图 11-30 阳台基本尺寸

11.2.7 文本标注样式设置与注写

文字注写步骤如下。

(1) 将【文字】图层置为当前层。

(2) 单击下拉菜单【格式】|【文字样式】按钮，弹出【文字样式】对话框，选用 CAD 专用字体，即 gbcbig.shx+gbenor.shx 组合，字高设置为 350。

(3) 单行文本方式注写文字，过程如下。

```
命令：_dtext
当前文字样式：Standard  当前文字高度：350.0000    (按 Enter 键，确认字高为 350)
指定文字的起点或 [对正(J)/样式(S)]:                (指定文字起点位置)
指定文字的旋转角度 <0>:                            (按 Enter 键，确认旋转角度为 0)
输入文字：卧室                                     (输入房间名称：卧室)
输入文字：客厅                                     (输入房间名称：客厅)
输入文字：卧室                                     (输入房间名称：卧室)
输入文字：餐厅                                     (输入房间名称：餐厅)
输入文字：C-1                                      (输入窗代号 C-1)
输入文字：C-2                                      (输入窗代号 C-2)
……
```

文字注写结果如图 11-31 所示。注意：在输入单行文字时，每输入一个字段后，按 Enter 键确认，再移动光标到新的文字位置，重复录入新的字段。全部文字录入完成后，还可以利用文字本身夹点，调整文字位置。也可以使用旋转、移动、缩放等编辑命令。

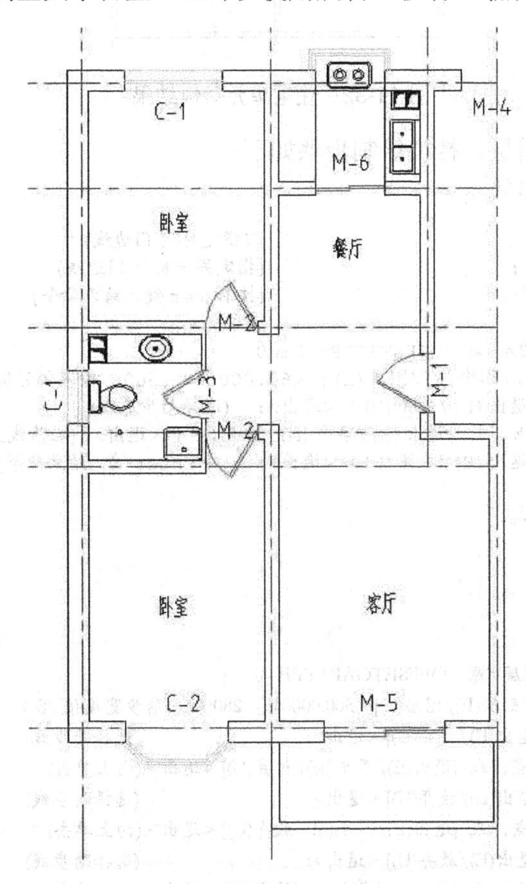

图 11-31　文字注写结果

11.2.8　绘制楼梯

首先镜像住宅单元，然后修剪部分轴线，结果如图 11-32 所示。

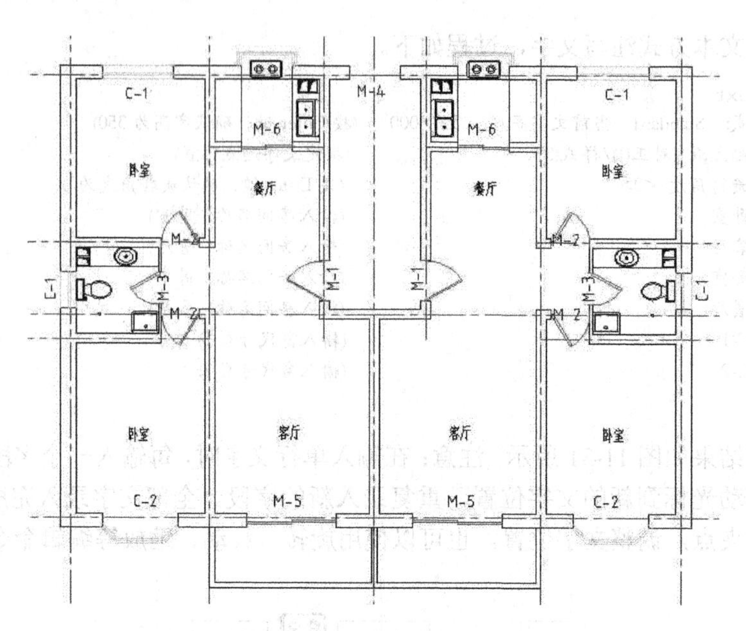

图 11-32 住宅单元镜像结果

将楼梯图层置为当前层。楼梯绘制步骤如下：

(1) 绘制第一条踏步线。

```
命令: _line 指定第一点:                        (指定 M-1 门边线)
指定下一点或 [放弃(U)]:                       (指定另一 M-1 门边线)
指定下一点或 [放弃(U)]:                       (按 Enter 键，结束命令)
命令: _offset
当前设置: 删除源=否  图层=源  OFFSETGAPTYPE=0
指定偏移距离或 [通过(T)/删除(E)/图层(L)] <60.0000>:  500 (输入偏移值 500)
选择要偏移的对象, 或 [退出(E)/放弃(U)] <退出>:  (选择踏步基线)
指定要偏移的那一侧上的点, 或 [退出(E)/多个(M)/放弃(U)] <退出>:(在基线上方点单击)
选择要偏移的对象, 或 [退出(E)/放弃(U)] <退出>:  (按 Enter 键，结束命令)
```

结果如图 11-33 所示。

(2) 绘制踏步线。

删除首条参考线。

```
命令: _offset
当前设置: 删除源=否  图层=源  OFFSETGAPTYPE=0
指定偏移距离或 [通过(T)/删除(E)/图层(L)] <500.0000>:  280(输入踏步宽度值 280)
选择要偏移的对象, 或 [退出(E)/放弃(U)] <退出>:              (选择踏步线)
指定要偏移的那一侧上的点, 或 [退出(E)/多个(M)/放弃(U)] <退出>:(向上单击)
选择要偏移的对象, 或 [退出(E)/放弃(U)] <退出>:              (选择踏步线)
指定要偏移的那一侧上的点, 或 [退出(E)/多个(M)/放弃(U)] <退出>:(向上单击)
选择要偏移的对象, 或 [退出(E)/放弃(U)] <退出>:              (选择踏步线)
指定要偏移的那一侧上的点, 或 [退出(E)/多个(M)/放弃(U)] <退出>:(向上单击)
选择要偏移的对象, 或 [退出(E)/放弃(U)] <退出>:              (选择踏步线)
指定要偏移的那一侧上的点, 或 [退出(E)/多个(M)/放弃(U)] <退出>:(向上单击)
指定要偏移的那一侧上的点, 或 [退出(E)/多个(M)/放弃(U)] <退出>:(按 Enter 键结束命令)
选择要偏移的对象, 或 [退出(E)/放弃(U)] <退出>:  *取消*
```

绘制结果如图 11-34 所示。

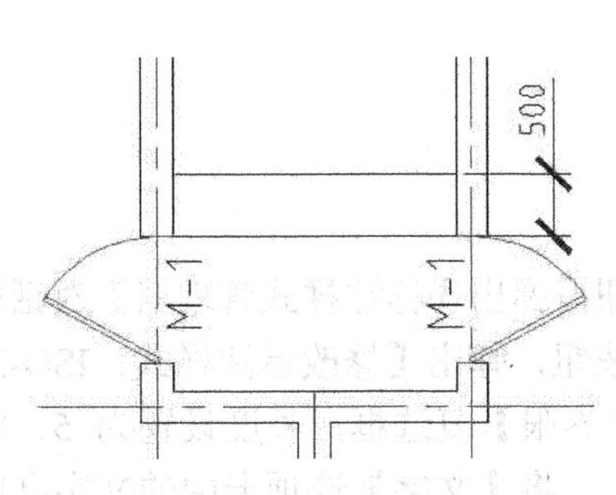

图 11-33　首条踏步线绘制结果

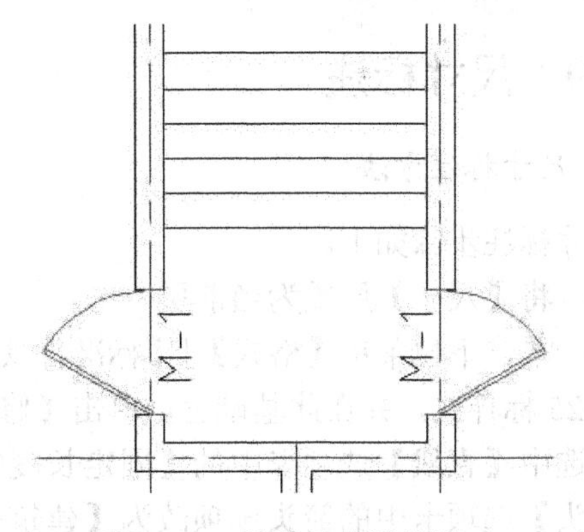

图 11-34　偏移踏步线结果

(3) 绘制扶手及折断线。

① 绘制扶手。

```
命令: _line 指定第一点:                               (捕捉踏步线中点)
指定下一点或 [放弃(U)]:                               (捕捉另一条踏步线中点)
指定下一点或 [放弃(U)]:                               (按 Enter 键, 结束命令)
命令: _offset
当前设置: 删除源=否  图层=源  OFFSETGAPTYPE=0
指定偏移距离或 [通过(T)/删除(E)/图层(L)] <通过>:  60  (设置偏移扶手距离为 60)
选择要偏移的对象, 或 [退出(E)/放弃(U)] <退出>:          (选择扶手线)
指定要偏移的那一侧上的点, 或 [退出(E)/多个(M)/放弃(U)] <退出>:  (向右单击)
选择要偏移的对象, 或 [退出(E)/放弃(U)] <退出>:          (按 Enter 键, 结束命令)
```

② 绘制折断线。

```
命令: _line 指定第一点:                               (指定折断线端点)
指定下一点或 [放弃(U)]:                               (指定折断线另一端点)
指定下一点或 [放弃(U)]:                               (按 Enter 键, 结束命令)
```

绘制结果如图 11-35 所示。

③ 裁剪编辑。

通过裁剪命令，对绘制的踏步进行裁剪；延伸命令延伸扶手长度，绘制结果如图 11-36 所示。

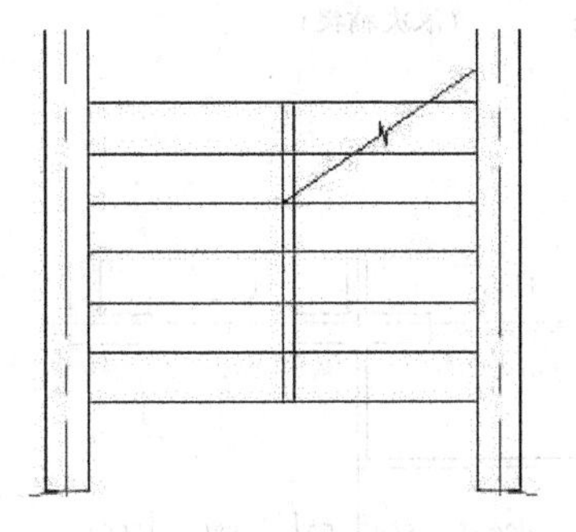
图 11-35　扶手及折断线绘制结果

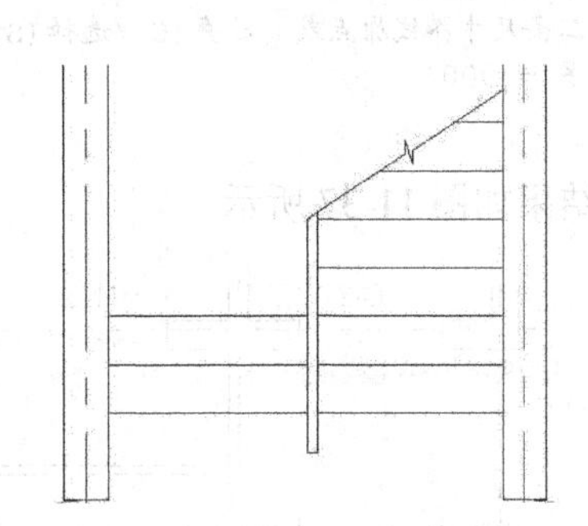
图 11-36　裁剪结果

11.2.9 尺寸标注

1. 尺寸标注方法

尺寸标注步骤如下。

(1) 将【尺寸】层置为当前层。

(2) 单击下拉菜单【格式】|【标准样式】按钮，弹出【标注样式管理器】对话框，选用 ISO-25 标样式，并在此基础上，单击【修改】按钮，弹出【修改标注样式：ISO-25】对话框，选中【直线】选项卡中的【固定长度的尺寸界限】复选框，长度设置为 5；将【符号和箭头】选项卡中的箭头选项改为【建筑标记】；将【文字】选项卡中的文字高度设置为 3.5；将【调整】选项卡中【使用全局比例】调整为 100。

(3) 标注尺寸。

对于建筑平面图尺寸标注，通常分三道尺寸：第一道为门窗定位尺寸；第二道为房间开间和进深尺寸；第三道为总尺寸。标注时，按由左向右由下向上的顺序进行。首先选择【线性】标注方式，由左端开始标注一段尺寸，然后再选择【连续】标注方式，继续向右标注，直至一道尺寸标注完成。具体标注过程如下。

① 第一道尺寸标注。

```
命令: _dimlinear                                    (选择线性标注)
指定第一条尺寸界线原点或 <选择对象>:                    (捕捉 a 点)
指定第二条尺寸界线原点:                                (捕捉 b 点)
指定尺寸线位置或
[多行文字(M)/文字(T)/角度(A)/水平(H)/垂直(V)/旋转(R)]:(在适当位置单击确定)
标注文字 = 750
命令: _dimcontinue                                  (选择连续标注)
指定第二条尺寸界线原点或 [放弃(U)/选择(S)] <选择>:       (捕捉 c 点)
标注文字 = 1800
指定第二条尺寸界线原点或 [放弃(U)/选择(S)] <选择>:       (捕捉 d 点)
标注文字 = 750
指定第二条尺寸界线原点或 [放弃(U)/选择(S)] <选择>:       (依次捕捉)
标注文字 = 900
指定第二条尺寸界线原点或 [放弃(U)/选择(S)] <选择>:       (依次捕捉)
标注文字 = 2100
指定第二条尺寸界线原点或 [放弃(U)/选择(S)] <选择>:       (依次捕捉)
标注文字 = 900
指定第二条尺寸界线原点或 [放弃(U)/选择(S)] <选择>:       (依次捕捉)
标注文字 = 900
......
```

标注结果如图 11-37 所示。

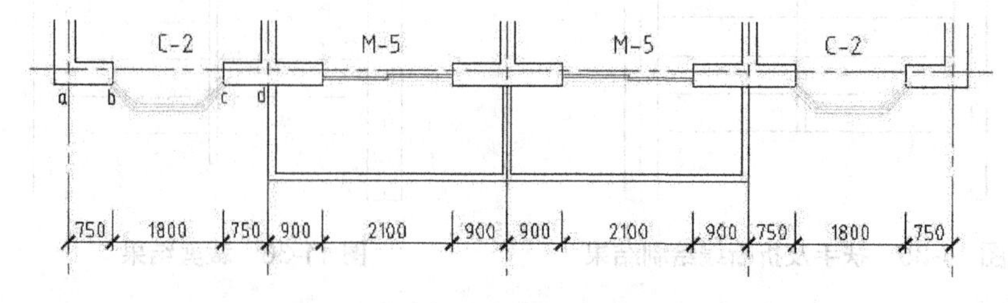

图 11-37 A 轴～1、2 轴第一道尺寸标注结果

② 第二、第三道尺寸标注。

标注方法同上。利用线性命令和连续命令标注尺寸线，结果如图 11-38 所示。

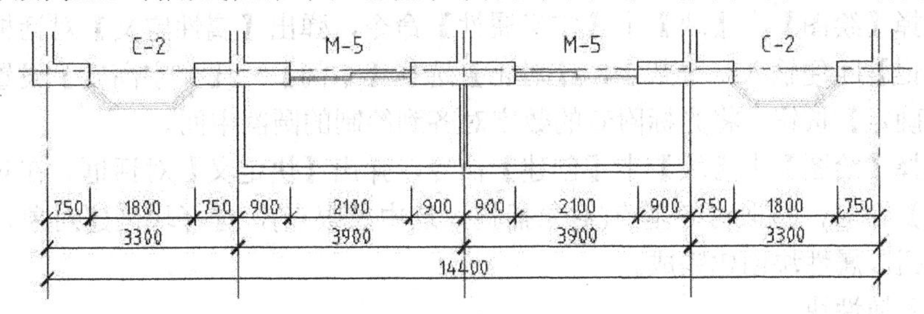

图 11-38 轴线及总尺寸标注结果

③ 其他尺寸标注。

同上。利用线性命令和连续命令标注其他的尺寸线，结果如图 11-39 所示。

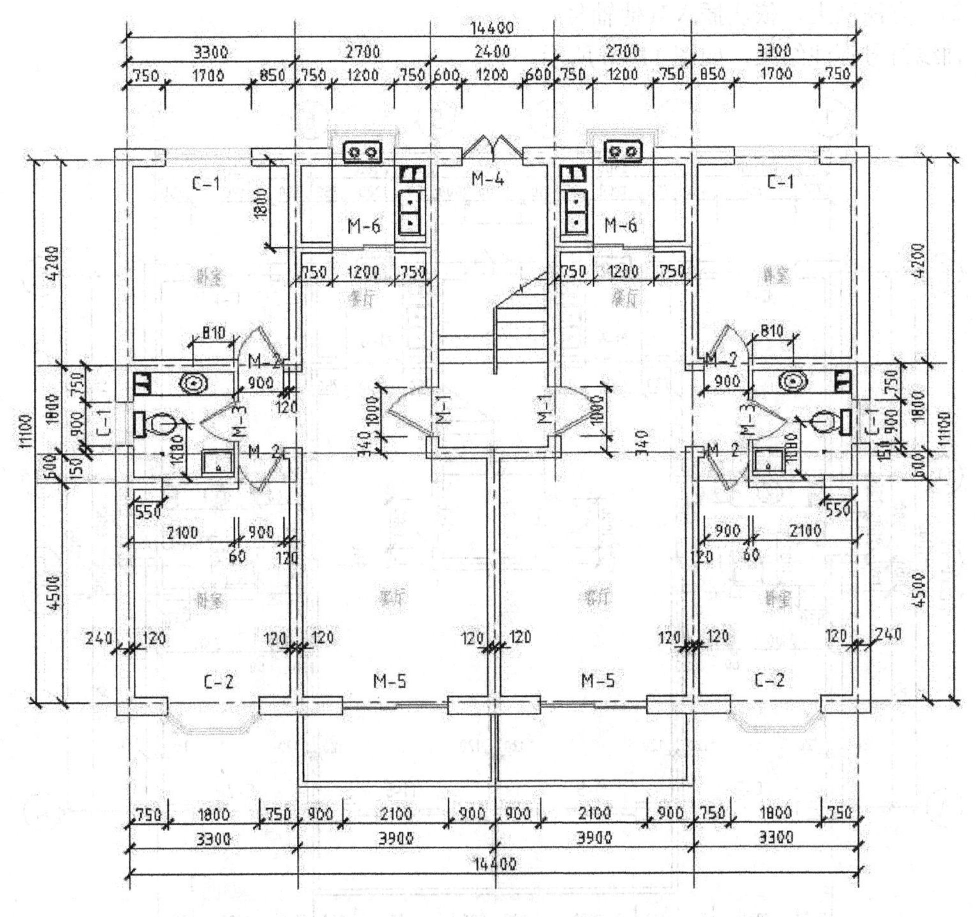

图 11-39 整体尺寸标注结果

2. 轴线符号

轴线符号制作和插入步骤如下。

(1) 将“0”层置为当前层。

(2) 用圆命令，在绘图区空白处绘制一个直径为 800 的圆。

(3) 制作属性块。

① 选择【绘图】|【块】|【定义属性】命令，弹出【属性定义】对话框。在对话框中，【标记】随便输入一个数字，【对正】选择【中间】，【文字高度】设置为 500，然后单击【确定】按钮，将光标附着的数字对齐到绘制的圆圈中间。

② 选择【绘图】|【块】|【创建】命令，弹出【块定义】对话框。在对话框中，依次为【块】命名，拾取对齐基点(对象捕捉，选中象限点)，选择块创建对象，然后单击【确定】按钮，属性块创建完成。

(4) 插入属性块。

① 在菜单栏中，选择【插入】|【块】命令，弹出【插入】对话框。在对话框中，找到定义的属性块名，单击【确定】按钮，移动光标到 1 轴位置并单击，在命令行输入属性值 1 并按 Enter 键。

② 方法同上，依次插入其他轴号。

轴线符号标注结果，如图 11-40 所示。

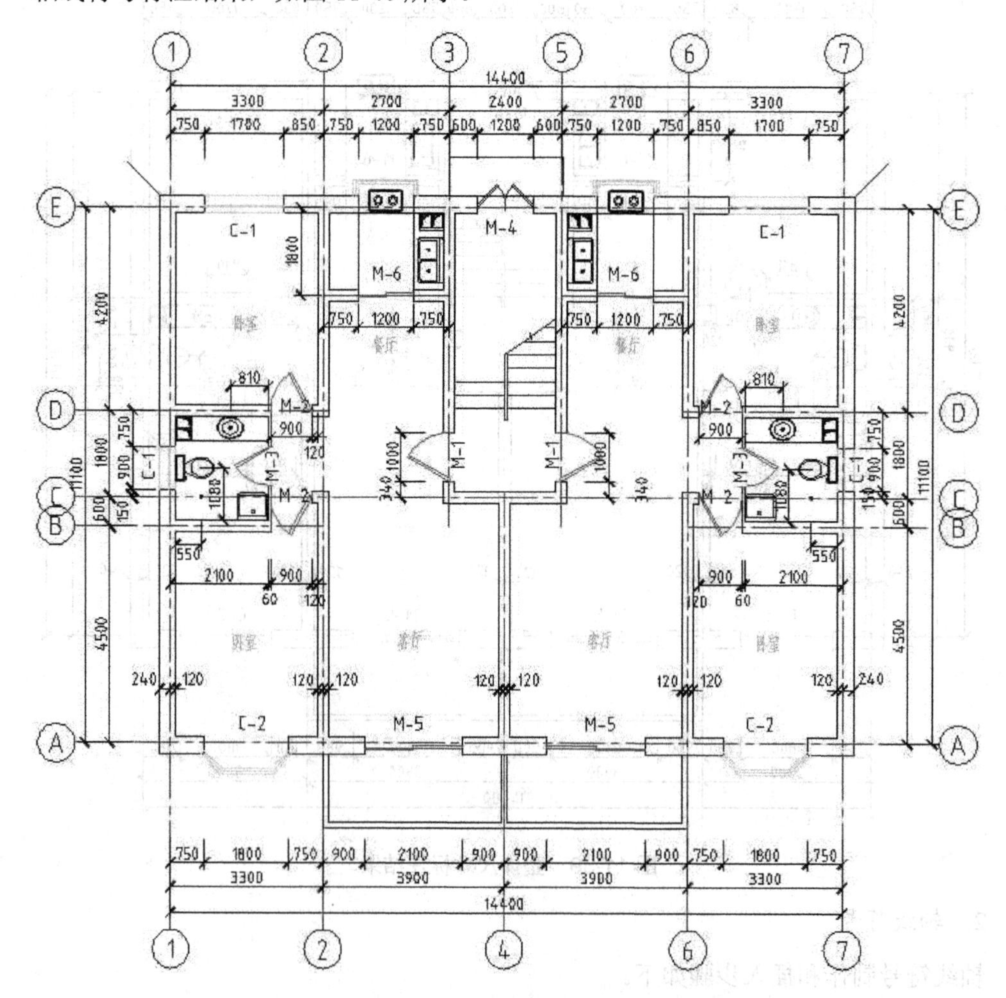

图 11-40 轴线符号插入结果

11.2.10　其他部分绘制

1. 散水绘制

散水宽度为 700。利用矩形命令，沿外墙外轮廓绘制矩形，再利用偏移命令向外偏移 700，然后删除原始矩形轮廓线及矩形偏移线的遮挡部分，补齐转角线，完成散水绘制。

2. 花坛

花坛外围尺寸为 550×900，厚度为 60。利用矩形、偏移、分解、裁剪等命令来绘制。

3. 标高符号

可利用直线、镜像、裁剪等命令来绘制标高符号，并定义成属性块。按建筑统一制图标准，标高符号应制做成等腰三角形，高度为 300，斜线夹角为 45°，尾部长度为 900。

4. 图名及比例符号

利用单行文字输入文字，图名字高为 800，比例字高为 500。

11.2.11　最终绘制结果

经过绘图的全过程，得到最终如图 11-41 所示的成果，并保存为【一层平面图.dwg】。对于打印输出，将在后面的章节中，作详细的介绍。

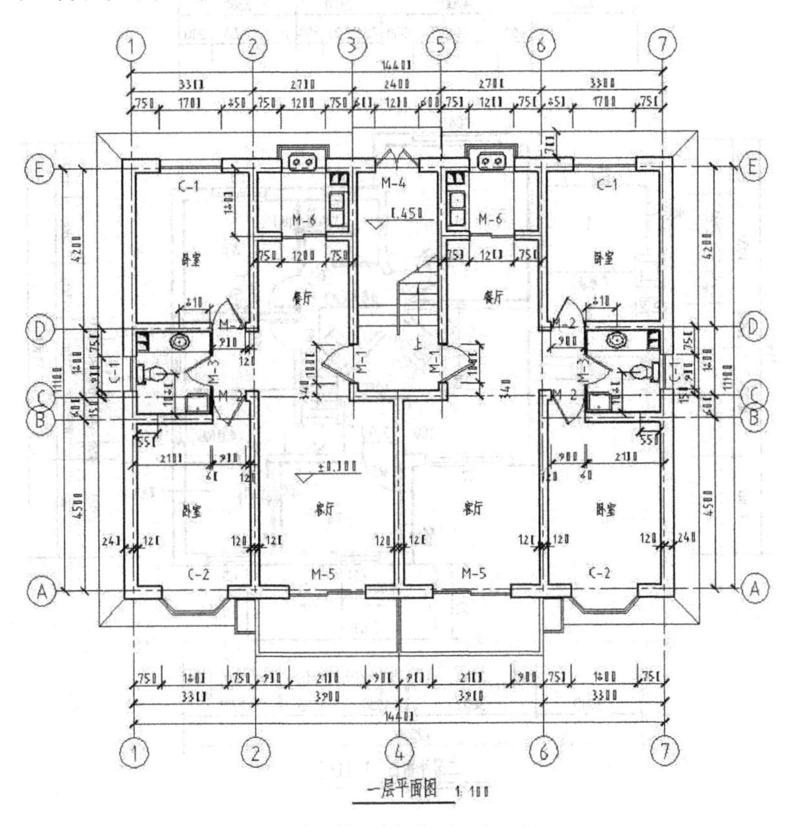

图 11-41　一层平面图最终绘制结果

思考与练习题

1. 思考题

(1) 简述一张完整的建筑平面图有哪些步骤。

(2) 使用多线命令绘制墙体，如何与多线样式配合调整对正和比例？

(3) 如何使用多线编辑命令处理“T”形墙体和“十”形墙体合并？

(4) 建筑平面图的三道尺寸都叫什么尺寸？如何标注？

(5) 轴线符号的基本尺寸是多少？如何将轴线符号制作成带有属性的块？

2. 绘图题

绘制如图 11-42 所示的别墅二层平面图。

绘图提示：

(1) 轴线运用直线及偏移命令绘制，墙体利用多线命令绘制。外墙偏轴，厚度为 370，内墙厚度为 240。

(2) 楼梯宽度 1200，楼梯踏步宽度为 300。

(3) 其他部分绘制参考本章实例。

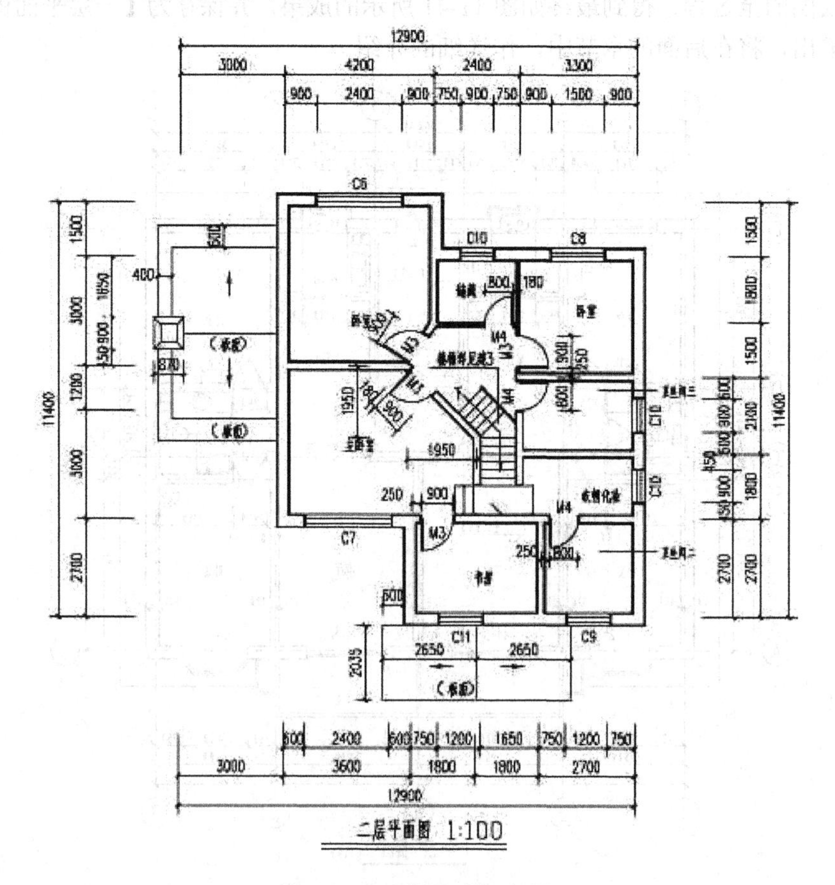

图 11-42 别墅二层平面图

第 12 章　绘制建筑立面图

本章内容提要：

本章主要介绍建筑立面图的概念、绘制要求及绘制方法，经过实例演练掌握建筑立面图的绘制要领。

学习要点：

- 立面图的产生过程及命名方法；
- 立面图的绘制要求及图示内容；
- 单元式住宅楼建筑立面图的绘制过程。

12.1　建筑立面图概述

建筑立面图是用来表示房屋四周的外部形象、各构配件相互关系以及外墙面材料做法的工程图，是指导房屋外部装修施工和编制工程预算及备料的重要依据。采用 AutoCAD 绘图时，应了解建筑立面图的产生、分类及图示内容等相关知识。

12.1.1　建筑立面图的产生

建筑立面图是在与房屋立面平行的投影面上所作的正投影图，称为建筑立面图，简称立面图，如图 12-1 所示。它反映了房屋的长度与高度或宽度与高度方向上的尺度、层数等外貌和外墙装修做法。

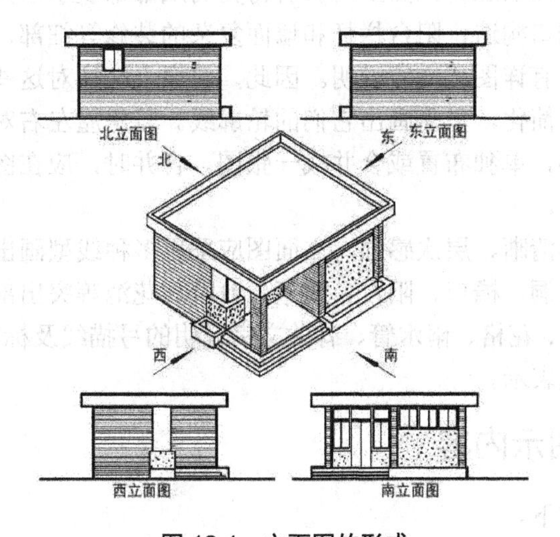

图 12-1　立面图的形成

12.1.2 建筑立面图的命名

建筑立面图命名方式如下。

(1) 按建筑物的朝向命名。按东西南北方向，建筑物朝向哪个方向，就按哪个方向命名。按此方法分为南立面图、北立面图、东立面图和西立面图，如图 12-2 所示。

(2) 按建筑物的主出入口或外貌特征命名。具有主要出入口或特征的一面称为正立面，与之相反的一面称为背立面图，正立面图左侧的称为左立面图，右侧的称为右立面图。

(3) 按轴线编号命名。按观察者面向建筑物由左向右的轴线顺序命名，如 11～1 轴立面图、B～H 轴立面图。

上述 3 名命令方式，以轴线命名方式最为常用。命名时，每套施工图只能选用其中的一种方式命名。

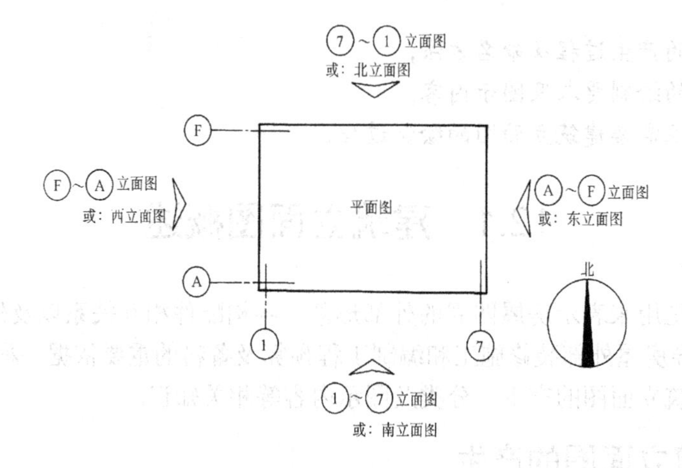

图 12-2 立面图的命名

12.1.3 建筑立面图的规定画法

按投影原理，立面图上应将立面上所有看得见的细部都表示出来。但由于立面图的比例较小，如门窗扇、檐口构造、阳台栏杆和墙面复杂的装修等细部，往往只用图例表示。它们的构造和做法都另有详图或文字说明。因此，习惯上往往对这些细部只分别画出一两个作为代表，其他都可简化，只需画出它们的轮廓线。若房屋左右对称时，正立面图和背立面图也可各画出一半，单独布置或合并成一张图。合并时，应在图的中间画一条铅直的对称符号作为分界线。

为了使立面图外形清晰、层次感强，立面图应采用多种线型画出。一般立面图的外轮廓用粗实线表示；门窗洞、檐口、阳台、雨篷、台阶、花池等突出部分的轮廓用中实线表示；门窗扇及其分格线、花格、雨水管、有关文字说明的弓描线及标高等均用细实线表示；室外地坪线用加粗实线表示。

12.1.4 立面图图示内容

立面图图示内容如下。

(1) 画出室外地面线及房屋的勒脚、台阶、花台、门、窗、雨篷、阳台；室外楼梯、墙、柱；外墙的预留孔洞、檐口、屋顶(女儿墙或隔热层)、雨水管，墙面分格线或其他装饰构件等。

(2) 注出外墙各主要部位的标高。如室外地面、台阶、窗台、门窗顶、阳台、雨篷、檐口标高、屋顶等处完成面的标高。一般立面图上可不注高度方向尺寸。但对于外墙留洞除注出标高外，还应注出其大小尺寸及定位尺寸。

(3) 注出建筑物两端或分段的轴线及编号。

(4) 标出各部分构造、装饰节点详图的索引符号。

(5) 用图例或文字或列表说明外墙面的装修材料及做法。

12.2 绘制住宅楼立面图

以如图 12-3 所示的住宅楼建筑立面图为例，介绍利用 AutoCAD 2012 绘制建筑立面图的全过程及方法。

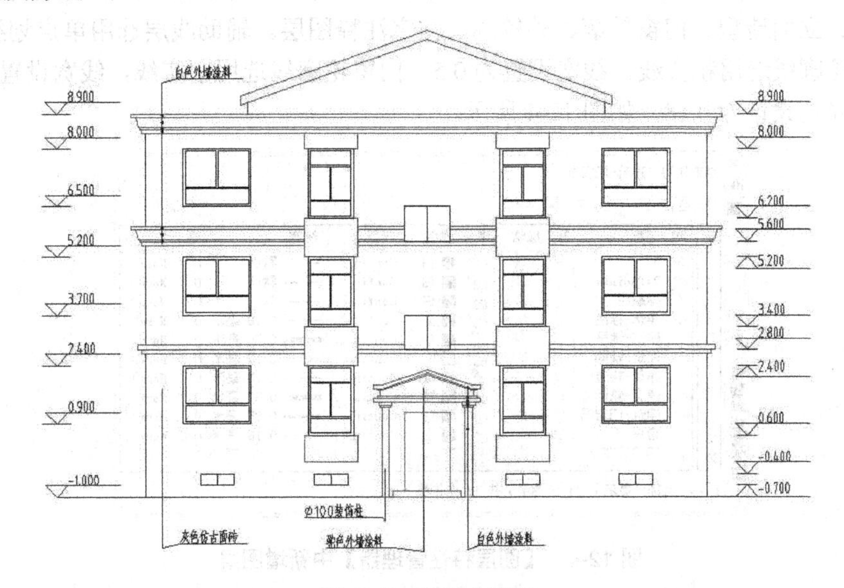

图 12-3 建筑立面图

绘制建筑立面图的一般步骤如下。

(1) 设置绘图环境。

(2) 绘制轴线、地平线及建筑物外围轮廓线。

(3) 绘制门窗、阳台。

(4) 绘制外墙立面的造型细节。

(5) 标注立面图的文本注释。

(6) 立面图的符号标注，如轴线符号、标高符号、索引符号等。

12.2.1 设置绘图环境

设置绘图环境步骤如下。

(1) 创建新图形文件。

单击文件下拉菜单中的新建按钮，弹出【选择样板】对话框，选择 acadiso.dwt 样板图，单击【打开】按钮，进入 AutoCAD 2012 绘图界面。

(2) 设置绘图界限及精度。

选择【格式】|【绘图界限】命令，命令行提示如下：

```
命令: '_limits
重新设置模型空间界限:
指定左下角点或 [开(ON)/关(OFF)] <0.0000,0.0000>:
指定右上角点 <420.0000,297.0000>: 42000,29700
命令: zoom
指定窗口的角点，输入比例因子 (nX 或 nXP)，或者
[全部(A)/中心(C)/动态(D)/范围(E)/上一个(P)/比例(S)/窗口(W)/对象(O)] <实时>: a
正在重生成模型。
```

(3) 设置图层。

选择【格式】|【图层】命令，弹出【图层特性管理器】对话框，然后创建新图层。新增辅助线、立面造型、门窗轮廓、外轮廓、文字注释图层。辅助线层选用单点划线，线宽默认；外轮廓线选用粗实线，线宽设置为 0.5，门窗轮廓线选用中实线，线宽设置为 0.35，图层其他线宽设置为 0.18，如图 12-4 所示。

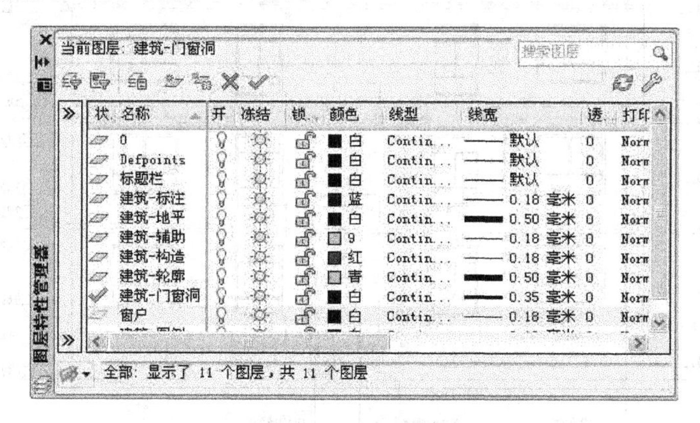

图 12-4 【图层特性管理器】中新增图层

(4) 设置单位。

选择【格式】|【单位】命令，弹出【图形单位】对话框，单击长度选项框中【精度】右侧小三角，选择 0，单击【确定】按钮。

(5) 设置文字样式。

选择【格式】|【文字样式】命令，调出【文字样式】对话框，选用【字体】中的 gbcbig.shx+gbenor.shx 组合，【高度】设置为 350，这样就不用每次都调整字高了，然后关闭对话框。

(6) 设置标注样式。

选择【格式】|【标注样式】命令，调出【标注样式管理器】对话框，选择【修改】按钮，在【修改标注样式：ISO-25】中，在【符号和箭头】选项卡中选择建筑标记，将【调整】选项卡中【标注特征比例】中的【使用全局比例】修改为 100，然后单击【确定】按

钮，退出【修改标注样式：ISO-25】对话框，再单击返回的【标注样式管理器】中的【关闭】按钮。

(7) 完成设置并保存文件。

选择【文件】|【保存】命令，首次保存会弹出【文件另存为】对话框，在对话框中，将文件命名为“建筑立面图”，然后单击【确定】按钮。

12.2.2 绘制辅助线

绘图环境设置完成后，就可以开始画图了。一般情况下，首先构建一个用于图形定位的基准线网架，该网格分别由水平和垂直两个方向的辅助线构成，主要用于房屋地平、层高、檐口、门窗洞口的定位。其绘制步骤如下。

(1) 在图层工具栏的【图层控制】下拉列表框中，选择【建筑-辅助】图层，并置为当前图层。按下状态栏中的【正交】按钮，打开【正交】模式。

(2) 绘制水平辅助线。单击绘图工具条中的直线命令按钮，在底部适当位置绘制一条水平线，然后依照图 12-5(a)所示的水平基准线间距尺寸，通过偏移命令按照由下而上的顺序依次偏移出水平方向的辅助线。绘制过程中，命令行提示如下。

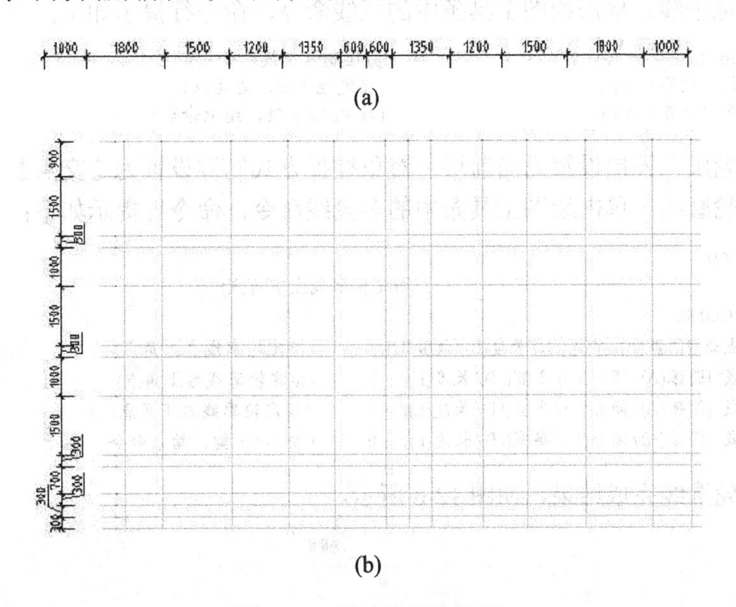

(a)

(b)

图 12-5 辅助线偏移结果

```
命令: _line 指定第一点:                        (在绘图区域底部适当位置指定一点)
指定下一点或 [放弃(U)]: 16000                  (光标右侧引导，输入 16000，按 Enter 键)
指定下一点或 [放弃(U)]:                                  (按 Enter 键，结束命令)
命令: _offset
当前设置: 删除源=否  图层=源  OFFSETGAPTYPE=0
指定偏移距离或 [通过(T)/删除(E)/图层(L)] <900.0000>:  300       (指定偏移距离值 300)
选择要偏移的对象，或 [退出(E)/放弃(U)] <退出>:                   (选择底部直线)
指定要偏移的那一侧上的点，或 [退出(E)/多个(M)/放弃(U)] <退出>:   (上侧单击)
选择要偏移的对象，或 [退出(E)/放弃(U)] <退出>:                   (选择偏移直线)
指定要偏移的那一侧上的点，或 [退出(E)/多个(M)/放弃(U)] <退出>:   (上侧单击)
选择要偏移的对象，或 [退出(E)/放弃(U)] <退出>:                   (选择偏移直线)
指定要偏移的那一侧上的点，或 [退出(E)/多个(M)/放弃(U)] <退出>:   (上侧单击)
选择要偏移的对象，或 [退出(E)/放弃(U)] <退出>:                   (两次按 Enter 键)
```

```
命令: _offset
当前设置: 删除源=否  图层=源  OFFSETGAPTYPE=0
指定偏移距离或 [通过(T)/删除(E)/图层(L)] <300.0000>:  700 (指定偏移距离值 700)
选择要偏移的对象，或 [退出(E)/放弃(U)] <退出>:              (选择偏移直线)
指定要偏移的那一侧上的点，或 [退出(E)/多个(M)/放弃(U)] <退出>:   (上侧单击)
选择要偏移的对象，或 [退出(E)/放弃(U)] <退出>:              (两次按 Enter 键)
……
同理偏移出全部水平辅助线。
```

(3) 绘制垂直辅助线。

按照图 12-5(b)所示尺寸，运用直线和偏移命令按由左向右的顺序绘制垂直辅助线。方法与绘制水平辅助线同理，不再赘述。

通过上述方法绘制的水平和垂直辅助线，构建成一个基准定位网架，如图 12-5 所示。

12.2.3 绘制地平线和轮廓线

绘制地平线和轮廓线的步骤如下。

(1) 将【地平】图层设置为当前层，按下状态栏中【捕捉对象】按钮，并将对象捕捉方式设置为【交点】、【端点】。

(2) 绘制地平线。单击绘图工具条中的直线命令，命令行提示如下：

```
命令: _line 指定第一点:              (绘制地平线，并指定左端点)
指定下一点或 [放弃(U)]:              (指定地平线，右端点)
指定下一点或 [放弃(U)]:              (按 Enter 键，结束命令)
```

(3) 将“轮廓”图层设置为当前层，对象捕捉方式同样设置为【交点】、【端点】。

(4) 绘制轮廓线。单击绘图工具条中的多段线命令，命令行提示如下：

```
命令: _pline
指定起点:                                          (指定轮廓线左下角点)
当前线宽为 0.0000
指定下一个点或 [圆弧(A)/半宽(H)/长度(L)/放弃(U)/…]:    (指定轮廓线左上角点)
指定下一点或 [圆弧(A)/闭合(C)/半宽(H)/长度(L)/…]:      (指定轮廓线右上角点)
指定下一点或 [圆弧(A)/闭合(C)/半宽(H)/长度(L)/…:       (指定轮廓线右下角点)
指定下一点或 [圆弧(A)/闭合(C)/半宽(H)/长度(L)/…]:      (按 Enter 键，结束命令)
```

地平线和轮廓线完成结果，如图 12-6 所示。

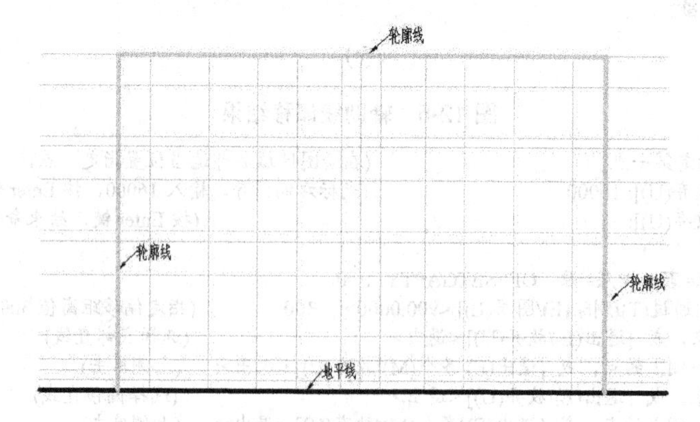

图 12-6 地平线和轮廓线绘制结果

12.2.4　绘制门窗洞口

(1) 将【门窗洞】图层置为当前层。按下状态栏中【捕捉对象】按钮，并将对象捕捉方式设置为【交点】、【端点】。

(2) 因门窗洞口都是矩形，因此采用矩形命令来绘制较为简单。绘制过程中，查找辅助线网对应的门口和窗口位置，顺序绘制完成门窗口的绘制，完成结果如图 12-7 所示。

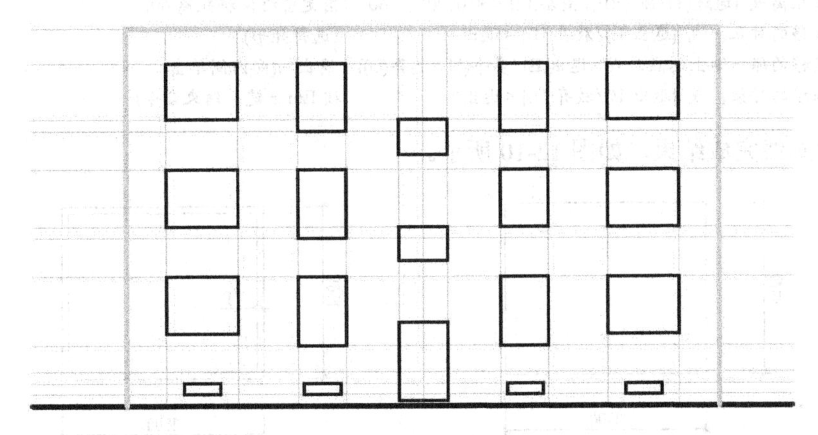

图 12-7　门窗洞口绘制结果

12.2.5　窗户绘制及安放

在绘制窗户之前，先观察一下住宅楼有几种窗户，数量多少。使用 CAD 作图时，每种窗只需做出一个样本，其余可利用块插入或复制命令或阵列命令来完成。本住宅楼有(a)、(b)、(c)、(d)4 种形式的窗，如图 12-8 所示。

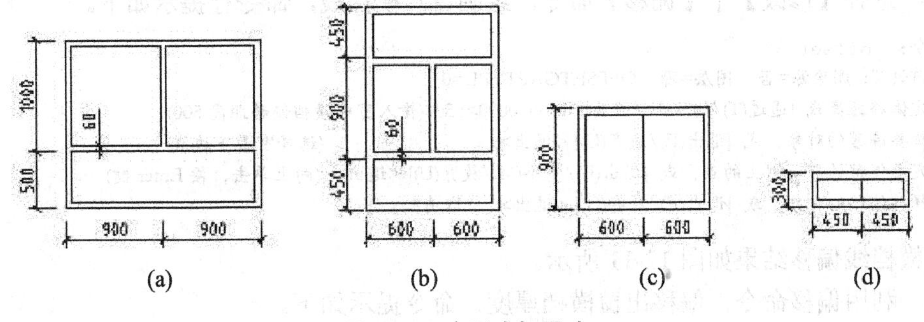

图 12-8　窗形式与尺寸

1. 窗的绘制

以(a)窗为例介绍的绘制过程：

(1) 将“窗户”图层作为当前层。单击状态栏中的【对象捕捉】按钮，并选中【交点】、【中点】捕捉方式。

(2) 依照图 12-5(a)窗所示尺寸绘制窗户。

① 选择【绘图】下拉菜单｜【矩形】命令，绘制窗户外轮廓线，命令行提示如下：

```
命令: _rectang
```

指定第一个角点或 [倒角(C)/标高(E)/圆角(F)/厚度(T)/宽度(W)]:(适当位置指定第一点)
指定另一个角点或 [面积(A)/尺寸(D)/旋转(R)]: @1800,1500(相对直角坐标指定第二点)

窗外轮廓线完成结果，如图 12-9 所示。

② 选择【修改】|【偏移】命令，绘制窗户内轮廓线，命令行提示如下。

命令: _offset
当前设置: 删除源=否 图层=源 OFFSETGAPTYPE=0
指定偏移距离或 [通过(T)/删除(E)/图层(L)] <30.0000>: 60 (指定窗框偏移距离 60)
选择要偏移的对象，或 [退出(E)/放弃(U)] <退出>: (选择矩形)
指定要偏移的那一侧上的点，或 [退出(E)/多个(M)/放弃(U)] <退出>:(向内侧单击)
选择要偏移的对象，或 [退出(E)/放弃(U)] <退出>: (按 Enter 键，结束命令)

窗内轮廓线完成结果，如图 12-10 所示。

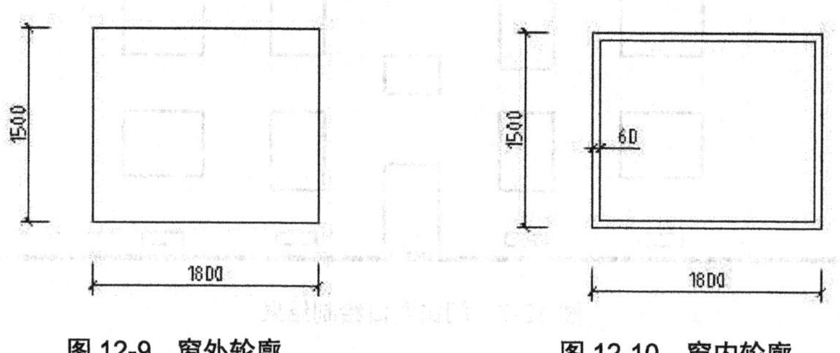

图 12-9 窗外轮廓　　图 12-10 窗内轮廓

③ 选择【修改】|【分解】命令，分解窗户外轮廓线，命令行提示如下。

命令: _explode
选择对象: 找到 1 个 (选择矩形并按 Enter 键，分解矩形)
选择对象:

④ 选择【修改】|【偏移】命令，绘制窗户横档线，命令行提示如下。

命令: _offset
当前设置: 删除源=否 图层=源 OFFSETGAPTYPE=0
指定偏移距离或 [通过(T)/删除(E)/图层(L)] <60.0000>: 500(输入窗中横档偏移距离 500)
选择要偏移的对象，或 [退出(E)/放弃(U)] <退出>: (选择窗最下边线)
指定要偏移的那一侧上的点，或 [退出(E)/多个(M)/放弃(U)] <退出>: (向上单击，按 Enter 键)
选择要偏移的对象，或 [退出(E)/放弃(U)] <退出>: *取消*

窗横档线偏移结果如图 12-11 所示。

⑤ 利用偏移命令，偏移出窗横档厚度，命令提示如下。

命令: _offset
当前设置: 删除源=否 图层=源 OFFSETGAPTYPE=0
指定偏移距离或 [通过(T)/删除(E)/图层(L)] <500.0000>: 60(输入窗横档偏移距离 60)
选择要偏移的对象，或 [退出(E)/放弃(U)] <退出>: (向横档上侧单击)
指定要偏移的那一侧上的点，或 [退出(E)/多个(M)/放弃(U)] <退出>:(按 Enter 键，结束)
选择要偏移的对象，或 [退出(E)/放弃(U)] <退出>: *取消*

窗横档厚度偏移结果如图 12-12 所示。

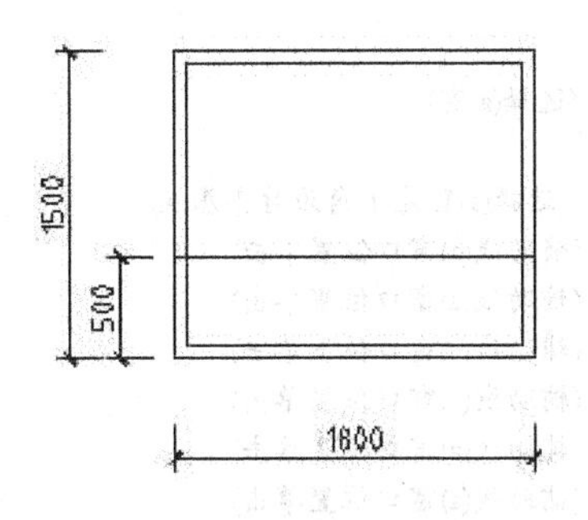

图 12-11　窗横档线偏移结果

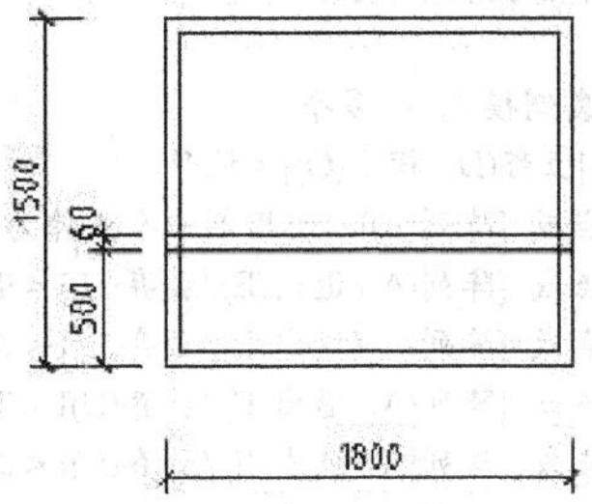

图 12-12　窗横档厚度偏移结果

⑥　利用直线命令，绘制中竖梃中线，命令提示如下。

```
命令: _line 指定第一点:                    (绘制中线，捕捉窗上框中点)
指定下一点或 [放弃(U)]:                    (捕捉窗横档中点)
指定下一点或 [放弃(U)]:                    (按 Enter 键，结束)
```

中竖梃中线绘制结果如图 12-13 所示。

⑦　利用偏移命令，偏移出窗竖梃厚度，命令提示如下。

```
命令: _offset
当前设置: 删除源=否　图层=源　OFFSETGAPTYPE=0
指定偏移距离或 [通过(T)/删除(E)/图层(L)] <60.0000>:　30　(输入中竖梃偏移距离 30)
选择要偏移的对象，或 [退出(E)/放弃(U)] <退出>:　　　　(选择窗竖梃对称线)
指定要偏移的那一侧上的点，或 [退出(E)/多个(M)/放弃(U)] <退出>: (向中线左侧单击)
选择要偏移的对象，或 [退出(E)/放弃(U)] <退出>:　　　　(向中线右侧单击)
指定要偏移的那一侧上的点，或 [退出(E)/多个(M)/放弃(U)] <退出>: (按 Enter 键，结束)
选择要偏移的对象，或 [退出(E)/放弃(U)] <退出>:　*取消*
```

窗中竖梃厚度偏移结果如图 12-14 所示。

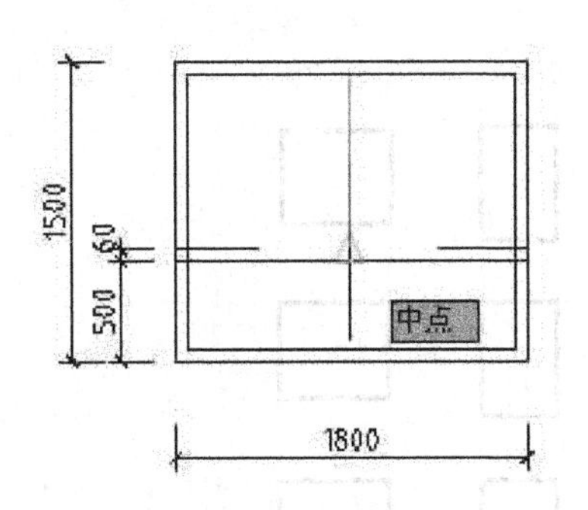

图 12-13　窗中竖梃中线绘制结果

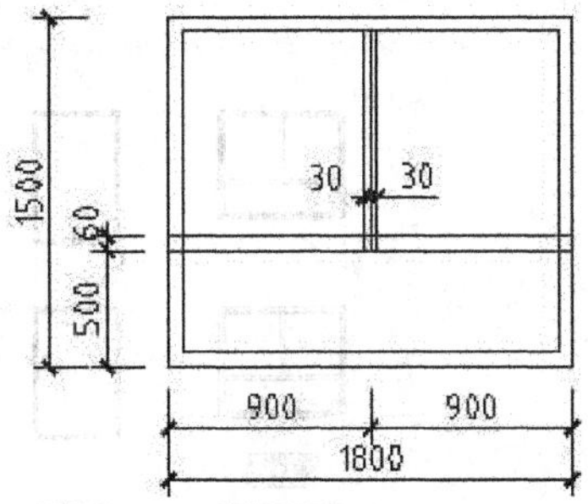

图 12-14　窗中竖梃厚度偏移结果

⑧　利用删除命令，删除窗竖梃中线，再利用修剪命令对多余部分进行修剪。窗最终制作结果如图 12-15 所示。

其他窗的绘制方法类似，不再赘述。

2. 窗的安放

以(a)窗为例，介绍窗的安放方法。

选择【绘图】|【矩形】命令，绘制窗户外轮廓线，命令行提示如下。

```
命令: _copy
```

选择对象：指定对角点：找到 1 个
选择对象：　　　　　　　　　　　　　　　　　　　　　　(选择(a)窗)
当前设置：　复制模式 = 多个
指定基点或 [位移(D)/模式(O)] <位移>:　　　　　　　　(选择(a)窗左下角为对齐基点)
指定第二个点或 [阵列(A)] <使用第一个点作为位移>:　　(辅助线(a)窗口位置单击)
指定第二个点或 [阵列(A)/退出(E)/放弃(U)] <退出>:　　(辅助线(a)窗口位置单击)
指定第二个点或 [阵列(A)/退出(E)/放弃(U)] <退出>:　　(辅助线(a)窗口位置单击)
指定第二个点或 [阵列(A)/退出(E)/放弃(U)] <退出>:　　(辅助线(a)窗口位置单击)
指定第二个点或 [阵列(A)/退出(E)/放弃(U)] <退出>:　　(辅助线(a)窗口位置单击)
指定第二个点或 [阵列(A)/退出(E)/放弃(U)] <退出>:　　(辅助线(a)窗口位置单击)
指定第二个点或 [阵列(A)/退出(E)/放弃(U)] <退出>:　　(按 Enter 键，结束命令)

共计 6 个(a)窗安放过程，如图 12-16 所示。

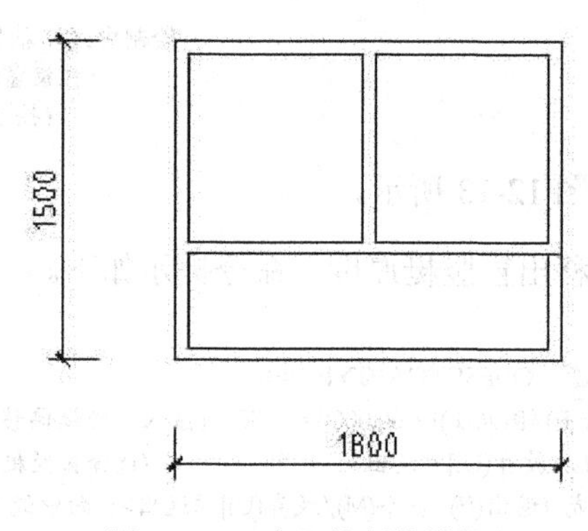

图 12-15　窗最终制作结果

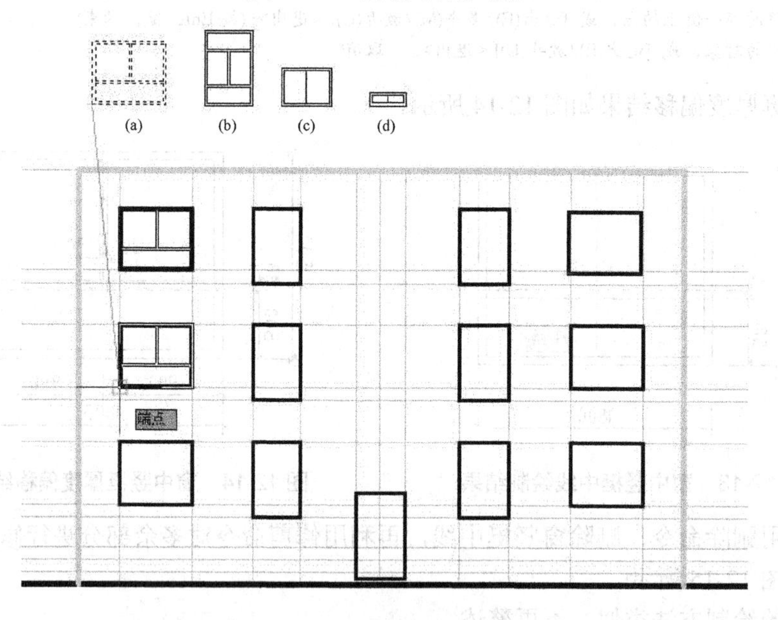

图 12-16　(a)窗安放过程

其他窗的安放方法可采用相同的方法安放。窗安放结果如图 12-17 所示。

注意： 窗的安放，也可以采用阵列、镜像等方法，具体选用哪种方法更快捷，应根据立面图形的具体情况而定。

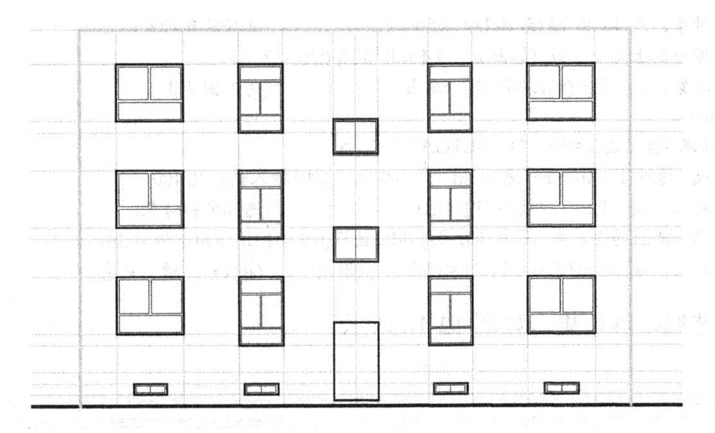

图 12-17 窗安放结果

12.2.6 绘制构造线

本住宅楼有三道多条直线构成的水平构造线，分别在标高 2.800m、5.600m、8.900m 的位置处。下面介绍构造线的绘制方法。

1. 绘制 8.900 处的构造线

构造线可采用直线、偏移、裁剪等命令来绘制。绘制步骤如下。

(1) 在图层工具栏【图层控制】下拉列表框中，选择【构造】层作为当前图层。单击【对象捕捉】按钮，选中【交点】复选框。

(2) 绘制 8.900 标高处的构造线，绘制过程如下。

① 单击绘图工具栏中的直线命令按钮，绘制 8.900 处的首条水平线，命令行提示如下。

```
命令: _line 指定第一点:          (指定 8.900 处的辅助线与外轮廓线的交点)
指定下一点或 [放弃(U)]:          (指定另一端辅助线与外轮廓线的交点)
指定下一点或 [放弃(U)]:          (按 Enter 键，结束命令)
```

② 利用偏移命令，按照 100、250、50、100 尺寸，依次向下偏移 4 条直线。命令行提示如下。

```
命令: _offset
当前设置: 删除源=否  图层=源  OFFSETGAPTYPE=0
指定偏移距离或 [通过(T)/删除(E)/图层(L)] <30.0000>: 100  (输入偏移值 100)
选择要偏移的对象, 或 [退出(E)/放弃(U)] <退出>:          (选择 8.90 处直线)
指定要偏移的那一侧上的点, 或 [退出(E)/多个(M)/放弃(U)] <退出>:
选择要偏移的对象, 或 [退出(E)/放弃(U)] <退出>:          (向下侧单击)
命令: _offset
当前设置: 删除源=否  图层=源  OFFSETGAPTYPE=0
指定偏移距离或 [通过(T)/删除(E)/图层(L)] <100.0000>: 250  (输入偏移值 250)
选择要偏移的对象, 或 [退出(E)/放弃(U)] <退出>:          (选择偏移对象)
指定要偏移的那一侧上的点, 或 [退出(E)/多个(M)/放弃(U)] <退出>:
选择要偏移的对象, 或 [退出(E)/放弃(U)] <退出>:          (向下侧单击)
命令: _offset
当前设置: 删除源=否  图层=源  OFFSETGAPTYPE=0
指定偏移距离或 [通过(T)/删除(E)/图层(L)] <250.0000>: 50 (输入偏移值 50)
```

```
选择要偏移的对象，或 [退出(E)/放弃(U)] <退出>:              (选择偏移对象)
指定要偏移的那一侧上的点，或 [退出(E)/多个(M)/放弃(U)] <退出>:
选择要偏移的对象，或 [退出(E)/放弃(U)] <退出>:              (向下侧单击)
命令: _offset
当前设置: 删除源=否   图层=源   OFFSETGAPTYPE=0
指定偏移距离或 [通过(T)/删除(E)/图层(L)] <50.0000>:  100 (输入偏移值 100)
选择要偏移的对象，或 [退出(E)/放弃(U)] <退出>:              (选择偏移对象)
指定要偏移的那一侧上的点，或 [退出(E)/多个(M)/放弃(U)] <退出>:(向下侧单击)
选择要偏移的对象，或 [退出(E)/放弃(U)] <退出>:  *取消*     (按 Enter 键，结束)
```

8.900 处构造线偏移结果，如图 12-18 所示。

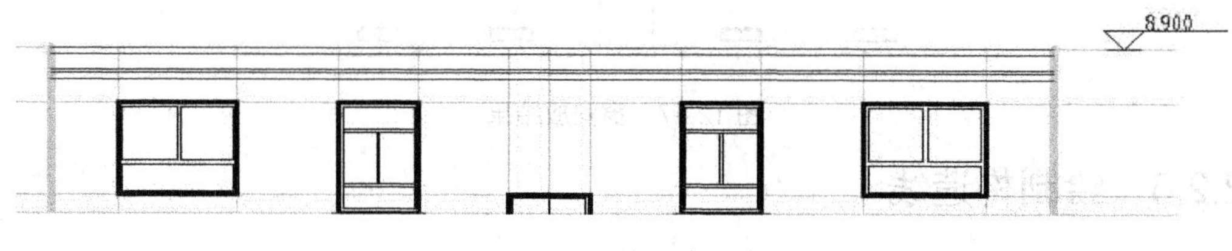

图 12-18　构造线偏移结果

(3) 绘制 8.900 标高处构造线端头。

可采用直线、样条曲线、裁剪等命令来绘制。其端头形状及尺寸，如图 12-19 所示。

绘制步骤如下。

① 仍使用【构造】图层作为当前层。打开正交方式，选择【交点】、【端点】作为对象捕捉方式。

② 绘制端头。

a. 使用直线命令，绘制长度为 450 的水平直线，然后使用偏移命令，按间距 100、250、50、100 由上到下依次偏移出 4 条水平线，如图 12-20 所示。

b. 使用直线命令，绘制出长度为 500 的垂直线，然后使用偏移命令，按间距 100、200、50、100 由右向左依次偏移出 3 条水平线，如图 12-21 所示。

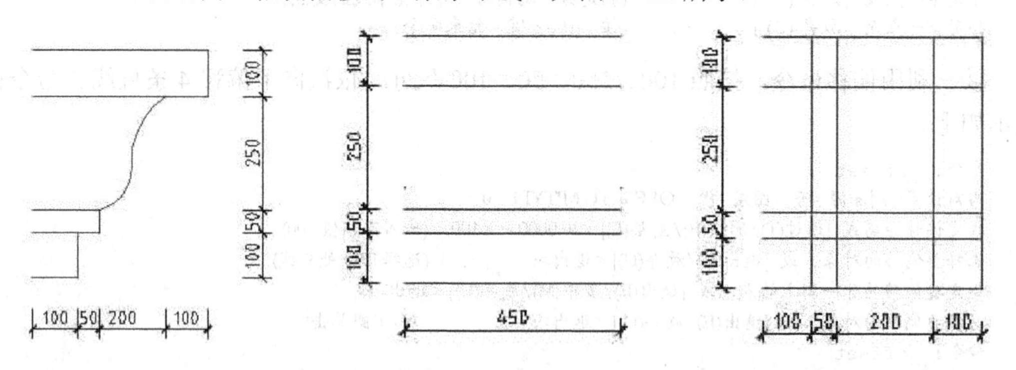

图 12-19　端头形状及尺寸　　图 12-20　水平线绘制结果　　图 12-21　垂直线绘制结果

c. 绘制端头曲线部分。

单击绘图工具栏中的样条曲线命令按钮，绘制曲线部分，命令行提示如下。

```
命令: _spline
当前设置: 方式=拟合     节点=弦
指定第一个点或 [方式(M)/节点(K)/对象(O)]:                (拾取 1 点)
```

输入下一个点或 [起点切向(T)/公差(L)]:　　(拾取 2 点)
输入下一个点或 [端点相切(T)/公差(L)/放弃(U)]:　　(拾取 3 点)
输入下一个点或 [端点相切(T)/公差(L)/放弃(U)/闭合(C)]:　　(拾取 4 点)
输入下一个点或 [端点相切(T)/公差(L)/放弃(U)/闭合(C)]:　　(按 Enter 键，结束命令)

绘制结果如图 12-22 所示。

注意： 曲线的曲度调整，可以通过夹点功能来实现。调整时只需调整 2、3 两个夹点的位置即可。

d.　使用裁剪命令裁剪多余线段，裁剪结果如图 12-23 所示。

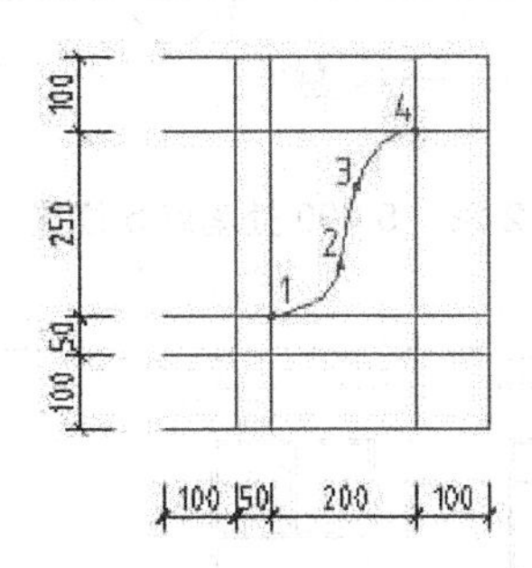

图 12-22　曲线绘制结果

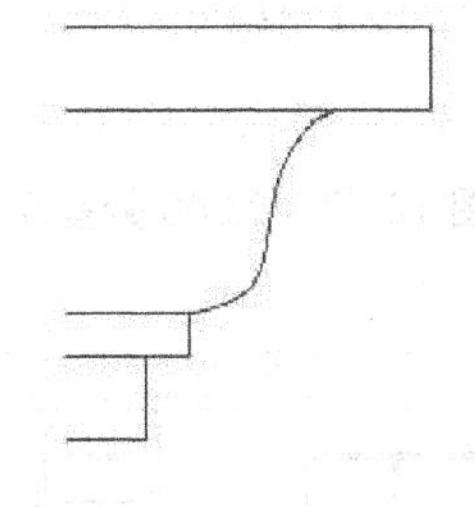

图 12-23　端头绘制结果

(4)　安放右侧端头。

现在我们可以通过复制命令进行端头复制。过程示意如图 12-24 所示，首先选择端头上边线左侧端点为对齐基点，拖曳鼠标移动端头并对齐构造线上边线右侧端点，按 Enter 键完成复制，如图 12-25 所示。

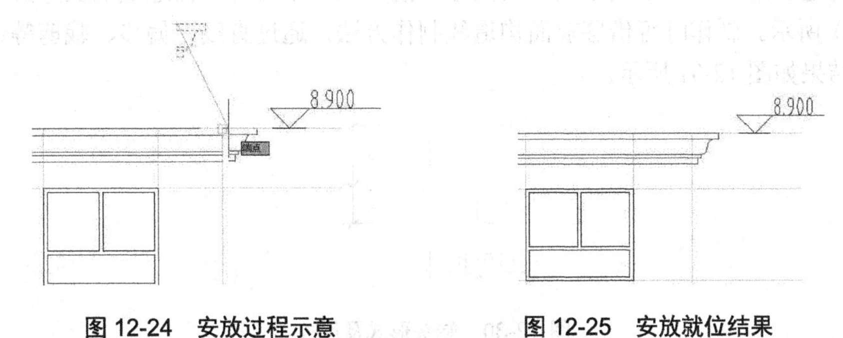

图 12-24　安放过程示意　　图 12-25　安放就位结果

(5)　安放左侧端头。

构造线右侧端头安放完成以后，可以通过镜像命令完成左侧端头的安放。完成结果如图 12-26 所示。

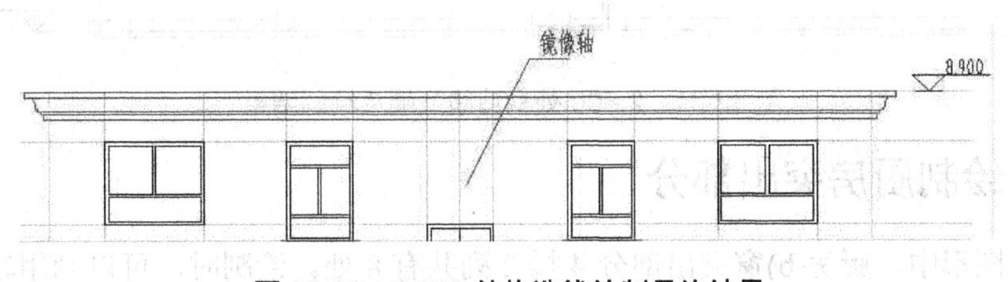

图 12-26　8.900 处构造线绘制最终结果

2. 绘制 5.600 处的构造线

因为 5.600 处的构造线形式和尺寸与 8.900 处完全相同，可以直接进行复制。复制时用窗口选择方式将水平构造线及端头全部选择，将 a 点作为对齐基点，如图 12-27 所示，然后拖曳鼠标对齐到目标基点 b，如图 12-28 所示，按 Enter 键完成复制。复制的结果如图 12-29 所示。

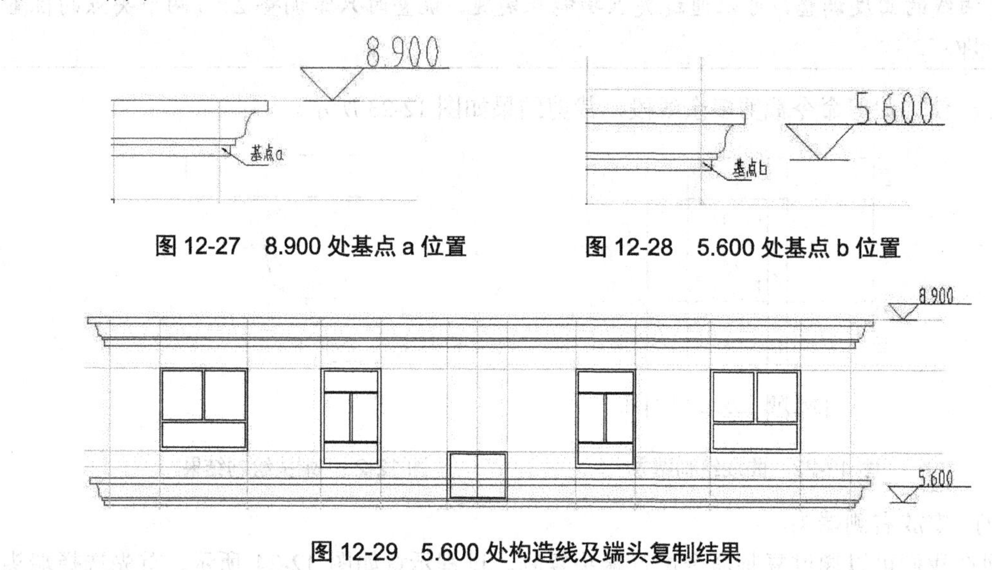

图 12-27　8.900 处基点 a 位置

图 12-28　5.600 处基点 b 位置

图 12-29　5.600 处构造线及端头复制结果

3. 绘制 2.800 处的构造线

该处构造线由 3 条水平线组成，其间距分别为 150 和 100。构造线端头形式和尺寸，如图 12-30 所示。制作时可借鉴前面构造线制作方法，通过直线、偏移、裁剪等命令来完成。绘制结果如图 12-31 所示。

图 12-30　端头形式及尺寸

图 12-31　2.800 处构造线及端头绘制结果

12.2.7　绘制厨房突出部分

在立面图形中，厨房(b)窗突出部分 4 排 2 列共有 8 处。绘制时，可以利用辅助线，通过矩形命令来实现。下面以一层(第一排)左侧(b)窗为例，介绍绘制的过程及方法。

(1) 偏移辅助线。

① 将【辅助】图层设置为当前层，选中状态栏【对象捕捉】中的【交点】选项。

② 通过偏移命令，将(b)窗洞左右边缘处的辅助线，各向外偏移 120，如图 12-32 所示。

(2) 绘制厨房突出部分。

① 将【构造】图层置为当前层，保持【对象捕捉】中的【交点】为打开状态。

② 调用矩形命令，命令行提示如下。

```
命令: _rectang
指定第一个角点或 [倒角(C)/标高(E)/圆角(F)/厚度(T)/宽度(W)]: <打开对象捕捉>(捕捉水平辅助线与垂直辅助线的 m 交点)
指定另一个角点或 [面积(A)/尺寸(D)/旋转(R)]: (捕捉水平辅助线与垂直辅助线的 n 交点)
```

突出部分绘制结果如图 12-33 所示。

(3) (b)窗其他突出部分的绘制方法同上，绘制结果如图 12-34 所示。

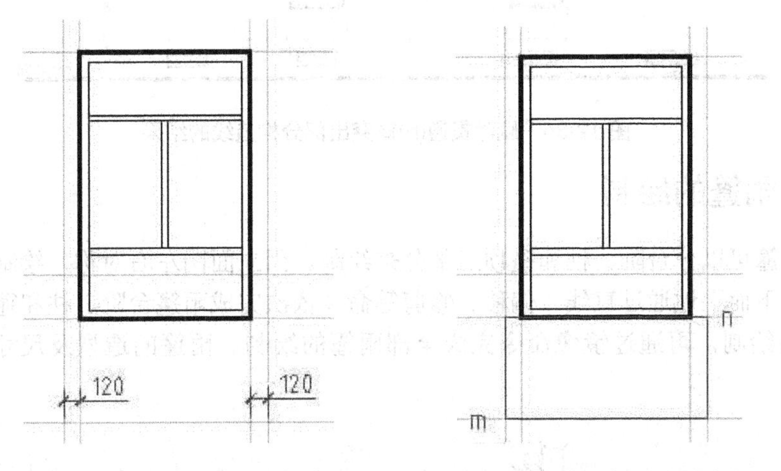

图 12-32 辅助线偏移尺寸　　　图 12-33 突出部分绘制结果

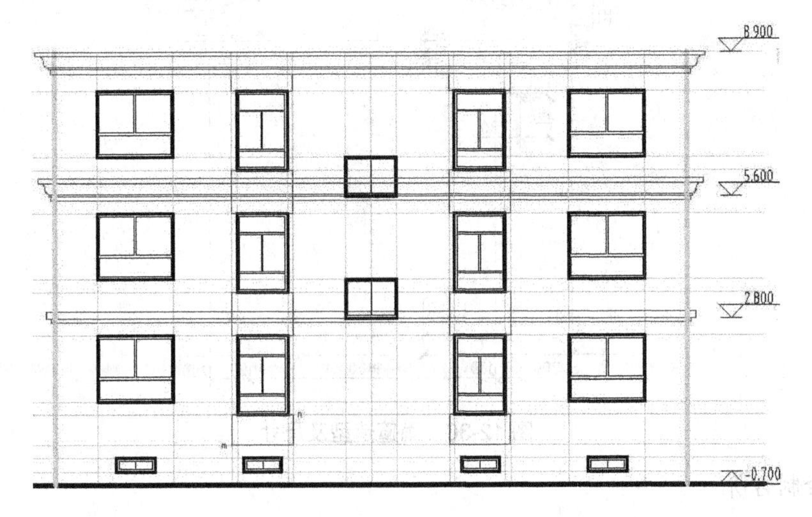

图 12-34 厨房(b)窗突出部分的绘制结果

(4) 删除(b)窗构造线贯通部分并顺便删除其他多余部分。

先删除贯通(b)窗突出部分的构造线，再删除(c)窗构造线贯通部分，最后删除外轮廓线与构造线的重叠部分，删除结果如图 12-35 所示。

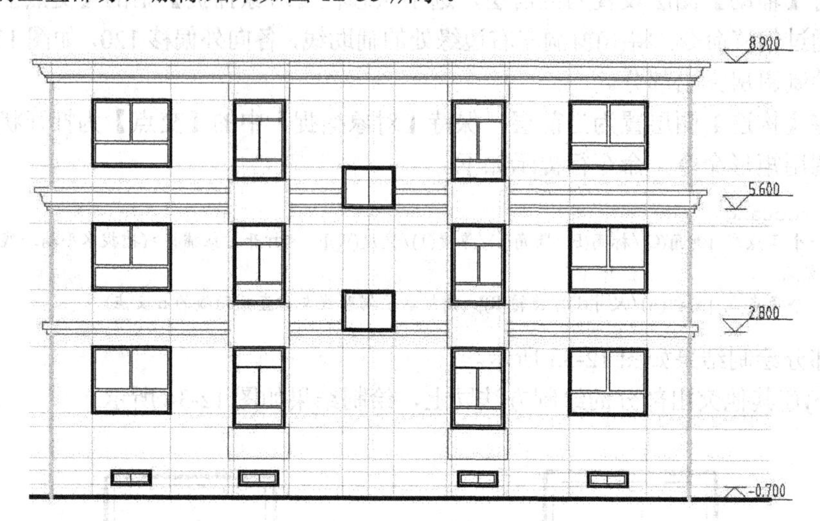

图 12-35　删除贯通(b)窗突出部分构造线的结果

12.2.8　雨篷的绘制

住宅雨篷可以分台阶、柱和篷顶三部分来绘制。因立面图左右对称，绘制时可以利用辅助线，由下而上地通过直线、偏移、修剪等命令依次完成雨篷台阶、柱和篷顶的对称轴左侧部分的绘制，再通过镜像命令完成全部雨篷的绘制。雨篷的造型及尺寸如图 12-36 所示。

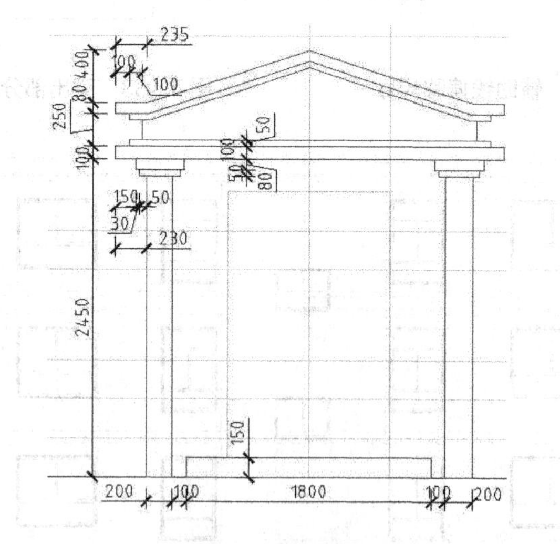

图 12-36　雨篷造型及尺寸

1. 绘制台阶

(1) 在【图层特性管理器】对话框中，新增一个【雨棚】图层，颜色为洋红，线宽为

0.35，并将其置为当前层。同时选中【对象捕捉】中的【交点】复选框、【垂足】复选框。

(2) 台阶的绘制。

① 偏移台阶宽度。

因雨篷左右对称，可通过对称轴处的辅助线向左偏移 900，偏移出台阶半个宽度，如图 12-37 所示。

② 绘制台阶。

通过直线命令，按光标导向输入法完成台阶的绘制。命令行提示如下。

绘制过程中，命令行提示如下。

```
命令: _line 指定第一点:            (捕捉辅助线与地平线的交点 1)
指定下一点或 [放弃(U)]: 1 5 0  (光标向上引导并输入距离 1 5 0 确定点 2)
指定下一点或 [放弃(U)]:          (光标向右引导捕捉点 3 垂足)
指定下一点或 [闭合(C)/放弃(U)]:  (按 Enter 键，结束命令)
```

绘制结果如图 12-38 所示。

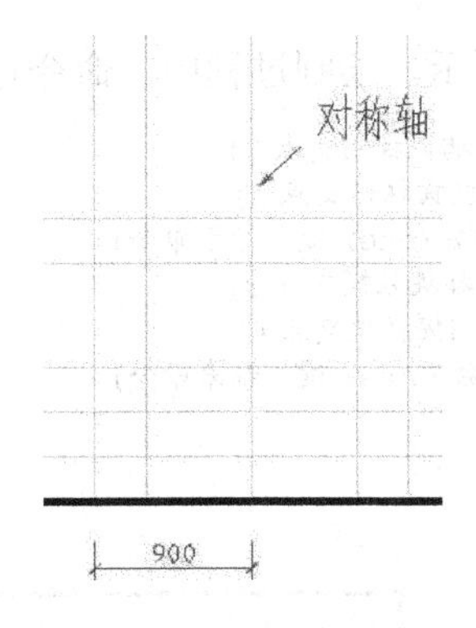

图 12-37　偏移台阶半宽

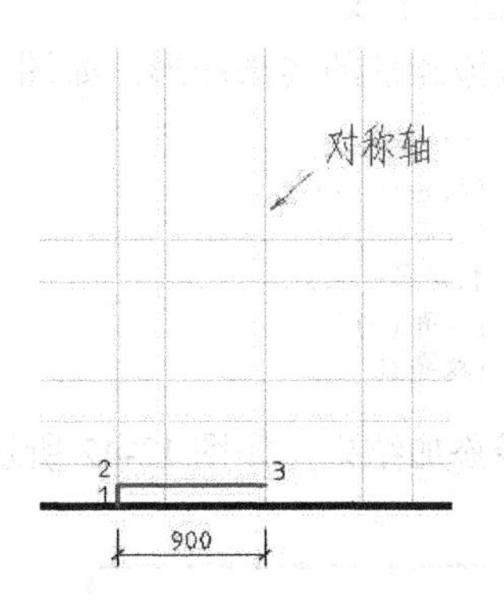

图 12-38　绘制的半个台阶

2. 绘制雨篷柱

(1) 通过偏移命令，利用台阶辅助线向左偏移两条柱边线，偏移距离分别为 100、200，偏移结果如图 12-39 所示。

(2) 绘制雨篷柱。

① 仍将雨篷层作为当前层。并打开【正交】模式。

② 利用光标导向输入法，顺时针方向绘制雨篷柱轮廓线。绘制过程中，命令行提示如下。

```
命令: _line 指定第一点:                    (指定地平线与住边线的交点 a)
指定下一点或 [放弃(U)]: 2320               (光标向上引导，输入 2320，按 Enter 键)
指定下一点或 [放弃(U)]: 50                 (光标向左引导，输入 50，按 Enter 键)
指定下一点或 [闭合(C)/放弃(U)]: 50         (光标向上引导，输入 50，按 Enter 键)
指定下一点或 [闭合(C)/放弃(U)]: 30         (光标向左引导，输入 30，按 Enter 键)
指定下一点或 [闭合(C)/放弃(U)]: 80         (光标向上引导，输入 80，按 Enter 键)
指定下一点或 [闭合(C)/放弃(U)]: 360        (光标向右引导，输入 360，按 Enter 键)
指定下一点或 [闭合(C)/放弃(U)]: 80         (光标向下引导，输入 80，按 Enter 键)
指定下一点或 [闭合(C)/放弃(U)]: 30         (光标向左引导，输入 30，按 Enter 键)
指定下一点或 [闭合(C)/放弃(U)]: 50         (光标向下引导，输入 50，按 Enter 键)
指定下一点或 [闭合(C)/放弃(U)]: 50         (光标向左引导，输入 50，按 Enter 键)
指定下一点或 [闭合(C)/放弃(U)]:2320        (光标向下引导，输入 2320，按 Enter 键)
指定下一点或 [闭合(C)/放弃(U)]:
```

绘制结果如图 12-40 所示。

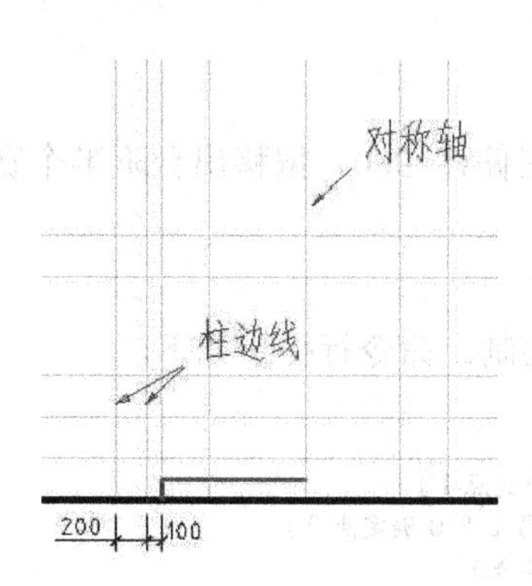

图 12-39 柱边线偏移结果

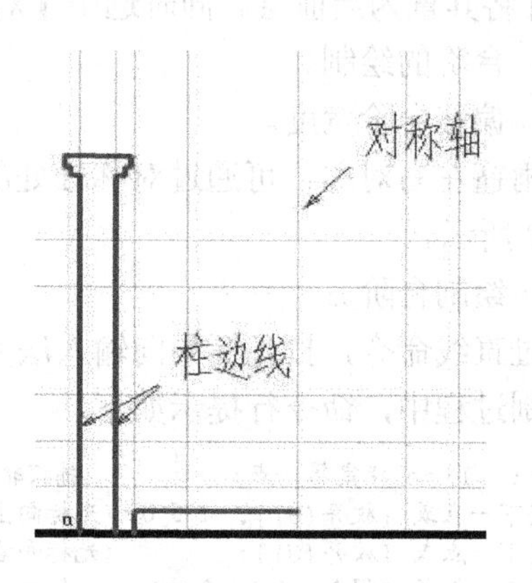

图 12-40 柱轮廓线绘制结果

③ 添加柱帽水平线。

柱帽水平线添加前的局部图形，如图 12-41 所示。绘制过程中，命令行提示如下。

```
命令: _line 指定第一点:                    (捕捉柱帽交点 1)
指定下一点或 [放弃(U)]:                    (捕捉柱帽交点 2)
指定下一点或 [放弃(U)]:                    (按 Enter 键，结束命令)
命令: _line 指定第一点:                    (捕捉柱帽交点 3)
指定下一点或 [放弃(U)]:                    (捕捉柱帽交点 4)
指定下一点或 [放弃(U)]:                    (按 Enter 键，结束命令)
```

柱帽水平线添加结果，如图 12-42 所示。

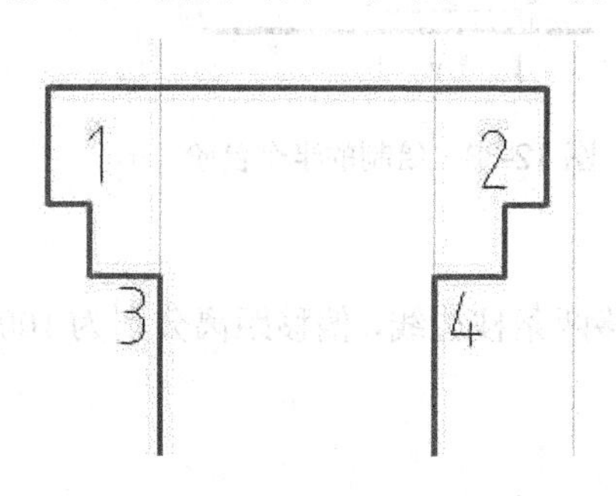

图 12-41 柱帽轮廓局部

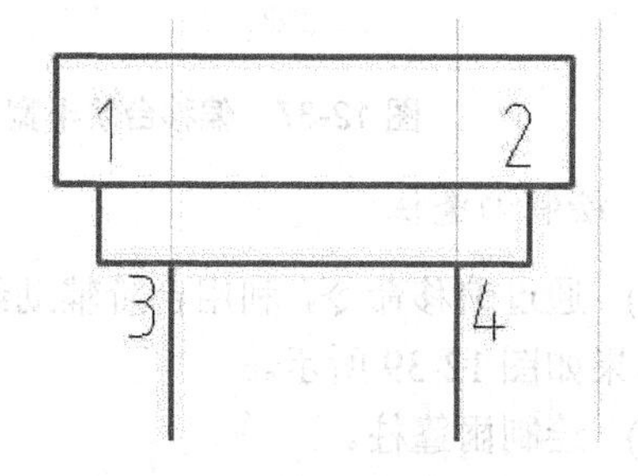

图 12-42 柱帽水平线添加结果

3. 绘制篷顶

篷顶主要由三道水平线和三道倾斜线构成，绘制时可通过直线、延伸、偏移等命令来完成篷顶的绘制。

(1) 篷顶水平线绘制。

① 第一条水平线绘制。

使用延伸命令，将柱帽最上一条水平线延伸至对称轴。绘制过程中命令行提示如下。

```
命令: _extend
当前设置:投影=UCS，边=无
选择边界的边...                     (选择对称轴作为延伸边界，按 Enter 键)
选择对象或 <全部选择>: 找到 1 个
选择对象:                           (单击柱帽最上一条水平线)
```

```
选择要延伸的对象，或按住 Shift 键选择要修剪的对象，或
[栏选(F)/窗交(C)/投影(P)/边(E)/放弃(U)]:
选择要延伸的对象，或按住 Shift 键选择要修剪的对象，或
[栏选(F)/窗交(C)/投影(P)/边(E)/放弃(U)]:  *取消*
```

结果如图 12-43 所示。

② 第二条水平线绘制。

光标导向输入法，完成第二条水平线的绘制。绘制过程中，命令行提示如下。

```
命令: _line 指定第一点:                        (捕捉柱帽左上角点)
指定下一点或 [放弃(U)]: 150                    (光标向左导向，输入 150，按 Enter 键)
指定下一点或 [放弃(U)]: <正交 开> 100          (光标向上导向，输入 100，按 Enter 键)
指定下一点或 [闭合(C)/放弃(U)]:          (光标向右至对称轴，出现垂足符号时，按 Enter 键)
指定下一点或 [闭合(C)/放弃(U)]:
```

绘制结果如图 12-44 所示。

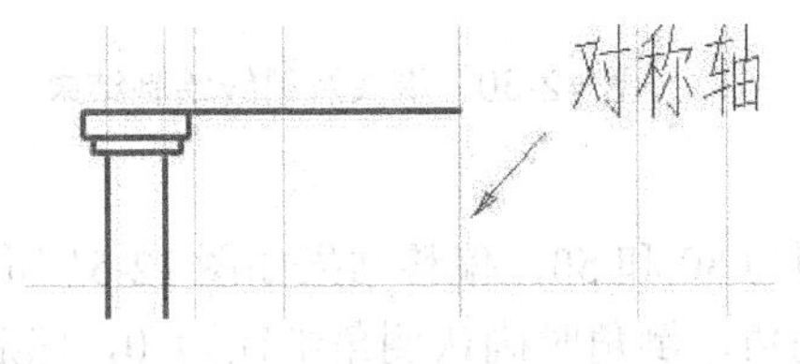

图 12-43　延伸结果

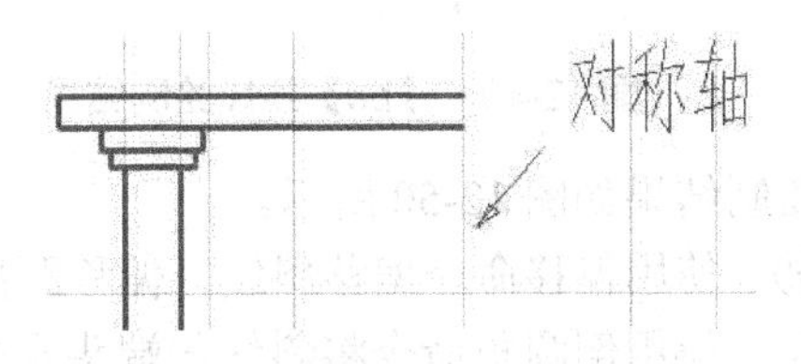

图 12-44　篷顶水平线绘制结果

③ 第三条水平线绘制。

将第二条水平线向上偏移 50，绘制出第三条水平线，如图 12-45 所示。再通过夹点功能将第三条水平线左侧夹点选中，如图 12-46 所示，然后使用直角坐标输入法，在命令行中输入@100，0，按 Enter 键，完成第三条线的缩进，如图 12-47 所示。最后补齐垂直端线，结果如图 12-48 所示。

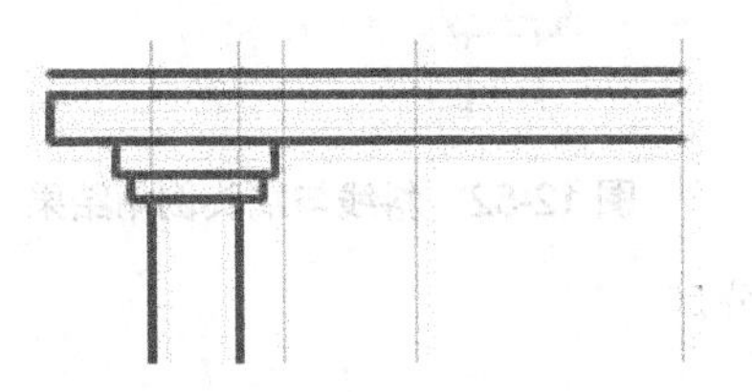
图 12-45　第三条水平线偏移结果

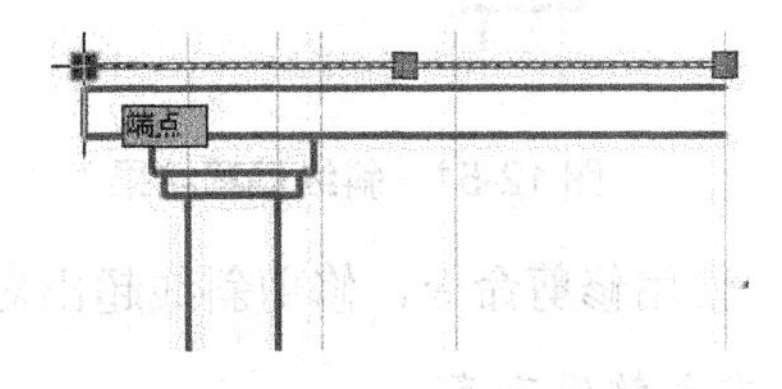

图 12-46　夹点功能使用示意

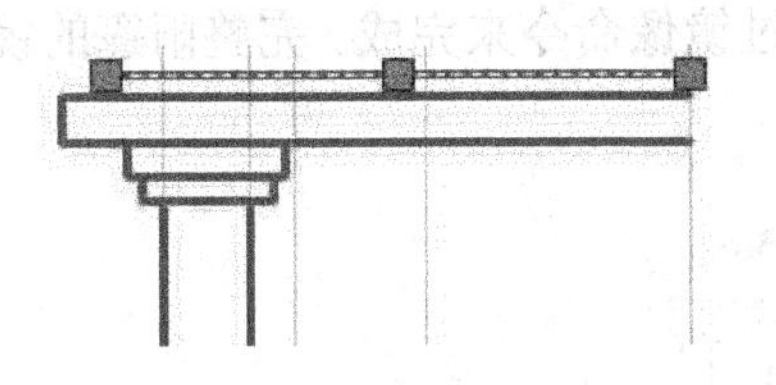
图 12-47　第三条水平线缩进结果

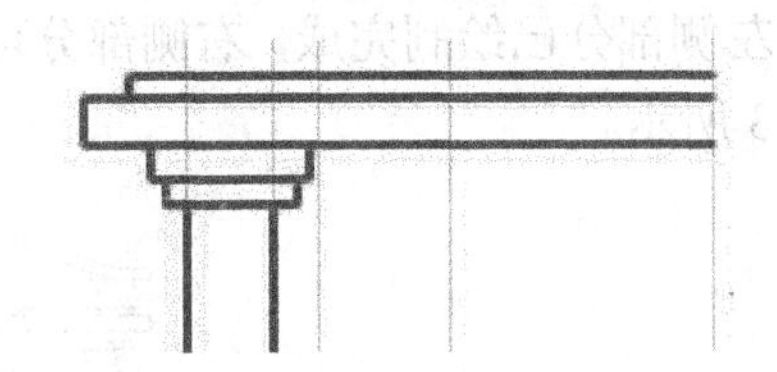
图 12-48　补齐端线结果

(2) 绘制篷顶端头和倾斜线。

① 将对称轴辅助线向左偏移 1230，然后调用直线命令，捕捉交点 b，光标向上导引并在命令行输入 150，按 Enter 键。结果如图 12-49 所示。

② 确定【正交】模式为打开状态，继续使用直线命令，捕捉端点 c，然后依次按光标导向输入法完成端头绘制。绘制过程中，命令行提示如下。

```
命令: _line 指定第一点:                              (捕捉端点 c)
指定下一点或 [放弃(U)]: 100                          (光标向左导向, 输入 100, 按 Enter 键)
指定下一点或 [放弃(U)]: 50                           (光标向上导向, 输入 50, 按 Enter 键)
指定下一点或 [闭合(C)/放弃(U)]: 100                  (光标向左导向, 输入 100, 按 Enter 键)
指定下一点或 [闭合(C)/放弃(U)]: 80                   (光标向上导向, 输入 80, 按 Enter 键)
指定下一点或 [闭合(C)/放弃(U)]: 235                  (光标向右导向, 输入 235, 按 Enter 键)
指定下一点或 [闭合(C)/放弃(U)]: @1195,400            (相对坐标法, 输入@1195,400, 按 Enter 键)
指定下一点或 [闭合(C)/放弃(U)]:
```

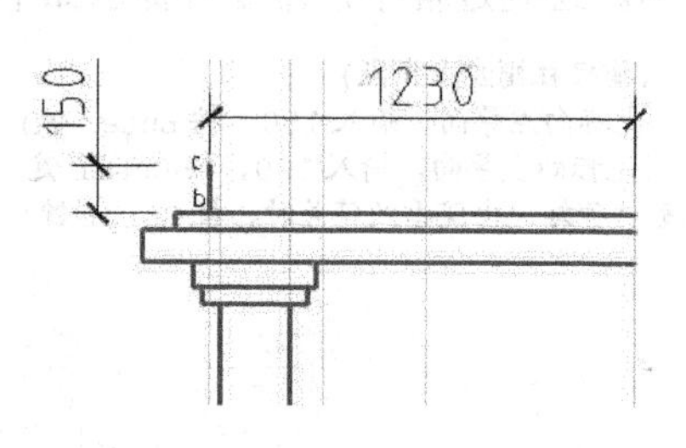

图 12-49 【bc】线段绘制结果

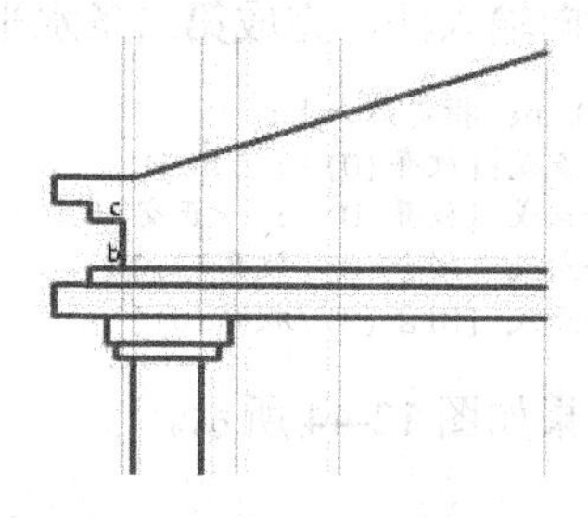

图 12-50 端头及斜线绘制结果

绘制结果如图 12-50 所示。

③ 使用偏移命令偏移斜线，偏移距离分别为 80 和 50，偏移结果如图 12-51 所示。

④ 使用倒圆角命令将斜线与端头水平线倒角，倒角时确认倒角半径为 0，然后依次单击倒角相关直线，完成倒角，结果如图 12-52 所示。

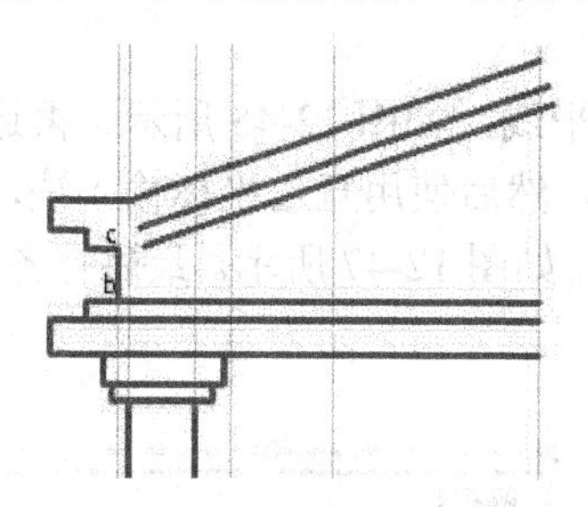

图 12-51 斜线偏移结果

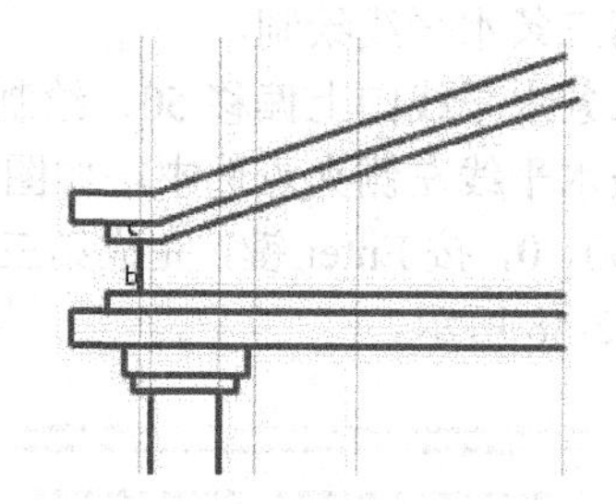

图 12-52 斜线与端头倒角结果

⑤ 使用修剪命令，修剪斜线超出对称轴部分。

4. 完成整体雨篷

雨篷左侧部分已绘制完成，右侧部分可以通过镜像命令来完成。完整雨篷的镜像结果，如图 12-53 所示。

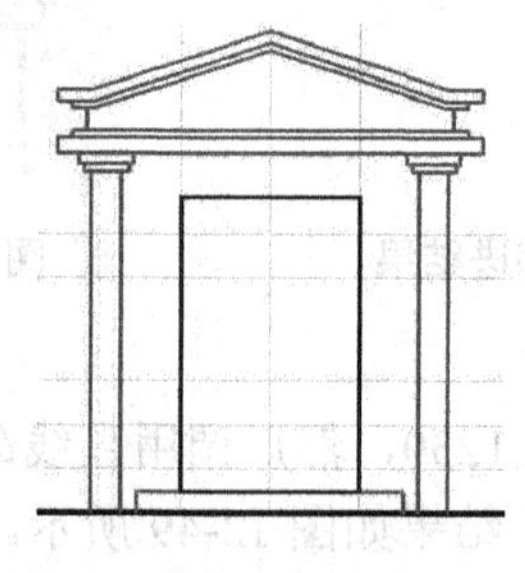

图 12-53 雨篷绘制最终结果

12.2.9 绘制坡屋面部分

本住宅部分屋面是悬山两坡屋面，绘制时，可以根据图 12-54 所示尺寸绘制左半部分，再通过镜像命令来完成。

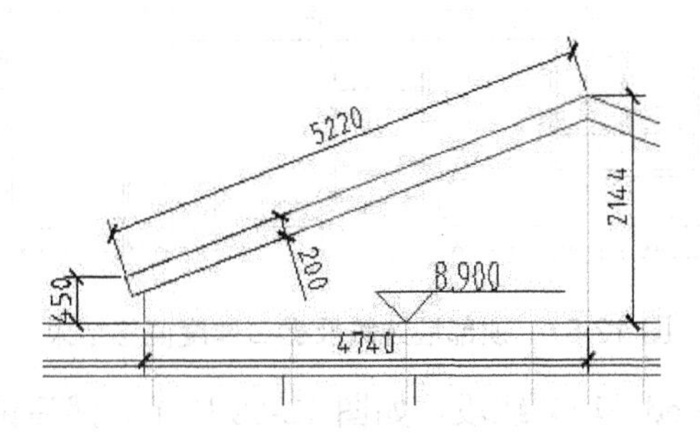

图 12-54 悬山屋顶的造型及尺寸

(1) 将【构造】图层置为当前层。单击【对象捕捉】按钮，选择其中的【交点】选项。

(2) 将 8.900 标高处的参考线向上偏移至屋脊线和檐口线，偏移距离分别为 2144 和 450，然后延伸对称轴至屋脊线 d 点，如图 12-55 所示。

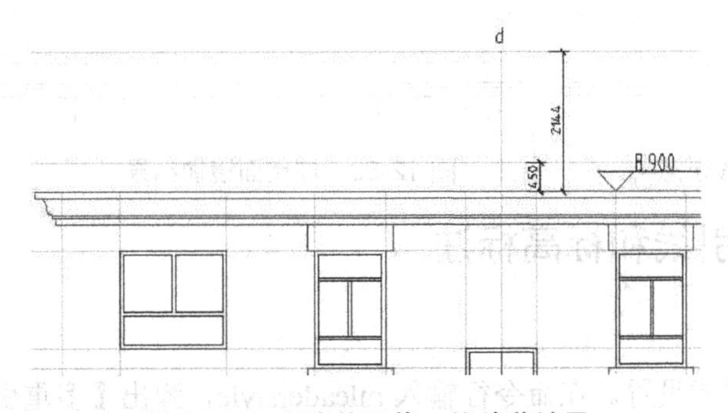

图 12-55 屋脊线及檐口线偏移结果

(3) 以 d 点为圆心，输入半径值 5220，绘制一个圆。该圆与 450 处的参考线相交于 e 点，调用直线命令连接 de 两点绘制一条直线，如图 12-56 所示。

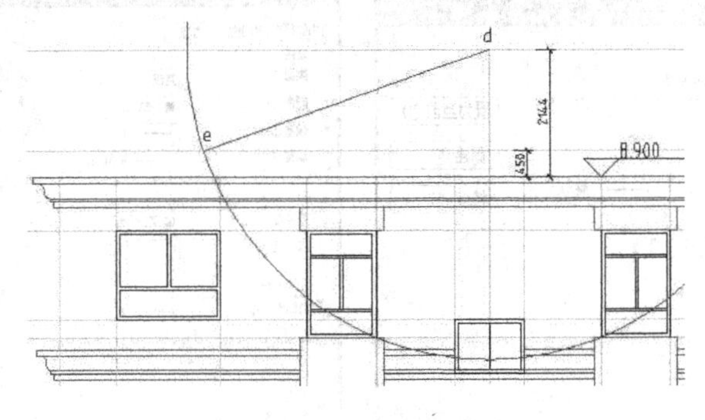

图 12-56 de 直线的绘制

(4) 删除圆。将对称轴参考线向左偏移 4740，然后将 de 直线向下偏移 200，结果如图 12-57 所示。

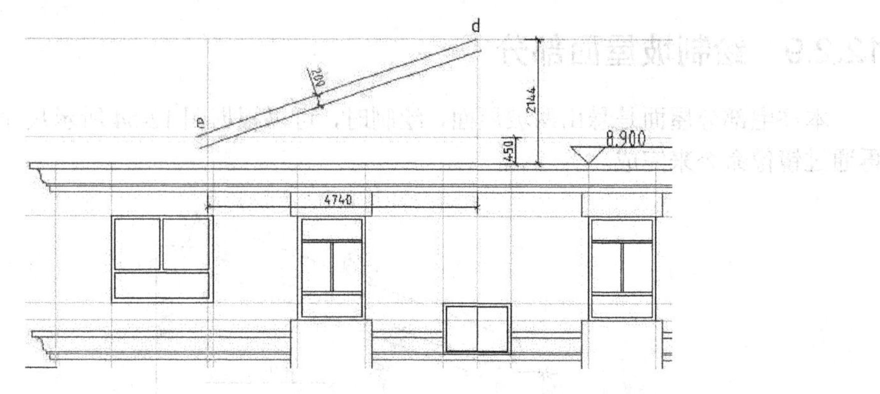

图 12-57　顶部墙边线及檐口厚度偏移结果

(5) 用直线命令补齐 ed 和 gk 线段，如图 12-58 所示。然后镜像完成坡屋面绘制，结果如图 12-59 所示。

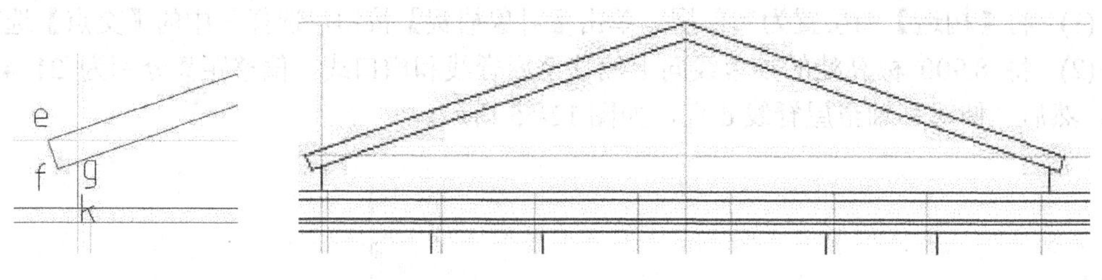

图 12-58　补齐线段示意　　　　图 12-59　坡屋面镜像结果

12.2.10　多重引线和标高标注

1.　重引线标注

(1) 多重引线样式设置。在命令行输入 mleaderstyle，弹出【多重引线样式管理器】对话框，如图 12-60 所示。在 Standard 多重引线基础上单击【修改】按钮，会弹出【修改多重引线样式：Standard】对话框，如图 12-61 所示。

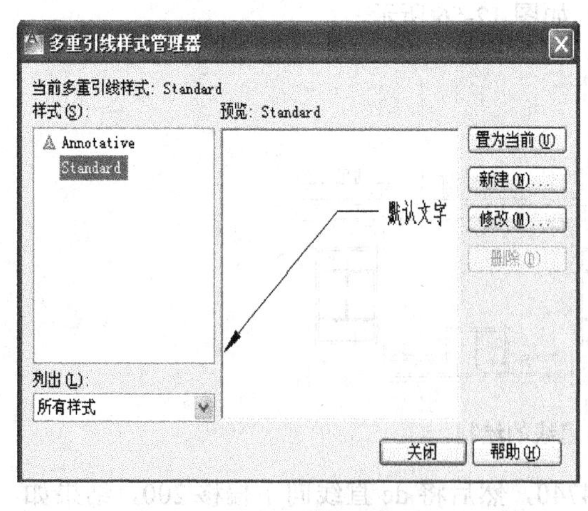

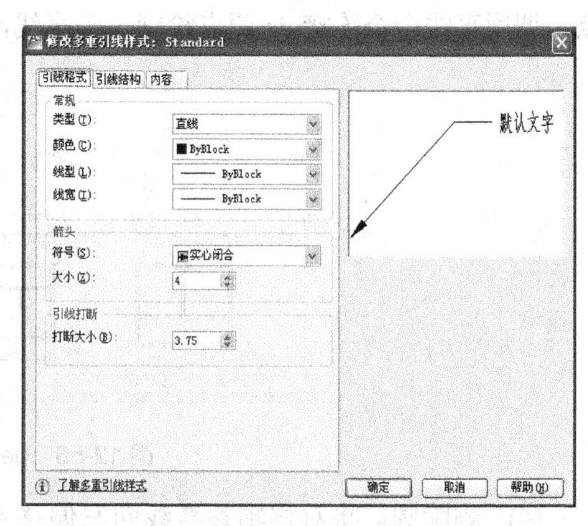

图 12-60　【多重引线样式管理器】对话框　　图 12-61　【修改多重引线样式：Standard】对话框

可对其中的【引线格式】、【引线结构】和【内容】3 个选项卡内容进行修改。在引线格式选项卡中，将 【箭头】选项组中的符号形式改成【小点】，大小默认为 2.5；在【引线结构】选项卡中，将【约束】选项组中的【最大引线点数】设置为 4，将【比例】选组中的【指定比例】设置为 100；在【内容】选项卡中，将【文字选项】选项组中的【文字高度】设置为 3.5，其他默认。

(2) 多重引线标注。命令行输入 mleader 标注命令并按 Enter 键，命令行提示如下。

```
命令: _mleader
指定引线箭头的位置或 [引线基线优先(L)/内容优先(C)/选项(O)] <选项>; (箭头指定注释对象)
指定引线基线的位置: 灰色仿古面砖(拖曳鼠标至文字注释位置，输入【文字说明】)
```

其他多重引线标注的方法同上，不再重复，多重引线标注的效果，如图 12-62 所示。

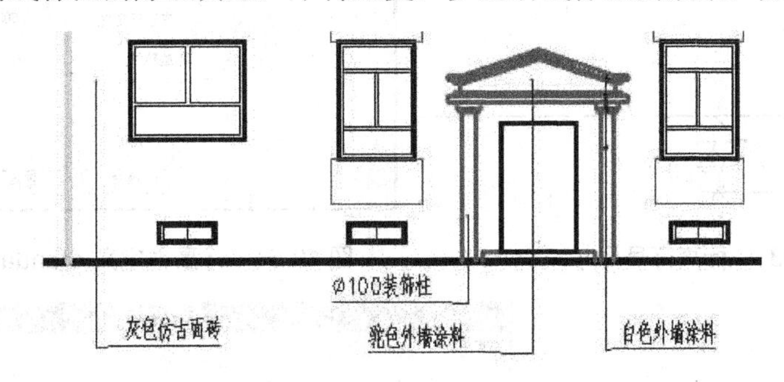

图 12-62　多重引线标注的效果

2. 标高标注

立面图需要标注室外地面、首层地面、层高、窗上下口、檐口等标高。标高符号的制作应符合制图标准，对应于 42000×29700 的绘图界限，标高符号的高度应为 300，斜线夹角为 45°，尾部长度为 900。将标高符号定义成属性块，具体制作过程如下。

(1) 依据上述尺寸制作标高符号图形，制作结果如图 12-63 所示。

(2) 定义属性块。

对于属性块的创建，首先定义属性，然后再使用块创建命令创建成带有文字属性的块。

① 定义属性。选择【绘图】|【块】|【定义属性】命令，弹出【属性定义】对话框，如图 12-64 所示。在该对话框中，【标记】文本框内可随意输入一个数值，如 111(不可空置)。

【对正】方式，选择【左对齐】；【文字高度】设置为 350；其他默认，然后单击【确定】按钮。这时光标上会附着标记 111，这时移动光标，将标记 111 对齐到标高长横线之上，然后单击，属性就位，如图 12-65 所示。

② 创建属性块。选择【绘图】|【块】|【创建】命令，弹出【块定义】对话框，如图 12-66 所示。在对话框中，块名命名为【标高符号】；单击【拾取点】按钮，拾取三角形下角点为对齐基点；单击【选择对象】按钮，将图形及文字一并选择；其他默认，然后单击【确定】按钮，属性块创建完成。

③ 插入属性块。选择【插入】|【块】命令，弹出【插入】对话框。在对话框中，找到块名为【标高符号】的属性块；单击【确定】按钮，此时属性块附着在光标上，移动光标插入到不同标高处，并输入标高属性值。为使不同高程处的标高符号排列整齐，可在

基点对齐的适当位置作一条垂直线，该垂直线与“辅助”图层的水平线形成交点，插入属性块时，只需对齐这些交点即可，全部标高符号插入完成后，删除辅助用的垂直线。标高属性块插入结果如图 12-67 所示。

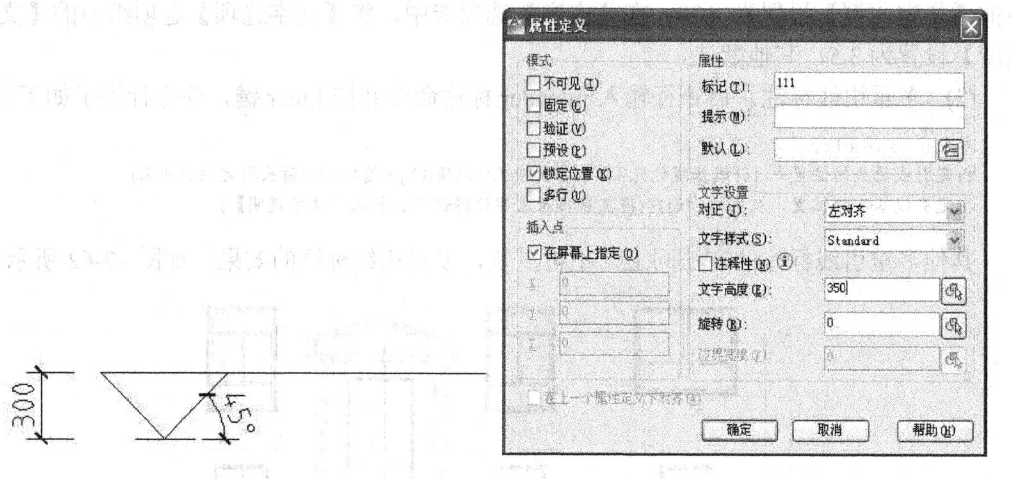

图 12-63　标高符号尺寸　　图 12-64　【属性定义.Standard】对话框

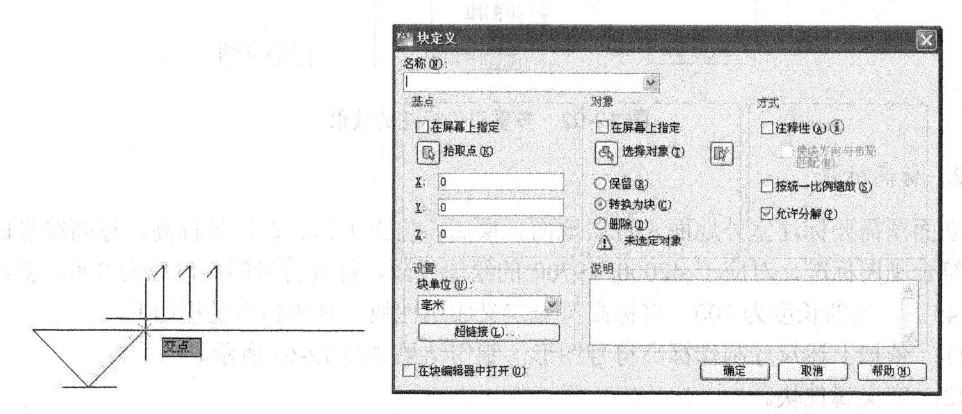

图 12-65　属性附着示意　　图 12-66　【块定义】对话框

图 12-67　标高符号标注结果

12.2.11 统一外围轮廓线

在图层设置时，“轮廓”与“构造”两个图层的线宽并不一致，因此绘制的构造线、坡屋面等外围轮廓的线宽也不相同。可以将“轮廓”图层置为当前层，利用直线命令沿绘制好的外围轮廓补齐线宽不一致的直线部分，对于曲线部分，可利用下拉菜单【修改】|【特性匹配】来完成。外围轮廓线统一的图形，如图 12-68 所示。

图 12-68 统一外围轮廓线效果

思考与练习题

思考题

(1) 简述利用 AutoCAD 2012 绘制建筑立面图的基本步骤。

(2) 如何绘制建筑立面图中的窗？

(3) 在绘制对称建筑立面图时，如何使用镜像命令提高绘图效率？

(4) 建筑立面图中的窗洞口是如何绘制的？

(5) 如何标注建筑立面图中的标高？

第 13 章　绘制建筑剖面图

本章内容提要：

本章主要介绍建筑剖面图的概念、绘制要求及绘制方法，经过实例演练掌握建筑剖面图的绘制要领。

学习要点：

- 建筑剖面图的形成、内容及作用；
- 建筑剖面图的绘制要求和绘制方法；
- 单元式住宅楼建筑剖面图的绘制过程。

13.1　建筑剖面图概述

建筑剖面图是不可缺少的重要图样之一，主要表示建筑在垂直方向的内部布置情况，反映建筑的结构形式、分层情况、材料做法、构造关系以及建筑竖向部分的高度尺寸等。建筑剖面图主要用以计算工程量，指导各层楼板和屋面施工、门窗安装和内部装修等。

13.1.1　建筑剖面图的形成

建筑剖面图是建筑物的垂直剖面图，它是依据建筑平面图上标明的剖切位置和投影方向，假定用铅垂方向的剖切平面将建筑切开后，移去靠近观察者的部分，对剩余部分做正投影所得到的图样，如图 13-1 所示。

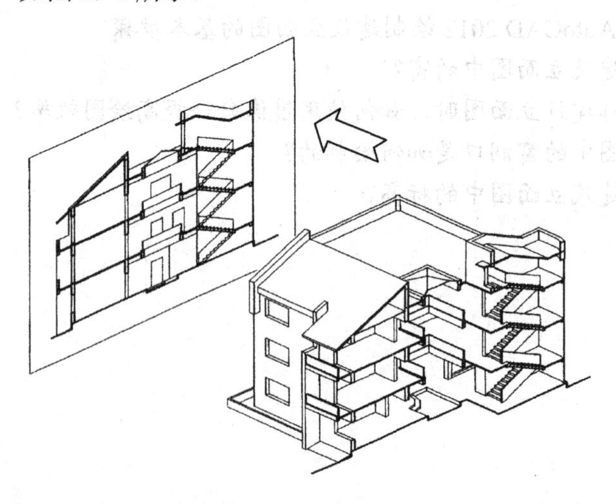

图 13-1　剖面图的形成

13.1.2 建筑剖面图的命名

剖面图的数量是根据房屋的具体情况和施工实际需要而决定的。剖面图一般横向，即平行于侧面，必要时也可纵向，即平行于正面。其位置应选择在能反映出房屋内部构造比较复杂与典型的部位，并应通过门窗洞的位置。若为多层房屋，应选择在楼梯间或层高不同、层数不同的部位。剖面图的图名应与平面图上所标注剖切符号的编号一致，如 1-1 剖面图、2-2 剖面图等。

13.1.3 建筑剖面图的规定画法

剖面图的比例应与平面图、立面图的比例一致，因此在剖面图中一般不画材料图例符号，被剖切平面剖切到的墙、梁、板等轮廓线用粗实线表示，没有被剖切到但可见的部分用细实线表示，被剖切断的钢筋混凝土梁、板涂黑。

13.1.4 建筑剖面图的图示内容

建筑剖面图的图示内容如下。

(1) 表示墙、柱及其定位轴线。

(2) 表示室内底层地面、地坑、地沟、各层楼面、顶棚，屋顶(包括檐口、女儿墙，隔热层或保温层、天窗、烟囱、水池等)、门、窗、楼梯、阳台、雨篷、留洞、墙裙、踢脚板、防潮层、室外地面、散水、排水沟及其他装修等剖切到或能见到的内容。

(3) 标出各部位完成面的标高和高度方向尺寸。

① 标高内容。室内外地面、各层楼面与楼梯平台、檐口或女儿墙顶面、高出屋面的水池顶面、烟囱顶面、楼梯间顶面、电梯间顶面等处的标高。

② 高度尺寸内容。外部尺寸：门、窗洞口(包括洞口上部和窗台)高度，层间高度及总高度(室外地面至檐口或女儿墙顶)。有时，后两部分尺寸可不标注。 内部尺寸：地坑深度和隔断、搁板、平台、墙裙及室内门、窗等的高度。 注写标高及尺寸时，注意与立面图和平面图相一致。

(4) 表示楼、地面各层构造。一般可用引出线说明。引出线指向所说明的部位，并按其构造的层次顺序，逐层加以文字说明。若另画有详图，或已有“构造说明一览表”时，在剖面图中可用索引符号引出说明(如果是后者，习惯上这时可不作任何标注)。

(5) 表示需画详图之处的索引符号。

13.2 绘制住宅楼剖面图

绘制建筑剖面图的一般步骤如下。

(1) 设置绘图环境。

(2) 绘制辅助线。

(3) 绘制墙体。

(4) 绘制楼板、顶棚和楼梯平台板。

(5) 绘制门窗。

(6) 绘制梁和圈梁。

(7) 绘制楼梯。

(8) 绘制阳台、雨篷。

(9) 其他细部构造。

(10) 剖面图标注。

以图 13-2 所示的住宅楼建筑剖面图为例，详细讲解利用 AutoCAD 2012 建筑剖面图的绘制过程及方法。

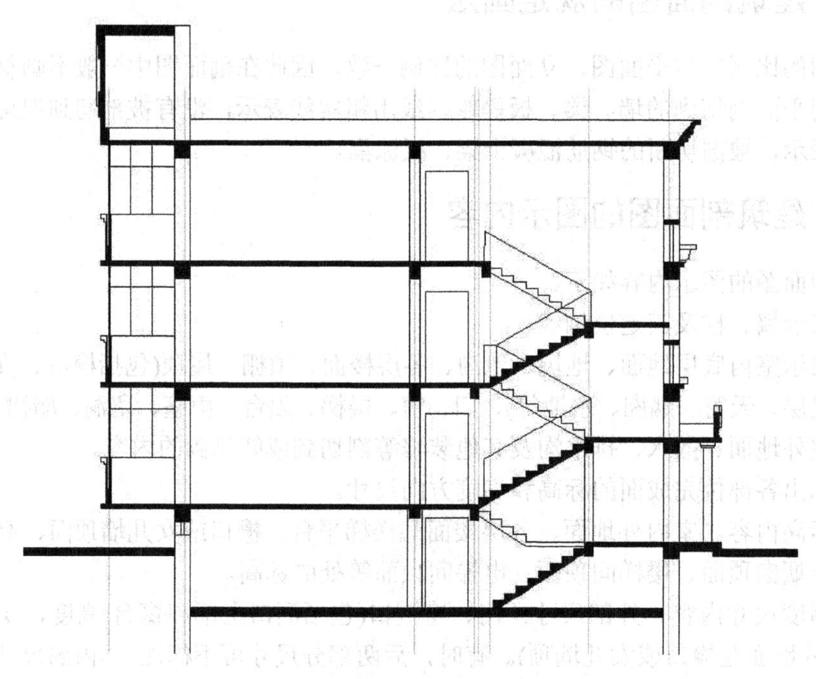

图 13-2 建筑剖面图

13.2.1 设置绘图环境

设置绘图环境步骤如下。

(1) 创建新图形文件。

单击文件下拉菜单中的新建按钮，弹出【选择样板】对话框，选择 acadiso.dwt 样板图，单击【打开】按钮，进入 AutoCAD 2012 绘图界面。

(2) 设置绘图界限及精度。

选择【格式】|【绘图界限】命令，命令行提示如下。

```
命令: '_limits
重新设置模型空间界限:
指定左下角点或 [开(ON)/关(OFF)] <0.0000,0.0000>:
指定右上角点 <420.0000,297.0000>: 42000,29700
命令: zoom
指定窗口的角点，输入比例因子 (nX 或 nXP)，或者
[全部(A)/中心(C)/动态(D)/范围(E)/上一个(P)/比例(S)/窗口(W)/对象(O)] <实时>: a
```

正在重生成模型。

(3) 设置图层。

选择【格式】|【图层】命令，弹出【图层特性管理器】对话框，如图 13-3 所示。在对话框中创建新图层，新建辅助线、墙线、地面、门、窗、阳台、楼梯、雨篷、标注、文字注释及图例 11 个图层。辅助线层选用单点划线，颜色设置为红色，线宽默认；墙线选用粗实线，颜色设置为白色，线宽设置为 0.5，其他图层选用细实线，线宽默认，颜色可参考图 13-3 所示的设置。

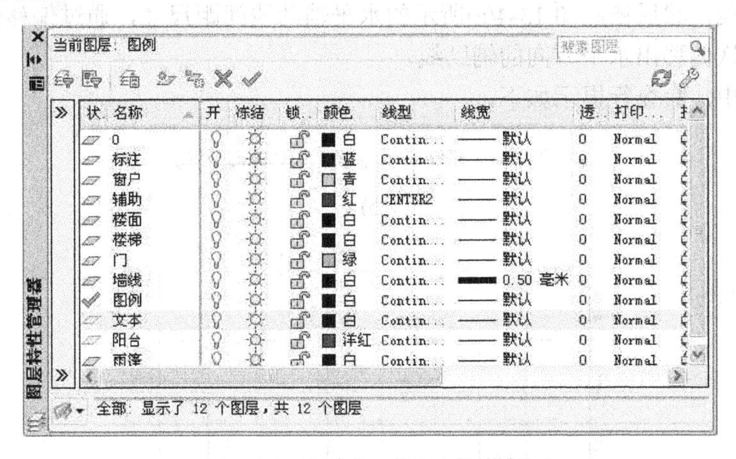

图 13-3　【图层特性管理器】中新增图层

(4) 设置单位。

选择【格式】|【单位】命令，弹出【图形单位】对话框，单击长度选项框中【精度】右侧小三角，选择 0，单击【确定】按钮。

(5) 设置文字样式。

选择【格式】|【文字样式】命令，调出【文字样式】对话框，选用【字体】中的 gbcbig.shx+gbenor.shx 组合，【高度】设置为 350，这样就不用每次都调整字高了，然后关闭对话框。

(6) 设置标注样式。

选择【格式】|【标注样式】命令，调出【标注样式管理器】对话框，单击【修改】按钮，在【修改标注样式：ISO-25】中，在【符号和箭头】选项卡中选择建筑标记，将【调整】选项卡中【标注特征比例】中的【使用全局比例】修改为 100，然后单击【确定】按钮，退出【修改标注样式：ISO-25】对话框，再单击返回的【标注样式管理器】对话框中的【关闭】按钮。

(7) 完成设置并保存文件。

选择【文件】|【保存】命令，首次保存会弹出【文件另存为】对话框，在对话框中，将文件命名为“建筑剖面图”，然后单击【确认】按钮。至此，绘图环境的设置基本完成。

13.2.2　绘制辅助线

绘图环境设置完成后，就可以开始画图了。首先构建一个用于图形定位的基准线网架，该网架分别由水平和垂直两个方向的辅助线构成。主要用于室外设计地平线、首层和标准层地面标高线、中间休息平台标高线、屋面标高线等垂直方向的定位，以及轴线、梯段投影边缘线、阳台横梁或栏板外边缘线等水平方向的定位。

对于本例，其绘制步骤如下。

(1) 在图层工具栏的【图层控制】下拉列表框中，选择【辅助】图层，并置为当前图层。单击状态栏中的【正交】按钮，打开【正交】模式。

(2) 绘制水平辅助线。单击绘图工具栏中的【直线】按钮，在绘图区域底部适当位置绘制一条水平线，然后依照图 13-4(a)所示的水平辅助线间距尺寸，通过偏移命令按照由下而上的顺序依次偏移出水平方向的辅助线。

绘制过程中，命令行提示如下。

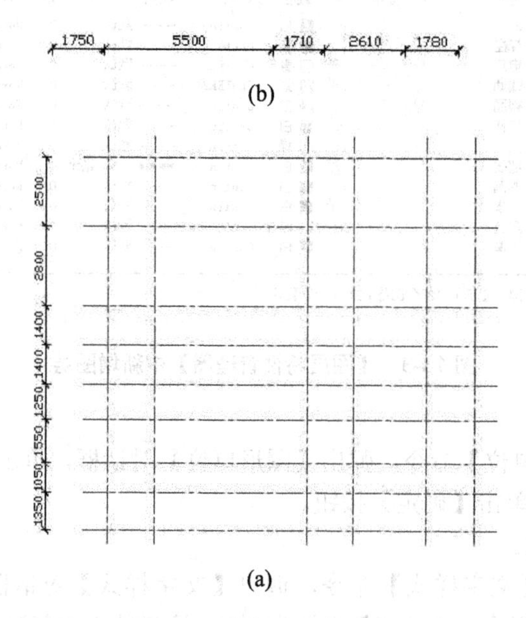

图 13-4 辅助线偏移结果

命令: _line
指定第一点: (在绘图区域底部适当位置指定一点)
指定下一点或 [放弃(U)]: 15000 (光标右侧引导，输入 16000，按 Enter 键)
指定下一点或 [放弃(U)]: (按 Enter 键，结束命令)
命令: _offset
当前设置: 删除源=否 图层=源 OFFSETGAPTYPE=0
指定偏移距离或 [通过(T)/删除(E)/图层(L)] <900.0000>: 1400 (指定偏移距离值 1400)
选择要偏移的对象，或 [退出(E)/放弃(U)] <退出>: (选择底部直线)
指定要偏移的那一侧上的点，或 [退出(E)/多个(M)/放弃(U)] <退出>: (上侧单击)
选择要偏移的对象，或 [退出(E)/放弃(U)] <退出>: (两次按 Enter 键)
命令: _offset
当前设置: 删除源=否 图层=源 OFFSETGAPTYPE=0
指定偏移距离或 [通过(T)/删除(E)/图层(L)] <1400.0000>: 1000(指定偏移距离值 1000)
选择要偏移的对象，或 [退出(E)/放弃(U)] <退出>: (选择偏移直线)
指定要偏移的那一侧上的点，或 [退出(E)/多个(M)/放弃(U)] <退出>: (上侧单击)
选择要偏移的对象，或 [退出(E)/放弃(U)] <退出>: (两次按 Enter 键)
命令:
……
相同方法偏移出全部水平辅助线。

(3) 绘制垂直辅助线。按照图 13-4(b)所示尺寸，运用直线和偏移命令按由左向右的顺序绘制垂直辅助线。方法与绘制水平辅助线同理，不再赘述。

通过上述方法绘制的水平和垂直辅助线，构建成一个基准定位网架，如图 13-4 所示。

13.2.3 绘制墙体

剖面图墙体可以采用直线命令或多线命令来绘制。对于相对简单的剖面图可直接采用直线命令来绘制。绘制时，需将图层列表中的“墙线”层置为当前层，在轴线位置绘制一条直线，然后通过偏移命令偏移出墙体厚度，再删除轴线处的直线。对于较复杂的剖面图墙线可以利用多线命令来绘制，这需要在墙线绘制前创建好多线样式。下面介绍多线命令绘制墙体的方法。

1. 创建多线样式

本例住宅剖面图涉及 370 外墙(偏轴)、370 内墙(中轴)和 240 内墙。创建 370 外墙(偏轴)多线样式的步骤如下。

(1) 选择【格式】|【多线样式】命令，弹出【多线样式】对话框。

(2) 单击【多线】样式对话框中的【新建】按钮，会弹出【创建新的多线样式】对话框，在【新样式名】文本框中，输入 370，如图 13-5 所示。

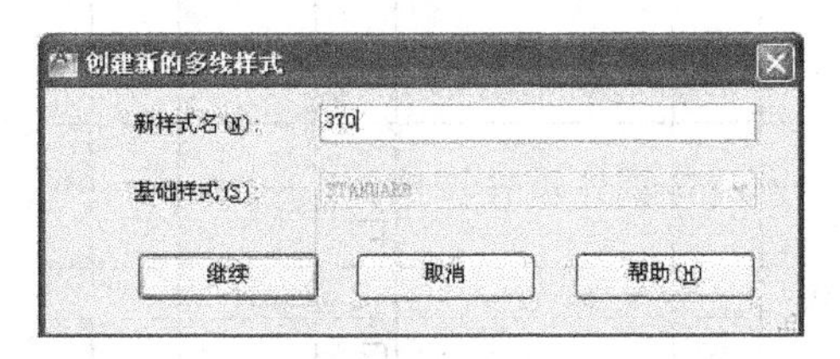

图 13-5 【创建新的多线样式】对话框

(3) 单击【创建新的多线样式】对话框中的【继续】按钮，弹出【新建多线样式：370】对话框，如图 13-6 所示。将【图元】区域内的上线偏移值设置为 250、下线偏移值设置为 -120，其他选项均为默认值。

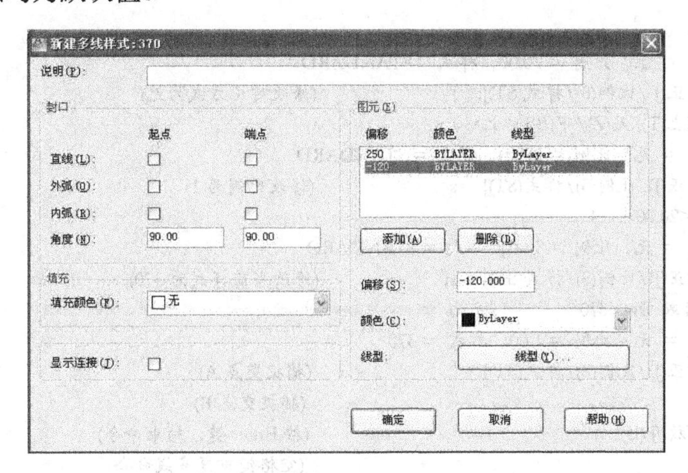

图 13-6 【新建多线样式：370】对话框

(4) 单击【新建多线样式：370】对话框中的【确定】按钮，返回到【多线样式】对话框，再次单击【确定】按钮，完成370墙线样式的设置。

(5) 240墙线多线样式的创建方法与370外墙(偏轴)相同，将上线偏移值设置为120、下线偏移值设置为-120。

(6) “370z”(中轴)墙线多线样式的创建方法与“370”外墙(偏轴)相同，将上线偏移值设置为185、下线偏移值设置为-185。

2. 绘制墙体

绘制墙体的步骤如下。

(1) 将【墙体】图层设置为当前层。单击状态栏中的【对象捕捉】按钮，并选择【交点】、【端点】捕捉方式。

(2) 利用多线命令按辅助线交点字母位置绘制墙体，如图13-7所示。

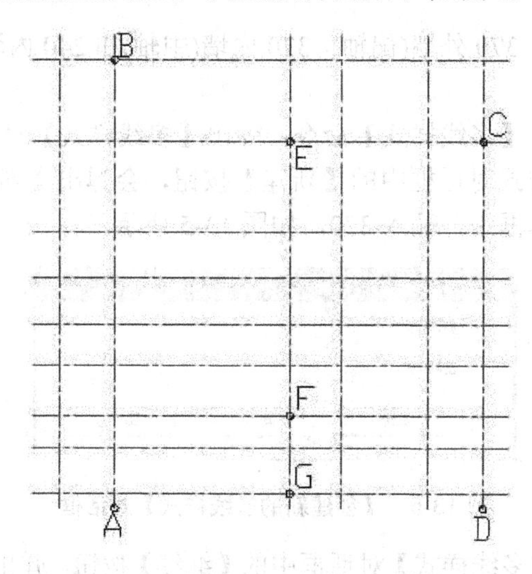

图13-7　多线命令绘制墙体的捕捉点

命令行提示如下。

```
命令: _mline
当前设置: 对正 = 上, 比例 = 20.00, 样式 =STANDARD
指定起点或 [对正(J)/比例(S)/样式(ST)]:  j                (修改对正方式为无)
输入对正类型 [上(T)/无(Z)/下(B)] <上>:  z
当前设置: 对正 = 无, 比例 = 20.00, 样式 = STANDARD
指定起点或 [对正(J)/比例(S)/样式(ST)]:  s                (修改比例为1)
输入多线比例 <20.00>:  1
当前设置: 对正 = 无, 比例 = 1.00, 样式 = STANDARD
指定起点或 [对正(J)/比例(S)/样式(ST)]:  st               (修改当前样式为370)
输入多线样式名或 [?]:  370
当前设置: 对正 = 无, 比例 = 1.00, 样式 = 370
指定起点或 [对正(J)/比例(S)/样式(ST)]:                    (捕捉交点A)
指定下一点:                                               (捕捉交点B)
指定下一点或 [放弃(U)]:                                   (按Enter键，结束命令)
命令: _mline                                              (空格键重复多线命令)
当前设置: 对正 = 无, 比例 = 1.00, 样式 = 370
```

```
指定起点或 [对正(J)/比例(S)/样式(ST)]:              (捕捉交点 C)
指定下一点:                                          (捕捉交点 D)
指定下一点或 [放弃(U)]:                              (按 Enter 键，结束命令)
命令: _mline                                         (空格键重复多线命令)
当前设置: 对正 = 无, 比例 = 1.00, 样式 = 370
指定起点或 [对正(J)/比例(S)/样式(ST)]:st             (修改当前样式为 240)
输入多线样式名或 [?]: 240
当前设置: 对正 = 无, 比例 = 1.00, 样式 = 240
指定起点或 [对正(J)/比例(S)/样式(ST)]                (捕捉交点 E)
指定下一点:                                          (捕捉交点 F)
指定下一点或 [放弃(U)]:                              (按 Enter 键，结束命令)
命令: _mline                                         (空格键重复多线命令)
当前设置: 对正 = 无, 比例 = 1.00, 样式 = 240
指定起点或 [对正(J)/比例(S)/样式(ST)]:st             (修改当前样式为 370 偏)
输入多线样式名或 [?]: 370z
当前设置: 对正 = 无, 比例 = 1.00, 样式 = 370z
指定起点或 [对正(J)/比例(S)/样式(ST)]                (捕捉交点 F)
指定下一点:                                          (捕捉交点 G)
指定下一点或 [放弃(U)]:                              (按 Enter 键，结束命令)
```

墙体绘制的结果如图 13-8 所示。

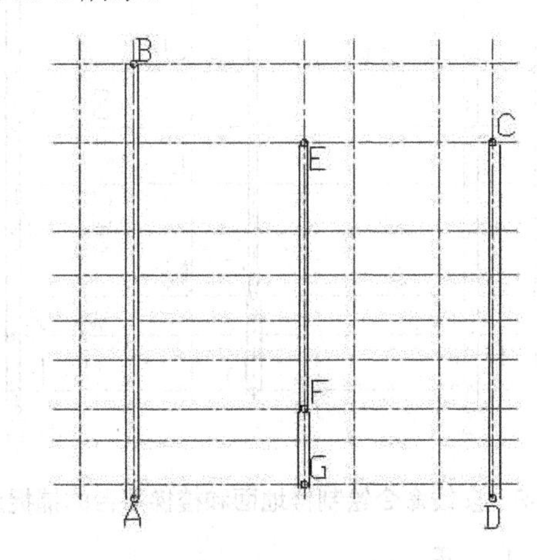

图 13-8 外墙及内墙绘制结果

13.2.4 绘制楼板和楼梯休息平台

绘制楼板和楼梯休息平台，可采用多线命令或直线命令来完成。通常比较方便的方法是直接采用多线命令来绘制。若采用直线和偏移命令的方式来绘制略显烦琐。

绘制楼板和楼梯休息平台的步骤如下。

(1) 将【楼面】层设置为当前层，并将对象捕捉方式设置为【交点】、【端点】。

(2) 设置楼面多线样式。楼面多线样式的设置方法与墙体多线样式的设置方法相同，将该多线样式命名为 LB，上线偏移值设置为 0，下线偏移值设置为-100。

(3) 按图 13-9 所示的字母位置，利用多线命令绘制楼地面和楼梯休息平台。

命令行提示如下。

```
命令: _mline
当前设置: 对正 = 无, 比例 = 1.00, 样式 = LB
```

```
指定起点或 [对正(J)/比例(S)/样式(ST)]:          (捕捉辅助线交点 H)
指定下一点:                                     (捕捉辅助线交点 C)
指定下一点或 [放弃(U)]:                         (按 Enter 键结束命令)
命令: _mline                                    (按 Enter 键重复多线命令)
当前设置: 对正 = 无, 比例 = 1.00, 样式 = LB
指定起点或 [对正(J)/比例(S)/样式(ST)]:          (捕捉辅助线交点 I)
指定下一点:                                     (捕捉辅助线交点 J)
指定下一点或 [放弃(U)]:                         (按 Enter 键结束命令)
命令: _mline                                    (按 Enter 键重复多线命令)
当前设置: 对正 = 无, 比例 = 1.00, 样式 = LB
指定起点或 [对正(J)/比例(S)/样式(ST)]:          (捕捉辅助线交点 S)
指定下一点:                                     (捕捉辅助线交点 T)
指定下一点或 [放弃(U)]:                         (按 Enter 键结束命令)
命令: _mline                                    (按 Enter 键重复多线命令)
当前设置: 对正 = 无, 比例 = 1.00, 样式 = 楼面
```

楼地面及楼梯休息平台的绘制结果，如图 13-10 所示。

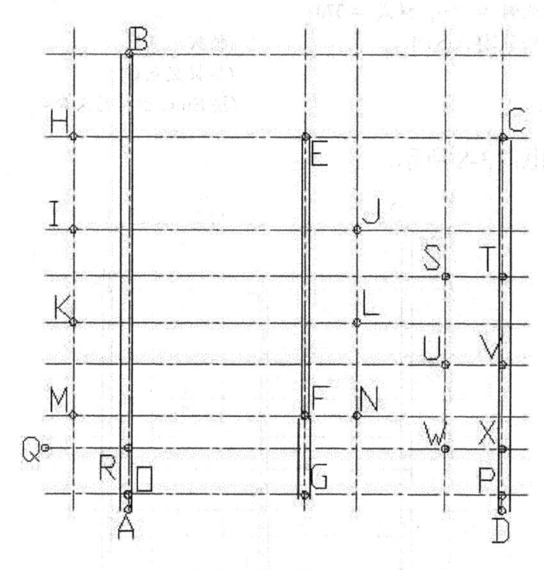

图 13-9　多线命令绘制楼地面和楼梯平台的捕捉点

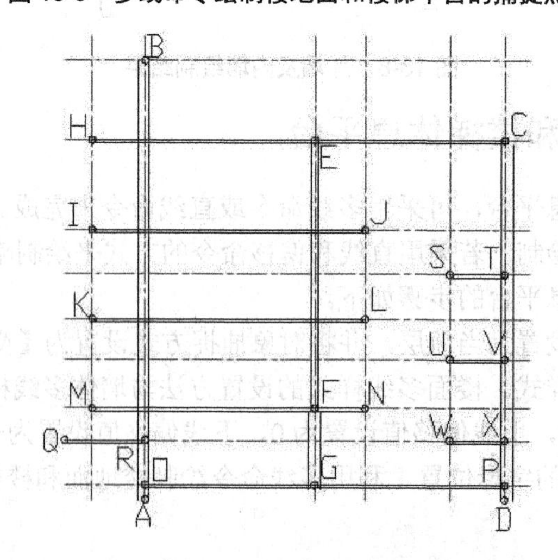

图 13-10　楼板、地面和楼梯平台的绘制结果

13.2.5 绘制门窗

对于门窗的制作，每种类型的门先绘图区域内适当的位置绘制出一个，然后通过复制命令安放到指定位置，也可以创建成图块，然后插入到指定位置。本例中，只介绍复制安放的方法。剖面图形中，被剖切到门有 A 轴 M-5 推拉门和 E 轴 M-4 双扇平开门两种，宽×高尺寸分别为 2100×2400 和 1200×2100，未被剖切到但可看到轮廓的 M-1 门，尺寸为 1000×2050。各种类型的门窗在剖面图中若被剖切面剖切到，一般只画 4 条竖线，以表示洞口厚度及门窗框厚度。若未剖切到但可看到门窗轮廓，一般只画出洞口即可。

1. M-5 推拉门的绘制

绘制步骤如下。

(1) 关闭辅助线层，将【门】图层设置为当前层，将对象捕捉方式设置为【端点】、【交点】和【中点】。

(2) 单击【绘图】工具条中的矩形命令按钮，在合适位置绘制一个 370×2400 的矩形。命令提示如下。

```
命令: _rectang
指定第一个角点或 [倒角(C)/标高(E)/圆角(F)/厚度(T)/宽度(W)]: (在适当位置单击)
指定另一个角点或 [面积(A)/尺寸(D)/旋转(R)]: @370, 2400(相对坐标确定另一角点)
命令: _explode
选择对象: 找到 1 个                                    (选择矩形分解)
选择对象:
命令: _offset
当前设置: 删除源=否  图层=源  OFFSETGAPTYPE=0
指定偏移距离或 [通过(T)/删除(E)/图层(L)] <80.0000>:  120      (输入偏移值 120)
选择要偏移的对象, 或 [退出(E)/放弃(U)] <退出>:            (选择选择矩形右边线)
指定要偏移的那一侧上的点, 或 [退出(E)/多个(M)/放弃(U)] <退出>: (左侧单击)
选择要偏移的对象, 或 [退出(E)/放弃(U)] <退出>:      (按两次 Enter 键, 重复偏移命令)
命令: _offset
当前设置: 删除源=否  图层=源  OFFSETGAPTYPE=0
指定偏移距离或 [通过(T)/删除(E)/图层(L)] <120.0000>:  80      (输入偏移值 80)
选择要偏移的对象, 或 [退出(E)/放弃(U)] <退出>:         (选择上一步偏移的直线)
指定要偏移的那一侧上的点, 或 [退出(E)/多个(M)/放弃(U)] <退出>:    (左侧单击)
选择要偏移的对象, 或 [退出(E)/放弃(U)] <退出>:              (按 Enter 键, 结束命令)
```

绘制的 M-5 门剖面图形结果，如图 13-11(a)所示。

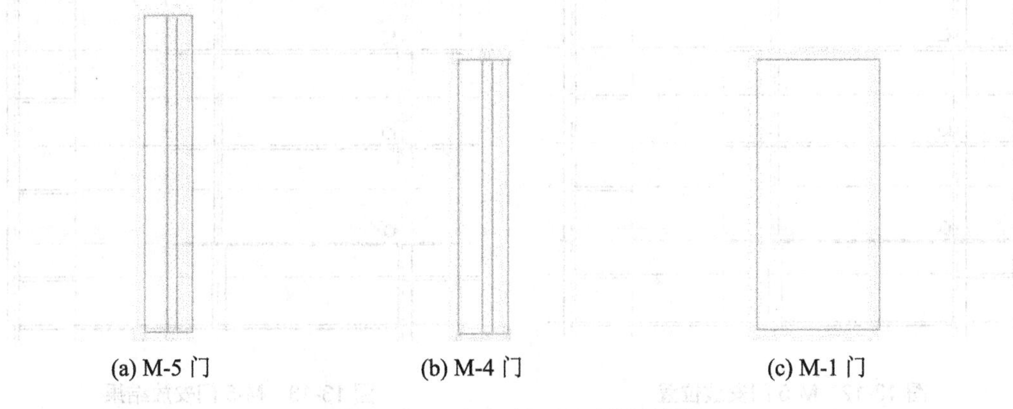

(a) M-5 门　　(b) M-4 门　　(c) M-1 门

图 13-11　M-5 门剖面图形绘制结果

2. M-4 双扇平开门的绘制

双扇平开门的绘制，与 M-5 门的绘制方法完全相同，门的高度应按高度尺寸 2100。绘制的 M-4 剖面图形结果，如图 13-11(b)所示。

3. M-1 平开门洞口的绘制

M-1 平开门在剖面图中，可看到轮廓，只需绘制出洞口就可以了。绘制的步骤如下。

(1) 仍将门图层设置为当前层。打开对象捕捉，选中【交点】复选框。

(2) 使用矩形命令绘制一个矩形。命令行提示如下。

```
命令: _rectang
指定第一个角点或 [倒角(C)/标高(E)/圆角(F)/厚度(T)/宽度(W)]:
指定另一个角点或 [面积(A)/尺寸(D)/旋转(R)]: @1000,2100
```

绘制的 M-1 门的图形结果，如图 13-11(c)所示。

4. M-5 门的安放

确定【对象捕捉】为打开状态，且【交点】复选框被选中。然后通过复制命令，将制作好的 M-5 门安放到如图 13-12 所示的 a、b、c 位置。命令行提示如下。

```
命令: _copy
选择对象: 指定对角点: 找到 6 个                          (选择 M-5 门)
选择对象:                                                (按 Enter 键，确定选择内容)
当前设置:  复制模式 = 多个
指定基点或 [位移(D)/模式(O)] <位移>:                     (指定门的右下角为对齐基点)
指定第二个点或 [阵列(A)] <使用第一个点作为位移>:         (拖动门并对齐到 a 点)
指定第二个点或 [阵列(A)/退出(E)/放弃(U)] <退出>:         (拖动门并对齐到 b 点)
指定第二个点或 [阵列(A)/退出(E)/放弃(U)] <退出>:         (拖动门并对齐到 c 点)
指定第二个点或 [阵列(A)/退出(E)/放弃(U)] <退出>:         (按 Enter 键，结束命令)
```

M-5 门安放结果，如图 13-13 所示。

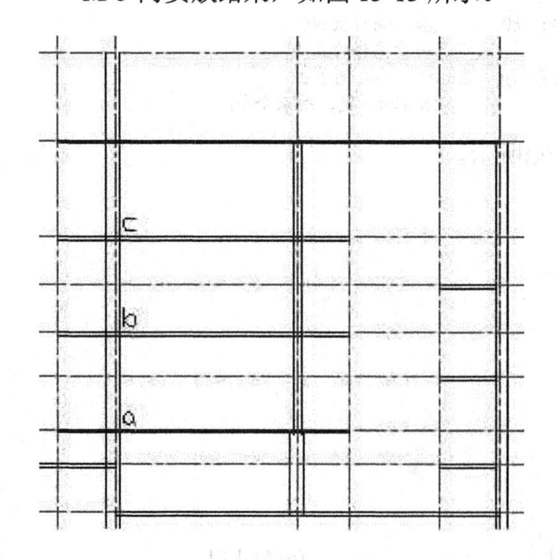

图 13-12　M-5 门安放位置

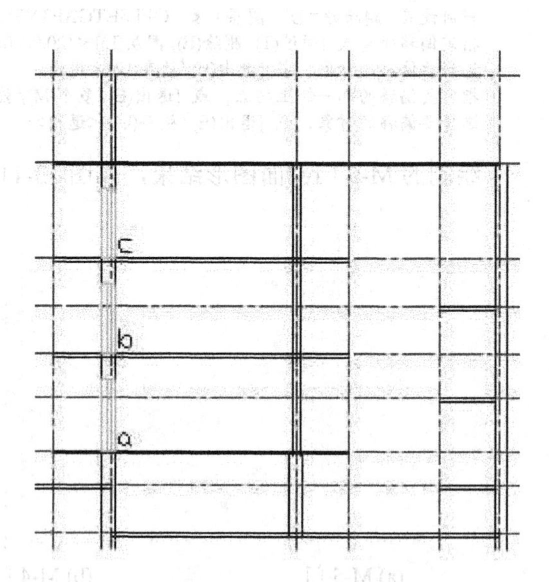

图 13-13　M-5 门安放结果

5. M-4 门的安放

与 M-5 门的安放过程相同，通过复制命令将制作好的 M-4 门安放到如图 13-14 所示的 d 点，安放结果如图 13-15 所示。

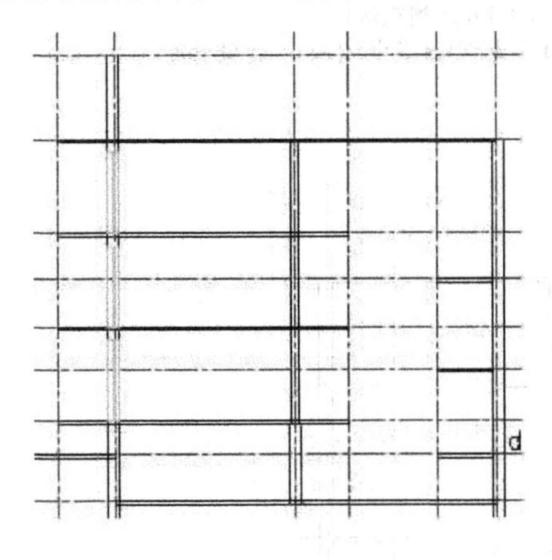

图 13-14 M-4 门的安放位置

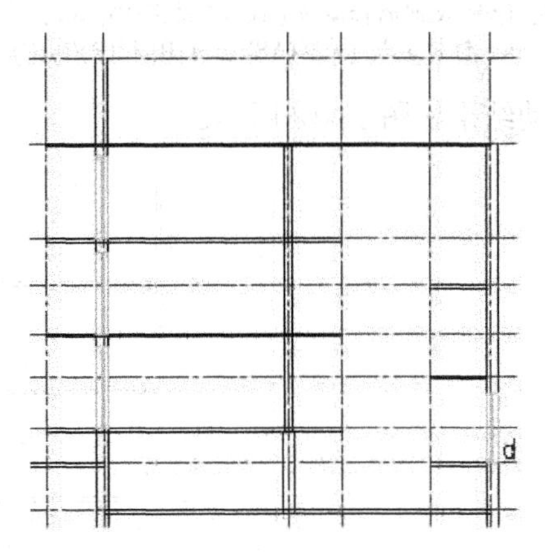

图 13-15 M-4 门安放结果

6. M-1 门的安放

将 M-1 门安放到如图 13-16 所示的 e 位置，然后通过移动命令，向右移动 120，结果如图 13-17 所示。利用阵列命令完成全部 M-1 门的安放，命令行提示如下。

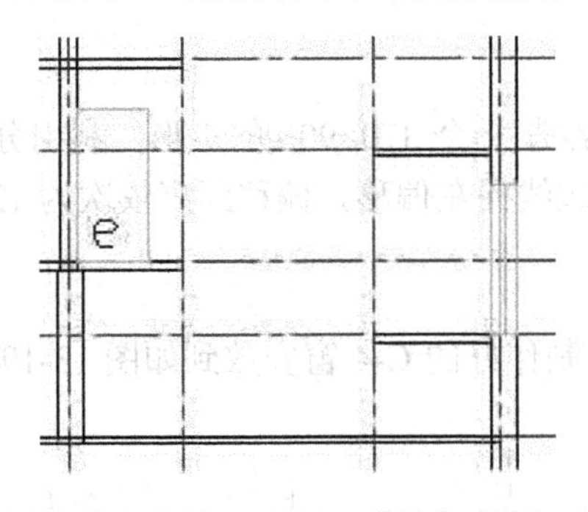

图 13-16 M-1 门对齐位置

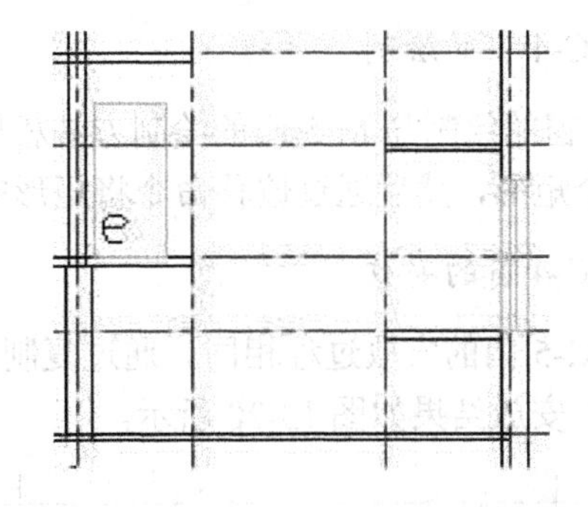

图 13-17 M-1 门右移结果

```
命令: _copy
选择对象: 找到 1 个                                    (选择 M-1 门)
选择对象:                                              (按 Enter 键，确定)
当前设置: 复制模式 = 多个
指定基点或 [位移(D)/模式(O)] <位移>:                   (指定 M-1 门右下角为基点)
指定第二个点或 [阵列(A)] <使用第一个点作为位移>:       (移动 M-1 门并对齐到点)
指定第二个点或 [阵列(A)/退出(E)/放弃(U)] <退出>:       (按 Enter 键结束命令)
命令: _move
选择对象: 找到 1 个                                    (选择 M-1 门)
选择对象:                                              (按 Enter 键确定)
指定基点或 [位移(D)] <位移>:                           (指定 M-1 门右下角为基点)
指定第二个点或 <使用第一个点作为位移>: @120,0          (相对直角坐标法右移 M-1 门)
命令: _arrayrect
选择对象: 找到 1 个                                    (选择 M-1 门)
选择对象:                                              (按 Enter 键确定)
类型 = 矩形  关联 = 是
```

为项目数指定对角点或 [基点(B)/角度(A)/计数(C)] <计数>: 3 (输入阵列数量 3)
指定对角点以间隔项目或 [间距(S)] <间距>: s (输入间距 s)
按 Enter 键接受或 [关联(AS)/基点(B)/行(R)/列(C)/层(L)/退出(X)] <退出>: r(输入行 r)
输入 行数 数或 [表达式(E)] <1>: 3 (输入行数 3)
指定 行数 之间的距离或 [总计(T)/表达式(E)] <3150>: 2800 (输入行间距 2800)
指定 行数 之间的标高增量或 [表达式(E)] <0>: (按 Enter 键默认)
按 Enter 键接受或 [关联(AS)/基点(B)/行(R)/列(C)/层(L)/退出(X)] <退出>:(按 Enter 键确定)

移动结果如图 13-18 所示。

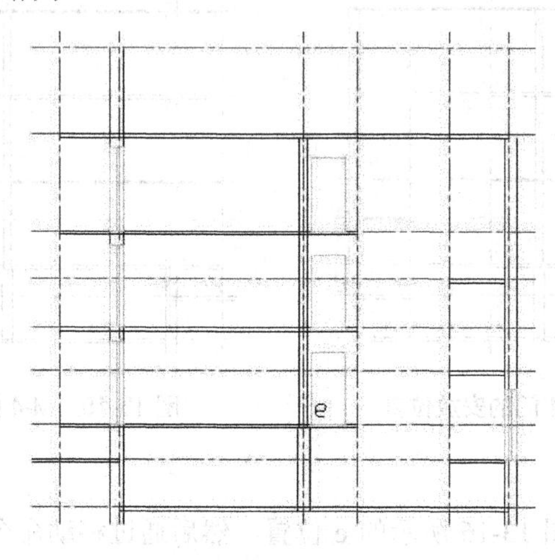

图 13-18 M-1 门阵列结果

7. C-4 窗的绘制

C-4 窗的绘制与 M-5 门的绘制方法相同。先绘制一个 370×900 的矩形，利用分解命令分解这个矩形，然后通过偏移命令将矩形的右侧边线向左偏移，偏移距离依次为 120、80。

8. C-4 窗的安放

与 M-5 门的安放过程相同。通过复制命令将制作好的 C-4 窗安放到如图 13-19 所示的 f、g 点，安放结果如图 13-20 所示。

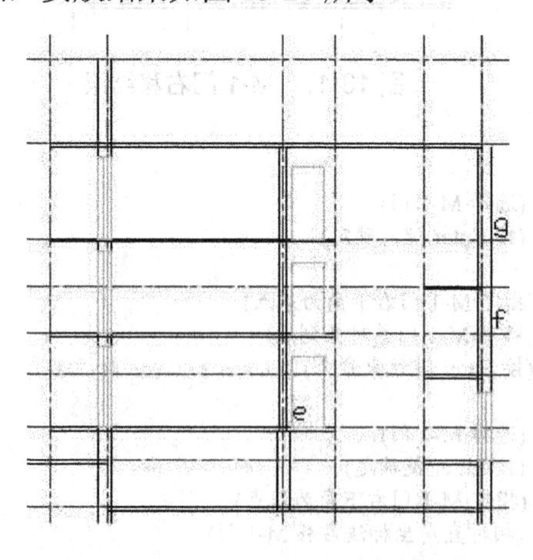

图 13-19 C-4 窗安放位置

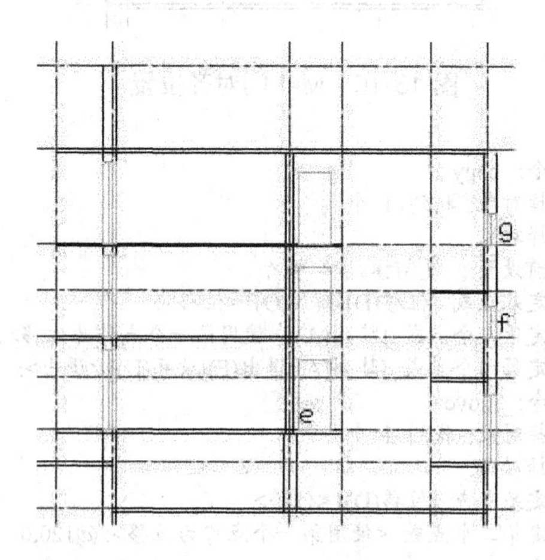

图 13-20 C-4 窗安放结果

9. 绘制 370×300 半地下室窗

(1) 确认当前图层为【窗】图层，并将对象捕捉方式设置为【交点】。

(2) 将如图 13-21 所示的首层地面辅助线，通过偏移命令向下偏移 400，然后再次向下偏移 300，偏移出半地下室窗的上下边线位置，偏移结果如图 13-22 所示。

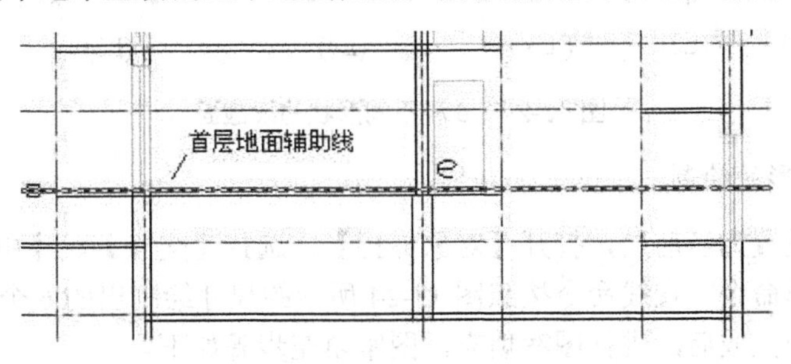

图 13-21 首层地面辅助线位置

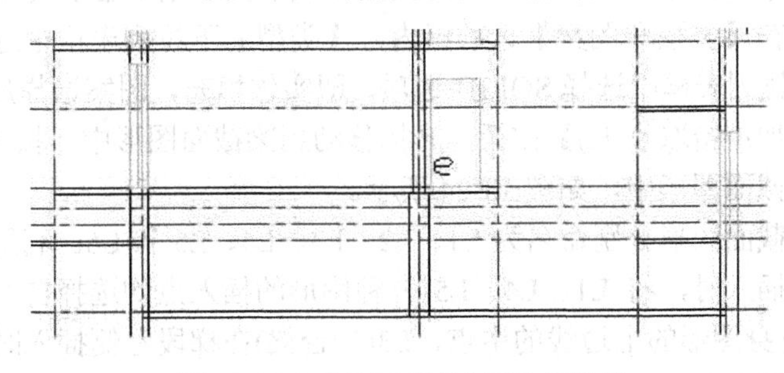

图 13-22 半地下室窗上下边线位置

(3) 利用矩形命令在半地下室窗上下边线之间绘制一个矩形，然后利用直线命令，在 370 墙轴线上绘制一条直线，将该条直线通过偏移命令向左侧偏移 80，最后删除定位窗上下边线的辅助线，绘制的结果如图 13-23 所示。

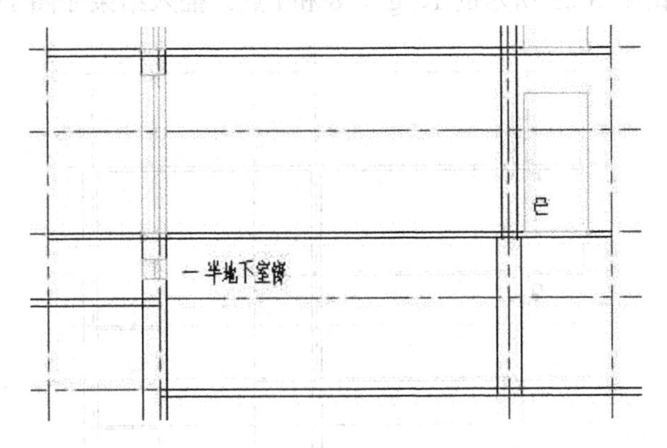

图 13-23 半地下室窗绘制结果

13.2.6 绘制梁和圈梁

楼板下面一般要设置圈梁，门窗上侧要设置过梁，对于楼梯平台还要设置平台梁。本例所绘制的建筑剖面图，共有 6 种不同形状的梁，如图 13-24 所示。

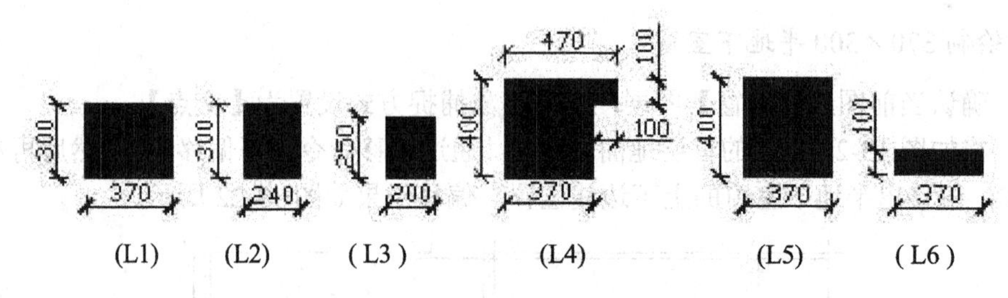

图 13-24　6 种不同形状的梁截面

1. 梁截面图形的绘制

(1) 将 0 层设置为当前层，打开【对象捕捉】，选择【交点】、【中点】捕捉方式。

(2) 利用矩形命令、直线命令按照图 13-24 所示的尺寸绘制出的 6 个截面图形。

(3) 图形绘制完成后，进行图案填充。图案填充步骤如下。

选择【绘图】|【图案填充】命令，弹出【图案填充和渐变色】对话框，切换到【图案填充】选项卡，在【类型和图案】选项组内，【类型】下拉列表框中选择【预定义】选项，在【图案】下拉列表框中选择 SOLID 选项，即实体填充。图案选择后，在【边界】选项组内，单击【添加：拾取点(K)】按钮，光标移动到梁截面图形中，按 Enter 键确定，所选图案将填充到梁截面图形中，如图 13-24 所示。

(4) 将 6 个梁截面图形分别命名为 L1、L2、L3、L4、L5 和 L6。利用复制命令，将其插入到剖面图中。插入时，将 L1、L4、L5 三种图形的插入点均选择自身图形的左上角，L2 的插入点选择自身图形的上边线的中点，L3(平台梁)在梯段左侧插入时选择右上角、在梯段右侧插入时选择左上角，L6 的插入点选择左下角。

2. 梁截面图形的插入

(1) 插入 L1 梁截面图形。

插入位置对应如图 13-25 所示的 f、g 、h 和 i 点。插入结果如图 13-26 所示。

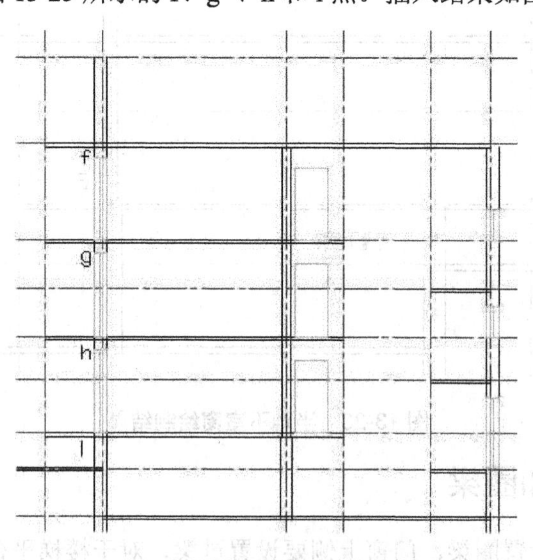

图 13-25　L1 梁截面图形插入位置

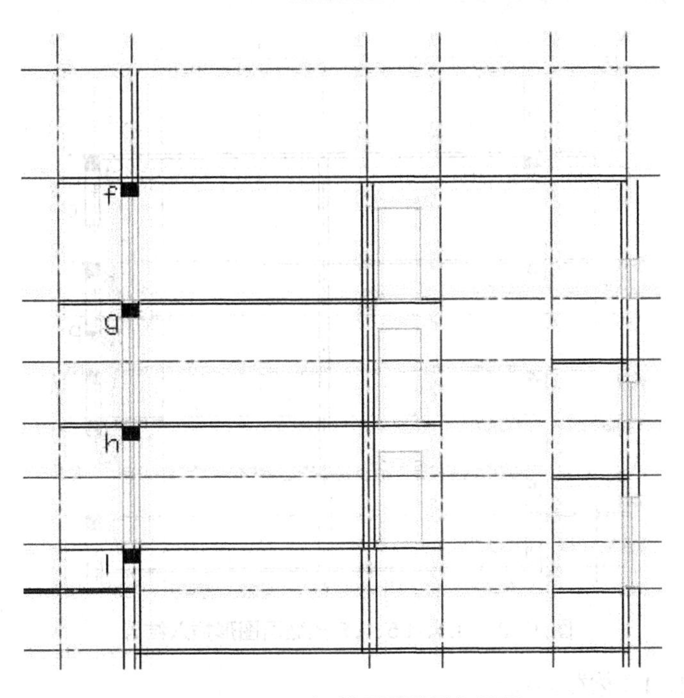

图 13-26　L1 梁截面图形插入结果

(2)　插入 L4、L5 和 L6 梁截面图形。

L4 插入位置对应 j、k 和 l 点，L5 插入位置对应 m、n 点，L6 插入位置对应 o、p 点，如图 13-27 所示。L4、L5、L6 梁截面图形插入结果，如图 13-28 所示。

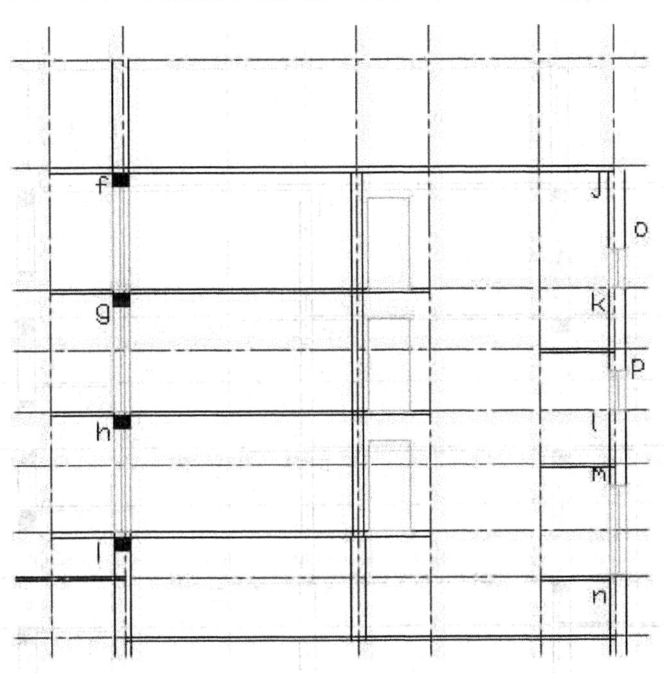

图 13-27　L4、L5、L6 梁截面图形插入位置

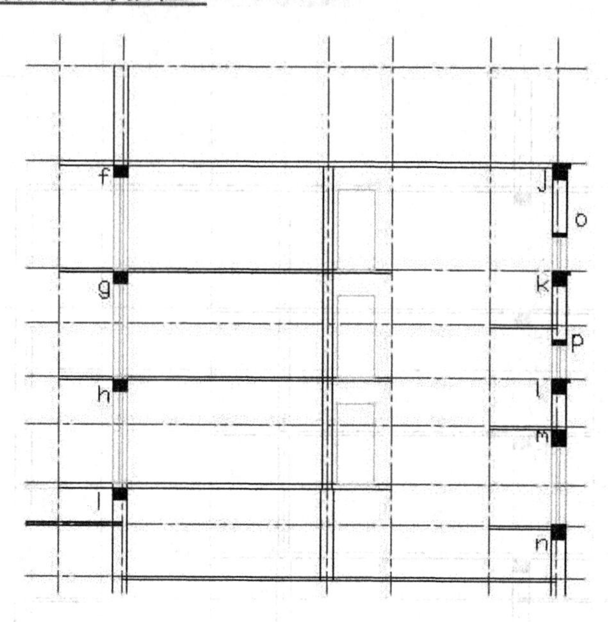

图 13-28　L4、L5、L6 梁截面图形插入结果

(3)　插入 L2、L3 梁截面图形。

L2 插入位置对应 q、r 、s 和 t 点，均是轴线与楼板板底的交点。L3(楼梯平台梁)插入位置对应 x、x′、y、y′、z、z′点，其中 x、y、z 插入点为辅助线与层间平台板底的交点，x′、y′、z′插入点为辅助线与中间休息平台板底的交点，如图 13-29 所示。L2、L3 梁截面图形插入结果，如图 13-30 所示。

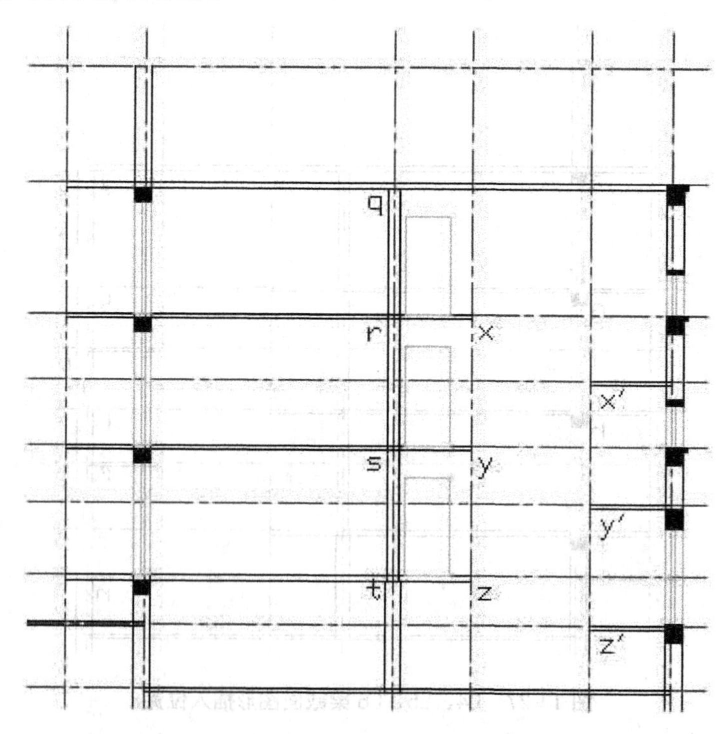

图 13-29　L2、L3 梁截面图形的插入位置

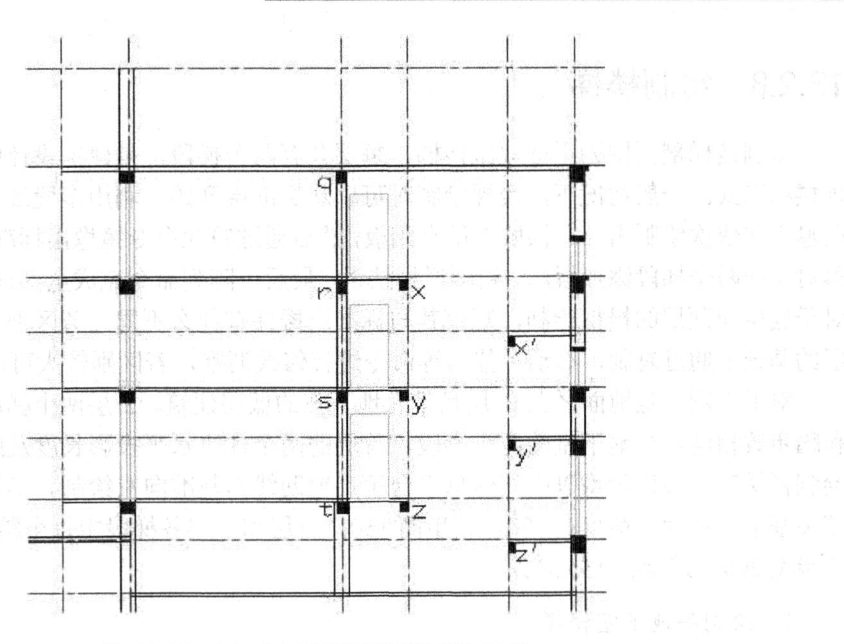

图 13-30 L2、L3 梁截面图形的插入结果

13.2.7 楼板、屋面板及平台板图案填充

楼板、屋面板及平台板图案填充步骤如下。

(1) 将【图例】图层置为当前层。

(2) 填充图案。选择【绘图】|【图案填充】命令，弹出【图案填充和渐变色】对话框，选择【图案填充】选项卡，在【类型和图案】选项组内，【类型】下拉列表框中选择【预定义】选项，【图案】下拉列表框中选择 SOLID 选项，即实体填充。图案选择后，在【边界】选项组内，单击【添加：拾取点(K)】按钮，光标移动到需填充的区域内单击，回到【图案填充和渐变色】对话框，再单击【确定】按钮，所选图案就位，如图 13-31 所示。

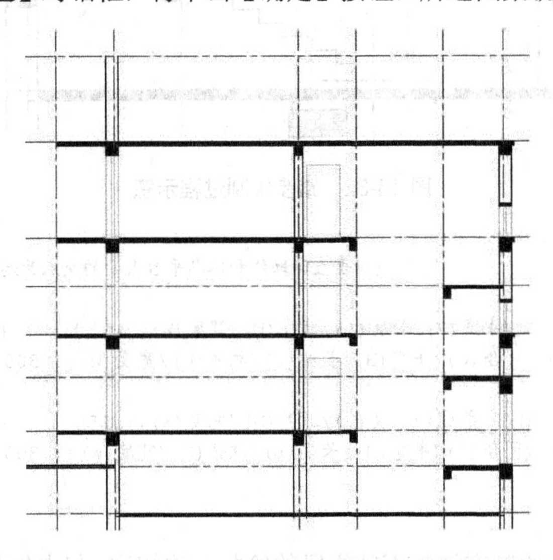

图 13-31 楼板、屋面板及平台板图案填充结果

13.2.8 绘制楼梯

本例楼梯剖面图为平行双跑楼梯，每层共有两个梯段，是建筑设计中采用的最多的一种楼梯形式。一般情况下，楼梯绘制时可以从标准层开始，利用多段线命令，通过光标导向输入法依次绘制出一个梯段的所有踏板，然后通过镜像命令镜像出标准层的另一个梯段，再对层间两个梯段添加板厚，绘制栏杆扶手，最后用阵列命令完成全部标准层的阵列复制。对于底层和顶层的楼梯绘制，观察其与标准层楼梯有什么不同，若区别不大，可以在标准层的基础上通过复制、移动、修剪等命令进行修改调整，若区别较大可以单独绘制。

对于本例，是地面之上 3 层且带有地下室的低层建筑。2 层两个梯段的水平投影长度和踏步数相同，半地下室的两个梯段、首层的两个梯段水平投影长度及踏步数均不相同。绘制楼梯时，各梯段均以中间休息平台垂直辅助线为基准向左绘制。半地下室两个梯段的踏步基本尺寸为：踏步宽 300，踏步高 150；首层和 2 层各梯段中每个踏步的基本尺寸为：踏步宽 290，踏步高 155.56。

1. 绘制半地下室楼梯

绘制半地下室楼梯步骤如下。

(1) 打开辅助线层，将【楼梯】图层设置为当前层，打开正交方式，设置对象捕捉方式为【交点】和【端点】。

(2) 以休息平台前缘的垂直辅助线为基准，开始绘制踏步，其过程示意如图 13-32 所示。休息平台下部梯段踏步绘制，命令行提示如下。

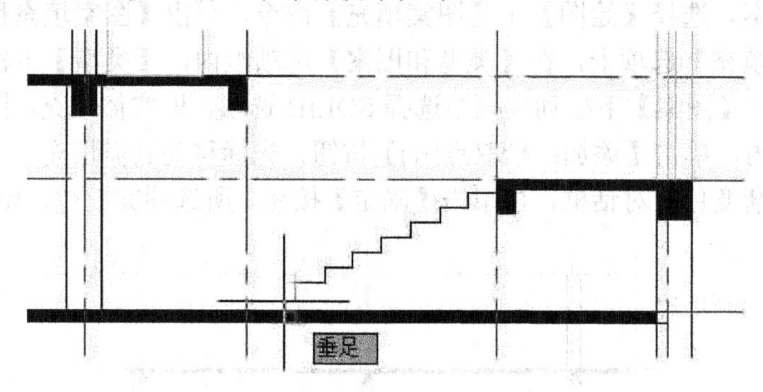

图 13-32 踏步绘制过程示意

```
命令: _pline
指定起点:                              (以垂直辅助线和休息平台表面的交点为起点)
当前线宽为 0.0000
指定下一个点或 [圆弧(A)/半宽(H)/长度(L)/放弃(U)/宽度(W)]: 150      (光标下引，输入距离 150)
指定下一点或 [圆弧(A)/闭合(C)/半宽(H)/长度(L)/放弃(U)/宽度(W)]: 300  (光标左引，输入距离
300)
指定下一个点或 [圆弧(A)/半宽(H)/长度(L)/放弃(U)/宽度(W)]: 150      (光标下引，输入距离 150)
指定下一点或 [圆弧(A)/闭合(C)/半宽(H)/长度(L)/放弃(U)/宽度(W)]: 300  (光标左引，输入距离
300)
......
```

休息平台上部梯段绘制方法与下部梯段的绘制方法相同，起点仍是中间休息平台前缘，

绘制结果如图 13-33 所示。

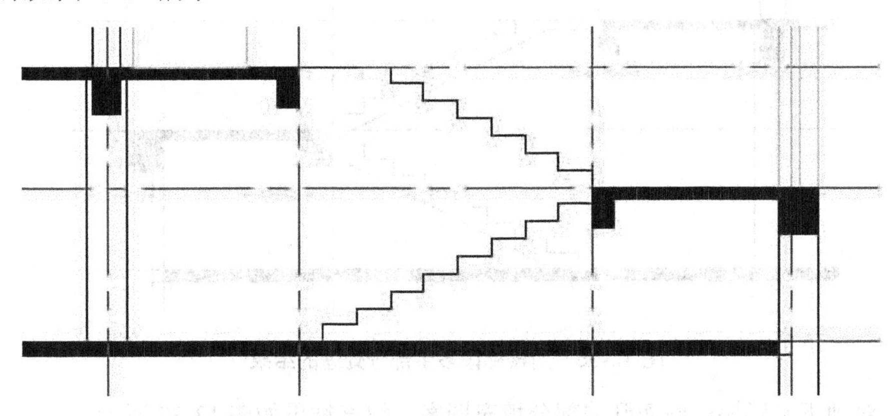

图 13-33 半地下室楼梯踏步的绘制结果

(3) 为梯段板增加厚度。在梯段踏步绘制完成的基础上，通过直线命令和延伸命令做 1-1′和 2-2′连线，如图 13-34 所示。利用偏移命令将 1-1′和 2-2′连线向下偏移 100，然后通过延伸命令向右延伸层间平台板，梯段板偏移及层间平台板延伸结果如图 13-35 所示。最后通过分解命令将层间平台多线分解，再经过裁剪命令和删除命令将多余线段删除掉，绘制的结果如图 13-36 所示。

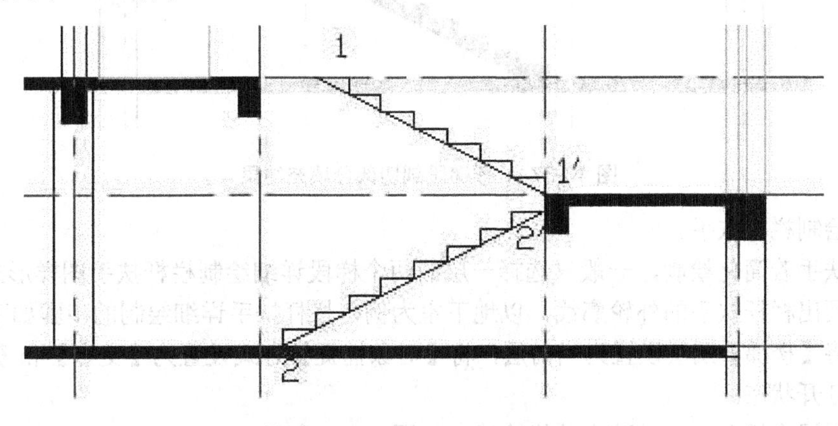

图 13-34 楼梯段踏步连线

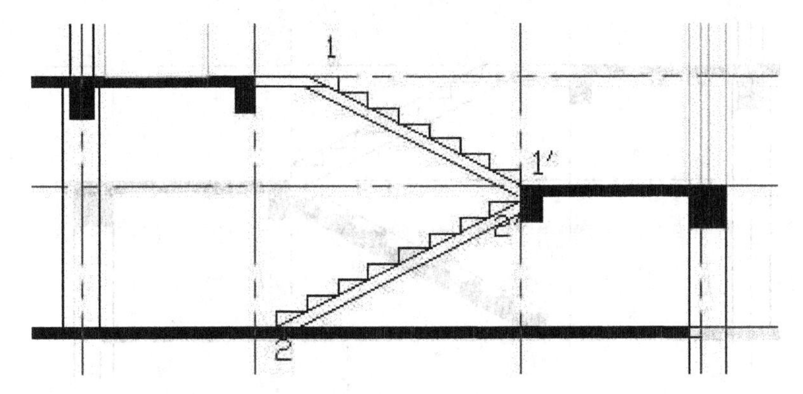

图 13-35 踏步连线偏移及层间平台板延伸结果

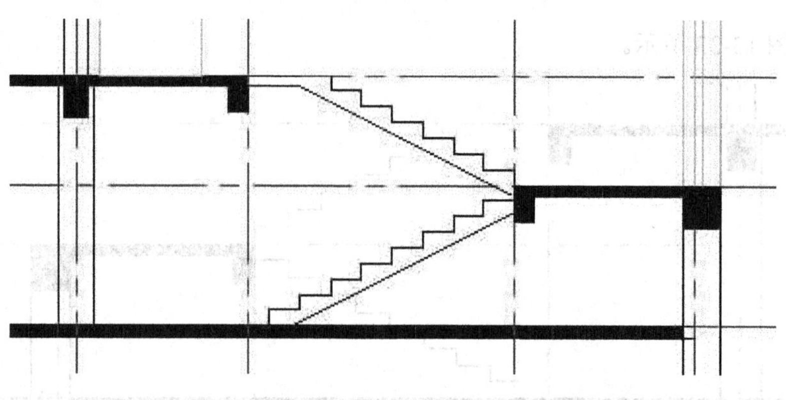

图 13-36　对楼梯段多余部分处理的结果

(4) 对地下室楼梯段剖切到的部分填充图案，填充结果如图 13-37 所示。

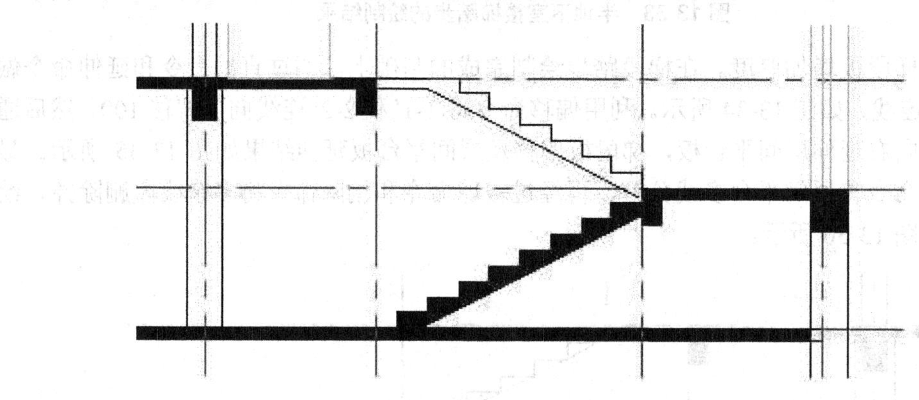

图 13-37　楼梯段剖切部分填充结果

(5) 绘制栏杆扶手。

栏杆扶手若简化绘制，一般只选择一层的两个梯段详细绘制栏杆扶手图样形式，其他梯段只需画出栏杆扶手的外轮廓线。以地下室为例，栏杆扶手详细绘制的步骤如下。

① 将【楼梯】图层设置为当前层，将【对象捕捉】方式设置为【交点】和【中点】，并确认为打开状态。

② 利用直线命令，做踏步前缘连线，如图 13-38 所示。

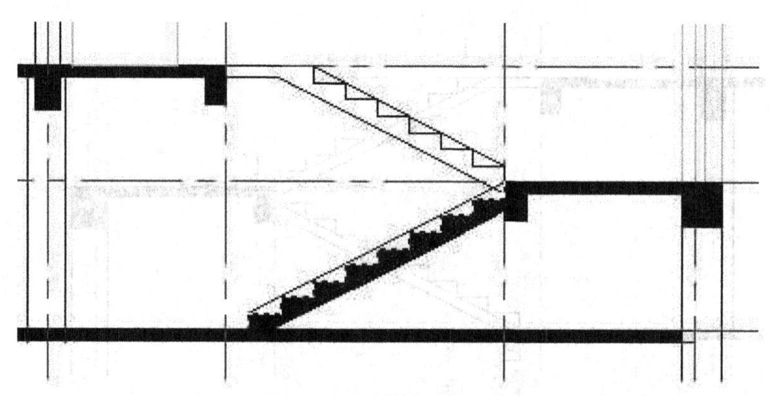

图 13-38　楼梯踏步前缘连线示意

③　利用移动命令向上移动踏步前缘连线。命令行提示如下。

```
命令: _move
选择对象: 找到 1 个                                    (选择一条踏步前缘连线)
选择对象: 找到 1 个, 总计 2 个                          (选择另一条踏步前缘连线)
选择对象:                                              (按 Enter 键, 确认)
指定基点或 [位移(D)] <位移>:                            (选择任一踏步前缘为基点)
指定第二个点或 <使用第一个点作为位移>: @0,900 (相对直角坐标法确定移动位置)
```

将连线向上移动 900，移动到扶手高度位置，结果如图 13-39 所示。

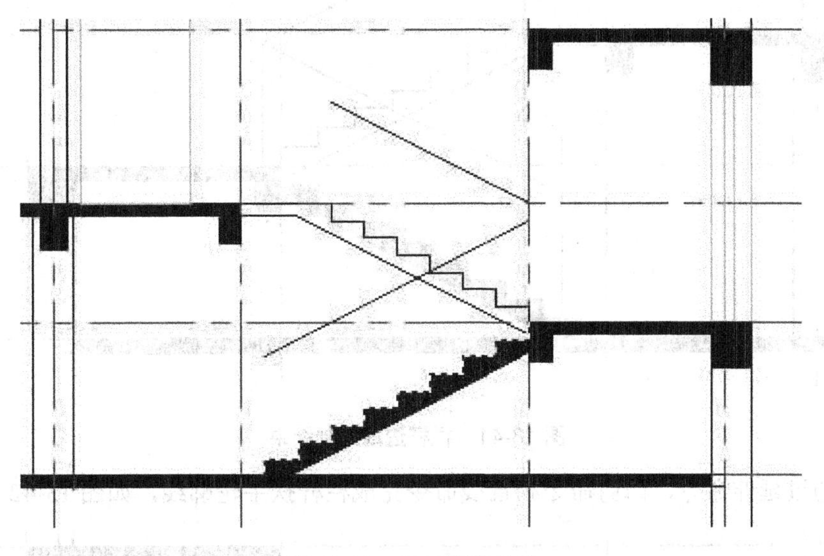

图 13-39　扶手高度位置

④　利用倒圆角命令技巧，设置倒角半径为 0，在倒角附近分别单击两条连线，完成倒角，结果如图 13-40 所示。

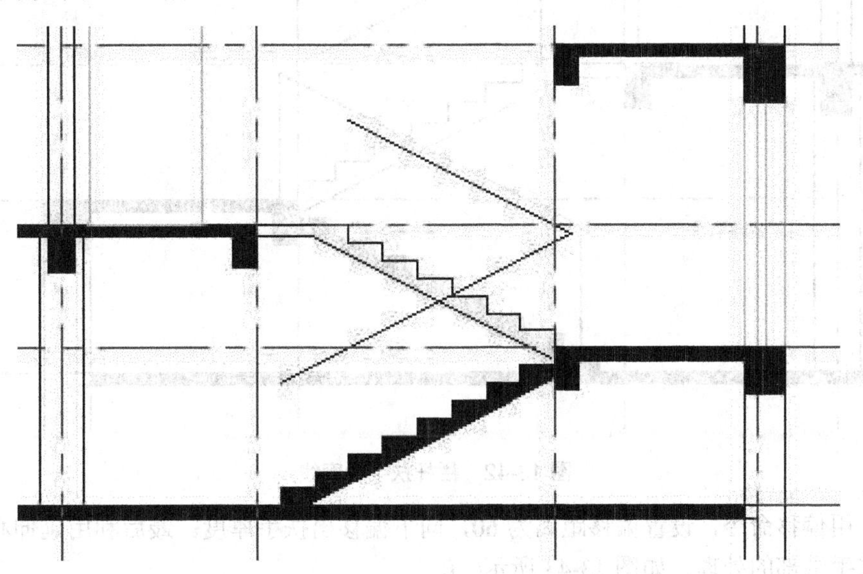

图 13-40　扶手连线倒角结果

⑤ 利用直线命令，捕捉踏步面中点绘制两梯段左侧栏杆线，捕捉扶手连线交点绘制两梯段右侧栏杆线，绘制结果如图 13-41 所示。

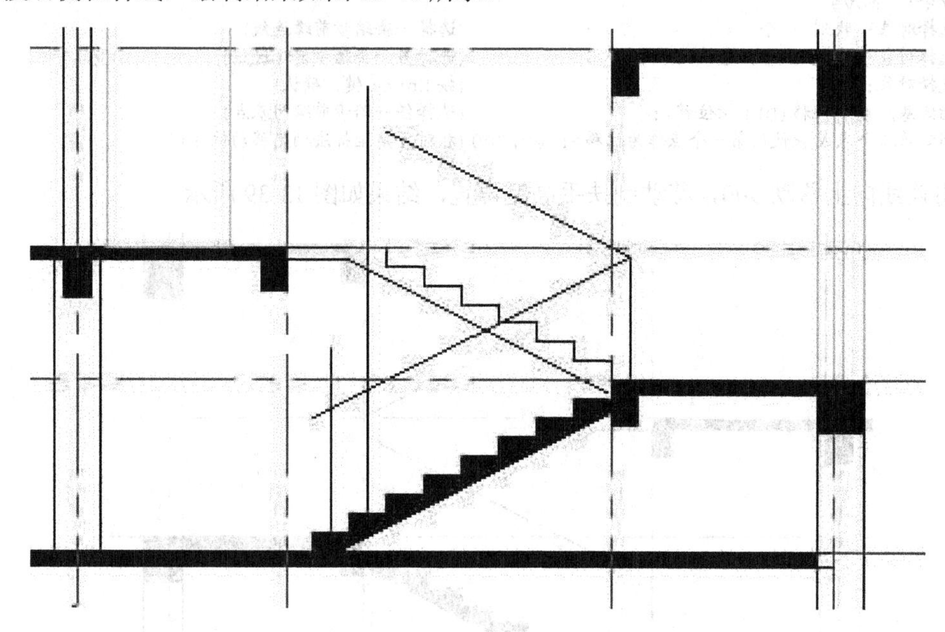

图 13-41 栏杆边线绘制结果

⑥ 通过延伸命令、修剪命令和直线命令完成栏杆扶手轮廓线，如图 13-42 所示。

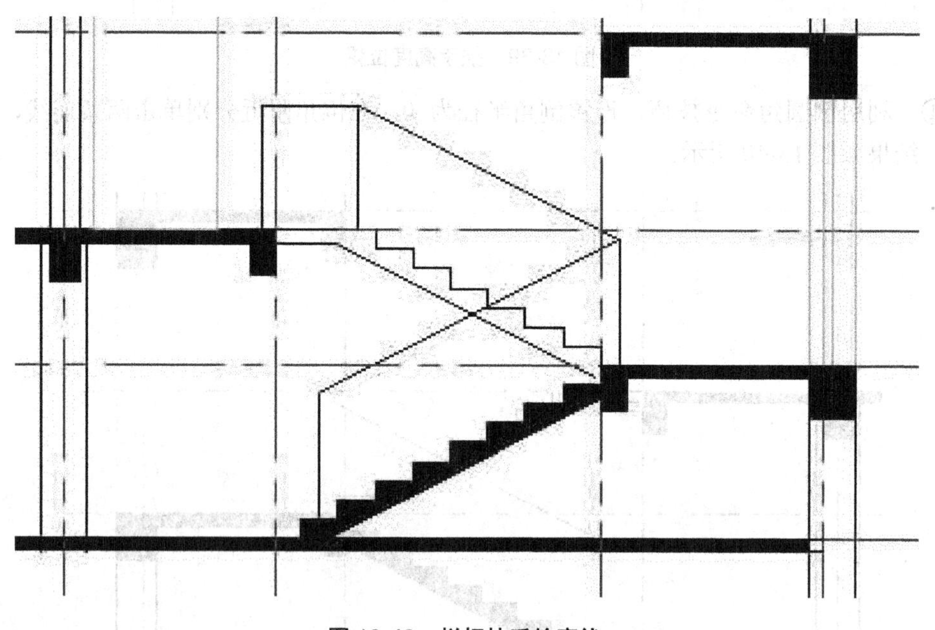

图 13-42 栏杆扶手轮廓线

⑦ 用偏移命令，设置偏移距离为 60，向下偏移出扶手厚度。最后利用延伸和修剪命令完成扶手端部的处理，如图 13-43 所示。0

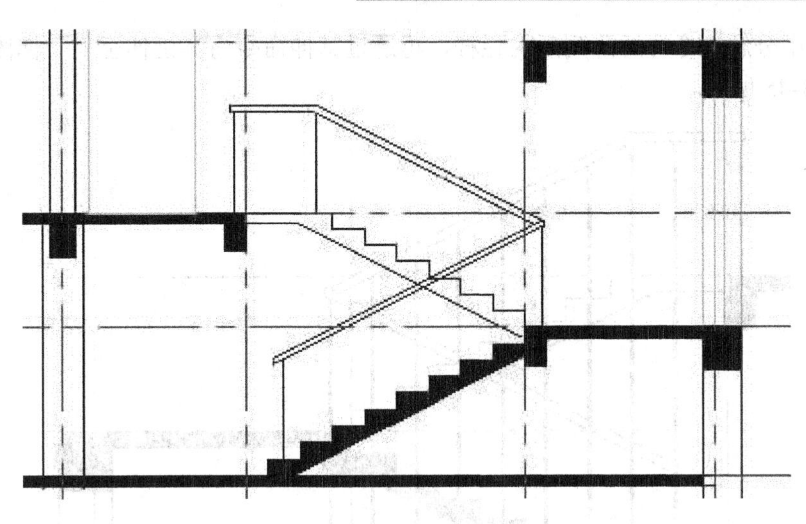

图 13-43　偏移扶手厚度及扶手端部处理结果

⑧　利用偏移命令，对下部梯段左侧栏杆轮廓线左右各偏移 8，偏移出栏杆直径，再删除掉栏杆轮廓线。利用阵列命令，将栏杆向左阵列 9 个，阵列间距 300。命令行提示如下。

```
命令: _arrayrect
选择对象: 指定对角点: 找到 2 个                    (选择左侧偏移栏杆)
选择对象:
类型 = 矩形  关联 = 是
为项目数指定对角点或 [基点(B)/角度(A)/计数(C)] <计数>: c  (输入计数 c)
输入行数或 [表达式(E)] <4>: 1                         (行数输入 1)
输入列数或 [表达式(E)] <4>: 9                         (列数输入 9)
指定对角点以间隔项目或 [间距(S)] <间距>: s              (输入间距 s)
指定列之间的距离或 [表达式(E)] <24>: 300               (输入列距 300
按 Enter 键接受或 [关联(AS)/基点(B)/行(R)/列(C)/层(L)/退出(X)] <退出>: (按 Enter 键)
```

栏杆水平阵列结果如图 13-44 所示。

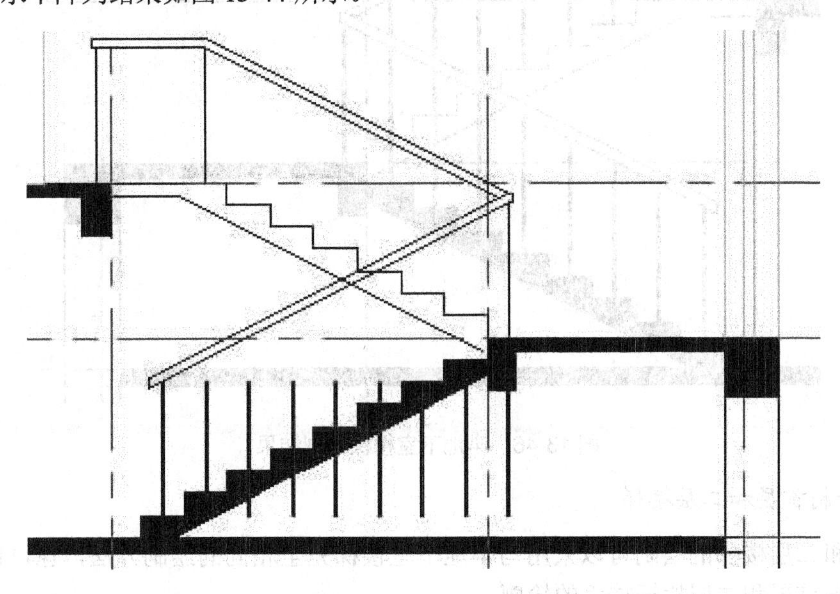

图 13-44　栏杆水平阵列结果

⑨ 利用分解命令分解阵列后的栏杆，再通过延伸命令将其延伸至上一梯段扶手底边线，如图 13-45 所示。

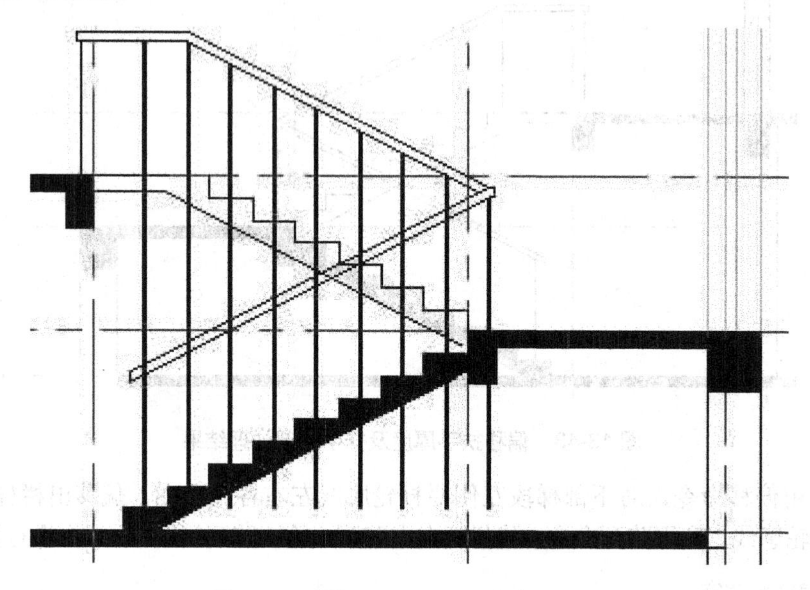

图 13-45 栏杆延伸到扶手底边的结果

⑩ 利用修剪命令对多余部分及被遮挡部分进行修剪，再对层间平台处栏杆过宽处复制补充一个栏杆，绘制结果如图 13-46 所示。

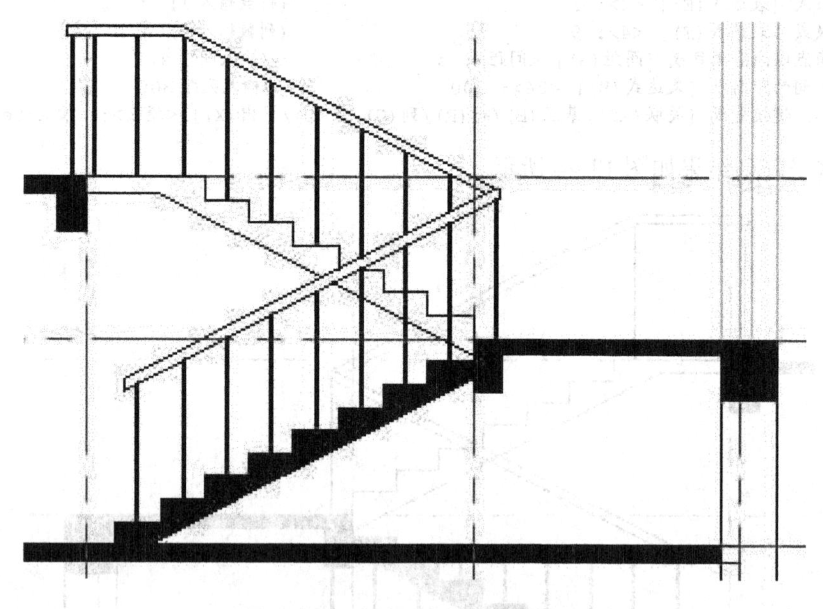

图 13-46 半地下室楼梯绘制结果

2. 绘制首层和二层楼梯

首层和二层楼梯的绘制可以采用与半地下室楼梯完全相同的绘制方法，也可以简化绘制，只画出首层和二层栏杆扶手的轮廓。

首层和二层栏杆扶手轮廓基本的绘制过程如下。

(1) 首层和二层梯段起始踏步均以中间休息平台面与垂直辅助线的交点为基准，利用多段线命令按照踏步尺寸 290 宽、155.56 高向左依次绘制踏步线。

(2) 然后利用直线命令作踏步前缘连线，再利用偏移命令按偏移值 100 为梯段加板厚，之后删除前缘连线。

(3) 利用直线、延伸及修剪等命令完成首层和二层梯段板的绘制。

(4) 扶手可以按梯段板前缘连线为参考线，通过移动命令向上移动 900 至扶手高度位置，然后各梯段扶手线，利用倒圆角命令按倒角半径 0 进行倒角。

(5) 利用直线命令，捕捉倒角交点向下绘制边缘栏杆线；若有水平扶手段，则捕捉倒角交点向左绘制水平线与边缘栏杆相交。

(6) 通过修剪命令裁剪掉多余线段。

(7) 最后利用图案填充对楼梯段剖切面进行实体填充。

绘制结果如图 13-47 所示。

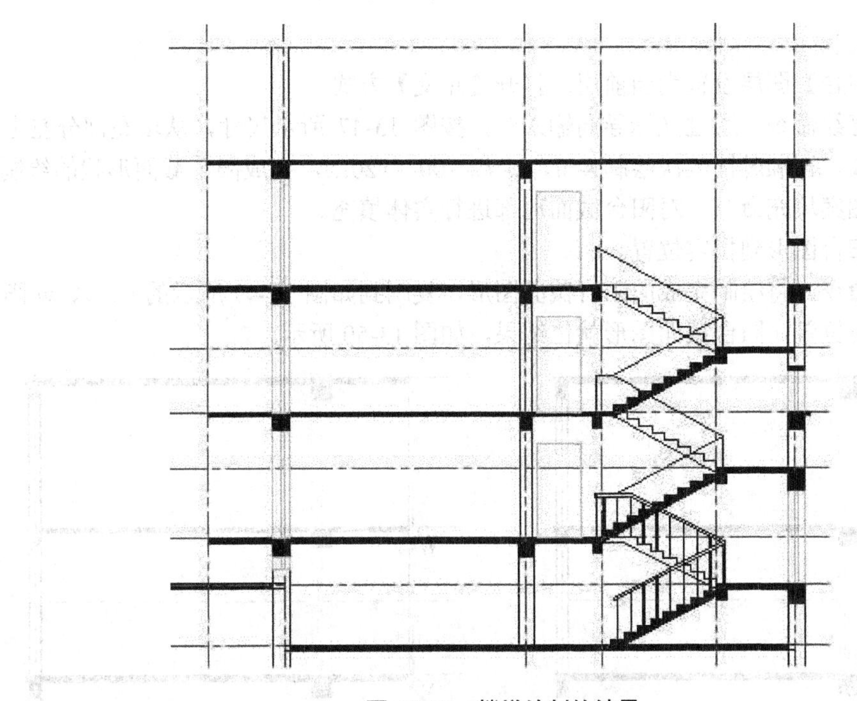

图 13-47　楼梯绘制的结果

特别提示：楼梯部分的绘制还是比较烦琐的，不但毗邻梯段之间有交叉重叠，而且扶手栏杆之间也有交叉重叠，编辑过程中哪里保留哪里删除，应仔细研究栏杆及扶手的遮挡情况，被遮挡线条部分，需利用修剪命令修剪掉。

13.2.9 绘制阳台、雨篷、台阶

1. 绘制阳台和阳台窗

阳台截面和阳台窗的形状及尺寸，如图 13-48 所示。

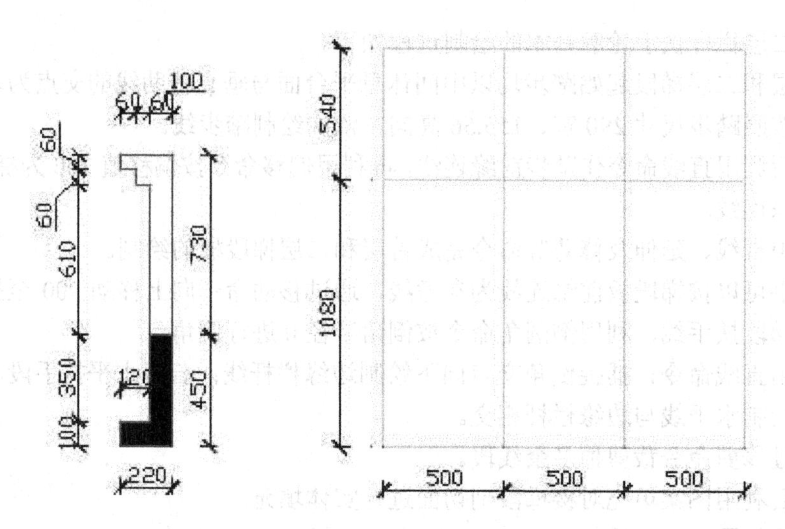

图 13-48　阳台和阳台窗的形状及尺寸

(1) 阳台绘制。

① 将【阳台】图层设置为当前层。打开【正交】方式。

② 利用直线命令，通过光标导向输入法，按图 13-47 所示尺寸，从填充部分左上角开始绘制水平段，再顺时针依次绘制 450、220、100、120…，完成阳台截面形状的绘制。

③ 利用图案填充命令，对阳台截面局部进行实体填充。

(2) 复制阳台图形到指定位置。

通过复制命令，将绘制完成的阳台截面图形，复制到如图 13-49 所示的 u、v、w 阳台悬挑板端左下角位置，阳台截面图形就位结果，如图 13-50 所示。

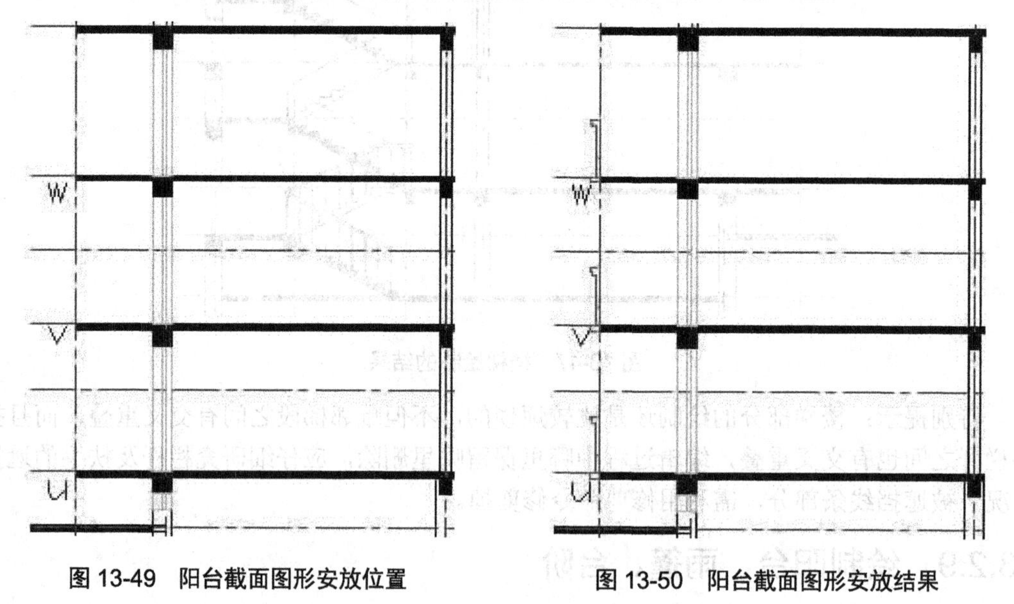

图 13-49　阳台截面图形安放位置　　　　图 13-50　阳台截面图形安放结果

(3) 阳台窗绘制与安放。

阳台窗的绘制方法比较简单，可以依据图 13-48 所示阳台窗尺寸，通过矩形、分解、偏移命令来完成阳台窗的绘制，再通过复制命令安放就位。注意：安放时，复制基点为窗的右上角，复制对齐到如图 13-51 所示的 w′、v′、u′点。最终结果如图 13-52 所示。

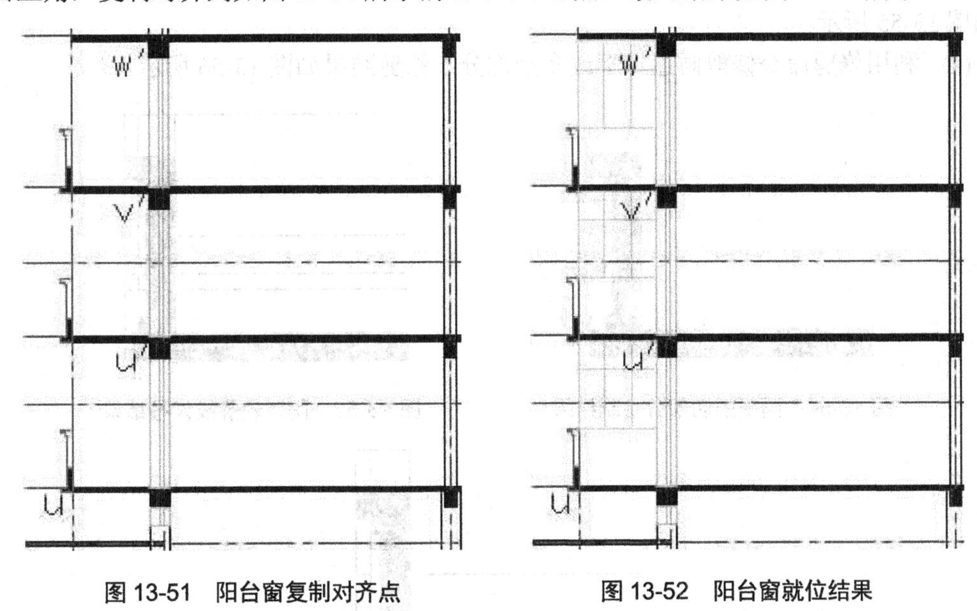

图 13-51 阳台窗复制对齐点　　　　图 13-52 阳台窗就位结果

2. 绘制雨篷

雨篷部分和雨篷柱的尺寸，图 13-53 所示。绘制过程中，将用到直线、偏移、修剪、删除、填充等命令。下面说明绘制步骤。

(1) 将【雨篷】图层设置为当前层，打开正交方式，设置对象捕捉方式为【交点】、【垂足】方式。

(2) 绘制雨篷剖切填充部分。调用直线命令，直接采用光标导向输入法，按图示尺寸依次绘制出剖切部分。绘制完成后直接实体填充，如图 13-54 所示。

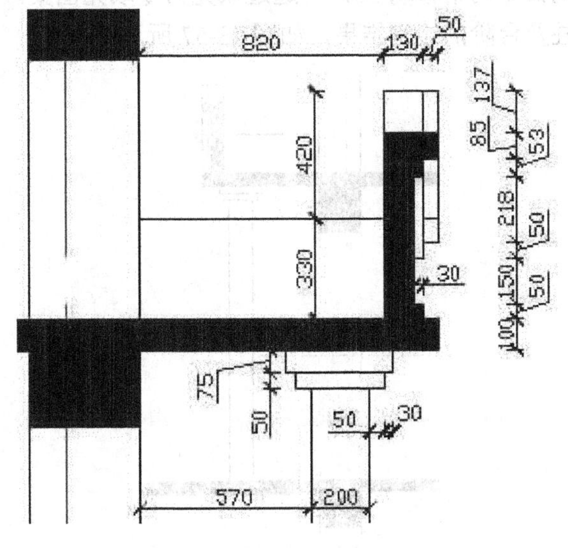

图 13-53 雨篷和雨篷柱形状及尺寸

(3) 绘制雨篷轮廓线部分。首先利用偏移命令依据图示尺寸，偏移出雨篷轮廓线，结果如图 13-55 所示。

(4) 利用修剪命令修剪雨篷轮廓线多余部分。修剪结果如图 13-56 所示。

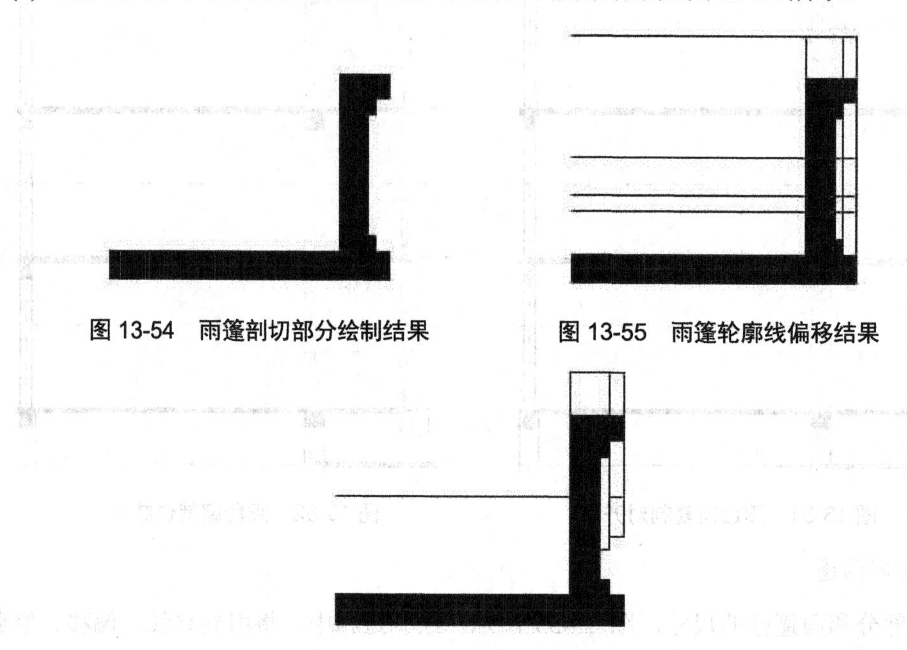

图 13-54　雨篷剖切部分绘制结果

图 13-55　雨篷轮廓线偏移结果

图 13-56　雨篷轮廓线修剪结果

(5) 绘制雨篷柱。依据图示尺寸绘制雨篷柱的中心线，然后左右各偏移 100，绘制出柱子宽度。柱帽也可以通过偏移再修剪的方式来绘制。

(6) 绘制台阶。在外墙边线和辅助线交点处，利用矩形命令，绘制一个长 1500×厚 120 的矩形，然后利用移动命令向下移动 20，再通过填充命令填充图案。

最终雨篷、雨篷柱及台阶的绘制结果，如图 13-57 所示。

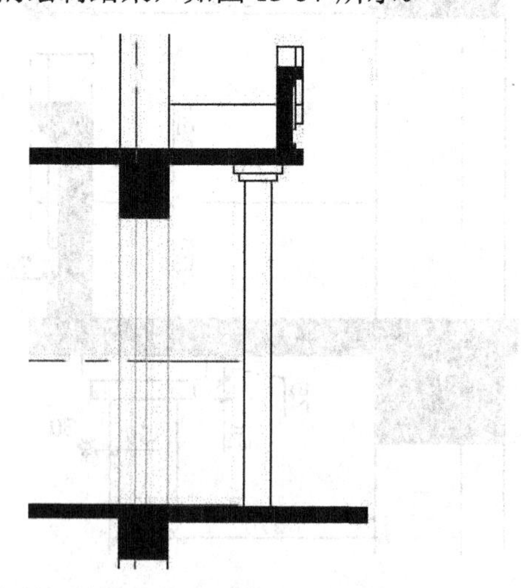

图 13-57　雨篷、雨篷柱及台阶的绘制结果

13.2.10 坡屋顶剖面和各层构造线绘制

坡屋顶剖面和各层构造线的绘制，依据图 13-58 和图 13-59 所示尺寸，参考雨篷的绘制方法及前面第 12 章构造线端头的绘制方法，完成这部分内容的绘制。自此，剖面图的图形绘制全部完成。结果如图 13-60 所示。

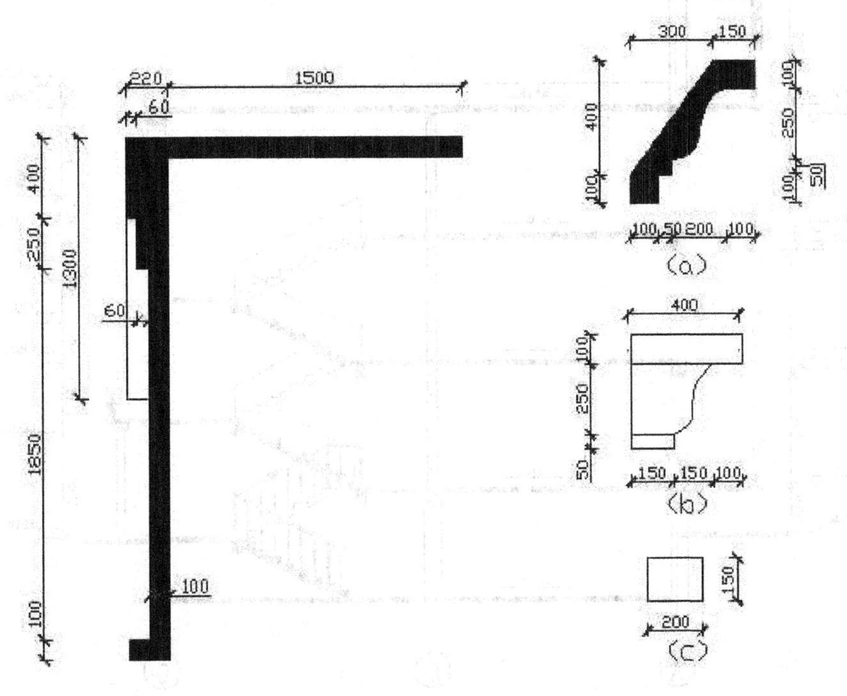

图 13-58 坡屋顶部剖面尺寸

图 13-59 各层构造线尺寸

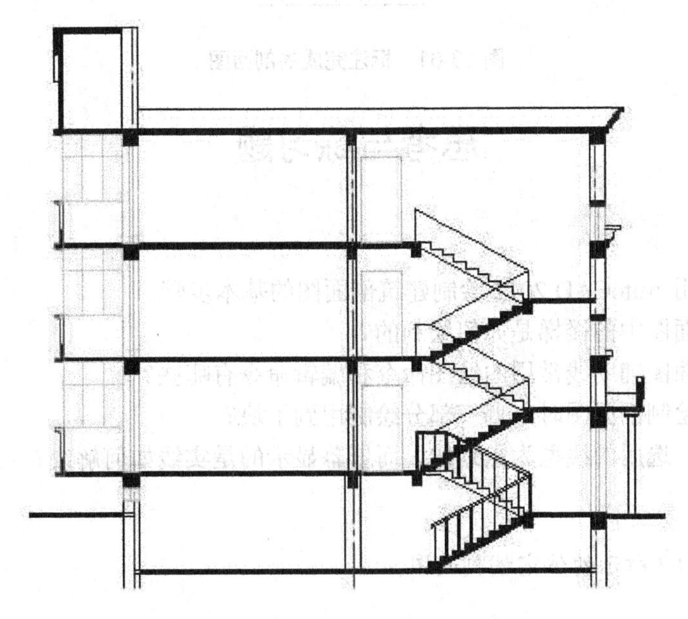

图 13-60 已绘制完成的剖面图图形部分

13.2.11 剖面图标注

接下来就是剖面图细部尺寸、轴号及文字的标注，其标注方法与平面图完全相同，在此不再赘述。最后完成的剖面图如图 13-61 所示。

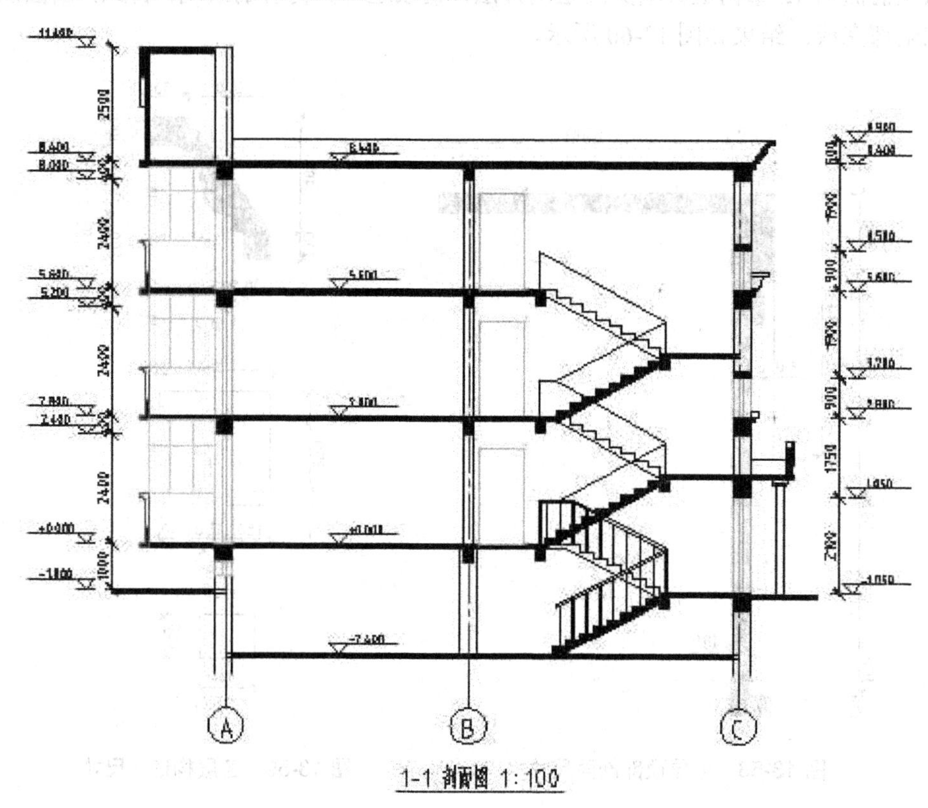

图 13-61 标注完成的剖面图

思考与练习题

1. 思考题

(1) 简述利用 AutoCAD 2012 绘制建筑剖面图的基本步骤。
(2) 建筑剖面图中的楼梯是如何绘制的？
(3) 绘制剖面图辅助线常用的绘图命令和编辑命令有哪些？
(4) 在建筑绘制剖面图时，哪一部分绘制用到了块？
(5) 画图时，选用的线型为点划线，而屏幕显示的是实线如何解决？

2. 绘图题

绘制如图 13-62 所示的住宅楼剖面图。

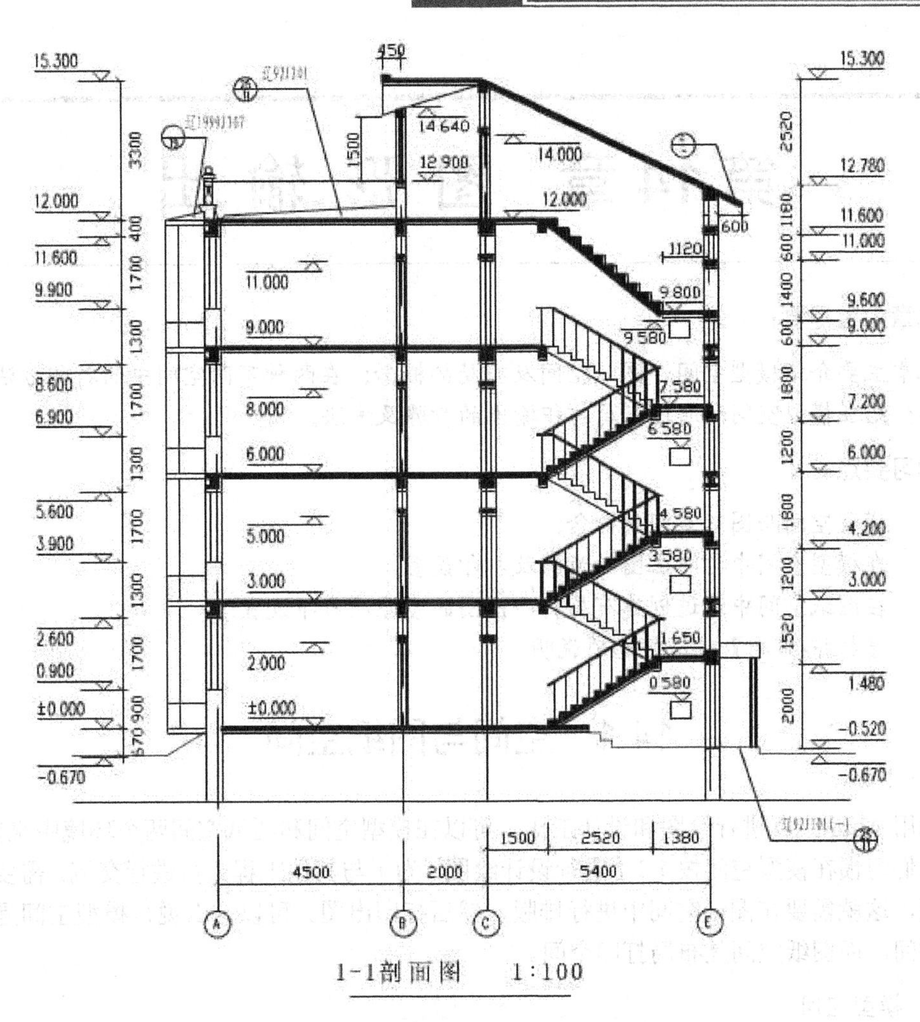

图 13-62 住宅楼剖面图

第 14 章　图 形 输 出

本章内容提要：

本章主要介绍模型空间、图纸空间及布局的概念；在两种不同空间中的打印方法；通过实例介绍在模型空间和通过布局打印输出的步骤及方法。

学习要点：

- 模型空间与图纸空间的概念；
- 在模型空间中打印出图的步骤及打印设置；
- 在图纸空间中通过创建布局打印出图的步骤及打印设置；
- 【打印-布局】对话框选项说明。

14.1　空间与图纸空间

利用 AutoCAD 进行绘图和设计工作，可以在模型空间和图纸空间两个环境中来完成。通常人们习惯在模型空间按 1∶1 进行设计绘图，为了与其他工程人员进行交流，需要打印工程图，这就需要在图纸空间中进行排版，然后打印出图。可以这么说，模型空间是设计绘图空间，而图纸空间是布局打印空间。

1. 模型空间

所谓模型空间就是一个三维工作空间，在模型空间中，可以绘制全比例的二维图形和三维模型，并且全方位地显示图形对象。当启动 AutoCAD 时，系统默认模型空间状态。也就是我们过去习惯上的作图空间，大部分设计和绘图工作都是在模型空间中完成的。

2. 图纸空间

所谓图纸空间是 AutoCAD 设置和管理视图的二维的工作空间，用来模拟手工绘图环境的图纸。当希望在一张图纸中输出多个不同比例的视图，或添加图框、标题栏等，用户就需要到图纸空间进行排版组织，然后打印输出。

3. 布局

一个布局，就相当于在图纸空间中准备好了一张图纸。在布局中，可以进行页面设置、建和定位视口、生成图框和标题栏等；可以在一张图纸上方便快捷地创建多个视口来表现不同的视图，而且每个视图可有不同的比例。

14.2　在模型空间中打印图纸

如果绘制的是一个视图的二维图形，则可以直接利用模型空间进行打印，其打印方法也是比较简单的。下面讲述在模型空间打印第 11 章所绘制的建筑平面图的方法。

具体步骤如下。

(1) 单击标准工具栏中的【打开】按钮，在【选择文件】对话框中，找到第 11 章所绘制的图名为“一层平面图.dwg”图形文件。

(2) 选择【文件】|【打印】命令，弹出【打印-模型】对话框，如图 14-1 所示。对话框中的打印机/绘图仪、图纸尺寸、打印区域、打印比例以及打印样式表等在打印之前是必须要选择设置好。

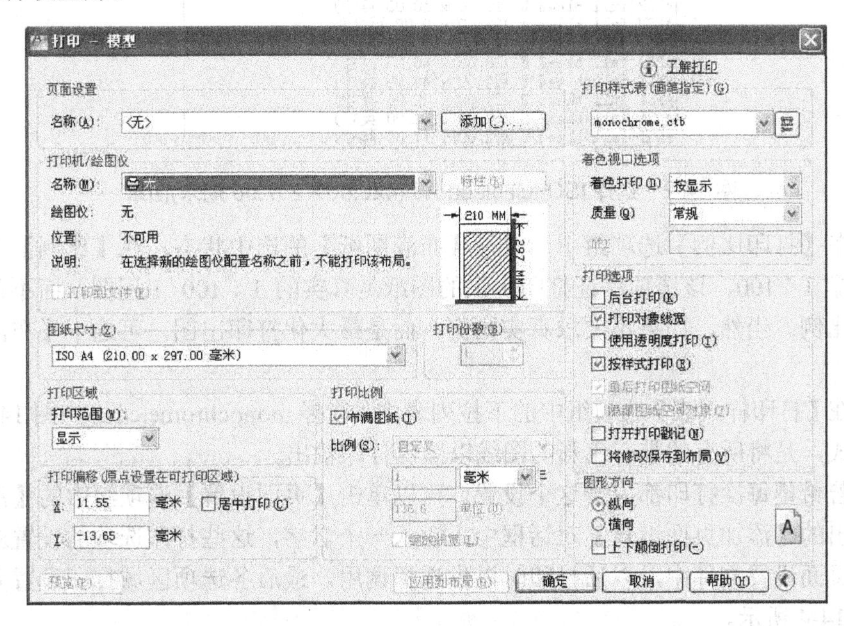

图 14-1　【打印-模型】对话框

(3) 如果我们的打印设备安装的是一台打印机，则在【打印-模型】对话框中的【打印机/绘图仪】选项组中的【名称】下拉列表框中选择此打印机代号，如果没有安装打印机，又希望观看打印效果，AutoCAD 提供的一个虚拟电子打印机，在【打印机/绘图仪】选项组的【名称】下拉列表框中，选择名称为 DWF 6ePlot.pc3 的虚拟打印机即可。

(4) 在【图纸尺寸】选项组的下拉列表框中选择图纸的尺寸。如果选择的是上一步的虚拟电子打印机，将显示全部可供选择的标准图纸尺寸。在此我们选择【ISO full bleed A3 (420.00×297.00 毫米)】，这是一个全尺寸的 A3 图纸，如图 14-2 所示。

(5) 在【打印区域】选项组的【打印范围】下拉列表框中，选择【窗口】选项，选择此项后，【窗口】按钮变成可用按钮，单击【窗口】按钮，以选择打印范围，并选中【居中打印】复选框。注意，要确保【对象捕捉】中的【端点】为激活状态，选择图形的左下角和右上角，将整个图纸包含在打印区域中。

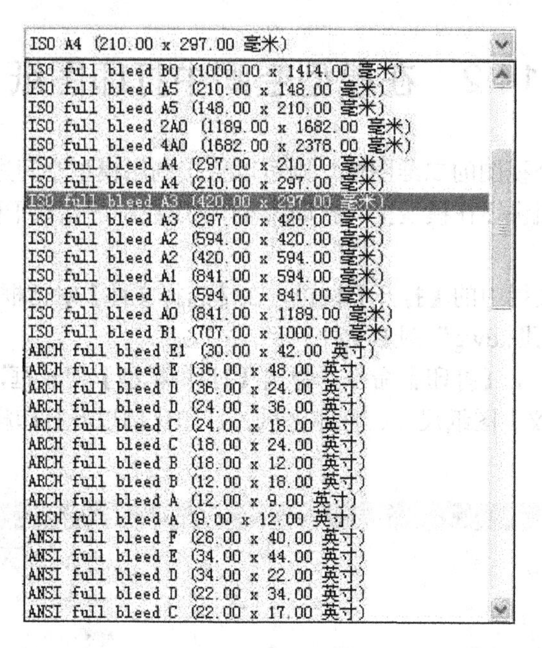

图 14-2　选择 ISO full bleed A3 (420.00×297.00 毫米)图纸

(6) 在【打印比例】选项组中，取消【布满图纸】的选中状态，在【比例】下拉列表框中，选择 1∶100，该选项保证打印出来的图纸是真实的 1∶100 工程图，而不是其他随意的出图比例。当然，如果不要求真实比例，而是最大化打印出图，可选中【布满图纸】复选框

(7) 在【打印样式表】选项组中的下拉列表中，选择 monochrome.ctb，如图 14-3 所示。该打印样式，是将所有的带有色彩的图线以黑色打印输出。

(8) 若希望每次打印都保持这个设置，可以单击【页面设置】选项组中的【添加】按钮，在弹出的【添加页面设置】对话框中，输入一个名字，这些打印选项的设置就可以保存到命名页面设置文件中，以后打印时以供选择调用。最后各选项区域打印设置完成的情况，如图 14-4 所示。

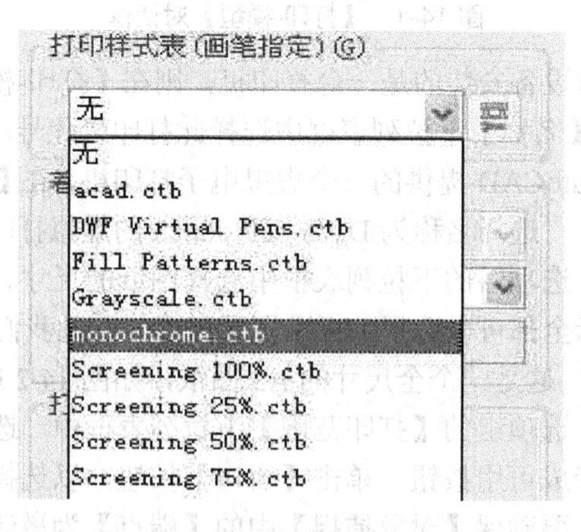

图 14-3　【打印样式表】选项组

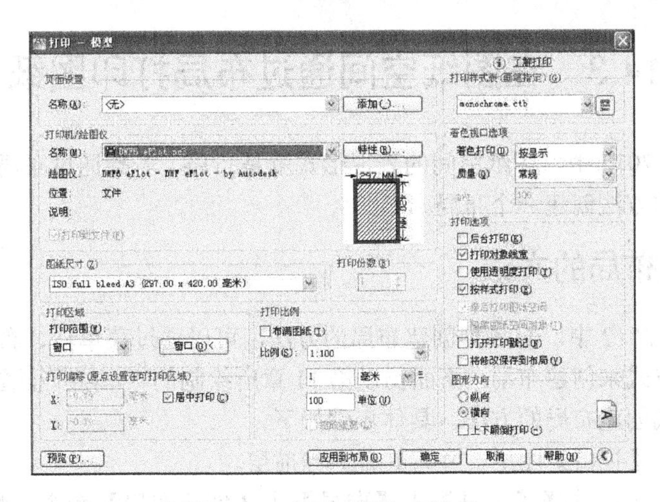

图 14-4　模型空间打印设置

(9) 单击【预览】按钮，可以观察即将打印出图的样子，若对预览结果满意，就可以预览状态下右击，在弹出的快捷菜单中选择【打印】选项，或在【打印-模型】对话框中，单击【确定】按钮，由于我们选择的是虚拟打印机，均可弹出【预览打印文件】对话框，在该对话框中，将打印文件保存的指定文件夹，并单击【保存】按钮，开始打印输出，此时状态栏右下角托盘中，会出现【完成打印和发布作业】气泡通知，如图 14-5 所示。

图 14-5　【完成打印和发布作业】通知

(10) 最终打印保存的结果，如图 14-6 所示。

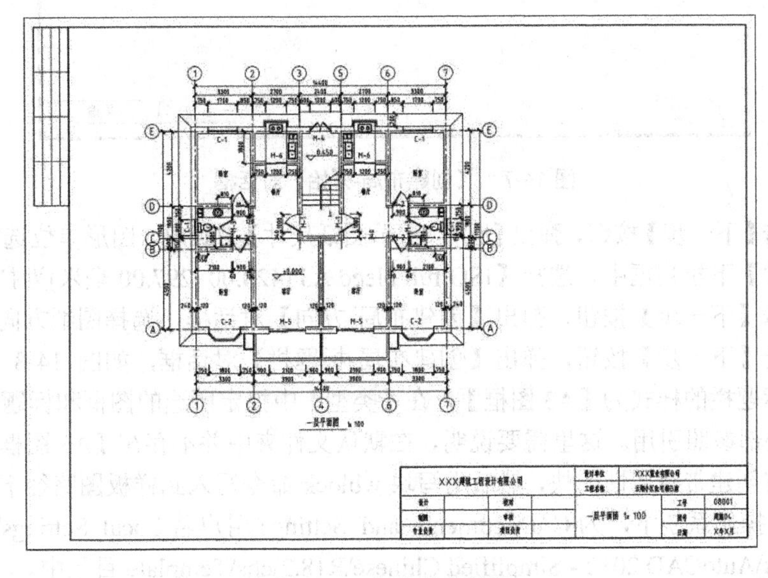

图 14-6　打印保存结果

14.3 在图纸空间通过布局打印图纸

在 AutoCAD 2012 中，图纸空间的表现形式就是布局，若想通过布局打印图纸，首先需要按创建布局的方法创建一个布局。

14.3.1 创建布局的方法

在 AutoCAD 2012 中，有多种创建布局的方法，可以通过菜单栏、布局选项卡、利用现有布局样式等方式来创建布局。下面仍以第 11 章所绘制的“一层平面图.dwg”为例，讲解通过菜单栏方式创建布局的方法。具体步骤如下。

(1) 新建一个【视口】图层，并将其置为当前层。

(2) 在菜单栏中，选择【工具】|【向导】|【创建布局】命令，弹出【创建布局-开始】对话框，按照对话框左侧创建布局的步骤，依次执行。

(3) 在【输入新布局的名称】文本框中，输入“建筑平面图”，如图 14-7 所示。然后单击【下一步】按钮，屏幕上弹出【创建布局-打印机】对话框，这里若没有连接真正打印机，可以选择虚拟电子打印机 DWF 6ePlot.pc3。

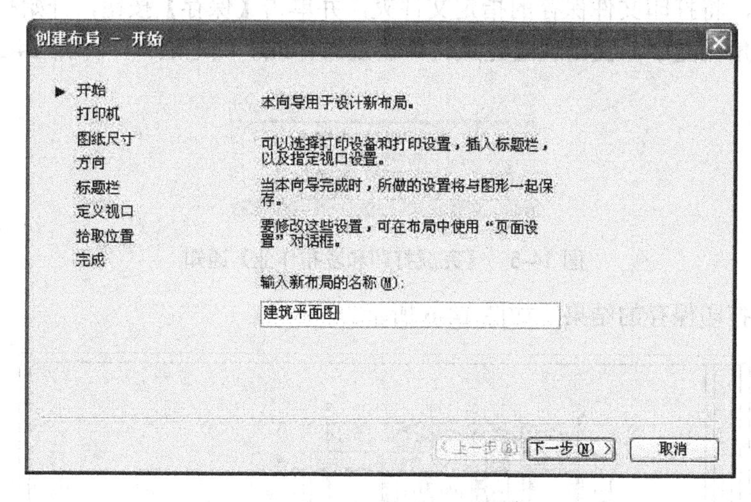

图 14-7 【创建布局-开始】对话框

(4) 单击【下一步】按钮，弹出【创建布局-图纸尺寸】对话框，图形单位选择【毫米】，在【图纸尺寸】下拉列框中，选择【ISO full bleed A3 (420.00×297.00 毫米)为打印图纸。

(5) 单击【下一步】按钮，弹出【创建布局-方向】对话框，选择图纸方向为横向。

(6) 单击【下一步】按钮，弹出【创建布局-标题栏】对话框，如图 14-8 所示。选择图纸边框和标题栏的样式为【A3 图框】，在【类型】中指定所选的图框和标题栏作为块插入，或作为外部参照引用。这里需要说明，在默认文件夹中并不存在【A3 图框】，这个标题栏可以通过创建带有属性的块，然后用写块 wblock 命令写入到样板图路径下，此路径在 Windows XP 操作系统下，为 C:\Documents and Settings\用户名\Local Settings\Application Data\Autodesk\AutoCAD 2012 - Simplified Chinese\R18.2\chs\Template 目录中。

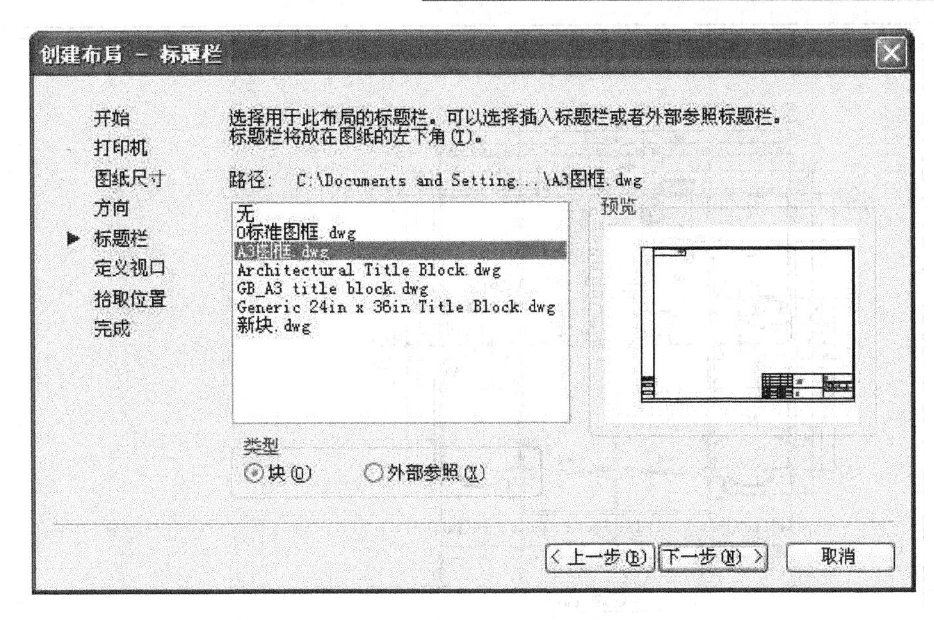

图 14-8 【创建布局-标题栏】对话框

(7) 单击【下一步】按钮，弹出【创建布局-定义视口】对话框，如图 14-9 所示。在【视口设置】选项中，默认选中【单个】单选按钮；在【视口比例】下拉列表框中，选择 1∶100，该选择的意义，是将模型空间绘制的图形按 1∶100 比例显示在视口中。

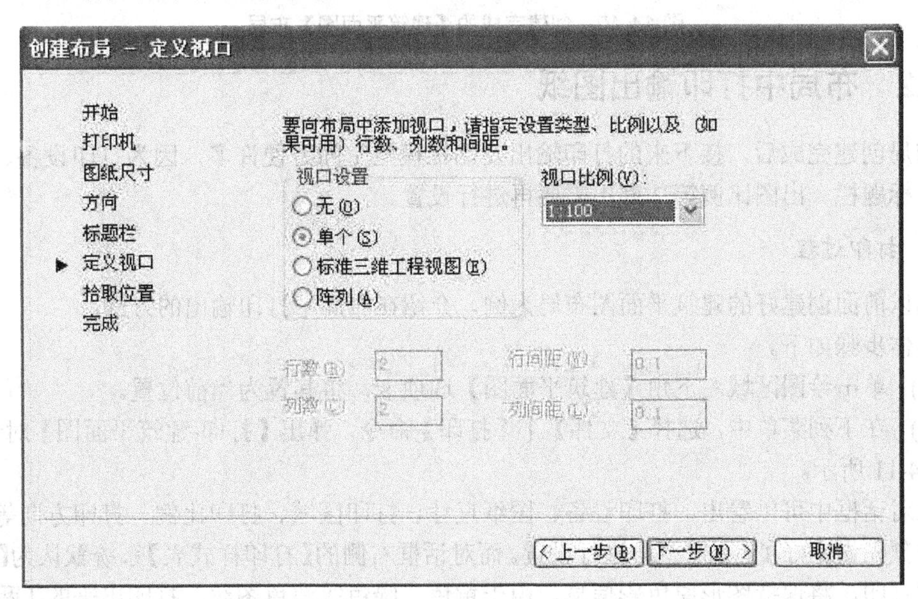

图 14-9 【创建布局-定义视口】对话框

(8) 单击【下一步】按钮，弹出【创建布局-拾取位置】对话框，单击【选择位置】按钮，系统会切换到绘图窗口，通过指定两个对角点确定视口的大小和位置，如图 14-9 所示。之后，直接进入【创建布局-完成】对话框。

(9) 单击【完成】按钮，即完成新布局的创建，其结果如图 14-10 所示。

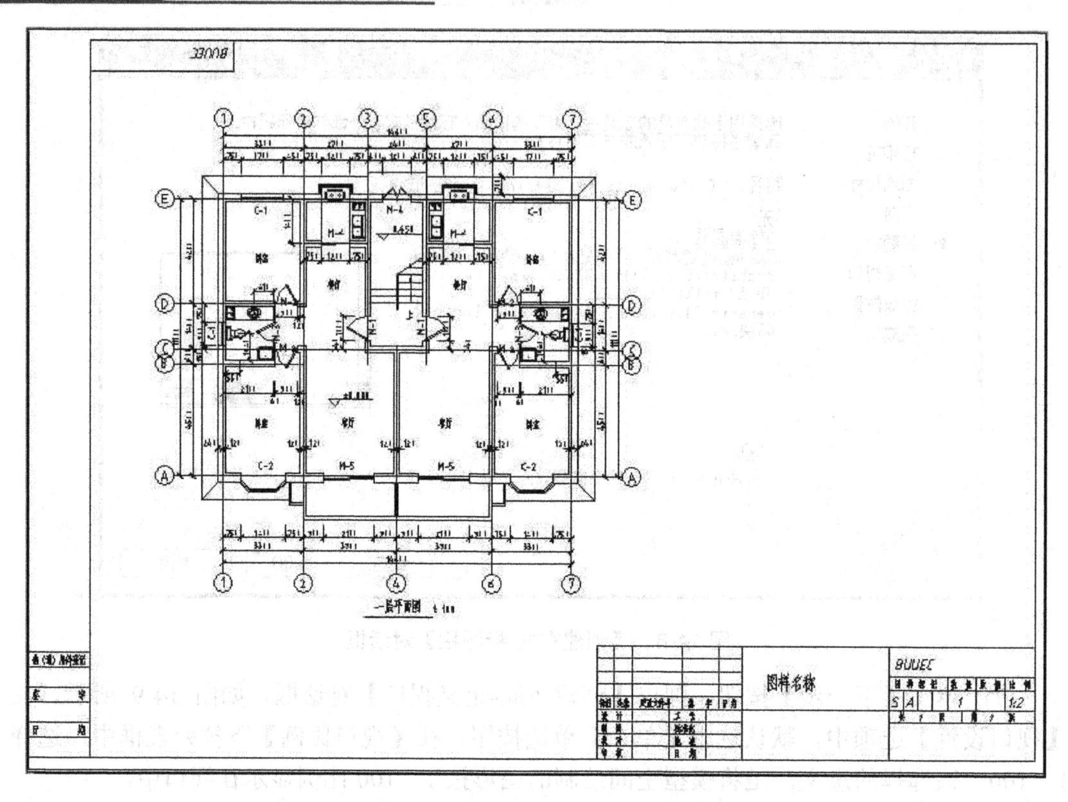

图 14-10 创建完成的【建筑平面图】布局

14.3.2 布局中打印输出图纸

布局创建完成后，接下来的打印输出要比在模型空间方便许多，因为打印设备、图纸尺寸、标题栏、出图比例等，都不需要再进行设置。

1. 打印过程

仍以前面创建好的建筑平面图布局为例，介绍在布局中打印输出的方法。

具体步骤如下。

(1) 单击绘图区域左下角【建筑平面图】选项卡，将其置为当前位置。

(2) 在下列菜单中，选择【文件】|【打印】命令，弹出【打印-建筑平面图】对话框，如图 14-11 所示。

在对话框中可以看出，打印设备、图纸尺寸、打印区域、打印比例、打印方向等都在布局中预先设定好了，不需要再进行设置。而对话框右侧的【打印样式表】系统默认为【无】，若此时打印，将保持图形原色彩信息。由于黄色、绿色等浅色图线，打印出来的工程图并不醒目，或者即使打印设备为黑白打印机，仍有灰度差异，因此希望将所有彩色图线都打印成黑色，用户只需要将系统默认的【无】更改为 monochrome.ctb 黑色打印样式，然后单击【应用到布局】按钮，将修改内容保存到布局设置当中，下次再打印就不需要重复设置了。

(3) 单击【确定】按钮，打印便开始进行，由于选择的是虚拟电子打印机，将弹出【浏览打印文件】对话框，在此，你需要为文件保存指定一个目录，然后单击【保存】按钮，便开始打印，打印结果如图 14-12 所示。与在模型空间中打印相同，打印完成后，在绘图区域右下角的托盘中，会弹出一个【完成打印和作业发布】的气泡通知，单击通知中的【单击以查看打印和发布详细信息】可以了解打印作业的详细信息。

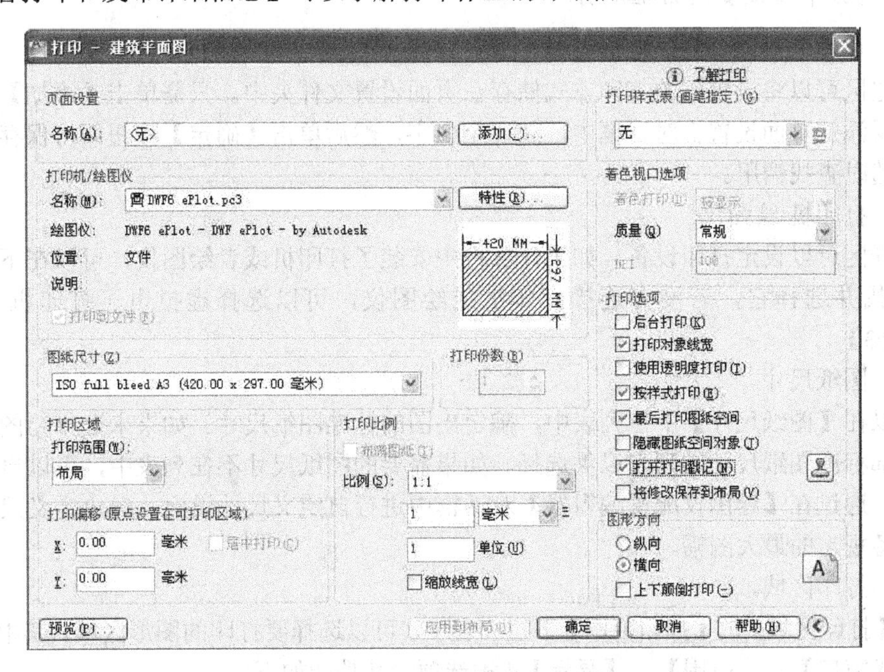

图 14-11 【打印-建筑平面图】对话框

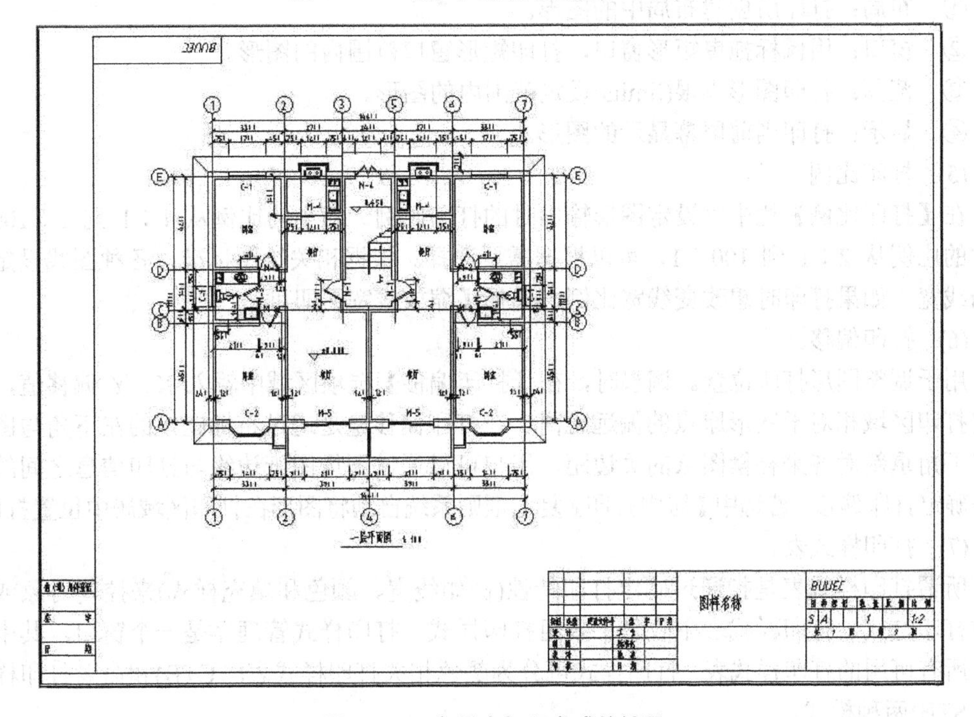

图 14-12 布局中打印完成的结果

通过布局打印过程可以看出，步骤是很简单的。与模型空间打印相比，创建布局打印的更大优势在于，若需要可以建立多个浮动视口，并对视口进行不同位置、不同比例的编辑调整。

2. 【打印-布局】对话框说明

(1) 页面设置。

该选区可以将设置好的打印方式储存在页面设置文件夹中。只需单击【添加】按钮，在弹出【添加页面设置】对话框中，起一个名字，然后单击【确定】按钮即可保存，以后打印可随时查找调用。

(2) 打印机/绘图仪。

该选区可以设定打印设备。如果计算机中安装了打印机或者绘图仪，可以在下拉列表框中查找并选择它，若没有连接打印机或绘图仪，可以选择虚拟电子打印机【DWF 6ePlot.pc3】。

(3) 图纸尺寸。

可以在【图纸尺寸】下拉列表中，确定出图的标准图纸尺寸。如果未选择绘图仪，将显示全部标准图纸尺寸的列表以供选择。如果需要的图纸尺寸不在列表中，可以自定义图纸尺寸，通过在【绘图仪配置编辑器】对话框中进行自定义尺寸设定，但自定义尺寸不能打印设备规定的最大图幅。

(4) 打印区域。

在【打印区域】的【打印范围】下拉列表中，可以选择要打印的图形区域。其中有【布局】、【窗口】、【范围】、【显示】4 种选项。其功能如下。

① 布局：打印所创建布局中的图形。

② 窗口：用鼠标拖曳矩形窗口，打印矩形窗口范围内的图形。

③ 范围：打印图形界限(limits)设定范围内的图形。

④ 显示：打印当前屏幕显示的图形。

(5) 打印比例。

在【打印比例】栏中可设定图形输出时的打印比例。缩小的比例从 1∶1 到 1∶100，放大的比例从 2∶1 到 100∶1，可以根据需要选择。根据相关绘图标准，各种图线设定不同的线宽。如果打印时想改变线宽比例，选择【缩放线宽】即可。

(6) 打印偏移。

用于调整图形打印位置。调整时，在【打印偏移】选项区域中输入 X、Y 偏移值，以确定打印区域相对于图形原点的偏远距离。在打印偏移量是通过将标题栏的左下角与图纸的左下角重新对齐来补偿图纸的页边距。用户可以通过测量图纸边缘与打印信息之间的距离来确定打印偏移。若选中【居中打印】复选框则系统自动将图形在打印区域居中位置打印。

(7) 打印样式表。

所谓打印样式表是指通过确定打印特性(例如线宽、颜色和填充样式)来控制对象或布局的打印方式。打印样式表中收集了多组打印样式。打印样式管理器是一个窗口，其中显示了所有可用的打印样式表。打印样式可分为颜色相关打印样式表(*.CTB)和命名打印样式表(*.STB)两种模式。

颜色相关打印样式以对象的颜色为基础，共有 255 种颜色相关打印样式。在颜色相关打印样式模式下，通过调整与对象颜色对应的打印样式可以控制所有具有同种颜色的对象的打印方式。颜色相关样式表通过颜色来控制打印输出的颜色、线宽，操作起来比较简单，大家用得比较多，CAD 也提供了一些常用的打印样式表，有彩色的、灰度的(grayscale.ctb)、单色的(monochrome.ctb)。使用 monochrome.ctb 颜色相关打印样式表可以实现纯粹黑白工程图的打印。

命名打印样式可以独立于对象的颜色使用。使用这些打印样式表可以使图形中的每个对象以不同颜色打印，与对象本身的颜色无关。

(8) 着色视口选项。

在【着色视口选项】区域，用户可以通过【着色打印】选项选择【显示】、【线框】、【隐藏】、【视觉】等几种模式，对三维着色实体进行着色模式控制。可从【质量】下拉列表框中选择打印分辨率，其中包括【常规】、【草稿】、【预览】、【演示】、【最高】、【自定义】等几种选项。

(9) 打印选项。

在【打印选项】区域中默认的四种选项，其功能如下。

① 打印对象线宽：用于控制是否按线宽打印图线的宽度。

② 按样式打印：使用为布局或视口指定的打印样式进行打印。

③ 最后打印图纸空间：先打印模型空间图形。

④ 打印戳记：则在其右侧出现【打印戳记设置】图标按钮，会出现【打印戳记】对话框，可以为要打印的图纸设计戳记的内容和位置。

思考与练习题

思考题

(1) 模型空间与图纸空间各有什么特点?

(2) 简述在模型空间中打印图纸的步骤。

(3) 简述在图纸空间中打印图纸的步骤。

参 考 文 献

[1] 张六成. AutoCAD 2007 标准实例教程[M]. 北京：中国水利水电出版社，2008.

[2] 程绪华，王建华，刘志峰，李炜. AutoCAD 2012 标准实例教程[M]. 北京：电子工业出版社，2012.

[3] 王芳，李井永. AutoCAD 2010 标准建筑制图实例教程[M]. 北京：清华大学出版社，2011.

[4] 李波. AutoCAD 2011 建筑设计完全自学手册[M]. 北京：机械工业出版社，2011.

[5] 麓山文化. AutoCAD 2011 建筑设计与施工图绘制经典实例教程[M]. 北京：机械工业出版社，2011.

[6] 王强伟. AutoCAD 2007 基础教程[M]. 西安：西北工业大学出版社，2007.

[7] 王海英，詹翔. AutoCAD 2009 建筑制图快速入门[M]. 北京：人民邮电出版社，2009.